Klaus Richarz & Anne Puchta

Vögel
entdecken und erkennen

Herausgegeben von Gunter Steinbach

580 Farbfotos
332 Illustrationen
380 Verbreitungskarten

Ulmer

Inhalt

Einführung

Leidenschaft Vögel 4
Vogelwelt in Gefahr 6
Unsere Vögel im Überblick 8
Wichtige Fachbegriffe 12

Aktiv

Vögel beobachten: Wie? Wo? Was? 16
Vogel-Erlebnisse im Frühjahr 20
Der Vogel-Sommer 28
Der Herbst – Zugzeit, Erntezeit 32
Vögel im Winter erleben 34

Serviceseiten

Nester 362
Federn 372
Artenverzeichnis 374
Auf einen Blick: Trittspuren 384

See- und Lappentaucher/Röhrennasen und Ruderfüßer/Schreitvögel und Flamingos 36

Entenvögel 78

Greifvögel 126

Hühner- und Kranichvögel 152

Wat-, Möwen- und Alkenvögel 172

Flughühner, Tauben, Kuckucke/Eulen, Nachtschwalben u. a./Rackenvögel, Papageien und Spechte 240

Sperlingsvögel 270

Leidenschaft Vögel

Keine Tiergruppe genießt so viel Sympathie und Popularität wie die Klasse der Vögel. Sie spiegelt sich wider in unseren Märchen, Geschichten und Fabeln, in denen uns Nachtigall, Schwalbe und Feldlerche begegnen und Adler, Schwan oder Storch eine zentrale Rolle spielen.

Der mehrmals erfüllte Traum

Wenn wir vom Fliegen träumen, kommen uns zunächst weder Insekten noch Fledermäuse, sondern die Vögel in den Sinn. „Frei wie ein Vogel“ wurde zu einem „geflügelten“ Wort. Auch wenn langfristig engagierte Vogelliebhaber in jüngster Zeit leider weniger werden, genießen diese Tiere im Vergleich immer noch recht hohe Beliebtheit.

Die Erfolgsstory der Klasse der Vögel begann vor langer Zeit: In der Jurazeit des Erdmittelalters (vor rund 150 Millionen Jahren) stürzte ein gefiedertes Geschöpf über einem warmen Meeresgebiet ab. Es versteinerte am Meeresgrund und gelangte 1861 aus den Jura-Plattenkalken eines Steinbruchs bei Solnhofen im bayerischen Altmühltal erneut ans Tageslicht. Das seltsame, etwa hühnergroße Wesen trug einen langen, knöchernen Schwanz, an seinen vorderen Gliedmaßen je drei Finger mit gekrümmten Krallen und ein Federkleid! An weiteren Exemplaren, die nach dem sensationellen Erstfund noch entdeckt wurden, konnten die Wissenschaftler feststellen, dass der „Urflügler“ *Archaeopteryx* noch keinen Schnabel, sondern knöcherne, mit Zahnreihen besetzte Kiefer besaß.

Lange Zeit galten *Archaeopteryx lithografica* und *A. bavarica*, die zweite beschriebene Art aus insgesamt acht Urflügler-Funden, als das lange gesuchte Bindeglied („missing link“) zwischen Reptil und Vogel. Doch neuere Funde zweier urtümlicher Vogelarten in China 1995 und 1999 aus der frühen Kreidezeit (vor 125 Millionen Jahren) werfen ein aufschlussreiches Licht auf die Geschichte der Vögel.

Beide chinesischen Konfuzius-Vögel *Confuciusornis sanctus* und *C. dui* waren wohl schon leistungsstarke Flieger, hatten vogeltypisch bekrallte Füße, mit denen sie auf Bäumen sitzen konnten, leichte Schädel sowie zahnlose Kiefer mit „modernen“ Hornschnäbeln. Aber ihre Schädel wiesen noch die für Saurier typische Schläfenfenster-Konstruktion auf. Damit verschwimmen erneut die Grenzen zwischen Kriechtieren und Vögeln. Dieser aktuelle Aspekt aus der

Der Urvogel *Archaeopteryx*

Faszination Vogelschwarm: Schneeammern auf dem Herbstzug (im Schlicht- und Jugendkleid)

Urgeschichte der Vögel zeigt, dass ihre Evolution nicht geradlinig und einspurig verlief, sondern sich offenbar auf vielgliedrigen Pfaden bewegte, die zum Teil in Sackgassen endeten.

Der „Sprung" vom Land ins Wasser gelang Vögeln bereits vor über 100 Millionen Jahren, wie Fossilfunde aus der Kreidezeit belegen. Schon damals gab es seetaucherähnliche, noch mit Zähnen bewehrte Vögel, die Zahntaucher *(Hesperornis)*. Sie hatten zwar ihre Flugfähigkeit eingebüßt, konnten aber offenbar weite Strecken schwimmend zurücklegen.

Die Ergebnisse aus 150 Millionen Jahren Entwicklung sind heute mit rund 10 000 Vogelarten in nahezu allen Regionen der Erde beheimatet.

Vögel faszinieren

Vögel beobachten gehört zu den am weitesten verbreiteten Neigungen der Naturfreunde. Kein Wunder: die Gefiederten tummeln sich in fast allen Lebensräumen der Erde, sind überwiegend tagaktiv und viele Arten haben kurze Fluchtdistanzen. Deshalb können wir heimische Vögel in der Regel leichter und aus größerer Nähe beobachten als etwa wildlebende Säugetiere. Jeder Vogelkundige wird bestätigen, dass die Faszination der Vogelwelt mit dem tieferen Eindringen in Einzelheiten und Zusammenhänge nicht nachlässt, sondern mit jedem Vogelerlebnis zunimmt.

Hochleistungsoptik und Internet eröffnen auch den privaten Vogelfreunden neue und verbesserte Möglichkeiten der Beobachtung und des Austauschs. Besonders der Vogelzug als ein wesentlicher Teil der Ornithologie hätte ohne den engagierten Einsatz ungezählter Vogelfreunde nicht annähernd so gründlich erforscht werden können, wie das der Fall war und heute noch ist. Ihre Erkenntnisse erwiesen sich als unverzichtbare Voraussetzungen für einen übernationalen Vogelschutz.

Vogelwelt in Gefahr

Die Verbreitung einer so mobilen Tiergruppe wie die der Vögel unterliegt ständigen Veränderungen – Vögel kennen keine Grenzen! Bestandszu- und -abnahmen können natürliche Ursachen haben. Vielfach aber wird das Vorkommen einer Vogelart durch den Menschen erheblich beeinflusst.

Durch unmittelbare Eingriffe des Menschen in Bestände oder in natürliche oder naturnahe Ökosysteme verloren viele Vögel ihr Leben und viele Arten ihre angestammten Lebensräume. Empfindliche Arten zogen sich aus gestörten Regionen sogar ganz zurück. Für einige Arten, besonders Inselformen, bedeutete Veränderung sogar das endgültige Aus. Als hochgradig mobile Tiere reagieren gerade die Vögel sehr rasch auf Veränderungen ihrer Lebensräume und können uns deshalb als sensible „Seismographen" dienen.

Auch in Deutschland, einem klassischen Land des Vogelschutzes, stehen 110 von 260 heimischen Brutvogel-Arten als gefährdet auf der aktuellen Roten Liste von 2007. Einsichten in Zusammenhänge der Natur und das Bedürfnis, gefährdete Arten zu schützen, wachsen mit dem Kennen- und Liebenlernen der belebten Natur um uns. Und damit wächst auch unsere Verantwortung.

Naturführer wie der vorliegende Band wollen dazu beitragen, die Vögel um uns nicht nur wahrzunehmen, sondern sie auch benennen und ihre Bedürfnisse besser verstehen zu können. Viele Arten sind zum Beispiel allein durch ihre Nahrungsansprüche auf großflächige Komplexe mit ganz unterschiedlichen Landschaftsstrukturen angewiesen.

Vögel brauchen Schutz

Neben einigen bei uns neuen Arten, die aus eigener Kraft oder mit menschlicher Hilfe nach Mitteleuropa gelangten, gibt es ungleich mehr Arten, die selten geworden sind, nur noch unregelmäßig hier brüten oder als Brutvögel gänzlich verschwunden sind.

Hauptgründe für diesen Rückgang sind Veränderungen der Landnutzung. Sie reichen von der Intensivierung der Land- und Forstwirtschaft über Entwässerungsmaßnahmen und Uferbverbauungen, Zersiedelung der Landschaft und Umweltverschmutzung bis hin zu Störungen durch Sport- und Freizeitaktivitäten. Manche Arten sind auch aufgrund direkter Verfolgung durch Bejagung gefährdet.

Der Verlust an Feuchtgebieten liegt im Bestreben des Menschen begründet, die Landschaft nach seinen Wünschen zu nutzen und möglichst wenig natürliche Veränderungen wie jahreszeitliche Überschwemmungen oder zyklische Anlandungs- und Abtragungsprozesse zuzulassen. Überdies zieht der besonders hohe Erholungs- und Erlebniswert von Küsten, Seen und Flusslandschaften unzählige Menschen an. Mit Sportarten wie Rafting und Canyoning dringen Freizeitsportler heute selbst in einst unzugängliche Wildwasser-Landschaften vor.

Balzender Auerhahn (Bodenbalz). Die ebenso seltenen wie scheuen Raufußhühner brauchen ungestörte Lebensräume.

Spezielle Ruhezonen für Vögel einzurichten, ist daher unumgänglich, sollen uns die Tiere erhalten bleiben.

Gesetzliche Maßnahmen

Bereits in den 1960er-Jahren wurde erkannt, dass die Ausweisung von (oftmals viel zu kleinen) Naturschutzgebieten vor Ort nicht ausreicht, um einen umfassenden Schutz für Vögel zu gewährleisten. Da viele Arten Zugvögel sind und jedes Jahr zum Teil Tausende von Kilometern zurücklegen, genügt es nicht, nur ihre Bruthabitate sicherzustellen. Auch die Rast- und Überwinterungsgebiete müssen in ein Schutzkonzept mit einbezogen werden, internationale Zusammenarbeit ist notwendig.

1971 wurde mit der Ramsar-Konvention (dem „Abkommen über den Schutz von Feuchtgebieten, insbesondere als Lebensraum für Wasser- und Watvögel, von internationaler Bedeutung") ein erster Schritt in diese Richtung unternommen. Inzwischen (2008) gibt es fast 1700 Ramsar-Gebiete in 158 Staaten mit einer Gesamtfläche von über 1,5 Mio. km². Die EG-Vogelschutzrichtlinie von 1979 verpflichtet die Mitgliedstaaten der Europäischen Union, ausreichend große Schutzgebiete auszuweisen und so ein europaweites Netz von Vogelschutzgebieten zu schaffen. Zusammen mit den Gebieten der Flora-Fauna-Habitat-(FFH-)Richtlinie von 1992 entsteht so ein großräumiges Netzwerk „besonderer Schutzgebiete" mit dem Namen „NATURA 2000".

Die Zukunft wird zeigen, ob die hohen Erwartungen, die mit diesem und anderen Programmen verbunden sind, erfüllt werden können.

Unsere Vögel im Überblick

Vögel bereichern mit ihrer bunten Vielfalt unsere Natur. Dieses Buch umfasst 421 europäische Land- und Wasservögel aus 22 Ordnungen. Sie werden in systematischer Reihenfolge vorgestellt. In Deutschland alleine brüten über 250 Arten regelmäßig. Insbesondere an Gewässern begegnet man ferner immer häufiger exotisch anmutenden Vögeln, die aus anderen Ländern oder sogar Erdteilen stammen und ihre Ausbreitung vor allem dem aktiven Mitwirken des Menschen verdanken.
Die folgenden Seiten helfen Ihnen, Ihre Vogelentdeckung zunächst einer bestimmten Gruppe zuzuordnen. Farbfeld und Seitenangabe zeigen dann, in welchem Teil des Buchs Sie die entsprechenden Artbeschreibungen dieser Gruppe finden.

See- und Lappentaucher/ Röhrennasen und Ruderfüßer/Schreitvögel und Flamingos

See- und Lappentaucher sind vor allem wegen ihrer weit hinten eingelenkten Beine ausgezeichnete Schwimmer und Taucher. Seetaucher haben zudem massive Knochen ohne Hohlräume, was das Tauchen nochmals erleichtert. Der spitze Schnabel beider Gruppen eignet sich bestens zum Ergreifen von Fischen.
Röhrennasen verdanken ihren Namen den röhrenförmig verlängerten äußeren Nasenöffnungen, durch die das Salz des Meerwassers ausgeschieden wird. Sie sind Hochseevögel, die sich von Fischen, Wirbellosen und Plankton ernähren und nur zur Brutzeit an Land kommen.
Bei den **Ruderfüßern** sind alle 4 Zehen durch Schwimmhäute verbunden. Sie sind typische Fischfresser und leben meist in großen Kolonien an der Küste.
Schreitvögel und **Flamingos** haben auffallend lange Beine und Hälse. Sie suchen ihre Nahrung am Boden oder im seichten Wasser. Bei den Flamingos ist der Schnabel in der Mitte immer rechtwinklig gebogen.

Seite 36–77

Entenvögel

Die Ordnung der **Entenvögel** besteht aus einer einzigen vielgestaltigen Familie. Weltweit sind 156 Arten bekannt, von denen 38 in Europa heimisch sind. Sie alle haben Schwimmhäute zwischen den Vorderzehen, relativ kurze Beine und einen mit Lamellenreihen besetzten Schnabel. Während der Vollmauser werfen Entenvögel alle Schwungfedern gleichzeitig ab und werden daher für mehrere Wochen flugunfähig. Ihre Jungen sind Nestflüchter. Bei Schwänen und Gänsen sind die Geschlechter gleich gefärbt, bei Enten und Sägern tragen nur die Männchen zur Brutzeit ein farbiges Prachtkleid. Halbgänse, wie zum Beispiel die Brandgans, vermitteln zwischen Gänsen und Enten.

Seite 78–125

Greifvögel

Weltweit kennt man über 285 Greifvogelarten. Mit Ausnahme der Hochsee- und der Polarregionen kommen die eleganten Jäger in allen Klimazonen und Lebensräumen vor: von der Wüste bis zum Regenwald, von den Meeresküsten bis in höchste Gebirgsregionen. In Europa brüten 36 Greifvogelarten regelmäßig, in Deutschland sind es 16 Arten.
Die überwiegend mittelgroßen bis sehr großen Vögel fliegen gewandt und ernähren sich von lebenden und toten Tieren. Bis auf die Geier jagen und erlegen sie ihre Beute meist selbst. Ihre Hakenschnäbel und die kräftigen Füße mit langen, spitzen Krallen dienen als sehr wirksame Waffen.
Die Familie der Habichtartigen ist an ihren breiten, „gefingerten" Flügeln zu erkennen, die zum energiesparenden Gleiten und Segeln dienen. Dagegen haben die durchschnittlich kleineren Falken spitze Flügel, mit denen sie im rasanten Jagdflug sogar andere Vögel in der Luft schlagen können.

Seite 126–151

Hühner- und Kranichvögel

Als Bodenbewohner haben **Hühnervögel** kräftige Beine. Mit ihren kurzen, derben Schnäbeln ernähren sie sich von Samen und Pflanzenteilen, die im Kropf eingeweicht und im Kaumagen mithilfe verschluckter Steinchen zerrieben werden. Im Sommer und als Küken stehen auch Insekten auf dem Speiseplan. Während die Weibchen meist tarnfarben gefiedert sind, tragen die Männchen vieler Arten ein buntes, schillerndes Federkleid. Weltweit gibt es 177 Glattfußhühner- und 17 Raufußhühner-Arten.

Die vielgestaltigen **Kranichvögel** mit weltweit gut 200 Arten in 11 Familien kommen in Europa mit 4 Familien vor. Während Trappen und Laufhühnchen typische Landbewohner sind, brauchen Kraniche und Rallen feuchte Lebensräume. Rallen haben kurze, runde Flügel und lange Vorderzehen. Der kurze Schwanz ist meist aufgerichtet. Die großen, schlanken Kraniche sehen mit ihren langen Beinen und Hälsen Störchen und Reihern ähnlich, haben aber einen relativ kurzen Schnabel. Ihre Schirmfedern sind außerdem zu Schmuckfedern umgebildet.

Seite 152–171

Wat-, Möwen- und Alkenvögel

Wat-, Möwen- und Alkenvögel werden zu einer großen Ordnung zusammengefasst. Sie alle haben gut ausgebildete Nasendrüsen, die der Salzausscheidung dienen, schwach entwickelte oder fehlende Hinterzehen und 11 Handschwingen (davon 1 stark reduziert). Die meisten Arten leben an Küsten, See- und Flussufern oder in Feuchtgebieten.

Zu den **Watvögeln** oder **Limikolen** im engeren Sinn zählen neben einigen kleineren Familien, wie Austernfischer und Stelzenläufer, insbesondere die beiden großen Familien der Regenpfeifer und Schnepfenvögel. Ihre Jungen sind typische Nestflüchter.

Zu den **Möwenvögeln** gehören die nordischen, vorwiegend auf dem Meer lebenden Raubmöwen, die oft in großen Kolonien brütenden Möwen und die schlanken, spitzflügeligen Seeschwalben. Die Jungen sind Platzhocker.

Körperbau und Verhalten der **Alkenvögel** ähneln aufgrund ihrer Lebensweise als Meeresvögel denen der Pinguine der Südhalbkugel.

Seite 172–239

Flughühner, Tauben, Kuckucke/Eulen, Nachtschwalben u. a./Rackenvögel, Papageien und Spechte

Flughühner sind mittelgroße, kurzhalsige Tiere mit langen, spitzen Flügeln. Für die weit artenreichere Gruppe der **Tauben** ist eine kräftig gewölbte Brust und ein kleiner Kopf typisch. Von der durchaus großen Familie der **Kuckucke** leben bei uns nur 2 Arten.

Die vorwiegend nachtaktiven **Eulen** sind durch ihren großen Kopf mit den nach vorne gerichteten Augen unverwechselbar. **Nachtschwalben** sind mittelgroße Vögel mit kurzem Schnabel, langem Schwanz und schmalen Flügeln. **Segler** jagen rasant nach Insekten und ähneln im Körperbau den Nachtschwalben.

Rackenvögel, Papageien und **Spechte** sind meist prachtvoll gefärbte, mittelgroße und kleine Vögel. Erstere kommen bei uns nur mit 4 Arten vor: Wiedehopf, Eisvogel, Bienenfresser und Blauracke. Als echter Exot hat der Halsbandsittich aus der Papageienfamilie in Europa dauerhafte Bestände aufgebaut. Die Vertreter der Specht-Familie (außer dem Wendehals) klettern an Baumstämmen und zimmern Nisthöhlen.

Seite 240–269

Sperlingsvögel

Sperlingsvögel sind die weltweit größte Vogel-Ordnung. Alle sind Landvögel, die meisten Arten gute Flieger. Meist bebrütet das Weibchen die Eier, die Fütterung der als Nesthocker aufwachsenden Jungen erfolgt durch beide Partner. Die Männchen sind häufig größer und auffälliger gefärbt als die Weibchen. Entwicklungsgeschichtlich sind Sperlingsvögel erst rund 50 Millionen Jahre alt und stellen damit die jüngste Vogelgruppe dar. Bestimmte Merkmale, die aus der Ferne nicht erkennbar sind, haben alle gemeinsam: zum Beispiel sind der Bau ihres Gaumens und die 4 geraden Zehen am Fuß charakteristisch.

Eine große Gruppe der Sperlingsvögel sind die **Singvögel,** die über ein besonders hoch entwickeltes Stimmorgan verfügen. Damit bringen sie vielerlei Töne hervor bis hin zu melodischen Strophen, die zur akustischen Reviermarkierung und zum Anlocken der Weibchen eingesetzt werden. Sämtliche europäischen Sperlingsvögel gehören zu den Singvögeln, vom kleinen Goldhähnchen bis zum Kolkraben, dem größten Singvogel der Welt.

Seite 270–361

Wichtige Fachbegriffe

alpin Vegetationsstufe oberhalb der klimatischen Waldgrenze mit natürlichen Zwergstrauch- und Rasengesellschaften, in Mitteleuropa in ca. 2000–2500 m Höhe

Areal (Brut-)Verbreitungsgebiet, Siedlungsgebiet einer Art/Gattung/Familie; gelegentlich auch als Siedlungsgebiet einer Gruppe, z. B. einer Population verstanden

Art grundlegende Kategorie der biologischen Systematik; Gesamtheit der Individuen, die sich auf natürliche Weise untereinander uneingeschränkt fortpflanzen können und in den typischen Merkmalen untereinander und mit ihren Nachkommen übereinstimmen

Balz Werbung, Werbeverhalten, Paarungsvorspiel; Sammelbegriff für das Verhalten vor und zum Zweck der Fortpflanzung. Die Balz kann entweder zur Paarfindung, zur Paarbildung oder zur Festigung des Paarzusammenhalts dienen

Bastard durch Kreuzung von Eltern verschiedener Rassen oder Arten hervorgehendes Lebewesen

Bodenbrüter Vögel, die ihren Brutplatz bzw. ihr Nest auf oder dicht über dem Boden anlegen

boreal Zone mit kalt-gemäßigtem Klima, bei dem die kalte Jahreszeit länger als 6 Monate anhält; im europäischen Norden die Zone der Tundra und Taiga

Brutkleid ⇨ Prachtkleid

Brutvogel Bezeichnung für einen Vogel bzw. eine Vogelart, die in einem Gebiet brütet

Bürzel Federpartie am Anfang der Schwanzoberseite

Bürzeldrüse Hautdrüse bei Vögeln, am Ende des Rückens oberhalb der Schwanzwurzel gelegen, deren öliges Sekret mit dem Schnabel über das Gefieder verteilt wird. Die Federn werden dadurch wasserabstoßend. Entsprechend ist die Bürzeldrüse bei den meisten Wasservögeln deutlich stärker entwickelt als bei Landvögeln

Dialekt regional unterschiedliche Lautäußerungen innerhalb einer Art, z. B. beim Gesang oder Ruf. Die Unterschiede im Gesang (z. B. Goldammer) oder im Rufen (z. B. Buchfink) können von uns entweder deutlich gehört oder auch nur mittels Analyse des Klangspektrogramms (Sonagramm) festgestellt werden

Dunen flauschige Federn, die eine körpernahe, wärmende Schicht im Gefieder unterhalb der deckenden, meist farbigen Konturfedern bilden. Nestlinge und Küken tragen ein Dunenkleid, das ausschließlich aus Dunenfedern besteht

Durchzügler Bezeichnung für einen Vogel bzw. eine Vogelart, die durch ein Gebiet zieht und zumindest kurzzeitig in diesem Gebiet auch rasten kann, aber dort nicht brütet

Erpel Bezeichnung für das Männchen bei Enten; im ⇨ Prachtkleid gewöhnlich deutlich bunter gefärbt als das Weibchen

Familie Kategorie der biologischen Systematik oberhalb der Gattung

FFH-Richtlinie Abkürzung für Fauna-Flora-Habitat-Richtlinie, im Deutschen übliche Bezeichnung für die Richtlinie des Rates vom 21. Mai 1992 zur Erhaltung der natürlichen Lebensräume sowie der wildlebenden Tiere und Pflanzen (92/43/EWG). International wird diese Richtlinie *habitats directive* (Habitat-Richtlinie) genannt

Gattung Kategorie der biologischen Systematik, die zwischen Art und Familie steht

Geschlechtsdimorphismus Bezeichnung für Unterschiede im Erscheinungsbild und im weiteren Sinne auch im Verhalten zwischen Männchen und Weibchen innerhalb einer Art

Habitat Umgebung, in der eine bestimmte Tier- oder Pflanzenart gewöhnlich lebt und die alle Ansprüche dieser Art erfüllt (lateinisch *habitare* = wohnen). So kann z.B. das Biotop Wald mehrere verschiedene Habitate für Kleintiere enthalten, etwa die Streuschicht oder die Baumkronen

Horst Bezeichnung für ein großes Nest, oft gebraucht bei Störchen, Greifvögeln, Reihern und Eulen, gelegentlich auch bei Kolkrabe und Kranich

Hose Gefiederpartie am Vogelbein, oft nur am Unterschenkel

hudern bei Vögeln das Wärmen der Jungen im aufgeplusterten Gefieder der Eltern

Jugendkleid das erste Vollgefieder eines jungen Vogels; sieht meistens noch anders aus als das Gefieder der Altvögel

Kleid die Gesamtheit der Federn eines Vogels (Gefieder)

Kropf sackartige Ausdehnung der Speiseröhre bei einigen Körnerfressern unter den Vögeln (z. B. Tauben, Hühner); dient als Futterbehälter und zur Nahrungsvorverdauung

Kropfmilch bei Tauben ein dickflüssiges, weißliches Sekret, das bei Männchen wie Weibchen im Kropf gebildet wird und den frisch geschlüpften Jungen als Nahrung dient; besteht zu 25–30 % aus Fett und zu über 10 % aus Eiweiß

Kulturfolger Arten, die sich der vom Menschen für Menschen veränderten Umwelt besonders gut anpassen und sich dort besser verbreiten als in naturnahen oder sogar natürlichen Landschaften

Kurzstreckenzieher Sammelbezeichnung für alle Zugvögel, die nur eine relativ geringe Strecke zwischen Brut- und Überwinterungsgebiet jährlich zurücklegen. Der Übergang zu Teilziehern ist fließend

Langstreckenzieher Sammelbezeichnung für alle Zugvögel, die eine relativ lange Zugstrecke jährlich zurücklegen

Mantel Gefieder bzw. sich deutlich abhebende, meist dunkle Gefiederfärbung an Rücken und Flügeloberseiten

Mauser periodischer, meist jährlicher Wechsel des Federkleids bei Vögeln. Die Mauser kann das gesamte Gefieder umfassen (Vollmauser) oder nur Teile davon, etwa das Kleingefieder (Teilmauser). Die alte Feder wird dabei durch die nachwachsende neue Feder ausgestoßen. Eine Vollmauser beginnt in der Regel an den Flügeln, setzt sich über Kopf und Rumpf fort und endet bei den Schwanzfedern. Bei den Singvögeln dauert die gesamte Mauser etwa 8–12 Wochen und findet meist nach der Brutzeit statt. Etliche andere Vogelgruppen mausern regelmäßig zweimal im Jahr, z. B. erkennbar am Wechsel zwischen Pracht- und Schlichtkleid. Viele Wasservögel sind in der Mauser für mehrere Wochen flugunfähig und ziehen sich in dieser Zeit in Gebüsche oder andere Verstecke zurück

montan Vegetationsstufe im Bergland, in unseren Breiten die Höhenstufe der Buchen-Tannen-Fichten-Mischwälder (Bergwaldstufe)

Nestflüchter Vogeljunge, die sehr weit entwickelt aus dem Ei schlüpfen und unmittelbar nach dem Schlüpfen das Nest verlassen, den Eltern sofort folgen und selbstständig Nahrung aufnehmen können. Sie können sich im Prinzip sofort in ihrer Umwelt allein zurechtfinden, werden allerdings häufig (unter Umständen noch wochenlang) von erwachsenen Tieren beschützt und gefüttert

Nesthocker im Unterschied zum ⇨ Nestflüchter solche Vogeljunge, die noch relativ unentwickelt schlüpfen und daher auch nach dem Schlüpfen wegen ihrer Hilflosigkeit noch wochen- oder monatelang an das Nest gebunden bleiben und von den Eltern gefüttert und betreut werden

Ordnung Kategorie der biologischen Systematik oberhalb der Familie

Population Gesamtheit der Individuen einer Art mit gemeinsamen genetischen Gruppenmerkmalen innerhalb eines bestimmten Raums

Prachtkleid besonders prächtiges Federkleid, das einige Vogelarten zur Paarungszeit tragen. Wird daher häufig auch Brutkleid genannt

Ruderalflächen Flächen mit Pflanzengesellschaften, die typisch sind für stickstoffreiche, trockene Standorte wie Schuttplätze, Ruinen, Wegränder oder Bahndämme (lateinisch *rudus*, der Schutt)

Ruf Lautäußerung, die aus einem oder nur aus wenigen Elementen besteht und meist in spezifischen Situationen auftritt. Jede Art besitzt ein die Art charakterisierendes Rufrepertoire mit arttypischen Rufen (z. B. Flugruf, Luftfeindruf)

Ruhekleid ⇨ Schlichtkleid

Rüttelflug Flugtechnik, bei der das Tier gleichsam in der Luft stehenbleibt; bekannt von Greifvögeln und Kolibris, aber auch manche Fledermäuse beherrschen diese Technik

Sandbaden Gefiederpflege in Form von Badeverhalten im Sand. Es dient der Reinigung des Gefieders und kann als Komfortverhalten angesehen werden

Schlagflug Flug, bei dem mit den Flügeln geschlagen wird (im Gegensatz zum ⇨ Segelflug)

Schlichtkleid weniger prächtiges Federkleid, das einige Vogelarten außerhalb der Paarungszeit tragen. Zur Unterscheidung vom Brutkleid wird es auch oft Ruhekleid genannt, obwohl die Vögel in dieser Zeit keineswegs nur ruhen

Schulterfedern Federpartie auf dem Flügel

Schwanzspieße Verlängerung der Steuerfedern, z. B. der mittleren beim Bienenfresser oder der äußeren bei der Küstenseeschwalbe

Schwarm Gruppe von Vögeln, meist gebraucht für fliegende Verbände

Segelflug Fliegen mit ausgebreiteten Schwingen und im eigentlichen Sinn ohne Flügelschlag. Es findet im Prinzip ein Gleitflug in aufsteigenden Luftströmungen statt, bei dem die Sinkgeschwindigkeit durch den Auftrieb ausgeglichen oder – wenn der Vogel steigt – mehr als ausgeglichen wird. Beim Segelflug wird etwa ein Dreißigstel des Energiebedarfs des aktiven ⇨ Schlagflugs benötigt

Singflug Form des Balzflugs, bei dem während des Fluges gesungen wird. Wird oft von Vogelarten des Offenlands vorgetragen, die keine ⇨ Singwarten zur Verfügung haben (z. B. Feldlerche)

Singwarte Ort, an dem bzw. von dem

aus ein Vogel seinen Gesang vorträgt. Häufig handelt es sich dabei um einen exponierten Platz, z. B. einen Baum, Busch, Weidepfosten oder ein Hausdach

Sitzwarte erhöhter Platz, von dem aus Lauerjäger auf ihre Beute warten und diese relativ nahe herankommen lassen, bevor sie sie angreifen

Standvogel auch oft als Jahresvogel bezeichnet; Vogelart, die das ganze Jahr über in ihrem Brutgebiet bleibt

Steiß Federpartie auf der hinteren Vogelunterseite

Strichvogel Vogelart, die keine ausgeprägten Wanderungen in ein Winterquartier unternimmt, sondern in Abhängigkeit vom vorhandenen Nahrungsangebot in den Wintermonaten ohne bevorzugte Richtung umherstreift (z. B. viele Finkenvögel, Meisen)

Teilzieher Vogelarten, bei denen ein Teil der Individuen einer Population im Herbst wegzieht, ein anderer Teil im Brutgebiet verbleibt

Unterart Kategorie der biologischen Systematik unterhalb der Art; Gruppe von ähnlichen Individuen, die einerseits untereinander paarungsfähig sind (also ein wichtiges Kriterium der Abgrenzung von Arten nicht erfüllen), andererseits aber als Gruppe eindeutig gegen andere Gruppen abgrenzbar sind und oft auch ein unterschiedliches Areal besiedeln

Waldhühner jagdliche Bezeichnung für Raufußhühner

Watvogel deutsche Bezeichnung für Limikolen, eine Ordnung der Vögel, deren Vertreter überwiegend in Feuchtgebieten und an Küsten leben und lange, stelzenartige Beine haben, mit denen sie gut in Schlick und seichtem Wasser waten können

Wintergast Vogelarten, die in nördlicheren oder nordöstlicheren Regionen brüten und zum Überwintern zu uns kommen

Zugvogel Sammelbegriff für alle Vogelarten, die regelmäßig, d. h. periodisch wandern, meist den Winter in wärmeren Gebieten der Erde verbringen und zur Fortpflanzung wieder in die Gebiete zurückkehren, aus denen sie stammen

Aktiv

Vögel beobachten: Wie? Wo? Was?

Oft müssen wir gar nicht lange suchen, um Vögel zu beobachten: Viele Vogelarten sind so häufig, dass sie uns immer wieder regelrecht über den Weg laufen (fliegen). Andere brauchen schon ein bisschen mehr Aufmerksamkeit, Knowhow und die richtige Ausrüstung.

Direkt vor Ihrer **Haustüre...**

... lässt sich schon einiges beobachten. Notieren Sie doch einmal bei einem Spaziergang durch den Stadtpark oder einen Friedhof, welche Vögel Sie dort entdecken. Dann können Sie die Arten mit denen vergleichen, die bei Wanderungen im Wald oder in der Feldflur, am Seeufer oder entlang von Flüssen Ihren Weg kreuzen. Übrigens sind auch alte Steinbrüche, Lehm-, Sand- oder Kiesgruben, ja sogar Mülldeponien oder Industrieflächen „ergiebige" Areale für interessante Vogelbeobachtungen.

Das **„Privatleben"** der Gefiederten

Wer genauer hinsieht, kann schnell noch mehr über die Vögel herausfinden. Ihre arttypischen **Verhaltensweisen** gewähren uns häufig großzügig Einblick in ihr „Privatleben".

Trällert einer beispielsweise aus voller Kehle sein Lied, wissen wir, dass er damit sein Brutrevier besetzt hält und nicht nur Durchzügler ist. Dasselbe gilt, wenn wir Zeuge von Revierauseinandersetzungen werden oder beobachten, wie Vögel mit Nistmaterial oder mit Futter im Schnabel geschäftig umherfliegen. Nester oder gar bettelnde oder eben flügge gewordene Jungvögel geben Aufschluss über die Familienverhältnisse der Gefiederten.

Klare **Spielregeln!**

Dass Vogelbeobachter die Natur und ihre Geschöpfe schützen sollten, versteht sich eigentlich von selbst. Dennoch können die „Spielregeln" nicht oft genug in Erinnerung gerufen werden. Sonst geht es Vogelfreunden wie manchen Sportlern: Vor lauter Ehrgeiz und Begeisterung werden Fouls begangen und Regeln übertreten. Vor allem im Falle von gefährdeten und oft sehr störungsempfindlichen Vogelarten kann sich die Verletzung der Spielregeln womöglich fatal auswirken. Deshalb muss **für alle** gelten:

- Das Wohl der Vögel hat immer Vorrang.
- Der Lebensraum muss unversehrt bleiben.
- Störungen sind so gering wie möglich zu halten.
- Seltene Vogelarten und Gäste sollten keinesfalls beunruhigt werden.
- Der unmittelbare Nestbereich eines Vogels ist grundsätzlich tabu.

Mit Spektiv und Ferngläsern ist man gut für die Vogelbeobachtung gerüstet.

» Die Naturschutzgesetze sind immer einzuhalten.
» Die Rechte von Grundstückseigentümern und Pächtern sind zu berücksichtigen.
» Wir begegnen anderen bei unserer Vogelbeobachtung mit Höflichkeit und Rücksicht.
» Wichtige Beobachtungen machen wir den Fachleuten zugänglich (Naturschutzbehörde/-verband).
» Im Ausland verhalten wir uns nicht anders als im eigenen Land; auch dort nicht, wo traditionell auf Naturschutz weniger Rücksicht genommen wird.

Das brauchen Sie

Zur Grundausrüstung jedes Vogelbeobachters zählt neben einer wettergemäßen, farblich gedeckten Kleidung und dem passenden Schuhwerk ein Bestimmungsbuch, das vor allem die Feldkennzeichen der Vögel gut in Text und Bild darstellt, sowie ein lichtstarkes Fernglas mit ausreichender Vergrößerung. Empfehlenswert sind Ferngläser ab einer siebenfachen und bis zu einer zehnfachen Vergrößerung.
Für Beobachtungen aus weiter Entfernung (wie an großen Seen oder an der Küste) lohnt ein Spektiv, das 20- bis 60fach vergrößert. Zu dessen Handhabung ist allerdings ein Stativ erforderlich. Bei geführten Touren hat der Fachmann häufig die beste Ausrüstung dabei.

Aktiv

Zeigt her eure Füße, Schnäbel und Flügel!

Die Schnäbel, Beine und Flügel der Vögel sehen ausgesprochen unterschiedlich aus. An ihnen lässt sich viel über die Lebensweise des Tieres ablesen und die wiederum verrät uns, um welche Gruppe von Vögeln es sich handeln könnte.

Stark am Boden

Bodenbewohner wie die Hühnervögel (z. B. Fasen, Rebhuhn) haben kräftige Füße und starke Zehen zum Scharren und Umherlaufen. Auf kurzen, abgerundeten Flügeln entkommen sie ihren Feinden in schnellem Flug über kurze Distanz. Ein typischer Laufvogel der offenen Ebenen ist die Großtrappe. Ihre langen, kräftigen Beinen machen sie zur ausdauernden Läuferin, die kurzen Zehen dagegen sind fürs Scharren ungeeignet.

Grazile Küstenbewohner

Küstenvögel wie Strandläufer und Regenpfeifer suchen auf langen, schlanken Beinen am Boden nach Nahrung. Ihre langgestreckten, spitzen Flügel tragen sie schnell zu anderen Futterplätzen oder auch zwischen den weit voneinander entfernten Winterquartieren und Brutregionen hin und her. Limikolen oder **Watvögel** haben oft sehr lange Schnäbel, mit denen sie den weichen Boden nach Nahrung sondieren.

Langbeinige Jäger

Auf langen Beinen und Zehen gehen **Reiher** im flachen Uferwasser auf die Pirsch. Ihre kräftigen, langen Schnäbel dienen ebenso wie die der Störche zum Packen und Spießen von Beutetieren.

Zu **Wasser** und in der **Luft**

Schwimmvögel wie Enten, Gänse, Schwäne, Lappen- oder Seetaucher haben wasserdichtes Gefieder, kurze Beine sowie Schwimmhäute oder Schwimmlappen zwischen den Zehen. Ihre Flügel sind recht schmal und spitz und schlagen sehr schnell, wenn sie sich in die Luft erheben. Die **Rallen** dagegen huschen auf kurzen Beinen mit langen Zehen über Schwimmpflanzen hinweg und verschwinden bei Störung eher blitzschnell im Pflanzengewirr, als dass sie auf ihren kurzen, gerundeten Flügeln auffliegen würden.
Vögel der Lüfte verbringen hingegen bei der Nahrungssuche viel Zeit im Flug. Ihre Flügel sind vergleichsweise groß, die Füße klein. Während **Segler und Schwalben** so über Land jagen, suchen **Seeschwalben und Möwen** die Wasserflächen fliegend ab.

Spezialwerkzeuge

Mit gut entwickelten Greifzehen springen und turnen viele unserer kleinen

Beim Besuch des Futterhauses ganz nah zu sehen: der kräftige Finkenschnabel des Dompfaffs (♂).

Singvögel im Geäst umher. Während Grasmücken, Laubsänger, Baumläufer und Zaunkönig mit ihren feinen, spitzen Schnäbelchen Insekten wie mit Pinzetten von den Zweigen abpicken, enthülsen die Finken mit ihren kräftigen, kurzen Schnäbeln auch harte Samen. Mit seinem gekreuzten Schnabel als „Spezialwerkzeug" gelingt es dem Kreuzschnabel, die Samen aus Nadelholzzapfen herauszuklauben.

Kraftprotze

Die **Greifvögel und Eulen** verfügen über kraftvolle, eindrucksvoll bekrallte Greiffüße, mit denen sie ihre Beutetiere packen und oft auch töten können. Auch ihr kräftiger, hakenartiger Oberschnabel stellt ein perfektes Instrument dar zum Festhalten, manchmal auch zum Töten der Beute. Und bei der Mahlzeit dann zerteilt der Schnabel das Fleisch wie eine Geflügelschere.

Ganz anders die **Spechte.** Mit ihrem Meiselschnabel sind sie bestens gerüstet als „kletternde Zimmerleute". Sie schaffen es, in erstaunlich kurzer Zeit auch große Löcher in Baumstämme zu hämmern. Um für ihre Schläge genug Kraft aufwenden zu können, stützen sie sich dabei mit den kurzen, stabilen Schwanzfedern am Baum ab.

Natur-Tipp

Vögel aus der Nähe

Den halbzahmen Wasservögeln an Parkteichen (Enten, Gänsen, Schwänen, Bläss- und Teichhühnern) lässt sich ebenso gut wie nah auf Schnäbel und Füße schauen wie den vertrauten Kleinvögeln in Parks oder am winterlichen Futterhaus. Auch ein Zoobesuch unter diesem Blickwinkel lohnt sich!

Vogel-Erlebnisse im Frühjahr

Wenn in unseren Breiten die Natur neu erwacht, ist in der Vogelszene viel geboten. Machen Sie sich also gleich auf den Weg und werfen Sie einen neugierigen und forschenden Blick vor die Haustür.

März – das Vogeljahr beginnt

Im März kündigen große Vogelschwärme den Frühling an. Jetzt können wir Drosseln, Stare und Kiebitze auf den Wiesen bei ihrer Nahrungssuche beobachten. In Parks, Gärten und im Wald singen die Meisen. Auch für Amseln, Grünlinge, Ringel- und Türkentauben beginnt überall die Brutsaison. Und selbst mancher Star hat jetzt schon seinen Nistkasten bezogen. Schon ab Anfang März quetscht der Hausrotschwanz seinen Zwitschergesang von Hausgiebeln herab.

April – ein Kommen und Gehen

Jetzt ist der Vogelzug noch in vollem Gange. Aus ihrem afrikanischen Winterquartier zurückgekehrt, lassen sich ab Anfang April die ersten Rauchschwalben beim Jagen über Gewässern beobachten. Bald beginnen sie mit dem Bau bzw. Ausbau ihrer Viertelkugelnester aus Lehm und Halmen vor allem in Kuh- und Pferdeställen. Ende des Monats liegen die ersten Eier in ihrem Nest. Auch Mönchsgrasmücken und Weißstörche sind wieder da. Verschwunden sind hingegen die Wasservogelscharen, die bei uns überwintert haben. Ende April/Anfang Mai können wir den unverwechselbaren Kuckucksruf aus Misch- und Auwäldern hören. Mit viel Glück sehen wir den taubenähnlich fliegenden Frühlingsboten dann sogar.

Mai – Sänger und Baumeister unterwegs

Im Mai treffen schließlich auch die Spätheimkehrer aus tropischen Winterquartieren wieder bei uns ein, darunter Pirol, Sumpfrohrsänger, Neuntöter und der für den Siedlungsraum so charakteristische Mauersegler. Das Vogelkonzert erreicht in diesem Monat seinen lautstarken Höhepunkt. Von früh bis spät können Sie nun den unterschiedlichsten Gesängen lauschen, und überall lassen sich jetzt eifrige „Baumeister" mit Nistmaterial im Schnabel beobachten.

Die **„SdG"**

Seit 2005 gibt es für unsere gefiederten Freunde eine jährliche bundesweite **„Volkszählung"**, die Stunde der Gartenvögel (SdG). Die beiden Naturschutzverbände NABU und der Bayerische Landesbund für Vogelschutz (LBV) griffen damit eine Idee aus England auf, wo Vogelfreunde schon seit 1979 einen „Big Garden Birdwatch" veranstalten. Wenn sich möglichst viele Vogelfreunde an einer solchen „Volkszählung" beteiligen, ergibt das über die Jahre ein Bild zum Zu-

Wer fliegt denn da? Bei der Stunde der Gartenvögel kann jeder den professionellen Vogelschützern wichtige Infos liefern.

stand und den Veränderungen in der Vogelwelt um uns.

Über 40 000 Vogelfreunde nutzten das zweite Maiwochenende 2009 zur Teilnahme an dieser Mitmachaktion. Sie meldeten alle Vögel, die sie während einer Beobachtungsstunde im Garten oder vom Balkon aus entdeckten, zusammen beinahe eine Million Tiere. Die Auswertung der mehr als 20 000 Einsendungen ergab, dass landesweit die Haussperlinge die am häufigsten gesichteten Vögel im Siedlungsraum sind, gefolgt von Amseln und Kohlmeisen. Erfreulich: nach Jahren des Rückgangs holten die Mehlschwalben in der Häufigkeit wieder kräftig auf.

Wer Lust hat, sich an der „Stunde der Gartenvögel“ zu beteiligen, findet alle dafür notwendigen Informationen unter: www.nabu.de.

Natur-Tipp

Gesangsstudien

Sie kennen sich schon ein wenig aus mit Vogelstimmen? Dann stellen Sie doch einmal für Ihre Umgebung eine „Vogeluhr“ zusammen: Achten Sie darauf, welcher Vogel zu welcher Tageszeit singt. Genauso interessant ist es, die Singwarten zu notieren, von wo die lautesten Sänger ihre Strophen schmettern.

Hör mal, wer da singt!

Übungen für **Frühaufsteher**

Frühes Aufstehen ist nicht jedermanns Sache. Um Vogelstimmen kennenzulernen, ist es aber fast ein Muss. Doch keine Sorge, Sie brauchen dazu keinen weiten Weg zurücklegen. Schon vom **Fenster** aus oder im **Garten** können Sie den „Frühaufstehern" unter den Vögeln lauschen, die – wie Amsel, Rotkehlchen oder Singdrossel – bereits eine Stunde vor Sonnenaufgang mit dem Singen beginnen. Aber auch Arten, die in der Vogelwelt als **„Spätaufsteher"** gelten, stimmen schon kurz vor 6 Uhr morgens in das große Konzert ein.

Musik mit Sinn

Wenn man dem Lied der Lerche überm Feld oder dem Flöten der Amsel auf dem Dach lauscht, könnte man meinen, Vögel sängen aus purer Lebensfreude. Weit gefehlt! Tatsächlich steht ihr Gesang vor allem im Dienst der **Fortpflanzung.** Deshalb können wir Vogelgesänge fast nur im Frühjahr zur Fortpflanzungszeit hören. Doch auch sonst sind die Gefiederten nicht stumm und machen sich durch verschiedenste Rufe bemerkbar.

Die eigentlichen Vogelgesänge sind **Reviergesänge,** die fast immer vom Männchen vorgetragen werden, das damit sein Revier markiert und gegen Konkurrenten verteidigt. Gleichzeitig lockt sein Gesang aber auch die Weibchen an und fördert nach der Verpaarung den Zusammenhalt des Vogelpaares.

Rufe und **Gesänge**

Meistens sind Gesänge komplizierter aufgebaut als Rufe. Letztere werden an bestimmte Situationen gekoppelt und dienen beispielsweise dem Warnen, dem Kontakt, dem Locken, Betteln. Die Gesänge hingegen, die akustischen Reviermarkierungen, werden meist von strategisch günstigen Stellen, nicht selten von hohen Singwarten oder gar im Singflug, vorgetragen. Schließlich sollen sie möglichst weit zu hören sein.

Wie bei unseren Volkslieder oder den Schlagern baut sich auch der Vogelgesang aus **Strophen** auf. Diese können ganz einfach sein und oft wiederholt werden, wie z. B. bei der Kohlmeise oder dem Zilpzalp. „Meistersänger" wie die Heidelerche beherrschen dagegen über 100, die Nachtigall sogar über 200 verschiedene Strophen!

Aus **tiefster Brust**

Die meisten Wirbeltiere erzeugen wie wir ihre Laute im Kehlkopf. Dagegen haben Vögel ein **spezielles Stimmorgan,** die Syrinx, entwickelt. Sie sitzt mit zwei membranartigen Häutchen an der Stelle, wo sich die Luftröhre im Brustraum in die beiden Äste gabelt, die zu den Lungenflügeln führen. Bei Singvögeln können die beiden Häutchen sogar unabhängig schwingen, sodass verschiedene Töne zur gleichen Zeit entstehen.

Zaunkönig beim Reviergesang. Dem kleinen Vogel traut man so eine laute, durchdringende Stimme kaum zu.

Geräuschimitatoren und Dialekte

Häufig sind die Gesänge und Rufe so typisch, dass sich die Vogelarten allein an ihren Lautäußerungen sicher bestimmen lassen. Es gibt aber auch Arten, die andere Sänger **täuschend echt imitieren** und in ihre Strophen als **„Spottgesänge“** einbauen. Und nicht nur andere Vogelarten werden nachgeahmt, auch Laute aus der Menschenwelt, seien es quietschende Bremsen, Pfiffe oder neuerdings Handyklingeltöne.

Damit nicht genug. Die Gesänge einzelner Arten können auch deutliche **geografische Unterschiede** aufweisen. So singen manche Sperlingsvögel „Dialekt“ und verraten damit ihre Herkunft.

Natur-Tipp

Vogelstimmen erkennen lernen

Fangen Sie im zeitigen Frühjahr mit den häufigen Vogelarten an. Wenn Sie einen Sänger beim Singen beobachten können, fällt es leichter, sich seine Rufe und Gesänge einzuprägen. Versuchen Sie, den Klangeindruck wie auch die Strophen zu beschreiben (z. B. „flötend“, „abwechslungsreich“, „monoton“, lange Strophen, viele Wiederholungen etc.). So können Sie das Gehörte besser „abspeichern“. Durch geführte Wanderungen und Vergleiche von Vogelstimmen auf CD’s können Sie Ihr Spektrum nach und nach erweitern und werden zugleich immer sicherer.

Balzen und Brüten – das Fortpflanzungsgeschäft

Familiengründung und für Nachwuchs sorgen – so heißt in jedem Frühjahr die vorrangige Devise unter unseren Vögeln. Und viele lassen sich dabei ganz ungeniert zusehen.

Vogelbalz – Marktplatz der **Eitelkeiten**

Um in die richtige Gefühlsverfassung für die Fortpflanzung zu kommen, wird gebalzt. An Vielfalt in den Formen, Farben, Bewegungen und Lautäußerungen ist die Vogelbalz dabei kaum zu überbieten. Viele Vogelmänner „verkleiden" sich zur Balz, indem sie ein buntes oder zumindest kontrastreiches **Prachtkleid** anlegen. Sie wollen damit den unscheinbareren, aber nichtsdestotrotz recht wählerischen Weibchen imponieren.

Vielen reicht aber ihr auffälliges Outfit nicht. Sie führen auch noch **ekstatische Tänze** (Kranich) oder Bewegungen (Birkhahn) auf, um sich wechselseitig in Stimmung zu puschen oder ihren gefiederten Zuschauerinnen zu gefallen. Andere Vogelmänner wie Spechte und viele Singvögel setzen auf **Trommelwirbel** oder **Sängerwettstreit**. Auch **Baukunst** (z. B. baut der Zaunkönig mehrere Nester als Rohbau-Wohnungen) oder **Luftakrobatik** (bei den Greifvögeln) können bei der Damenwelt gefragt sein.

Hat man/frau sich gefunden, werden manchmal noch symbolische **Geschenke** (Pflanzenteile) oder Leckereien überreicht („Balzfüttern"), bevor schließlich der Begattungsakt vollzogen und mit Nestbau und Brut begonnen werden kann.

Flirt im Stadtpark

Zwei Formen der Vogelbalz lassen sich bei uns sehr einfach beobachten oder hören. Gehen Sie doch mal mit Ihren Kindern im März oder April an einen **entenreichen Weiher** im Park oder im Zoo. Im Frühjahr sind viele Entenarten heftig beim Balzen. Bei den verschiedenen Wildenten machen die jetzt buntgefärbten Erpel den unscheinbaren Weibchen ihre Aufwartung, indem sie Verhaltensweisen, die normalerweise eine bestimmte, praktische Funktion haben (wie Trinken, Putzen, Drohen) jetzt als Signale einsetzen (wie „Scheinputzen" mit Streichen über bunte Federpartien am Flügel oder auch Antippen von diesen mit dem Schnabel, „Antrinken" mit kurzem Eintauchen des Schnabels ins Wasser, immer in Blickentfernung zum Weibchen). Die Höckerschwäne wiederum führen sogar ein ganzes Ballett auf dem Wasser auf, mit synchronen Bewegungen des Paares neben- und gegeneinander.

Wer klopft denn da?

Das **Trommeln von Spechten** im Wald und in Parks ist Ihnen sicherlich vertraut. Aber horchen Sie bei Ihren Spa-

Wassergeflügel lässt sich beispielsweise auf einem Parkteich gut beim Balzen – hier beim Nickschwimmen – beobachten.

ziergängen doch einmal genauer hin! Rasch werden Sie feststellen, dass sich die Spechtarten bei ihren Trommelwirbeln ebenso unterscheiden wie bei ihren Rufen. Der leicht abfallende Ruf des Grauspechts ähnelt dem lachenden Ruf des Grünspechts. Letzterer bleibt aber auf einer Tonhöhe. Abgesehen von den Artunterschieden bei den Trommelwirbeln der Spechte lässt sich mit einiger Übung sogar erkennen, ob der Trommler erst „verlobt" (noch partnersuchend) oder bereits „verheiratet" (verpaart) ist. Mit dem Verheiratetsein lässt nämlich die Trommelfrequenz deutlich nach ...

Die **Kinderstube** wird gebaut

Für die meisten Vogelarten ist der Nestbau obligatorisch. Vogelnester gibt es in allen erdenklichen Variationen, von der flüchtig angelegten Bodenmulde bis zum kunstvoll geflochtenen Kugelnest, der Erdhöhle, dem Lehmnest oder dem

Natur-Tipp

Vogelnester

Mit etwas Übung und entsprechenden Bestimmungshilfen (wie diesem Buch) ist es nicht schwer, viele Vogelnester sehr genau ihren jeweiligen Erbauern zuzuordnen. An dieser Stelle sei jedoch noch einmal ganz deutlich gesagt: ***Bitte halten Sie sich zur Brutzeit der Vögel aus deren Nestbereich fern!*** *Viele Vogeleltern reagieren höchst empfindlich auf derartige Störungen ihres Familienlebens.*

Schwimmnest. Vogelarten, die keine eigenen Nester bauen, sind auf die Aktivitäten anderer Arten angewiesen. Manchen genügt auch schon ein Felssims zum Brüten. Je nach ihrer Stellung, Größe, dem Bautyp und den verwendeten Baustoffen sind die Nester für die einzelnen Vogelarten ebenso kennzeichnend wie das unterschiedliche Gefieder.

Vogeleier – so verschieden wie die Nester

Vogeleier stellen in ihrer Form und Größe einen Kompromiss dar zwischen Energieersparnis, Passierbarkeit der Geburtswege, Raumnutzung unter dem Vogelkörper (beim Brüten) bzw. im Nest und Anpassung an den Standort. Im Hinblick auf den Materialaufwand wäre ja die Kugel die ideale Eiform. Denn bei gleicher Oberfläche ist das Volumen einer Kugel größer als das eines jedem anderen runden Körpers. Fürs leichtere Gleiten in den Geburtswegen des Vogelweibchens ist dagegen eine ovale bis langgestreckte Eiform besser.

Sämtliche Eiformen liegen irgendwo zwischen diesen beiden Ausprägungen, so kugelig wie möglich und so länglich wie nötig. Ob die Eier nun mehr elliptisch oder oval, mehr spindelförmig oder mehr kreiselförmig sind, ist letztlich eine Anpassung an die unterschiedlichen Lebensräume und Lebensweisen der Vögel.

Doch bei aller Formenvielfalt ist die ovale Form als echter Kompromiss zwischen rund und langgestreckt die häufigste und am weitesten verbreitete Eiform in der gesamten Vogelwelt.

„Naturfarben“ im Eileiter

Die Schalenfarbe der Vogeleier reicht von Reinweiß über Gelb, Grün, Rot und Blau bis fast Schwarz. Dazu können noch schwarze, braune und rötliche Zeichnungsmuster kommen. Wobei alle Farben nur von zwei Grundfarben gebildet werden: vom Gallenfarbstoff Oozyan und dem Blutfarbstoff Protoporphyrin.

Die eigentliche Farbgebung erfolgt im Eileiter. Entweder bleiben die Eier weiß (z. B. bei Tauben und Eulen), oder der Kalkbrei wird gleichmäßig eingefärbt (bei Star und Amsel) bzw. es werden bei der Vorwärtsbewegung und Drehung des Eies im Eileiter Farben oder nur Farbtupfer aufgetragen und häufig zu Schlieren und Bändern verwischt (wie bei der Goldammer).

Natur-Tipp

Vogeleier

Auch wenn für uns als rücksichtsvolle Naturbeobachter der Nestbereich der Vögel tabu ist, können wir anhand von Eierschalen-Funden, Nistkastenkontrollen bzw. aufgegebenen Gelegen nach der Brutzeit vieles über Form und Farbe der Vogeleier erfahren.

Streitende Rebhühner einer „Kette“ im Winter. In der Fortpflanzungszeit leben diese Feldhühner dann paarweise und territorial.

Der Vogel-Sommer

Stresszeiten für Vogeleltern! All die hungrigen Schnäbel im Nest wollen erst einmal gestopft sein. Dann wird es – verdientermaßen – wieder ruhiger bei unseren Vögeln.

Lange Tage und warmer Sonnenschein macht das Beobachten von Vögeln jetzt zum reinsten Vergnügen. Nach wie vor gewähren sie uns vielfältige Einblicke in ihr Familienleben.

Juni – Nachwuchs ist da

Im Juni sind die meisten Vögel mit der **Jungenaufzucht** beschäftigt. Manche Arten, z.B. die Amseln, brüten schon zum zweiten Mal. Jetzt ist das Nahrungsangebot besonders reichhaltig. Vielen knapp flügge gewordenen Jungvögeln können wir bei ihren ersten Flugversuchen zusehen. Am richtigen Platz und mit etwas Glück ist der Neuntöter bei seiner Jagd von Sitzwarten aus auf Großinsekten, Eidechsen und Mäusen zu beobachten. Auch an der Küste tut sich was. Vor allem in den Seevogelschutzgebieten sind jetzt Junge führende und fütternde Watvögel, Seeschwalben und Möwen zu beobachten.

Aus dem Nest gefallen?

„Schau mal, dort am Boden! **Ein Vogeljunges!** Es piepst ganz hilflos. Das arme Kleine! Aus dem Nest gefallen und jetzt von den Eltern verlassen!“ So denken viele. Doch weit gefehlt. Wenn Sie genügend Abstand halten, kommen bald die Vogeleltern und stopfen ihrem Sprössling das Schnäbelchen. Für viele Singvögel ist es ganz normal, dass die Jungen das Nest bereits verlassen, wenn sie noch gar nicht fliegen können. Wer ein solches Vogeljunges findet, sollte es **unbedingt an Ort und Stelle belassen.** Höchstens von einer stark befahrenen Straße einige Meter unter den nächsten Strauch umsetzen. Viele dieser halbflüggen Jungvögel werden aus falsch verstandenem Mitleid von tierfreundlichen Menschen nach Hause genommen – und dort zu Tode gepflegt.

Juli – Zeit des Kleiderwechsels

Im Juli, wenn für uns der Sommer erst richtig losgeht, neigt sich die Brutzeit der Vögel ihrem Ende entgegen. Einige Jungvögel verlassen bereits ihr Brutgebiet und streunen in kleinen Trupps umher. Bei vielen Vogelarten setzt nun die Vollmauser ein. Sie werden in dieser Zeit besonders heimlich, denn sie können dann nicht gut fliegen.

Danach sehen manche vertraute Singvögel plötzlich ganz anders aus. An die Stelle des Brut- und Prachtkleids ist vielfach ein sogenanntes **Schlichtkleid** getreten. Der Grünfink etwa hat sein leuchtendes Gelbgrün aufgegeben, und beim Buchfinkmännchen ist die markante Zeichnung zum Gutteil von braunen Federrändern überdeckt.

In den Städten fallen im Hochsommer vor allem die **Mauersegler** auf, wenn sie

Teichrohrsänger am kunstvoll gebauten Hängenest zwischen Schilfhalmen. Die Nestlinge sperren nach Nahrung.

in ganzen Schwärmen unter Gekreische über den Häusern nach Insekten jagen. Die jungen Mauersegler wurden im Juli flügge und jagen nun mit den Altvögeln in kleinen Trupps den Fluginsekten hinterher.

So sicher diese Flugkünstler sich auf ihren sichelförmigen Flügeln in der Luft bewegen, so unbeholfen wären sie am Boden. Den betreten sie normalerweise nie. Gegen Ende des Monats verschwinden die Mauersegler dann wieder von ihren Brutplätzen, sind aber noch geraume Zeit über Gewässern zu beobachten.

Natur-Tipp

Sommer auf Helgoland

Gegen Ende Juni können Sie am Vogelfelsen von Helgoland das eindrucksvolle Naturschauspiel des Lummensprungs erleben. In der Kolonie der Trottellummen sitzen in dieser Zeit die zwar schon großen, aber noch flugunfähigen Jungvögel auf den Brutplätzen hoch über dem Meer. In der Abenddämmerung stürzen sie sich, von den Rufen ihrer auf dem Wasser schwimmenden Eltern gelockt, mutig ins Meer hinab.

Ganz nah dran und trotzdem Vorsicht! Selbst wenig scheue Parkschwäne (hier ein Höckerschwan) verteidigen ihre Jungen bei vermeintlicher Gefahr heftig – auch gegen Menschen.

August – Aufbruch Richtung Süden

Im August beginnen sich etliche Zugvögel langsam zu **Schwärmen** zu formieren, bevor sie endgültig in Richtung Süden starten. Die wabernden dunklen Wolken über Schilfflächen sind Schlafplatzansammlungen von Staren. Bei den Schwalben kommt es währenddessen oft noch zu **Spätbruten.** Auch die Reiherenten und Haubentaucher kann man noch mit relativ kleinen Jungen auf den Parkteichen schwimmen sehen. Manche Vogelarten überraschen uns jetzt mit ihrem **Herbstgesang,** so z. B. Kohl- und Tannenmeisen, Zilpzalp und Fitis. An Beerensträuchern (z. B. Holunder) naschen in dieser Zeit besonders viele Singvögel – ein guter Platz zum Beobachten.

Schlafen nach Vogelart

Manche Vögel schlafen im Stehen, andere im Sitzen, wieder andere beim Schwimmen.

Bodenvögel wie Kraniche, Limikolen oder Flamingos stehen beim Schlafen oft auf einem Bein. Der Kopf wird meist ins Rückengefieder oder unter einen Flügel gesteckt, das Kleingefieder ist aufgeplustert.

Singvögel übernachten meist sitzend auf Zweigen oder im dichten Gebüsch. Die nachts brütenden Vogelweibchen schlafen auf ihrem Gelege, später decken sie dabei im Nest ihre Jungen zu. Höhlenbrütende Singvögel suchen zum Übernachten ihre Nisthöhlen bzw. Nistkästen auf.

Meisen allerdings sind etwas eigen. Zum Schlafen suchen sie nur solche Kästen auf, in denen sich keine Nester befinden. Ein guter Grund – neben den hygienischen Gründen –, warum Sie Nistkästen jeweils nach der Brutzeit reinigen sollten. Die dann im Herbst und Winter den Vögeln als „Schlafzimmer" dienenden Kästen werden von ihnen im nächsten Frühjahr oft bevorzugt zum Brüten bezogen.

Bei vielen Vogel-Ordnungen kommt geselliges Übernachten vor. Einige Vogelarten sammeln sich an Massenschlafplätzen auf Bäumen (Saatkrähen), im Gebüsch oder Schilf sowie an Hausfassaden mit Gesims oder Efeu (Stare), zu denen sie allabendliche Schlafplatzflüge unternehmen.

Das wohl ungewöhnlichste Schlafverhalten aber haben unsere Mauersegler. Während andere Mitglieder der Segler-Familie angeklammert an senkrechten oder überhängenden Wänden übernachten, schlafen Mauersegler tatsächlich im Flug. Dazu steigen sie in große Höhen auf, um dort segelnd mit dazwischen geschalteten Flügelschlägen die Nacht zu verbringen. Ihre Entspannung erfahren die Mauersegler offensichtlich dadurch, dass sich abwechselnd jeweils nur eine Gehirnhälfte ausruht, während die andere die Wachfunktionen für die segelnden Dauerflieger übernimmt.

Aber auch bei Vogelarten, die auf Ästen sitzend schlafen, sind die Schlafphasen nicht sonderlich tief. Trotz geschickten Zusammenspiels von Beinmuskulatur, Sehnenscheiden und Sehnen würden sie sonst, bei völligem Erschlaffen sämtlicher Muskeln und bei ausgeschalteter Gleichgewichtskontrolle, glatt vom Stängelchen fallen!

Natur-Tipp

Schlafbeobachtungen

Schlafende Vögel lassen sich am leichtesten an Parkgewässern finden. Spannend ist die Beobachtung der Schlafplatzflüge von Saatkrähen und Staren bis zu ihren Schlafplätzen in Parkbäumen oder Schilfflächen an Teichen. Wie oft und wie regelmäßig ein Nistkasten nach der Brutzeit als „Schlafzimmer" genutzt wird, lässt sich ganz einfach feststellen, indem wir immer wieder tagsüber den Vogelkot aus dem leeren Kasten entfernen. Neuer Kot zeigt uns, dass Übernachtungsgäste da waren.

Der Herbst – Zugzeit, Erntezeit

Für den Vogelfreund gibt es jetzt viel zu sehen. Darum nichts wie hinaus ins Feld, den Wald und ans Wasser!

Die **Frucht- und Samenstände** von Gräsern und Disteln, auch von Sonnenblumen, helfen Körnerliebhabern unter den Vögeln über den Winter. Unter den gedeckten Herbstfarben wirken die jetzt scharenweise auftretenden **Distelfinken** mit ihren clownhaften Masken wie bunte Farbtupfe.

Überall wo Eicheln stehen, ist im Spätherbst der **Eichelhäher** vollauf mit der Anlage seiner Wintervorräte beschäftigt. Bis zu 12 Eicheln stopft er auf einmal in seinen Kropf und fliegt damit – meist noch eine zusätzliche Eichel im Schnabel – zu seinen Verstecken. Zwischen Wurzeln, Rindenspalten, unter Laub oder im Boden verbirgt der Vogel seine Schätze. Die meisten Leckerbissen findet er zwar wieder. Doch aus vergessenen Eicheln und Bucheckern kann ein neuer Wald nachwachsen.

Herbst am **Wattenmeer**

Für Vogelbeobachter besonders lohnend ist die Herbstzeit am Wattenmeer. Um Watvögel an der Küste von Nahem zu sehen, beziehen Sie Ihren Beobachtungsplatz am besten einige Stunden vor der Flut (Tidenzeiten erfragen!). Das steigende Wasser drängt dann die nahrungssuchenden Vögel aus dem Watt immer weiter in Beobachtungsnähe.

Vor allem die **kleinen Watvögel** wie Zwergstrandläufer, Alpenstrandläufer, Knutt oder Sanderling können im nahrungsreichen Schlickwatt ihre Fettreserven für die weitere Wanderung aufbauen. Alpenstrandläufer und Knutts bilden zur Nahrungssuche und beim Ruhen riesige Schwärme. Die geben ihnen Sicherheit vor Beutegreifern. Knuttschwärme wirken im Flug wie ein einziger, von unsichtbaren Kräften gesteuerter Organismus, wenn die Vögel ihre rasanten Flugmanöver im Gleichklang vollführen.

September – Reisezeit

Der Wegzug der Zugvögel ist jetzt in vollem Gang. **Durchzügler** lassen sich fast überall beobachten, insektenfressende Singvögel vor allem morgens in den Büschen. Im September sammeln sich die Schwalben als sichtbares Zeichen des bevorstehenden Vogelzugs zu großen Schwärmen. Aus dem Norden treffen die ersten Fischadler an unseren binnenländischen Gewässern ein. Für alle Vögel ist die **Brutsaison jetzt zu Ende.** Gelegentlich findet sich höchstens noch eine brütende Schleiereule.

Oktober – Völkerwanderungen

Auch im Oktober haben Sie an sonnigen, klaren Tagen noch die Chance, dem **Vogelzug** zuzusehen. Große Finken- und Lerchenschwärme, aber auch Drosseln und Pieper aus nördlichen Gegenden ziehen bei uns durch. Nachts kann man

Ein Blick ins verlassene „Kinderzimmer". Ist die letzte Vogelbrut ausgeflogen, darf das Nest inspiziert werden.

das laute „zieh" der durchziehenden Rotdrosseln über den Städten hören.

November – die Wintergäste treffen ein

Im November lassen sich mit etwas Glück am Himmel faszinierende Schauspiele beobachten. **Kraniche, Gänse** oder **Kormorane** ziehen in großen Keilen über unsere Köpfe hin. Auch in stillen Nächten kann man Kraniche und Gänse am Himmel rufen hören.

Aus Nordosten kommen jetzt die **Saatkrähenschwärme** zu uns. Zur Futtersuche fallen die schwarzen Vögel auf den abgeernteten Feldern ein, und allabendlich suchen sie scharenweise festgelegte Schlafbäume auf. In der Nähe einer solchen Schlafkolonie kann es dann ganz schön laut zugehen.

Natur-Tipp

Nester genau betrachten

Der Herbst ist die Jahreszeit, in der wir mit Abstand am häufigsten auf alte Vogelnester stoßen. Sie wurden während der Vegetationszeit angelegt, gut verborgen im Bodenwuchs oder im Laub von Bäumen und Büschen.
Erst jetzt, nachdem Gräser und Stauden dürr geworden und die Blätter von den Zweigen gefallen sind, stechen die Nester ins Auge. Eine gute Gelegenheit, die kleinen Kunstwerke ganz aus der Nähe zu bewundern, ohne dabei Vogeleltern zu stören.

Vögel im Winter erleben

In den Gärten werden die **Futterhäuschen** aufgestellt, und so mancher Waldvogel taucht in der Stadt auf. Hier lebt es sich in der kalten Jahreszeit einfach besser.

Doch wenn Sie glauben, im Winter können Sie Vögel höchstens am Futterhäuschen im Garten oder am Teich im Stadtpark beobachten, täuschen Sie sich gewaltig. Auch **draußen in der Natur** lässt sich noch immer jede Menge Spannendes entdecken.

Dezember – Hochbetrieb auf dem Wasser

Im Dezember sind alle **Wintergäste** bei uns eingetroffen. Jetzt sitzen Mäuse- und Raufußbussarde in der Feldflur auf erhöhten Warten, um nach Mäusen Ausschau zu halten. Auf den offenen Gewässern können wir eine Vielzahl von Entenvögeln beobachten. Durch Klimaschwankungen bedingt, neuerdings durch den Klimawandel, ziehen einige Arten, vor allem Kurzstreckenzieher, gar nicht mehr weg und werden so zu Standvögeln.

Januar – Zeit des Hungers

Im Januar wird es bei starkem Frost und hohem Schnee knapp für Fisch- und Mäusejäger. Eisvögel, Graureiher und Eulen, vor allem Schleiereulen als Mäusespezialisten, finden jetzt wenig Nahrung. Neben den Standvögeln können wir auch **Wintergäste aus dem hohen Norden** bei uns beobachten, etwa Bergfinken oder Kornweihen. Letztere findet sich abends oft zu mehreren an Schlafplätzen ein.

Februar – erstes Erwachen

Schon im Februar treffen aus dem Süden die ersten **Kurzstreckenzieher** wie Bachstelze, Star, Feldlerche, Kiebitz, Mistel- und Singdrossel bei uns ein. Auch beim Rotmilan und dem Kranich kann bereits der Heimzug einsetzen. Auf eisfreien Gewässern tummeln sich noch viele Enten.

Werden die Tage sonnig, beginnen Ringel- und Türkentaube, Spechte und Meisen mit Balzaktivitäten. Um den Balzruf des Waldkauzes zu hören, brauchen Sie gar nicht die Stadt zu verlassen. Das bekannte „Hu-hu“ erklingt durchaus nicht nur vom Waldrand, sondern auch aus großen Stadtparks oder Friedhöfen mit altem Baumbestand. Ende Februar, spätestens aber Mitte März legt das Weibchen die Eier in einer Baumhöhle, gelegentlich auch in Nistkästen, Nischen an Kaminen, in Taubenschläge oder auf Dachböden. Versuchen Sie doch einmal, den Käuzchenruf nachzuahmen! Vielleicht haben Sie Glück und der Waldkauz antwortet oder nähert sich Ihnen sogar.

Gewölle und andere Beweisstücke

Im Winter lassen sich eher als in anderen Jahreszeiten merkwürdige walzen-

Zwei streitende Graureiher: In ihrer Erregung spreizen sie ihre Schmuckfedern weit ab.

förmige Gebilde finden, meist an Feldgehölzen, aber auch in Parks und kleinen Baumgruppen in Stadtnähe. Die „Würstchen" bestehen aus **unverdaulichen Resten** von Beutetieren bestimmter Vogelarten, vor allem von Greifvögeln und Eulen. Haare, Federn, Knochen und Insektenpanzer werden im Vogelmagen zu einem Klumpen zusammengeballt und von Zeit zu Zeit hervorgewürgt.

Was für den Naturfreund schon interessant ist, stellt für die Biologen in der Feldforschung eine überaus **wichtige Spur** dar. Das Vorkommen manch seltener und heimlicher Kleinsäuger-Art kann oft nur über die Analyse von Eulengewöllen nachgewiesen werden. Diese enthalten – im Gegensatz zu den Gewöllen der Greifvögel – neben Haaren und Federn meist sehr gut erhaltene Schädel und andere Knochen von Kleinsäugern, da der Magensaft der Eulen weniger scharf ist als der von Greifvögeln.

Auch andere Vogelarten wie Reiher, Kormorane, Störche, Möwen, Krähen und insektenfressende Kleinvögel würgen unverdauliche Nahrungsreste als **Speiballen** aus und hinterlassen auf diese Weise ihre Speisekarte. Manche Eulen suchen immer wieder die gleichen Plätze auf, an denen sie ihre Gewölle ausspeien. Dort findet man dann gleich mehrere auf einmal. Wenn Sie wissen wollen, von welchem Vogel ein gefundenes Gewölle wohl stammt, hilft Ihnen z. B. mein Buch „Tierspuren" (Richarz, Ulmer Naturführer, ISBN 978-3-8001-4891-2) weiter.

Prachttaucher

Gavia arctica · Familie Seetaucher

Großer Seetaucher mit geradem Schnabel und arttypischem weißem Fleck im hinteren Flankenbereich, im Winter oberseits einfarbig schwarzgrau, Vorderhals hell.

55–75 cm groß; im Prachtkleid mit grauem Oberkopf und Hinterhals, schwarzem Vorderhals und schwarzer, weiß gewürfelter Oberseite.

Vorkommen Brutvogel im nördlichen Eurasien und in N-Amerika an großen, offenen und bewaldeten Seen der Tundra; in M.-EU regelmäßiger Durchzügler und Wintergast, vor allem an der Küste, einzelne auch im Binnenland.

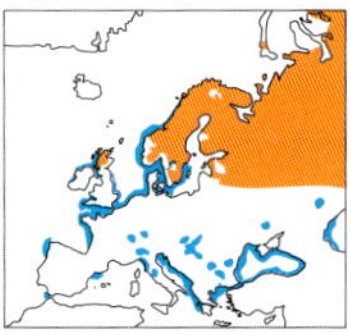

Wissenswert! Sibirische P. ziehen nach der Brutzeit direkt in die Winterquartiere ans Schwarze Meer und ins Kaspigebiet, auf dem Heimzug fliegen sie jedoch in NW-Richtung über die Ostsee und kehren, dem auftauenden Eis folgend, von W in ihr Brutgebiet zurück. ♂ und ♀ treffen gemeinsam am Brutplatz ein, sie bleiben in der Regel ihr Leben lang zusammen. Zur Brutzeit hallen ihre klangvollen, teils bellenden, teils „jodelnden" Rufe weit über die Tundra. Das einfache Nest befindet sich meist direkt am Wasser. Beide Partner brüten und füttern die Jungen.

Bei ihren Tauchgängen auf der Jagd nach Fischen können P. bis in Tiefen von 45–50 m vordringen.

Sterntaucher

Gavia stellata · Familie Seetaucher

Kleinster Seetaucher (nur wenig größer als eine Stockente), mit schlankem, aufgeworfenem Schnabel, der meist schräg aufwärts gerichtet getragen wird.

Im Prachtkleid Kopf und Hals grau mit braunrotem Vorderhals und ungemusterter, graubrauner Oberseite; im Schlichtkleid (⇨ oben) heller als der Prachttaucher, Halsseiten ausgedehnt weiß, Augen weiß umrandet.

Vorkommen Von Island über Irland, N-Skandinavien und Sibirien bis N-Amerika, dort Brutvogel vor allem an kleinen Seen von der Küste bis ins Gebirge; in M.-EU regelmäßiger Durchzügler und Wintergast, vor allem an der Küste, einzelne auch im Binnenland.

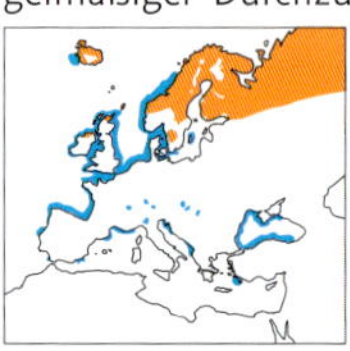

Wissenswert! Im Gegensatz zum Prachttaucher brütet der S. bevorzugt an kleineren Gewässern (unter 1 ha Fläche), wo er sein Nest, eine mit Pflanzen ausgelegte Vertiefung, dicht am Wasser errichtet. Oft werden dieselben Nistplätze viele Jahre hintereinander benutzt. Ihre Nahrung, Fische, Frösche, Krebse, Weichtiere und Wasserinsekten, suchen S. bis zu 8 km entfernt vom Brutplatz, sowohl im Salz- wie auch im Süßwasser. Die Legeperiode beginnt bei dieser Art sehr spät, in höheren Breiten erst Mitte bis Ende Juni. Das ♀ legt gewöhnlich 2 (selten 1 oder 3) Eier, die von beiden Brutpartnern bebrütet werden. Nach 25–30 Tagen schlüpfen die Jungen, die noch 6–7 Wochen von den Eltern geführt werden.

Prachttaucher Altvogel im Prachtkleid

Sterntaucher Altvogel im Prachtkleid

Eistaucher

Gavia immer · Familie Seetaucher

Etwa gänsegroßer Taucher mit kräftigem Schnabel, der waagrecht gehalten wird; im Schlichtkleid mit keilförmigen, weißen Halsseitenflecken über einem dunklen Halsring.

68–90 cm groß; im Prachtkleid Kopf und Hals schwarz, Hals seitlich weiß gestreift; Oberseite schwarz-weiß gewürfelt; im Schlichtkleid oberseits dunkelgraubraun, im Jugendkleid (kl. Foto) geschuppt.

Vorkommen Brütet in Island, Grönland und N-Amerika an großen und tiefen Seen bis ins Gebirge; in M.-EU regelmäßiger Durchzügler und Wintergast in kleiner Zahl an der Küste, selten auch im Binnenland.

Wissenswert! Sobald im Mai/Juni die nordischen Gewässer eisfrei geworden sind, beginnt die Brutzeit des E. Bei der Balz tauchen ♂ und ♀ gleichzeitig unter und rennen danach hoch aufgerichtet flügelschlagend über die Wasserfläche. Das Nest, ein oft sehr großer Bau aus Pflanzenmaterial,

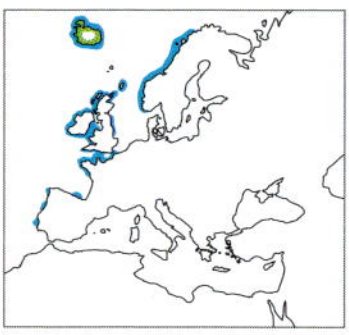

wird nah am Wasser errichtet und oft jahrelang an derselben Stelle. Beide Partner bebrüten das Gelege, das meist 2 Eier enthält. Die Jungen werden nach dem Schlüpfen noch 10–11 Wochen lang von den Eltern betreut.

Der E. gehört zu den besten Tauchern unter den Vögeln, Tauchtiefen bis zu 160 m sind belegt! Die Beute, überwiegend Fische bis 28 cm Länge, wird schwimmend durch Eintauchen des Kopfes ins Wasser erspäht. Als Fischfresser steht der E. am Ende einer Nahrungskette, in der es zu einer starken Anreicherung von Giftstoffen kommen kann – was den Bruterfolg schmälert, obwohl der E. abseits jeglicher Zivilisation brütet. §

Jungvogel

Gelbschnabeltaucher

Gavia adamsii · Familie Seetaucher

Größter und kräftigster Seetaucher mit gelblichem Schnabel, der meist aufgerichtet gehalten wird.

75–90(100) cm lang; Prachtkleid wie Eistaucher; im Winter Kopf und Hinterhals heller graubraun getönt, keine starken Farbkontraste auf den Halsseiten (⇨ oben).

Vorkommen Brütet in N-Asien und N-Amerika auf Seen der hocharktischen Tundra; überwintert u. a. an den Küsten Norwegens, vereinzelt auch im N der Ostsee, sonst seltener Gast in EU, nur sehr selten im Binnenland.

Wissenswert! Die Brutplätze des G. liegen zumeist nördlich der Baumgrenze, wo ab Jun/Jul sein Balzgesang, ein klagendes, langgezogenes, auf- und absteigendes Heulen, zu hören ist. Sein Nest besteht nur aus einer flachen, unscheinbaren Mulde. Beide Partner brüten und führen auch gemeinsam die 1–2 Jungen. Außer Fischen gehören Amphibien, Weichtiere, Krebse u. a. Wirbellose zur Nahrung des G.

Eistaucher Altvogel im Prachtkleid

Gelbschnabeltaucher Jungvogel

Haubentaucher

Podiceps cristatus · Familie Lappentaucher

Knapp stockentengroß, mit schlankem, langem Hals und rötlichem Schnabel; im Prachtkleid mit schwarzer Kopfhaube und rostbrauner Halskrause, die beide im Schlichtkleid fehlen.

45–50 cm groß; im Winter Kopf und Hals ausgedehnt weiß mit schwarzem Zügel und weißem Überaugenstreif; Jungvögel mit gestreiften Wangen.

Vorkommen Mittlere Breiten Eurasiens bis China; in M.-EU verbreiteter, stellenweise häufiger Brutvogel vorwiegend an größeren Seen mit gut ausgeprägter Ufervegetation; Winterquartier von N-EU bis N-Afrika und Vorderasien.

Balz Sobald die Gewässer eisfrei geworden sind, ab Feb/Mär, kehrt der H. in sein Brutgebiet zurück. Seine rollenden „krorr"-Rufe während der Balzzeit sind weit zu hören. Beim auffälligen und langwierigen Balz- und Paarbildungsverhalten spielen ♂ und ♀ nahezu dieselbe Rolle. Während der „Kopfschüttel-Zeremonie" nähern sich die Vögel einander schwimmend mit flach vorgestreckten Hälsen, laut „rää rää" bellend, heben langsam die Köpfe und verharren schließlich in aufrechter und steifer Körperhaltung knapp vor dem Partner. Mit aufgerichteten Ohrbüscheln und abstehendem Halskragen schütteln sie nun die Köpfe, um sie zwischendurch langsam hin und her zu schwingen. Beim sog. „Pinguin-Tanz" präsentiert das ♂ oder ♀ dem Partner ein Büschel Wasserpflanzen im Schnabel. Dann recken sich beide Vögel, kraftvoll mit den Füßen paddelnd, so weit hoch, dass ihre Körper fast gänzlich aus dem Wasser ragen und sich beinahe berühren. Auch die „Begrüßung" läuft in Form einer festen Zeremonie ab.

Brut Der Nestbau beginnt kurz nach der Revierbesetzung und dauert 6–8 Tage. Im Schutz der Ufervegetation tragen ♂ und ♀ halb verrottete und frische Wasserpflanzen zusammen und errichten daraus einen großen, schwimmenden, unansehnlichen Haufen. Gelegentlich brüten H. in Kolonien, in denen die Nester der einzelnen Paare nur wenige Meter voneinander entfernt sind. Bei der Begattung legt sich einer der beiden Partner, meist das ♀, flach auf das oft erst halb fertige Nest, während der andere auf den Rücken des auffordernden Vogels springt und laut schnarrend mit den Flügeln zuckt. ♂ und ♀ brüten abwechselnd, beim Verlassen des Nests decken sie das Gelege (zumeist 4 Eier) mit Nistmaterial zu. Nach einer Bebrütungszeit von 27–29 Tagen schlüpfen die Jungen, die vom ersten Tag an schwimmen können. Dennoch werden sie von den Eltern anfangs fast ständig, mit der Zeit immer seltener im Rückengefieder getragen. Dabei herrscht Arbeitsteilung: Während einer der beiden Altvögel die Jungen führt, schafft der andere Futter herbei. Größere Bruten mit 3–4 Jungen werden später meist aufgeteilt, jeder Altvogel führt dann nur einen Teil des Nachwuchses. Die Jungen betteln ununterbrochen hell fiepend und werden zunächst mit Insekten, dann mit kleinen Fischen (bis 15 cm Länge) gefüttert. Etwa ab dem 20. Tag tauchen sie auch schon selbst nach Nahrung, im Alter von 10–11 Wochen sind sie selbstständig.

Nahrung Der H. wird zu unrecht als Fischereischädling verfolgt. Er ernährt sich überwiegend von kleinen Oberflächenfischen (v. a. Weißfischen), die fischereilich nur eine untergeordnete Rolle spielen, daneben frisst er auch Frösche, Schnecken und Wasserinsekten.

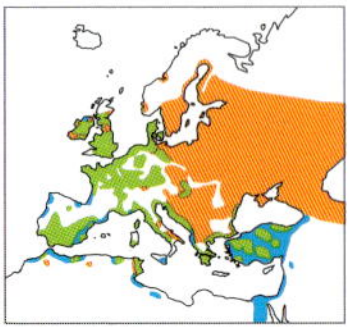

Altvogel am Nest

Jungvogel, ins erste Winterkleid wechselnd

Prachtkleid

Jungvögel

Haubentaucher

Rothalstaucher

Podiceps grisegena · Familie Lappentaucher

Etwas kleiner als ein Haubentaucher; im Prachtkleid Schnabel schwarz mit gelber Basis, Hals rotbraun.

Im Schlichtkleid (⇨ Zeichnung S. 40) Kopf ohne scharfe Schwarzweiß-Kontraste, ohne Überaugenstreif; Hals grau, Kehle schmutzig weiß; Jungvögel mit gestreiften Wangen und rötlich braunem Vorderhals.

Vorkommen O-EU bis W-Sibirien, ferner O-Sibirien, N-Japan, N-Amerika; in M.-EU nur in S-Schweden, Dänemark, Polen und im N von D; brütet auf kleinen, flachen Seen des Tieflands; überwintert an westeuropäischen Küsten und auf größeren Binnenseen.

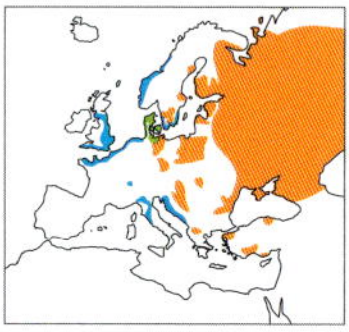

Wissenswert! Der R. brütet in der Regel an kleineren und flacheren Gewässern mit ausgedehnterer Verlandungszone als der Haubentaucher, auch im Wald und häufig an Fischteichen. Während der Paarbildung im zeitigen Frühjahr fällt er durch seine keckernden Rufreihen und durch sein Balzverhalten auf, das dem des Haubentauchers ähnelt. Häufige Elemente darin sind z. B. das Kopfschütteln, das Präsentieren von Wasserpflanzen und der „Pinguin-Tanz“ (⇨ Haubentaucher, S. 40). Für die Begattung wird oft eine eigene „Plattform“ errichtet. Das Brutnest liegt meist in der Vegetation versteckt und schwimmt, mit Halmen verankert, auf dem Wasser. Nicht selten befindet es sich im Schutz einer Lachmöwenkolonie. ♂ und ♀ bebrüten abwechselnd das Gelege, das gewöhnlich 4–5 Eier umfasst. Die Jungen schlüpfen nach 20–23 Tagen und werden 1–2 Wochen von den Eltern im Rückengefieder getragen. Seine Nahrung – Fische, Wasserinsekten, Muscheln, Krebstiere und Frösche – erbeutet der R. tauchend und dringt dabei bis in Tiefen von 10 m vor.

Zwergtaucher

Tachybaptus ruficollis · Familie Lappentaucher

Kleinster Lappentaucher mit kurzem Hals und rundlichem Körper, Gestalt an ein Entenküken erinnernd; im Prachtkleid (kl. Bild unten) Kopfseiten, Kehle und Vorderhals kastanienbraun.

23–30 cm groß; im Schlichtkleid (⇨ Zeichnung S. 40) Oberseite dunkelbraun, Unterseite sandfarben, keine Schwarzweiß-Kontraste wie beim Ohren- und Schwarzhalstaucher (⇨ S. 44); Jungvögel mit dunklen, kurzen Streifen an den Wangen.

Vorkommen Mittleres und südliches Eurasien, Afrika, Madagaskar; in M.-EU weit verbreiteter Brutvogel an stehenden und langsam fließenden, auch kleinsten Binnengewässern mit dichter Ufervegetation.

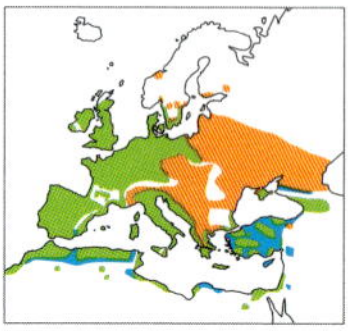

Wissenswert! Durch seinen lauten, leicht an- und abschwellenden Triller verrät der sehr versteckt lebende Z. seine Anwesenheit. Er ist zu allen Jahreszeiten zu hören, während der Balz im Frühjahr wird er nicht selten von beiden Partnern gleichzeitig als Duettgesang vorgetragen. Die Brutzeit beginnt im Apr und dauert häufig bis Jul/Aug. Bis zu 3 Jahresbruten sind nachgewiesen. Dabei kommt es regelmäßig zu sog. Schachtelbruten: Während das ♀ bereits ein 2. Mal brütet, kümmert sich das ♂ noch um die Jungen der vorherigen Brut.

Z. ernähren sich überwiegend von Insekten, Weichtieren, Krebschen und Kaulquappen, nur im Winter spielen kleine Fische eine Rolle.

Rothalstaucher im Prachtkleid

Zwergtaucher im Schlichtkleid

Schwarzhalstaucher

Podiceps nigricollis · Familie Lappentaucher

Im Prachtkleid mit herabhängenden, goldgelben Ohrbüscheln und schwarzem Hals; die steile Stirn, der gerundete Scheitel und ein leicht aufgeworfener Schnabel sind arttypisch.

Prachtkleid

Mit 28–34 cm wenig kleiner als der Ohrentaucher; im Schlichtkleid (⇨ Zeichnung S. 40) diesem sehr ähnlich, jedoch ohne scharfe Begrenzung der Kopfkappe, am Hinterkopf mit weißer halbmondförmiger Zeichnung.

Vorkommen Lückenhaft von W-EU bis Mittelasien, ferner NO-Asien, Afrika, N-Amerika; in M.-EU v. a. in Tschechien, D und Polen; brütet an flachen, vegetationsreichen Seen und Teichen; regelmäßiger Durchzügler und Wintergast auf den großen Voralpenseen.

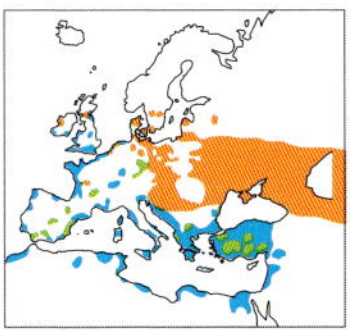

Wissenswert! Der S. kehrt im Apr/Mai in das Brutgebiet zurück, wo er sein Nest in dichter Ufervegetation auf Bülten oder frei schwimmend anlegt. Nicht selten brütet er in Kolonien und in der Nähe von Lachmöwen. Er duldet durchaus auch fremde Arten in seinen Kolonien. Empfindlich reagiert er dagegen auf Störungen durch Freizeitbetrieb (Angler, Boote, Badegäste).

Das ♀ legt im Mai/Jun 3–4(6) Eier, beide Partner brüten. Nach 20–21 Tagen schlüpfen die Jungen, die anfangs von den Altvögeln im Rückengefieder getragen und mit Wasserinsekten, Krebschen und Weichtieren gefüttert werden. Sobald die Jungen nach 4–5 Wochen selbstständig sind, ziehen die Altvögel in südliche Richtung ab, um auf den großen Voralpenseen ihr Gefieder zu wechseln. Dort versammeln sich im Jul/Aug oft mehrere hundert S.

Ohrentaucher

Podiceps auritus · Familie Lappentaucher

Im Prachtkleid unverkennbar durch aufgerichtete goldgelbe Ohrbüschel und rostroten Hals; die flache Stirn ist arttypisch (Unterschied zum Schwarzhalstaucher).

Winter

Sommer

30–38 cm groß; im Schlichtkleid (⇨ Zeichnung S. 40) schwarze Kopfkappe mit einem kleinen, weißlichen Fleck vor dem Auge und einer scharfen Farbgrenze gegen die weißen Wangen.

Vorkommen Von Island und Schottland bis NO-Asien, ferner in N-Amerika; in D nur in Schleswig-Holstein in sehr geringer Zahl; überwintert u. a. an den Küstengewässern von W-EU und am Schwarzen Meer.

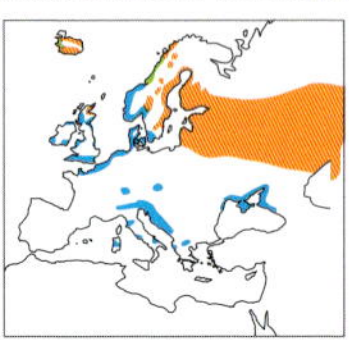

Wissenswert! Der O. ist in M.-EU der bei weitem seltenste Lappentaucher. Er brütet an nährstoffreichen Seen und Teichen und auf nahezu vegetationslosen Hochmoorseen. Aus faulenden Pflanzenteilen bauen ♂ und ♀ ein Nest, das in der Ufervegetation versteckt ist oder offen auf dem Wasser schwimmt. ♂ und ♀ brüten abwechselnd und ziehen gemeinsam die Jungen groß. Wie bei Lappentauchern üblich, werden die Jungen in den ersten Tagen im Rückengefieder der Altvögel getragen, im Alter von rund 2 Monaten sind sie flügge.

Der O. erbeutet seine Nahrung – Wasserinsekten, Krebschen und kleine Fische – tauchend, Insekten werden auch von der Wasseroberfläche abgelesen oder aus der Luft geschnappt. Außerhalb der Brutzeit ist er mehr als andere Lappentaucher an die Küste gebunden. **RL, §**

Schwarzhalstaucher Typisch: die gelben Ohrbüschel und der spitze, leicht aufgeworfene Schnabel.

Ohrentaucher Liegt, wie alle Taucher, beim Schwimmen sehr tief im Wasser.

Eissturmvogel

Fulmarus glacialis · Familie Sturmvögel

Möwenähnlich, aber mit kompaktem Körper und schmalen Flügeln ohne schwarze Spitze und weißen Hinterrand; Hals kurz und dick, dunkler Fleck vor dem Auge.

Mit 43–52 cm größer als eine Lachmöwe; in W-EU Oberseite mittelgrau, unterseits weiß; im N-Atlantik ganzer Körper dunkelgrau; gleitet auf steifen Flügeln durch Wellentäler, dazwischen einige flache, rasche Flügelschläge.

Vorkommen Häufiger Vogel der nördlichen Ozeane; brütet in z. T. sehr großen Kolonien auf Felsbändern steiler Meeresklippen

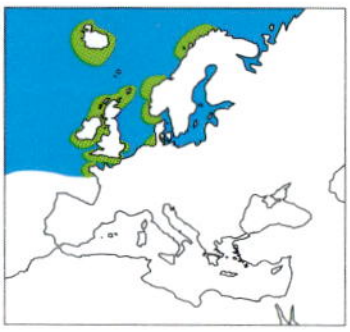

in Island, N-Norwegen, Großbritannien und Irland sowie NW-Frankreich; in D nur auf Helgoland in geringer, aber wachsender Zahl; außerhalb der Brutzeit weitab von der Küste. Nördliche Brutvögel wandern im Winter südwärts.

Wissenswert! E. brüten im Alter von 6–12 Jahren das erste Mal. An einem einmal ausgewählten Brutplatz halten die Partner oft über Jahre fest. Obwohl E. stets nur ein Ei legen, nahm ihr Bestand im N-Atlantik in den letzten Jahrzehnten stark zu. Die Ursachen hierfür sind in der Klimaerwärmung, der Nährstoffanreicherung in der Nordsee und in der Hochseefischerei zu suchen: Fischereiabfälle spielen eine wichtige Rolle in der Nahrung des E. **RL**

Gelbschnabel-Sturmtaucher

Calonectris diomedea · Familie Sturmvögel

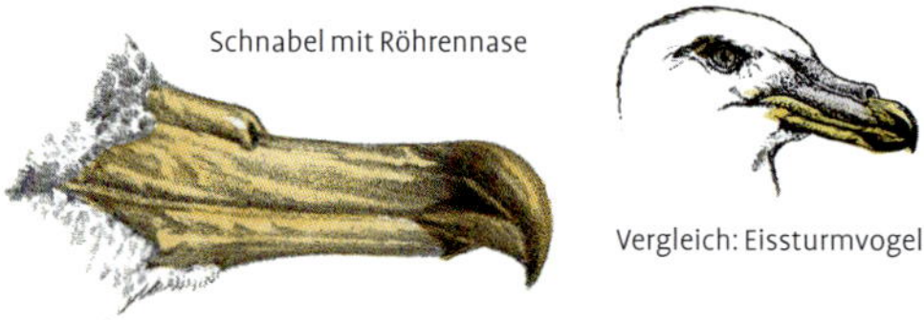

Schnabel mit Röhrennase

Vergleich: Eissturmvogel

Kräftig und großköpfig, mit langen Flügeln; Oberseite braungrau, unterseits hell mit grauen Brustseiten und grauem Kopf; Schnabel groß, gelb mit dunklem Band vor der Spitze.

45–55 cm groß; Flügelschlag möwenähnlich, segelt in langen Gleitstrecken dicht über dem Wasser, steigt aber auch hoch in die Lüfte und kreist sogar wie ein Greifvogel.

Vorkommen Brütet in Kolonien auf Küsteninseln im Mittelmeer und O-Atlantik von der Küste W-Afrikas bis zum Golf von

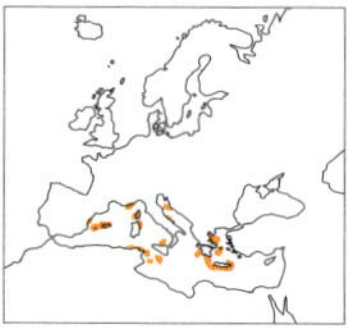

Biskaya; im Jul–Okt regelmäßig vor der SW-Küste der Britischen Inseln, nur ausnahmsweise in der Nordsee. Überwintert im südlichen N-Atlantik und nördlichen S-Atlantik, nach S zu bis vor die Küste S-Afrikas.

Wissenswert! G. brüten das erste Mal, wenn sie 7–11 Jahre alt sind. Dem einmal ausgewählten Nistplatz bleiben die Brutpartner über viele Jahre treu. Das Nest befindet sich in einer Höhle, unter Steinen oder Felsvorsprüngen. Das einzige Ei wird von ♂ und ♀ abwechselnd bebrütet, das Junge ist im Alter von 12–14 Wochen flügge.

Tagsüber halten sich G. auf der Suche nach Nahrung (Tintenfische, Fische, ölige Abfälle) über der Wasserfläche auf, erst mit Einbruch der Dunkelheit kehren sie zu ihren Brutplätzen zurück. **§**

Eissturmvogel

Gelbschnabel-Sturmtaucher

Schwarzschnabel-Sturmtaucher

Puffinus puffinus · Familie Sturmvögel

Wenig kleiner als eine Lachmöwe, mit kleinem Kopf und langem, dünnem Schnabel. Der scharfe Kontrast zwischen schwarzer Ober- und weißer Unterseite ist arttypisch.

30–38 cm groß; fliegt mit schnellen, steifen Flügelschlägen, gefolgt von längeren Gleitstrecken dicht über dem Wasser; beim Schwenken und Kurvenfliegen werden dunkle Ober- und helle Unterseite abwechselnd sichtbar.

Vorkommen Häufigster Sturmtaucher des N-Atlantiks und der nördl. Nordsee; brütet

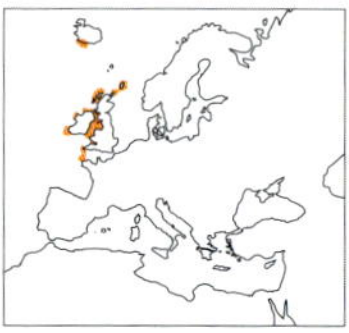

auf Island, den Färöern, an der Küste Großbritanniens und Irlands, einige wenige auch in NW-Frankreich; zieht zum Überwintern bis vor die Küste S-Amerikas; kehrt Ende Feb bis Anfang Apr an seine Brutplätze zurück. S. nisten in lockerem Verband auf kleinen Inseln und Felsklippen an der Küste.

Brut Nestplatz und Brutpartner halten S. gewöhnlich lebenslang die Treue. ♂ und ♀ graben mit Schnabel und Füßen eine 1–2 m lange Bruthöhle und legen die Nestkammer mit Pflanzenmaterial aus. Das einzige Ei wird von beiden Altvögeln abwechselnd jeweils mehrere Tage am Stück bebrütet. Der nicht brütende Partner unternimmt in der Zwischenzeit weite Nahrungsflüge, die ihn 1000 km und mehr von seinem Brutplatz fortführen können. Im Alter von rund 2 Monaten wird der Jungvogel von den Eltern allein gelassen, nach weiteren 8–9 Tagen ist er flügge und verlässt die Nisthöhle. Außerhalb der Brutzeit leben S. gesellig auf dem offenen Meer.

Mittelmeer-Sturmtaucher

Puffinus yelkouan · Familie Sturmvögel

Westliche Unterart mit brauner Ober- und hellbrauner Unterseite, Brust und Bauch etwas aufgehellt, östliche Unterart oberseits dunkler braun und unten reiner weiß.

Flügel im Flug auffallend steif

Mit 32–40 cm etwas größer und kräftiger als der Schwarzschnabel-Sturmtaucher; Vögel aus dem mittleren und östlichen Mittelmeergebiet diesem sehr ähnlich.

Vorkommen Die westliche Unterart (*P. y. mauretanicus*) brütet auf den Balearen, zieht nach der Brutzeit auf den offenen Atlantik hinaus und erreicht nach N regelmäßig die Küsten Großbritanniens und Irlands. Die östliche Unterart (*P. y. yelkouan*) ist im Mittelmeer von S-Frankreich bis zum Marmarameer heimisch und überwintert größtenteils am Mittelmeer und Schwarzen Meer.

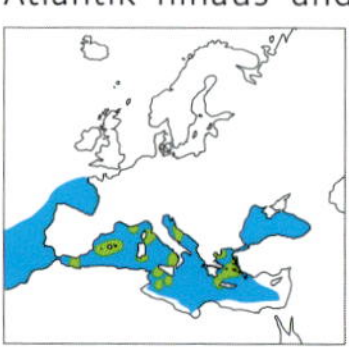

Wissenswert! Die Nahrung des M. umfasst kleine Fische, Tintenfische, Krebstiere und auf dem Meer treibende fetthaltige Abfälle. Er erbeutet sie schwimmend oder durch Stoßtauchen. Überschüssiges Salz, das er mit dem Meerwasser aufnimmt, scheidet er wie alle Sturmvögel nicht über die Nieren, sondern mithilfe seiner stark ausgebildeten Salzdrüsen durch die Nasenröhren auf dem Schnabelfirst wieder aus.

M. brüten im Alter von 5–6 Jahren das erste Mal. Ihre Brutbiologie ähnelt der des nahe verwandten Schwarzschnabel-S. Beide Partner brüten und ziehen gemeinsam stets nur 1 Junges groß.

Aufgrund genetischer Analysen werden die beiden Unterarten des M. heute als eigenständige Arten aufgefasst. §

Schwarzschnabel-Sturmtaucher

Mittelmeer-Sturmtaucher

Sturmschwalbe

Hydrobates pelagicus · Familie Sturmschwalben

Kleiner als der Wellenläufer, mit runderen Flügeln und kürzerem, gerade endendem Schwanz; Gefieder schwarz mit weißem Bürzel; ein weißes Unterflügelband ist arttypisch.

Mit 15–17 cm Länge kaum größer als eine Mehlschwalbe.

Vorkommen Brütet in Kolonien auf felsigen Inseln vor Island, den Färöern, Norwegen, Großbritannien, Irland und W-Frankreich sowie im westl. Mittelmeerraum; manche S. ganzjährig in den Meeren des Brutgebiets, die meisten aber ziehen im Herbst entlang der W-Küste von EU und Afrika nach S-Afrika.

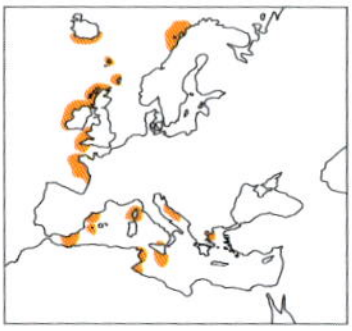

Wissenswert! In flatterndem, sprunghaftem Flug sucht die S. dicht über dem Wasser nach Nahrung, die sie von der Meeresoberfläche aufsammelt. Dabei folgt sie auch Schiffen. An ihrer Bruthöhle ist sie nachtaktiv. Das einzige Ei wird von den Partnern abwechselnd bebrütet, bis nach 6–7 Wochen das Junge schlüpft. In der ersten Woche sind die Eltern ständig am Nest, dann wird das Junge nur noch einmal pro Nacht gefüttert. Nach 9–10 Wochen ist es flügge. §

Ähnlich **Buntfuß-Sturmschwalbe** *Oceanites oceanicus*, etwas größer als die Sturmschwalbe, Unterflügel einfarbig dunkel; Schwimmhäute gelb; Brutvogel der Antarktis, zieht von Jun–Okt bis vor die Küsten von SW-EU, in M.-EU nur Irrgast.

Wellenläufer

Oceanodroma leucorhoa · Familie Sturmschwalben

Größer als die Sturmschwalbe, mit längeren, spitzeren Flügeln und gegabeltem Schwanz; Gefieder bräunlich schwarz, Bürzel u-förmig weiß mit dunklem Mittelstreif.

18–22 cm groß; Unterflügel dunkel; ruckartiger Flug auf leicht gebogenen, gewinkelten Flügeln, tiefe, kräftige Flügelschläge.

Vorkommen Brütet an nordatlantischen Felsküsten, in EU in wenigen Kolonien vor Island, Norwegen, den Färöern, N-Schottland und Irland; im Okt/Nov nach Weststürmen auch in der südlichen Nordsee.

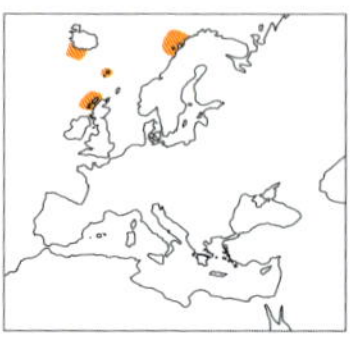

Wissenswert! Wenn der W. dicht über dem Wasser fliegt, um von der Wasseroberfläche kleine Fische, Krebse, Weichtiere oder fetthaltige Abfälle aufzunehmen, sieht es tatsächlich so aus, als liefe er über die Wellen. Schiffen folgt er nie. Am Brutplatz sind W. nachtaktiv. Das Nest liegt in Felsspalten oder Erdhöhlen, in die das ♀ ein Ei legt. ♂ und ♀ brüten abwechselnd. Das Junge schlüpft nach ca. 6 Wochen und ist nach weiteren 9–10 Wochen flügge. §

Ähnlich **Madeira-Wellenläufer** *Oceanodroma castro*, kräftiger als der W., weißer Bürzel zieht sich seitlich weiter herab, Schwanz weniger stark gegabelt. Brütet in meist nur kleinen Kolonien auf Inseln vor Madeira, dem portugiesischen Festland, auf den Kanaren und Azoren. §

Sturmschwalbe

Wellenläufer

Basstölpel

Sula bassana · Familie Tölpel

Zigarrenförmiger Körper mit keilförmigem Schwanz und langem Hals; Altvögel mit cremegelbem Hinterkopf und schwarzen Handschwingen bei sonst reinweißem Gefieder.

Mit 85–100 cm Größe und einer Spannweite von 170–190 cm fast doppelt so groß wie eine Silbermöwe; lange, schmale Flügel; Jungvögel graubraun, ähneln farblich einem großen Sturmtaucher. Das Alterskleid wird langsam angelegt und ist erst im 4.-6. Jahr vollendet, im Lauf der Jahre hellt das Gefieder zunehmend auf. Der Flug ist kräftig, mit raschen, flachen Flügelschlägen und kurzen Gleitstrecken bei gewinkelter Flügelhaltung.

Vorkommen Brütet in z. T. großen Kolonien auf Felsinseln oder an Steilküsten in der nördl. Nordsee und im N-Atlantik, in M.-EU nur auf Helgoland (seit 1991, inzwischen um 200 Brutpaare); Teilzieher. Vor allem Jungvögel ziehen im Herbst bis ans Mittelmeer und vor W-Afrika, wo sie mindestens 2 Winter verbringen.

Brut B. sind erst im Alter von 5–6 Jahren brutreif, die Paarbildung erfolgt gewöhnlich jedoch schon im 3. oder 4. Lebensjahr. Der Nistplatz wird vom ♂ ausgewählt. Innerhalb einer Kolonie liegen die Nester stets eng beisammen, die kleinen Nistterritorien werden von den Brutpaaren pausenlos bewacht und gegenüber Artgenossen heftig verteidigt. Trotzdem kann es vorkommen, dass die Nachbarn das eingetragene Nistmaterial (Gras, Tang) stehlen. Der eigene Brutpartner wird hingegen mit einer beschwichtigenden Grußzeremonie am Nest empfangen. Mit leicht angehobenen Flügeln stehen sich die Partner gegenüber, strecken die Hälse nach oben und schwingen, Wange an Wange, mit den Köpfen hin und her. Danach kraulen sie sich gegenseitig an Kehle oder Kopf. Das Gelege enthält meist nur 1 Ei und wird von ♂ und ♀ 42–45 Tage bebrütet. Dabei bleibt ein Altvogel meist länger als 24 Stunden auf dem Nest, bis er vom Partner abgelöst wird. Bevor er sich niederlässt, legt der brütende Vogel seine großen Schwimmfüße vorsichtig auf das dickschalige Ei und hält es dadurch warm. In den ersten Tagen wird der Nestling auf den Schwimmhäuten gehudert. ♂ und ♀ füttern ihn 10–11 Wochen lang. Dann erlischt die Familienbindung und der Jungvogel ist auf sich gestellt. Er bleibt noch einige Zeit (bis zu 2 Tage) im Nest, bevor er sich, noch flugunfähig, vom Brutfelsen ins Wasser stürzt und auf das offene Meer hinausschwimmt.

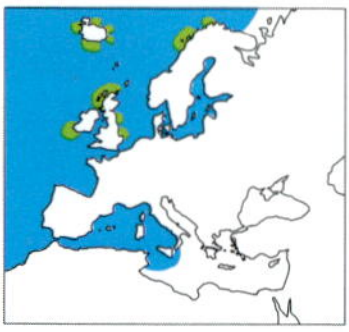

Nahrung Der B. ist Meister im Stoßtauchen. Hat er einen Fisch im Wasser erspäht, hält er plötzlich im Flug inne, lässt sich aus 10–40 m Höhe abkippen und stößt kopfüber mit an den Körper angelegten Flügeln und sich z. T. um die eigene Achse drehend wie ein Torpedo steil nach unten. Seine Geschwindigkeit kann kurz vor dem Eintauchen bis zu 100 km/h betragen, und der Tauchstoß bringt ihn bis zu 3,50 m tief unter Wasser. Dort kann er durch zusätzliches Schwimmen mit Flügeln und Füßen bis in eine Tiefe von 12–15(20) m vordringen, um seine Beute dann von unten anzugreifen. Nach wenigen Sekunden taucht er wie ein Korken wieder empor. Vor dem starken Aufprall auf das Wasser schützen den B. Verstärkungen im Schädelskelett und ein System von Luftsäcken unter der Haut. Auf hoher See sieht man meist nicht mehr als 2–3 Vögel zusammen jagen, nur an Stellen mit reichlichem Nahrungsangebot jagen B. auch in größeren Gruppen.

Die Ursache für die Bestandszunahme des B. liegt vermutlich im erheblich gesteigerten Nahrungsangebot als Folge des Nährstoffeintrags in die Nordsee und durch Fischereiabfälle (Beifang, Fischreste). **RL**

Basstölpel Unteres Bild: junger, noch unausgefärbter Vogel.

Rosapelikan

Pelecanus onocrotalus · Familie Pelikane

Schwanengroßer Schwimmvogel mit einer Spannweite von 250–300 cm; Gefieder weiß, im Prachtkleid gelblich bis rosa überhaucht, schwarze Schwungfedern im Flug auffällig.

Im Gegensatz zum Krauskopfpelikan mit gelbem Kehlsack, gelblich rosafarbenen Füßen und ausgedehnter Gesichtsmaske. Im Flug heben sich die schwarzen Schwungfedern kontrastreich von den weißen Flügeldecken ab.

Vorkommen Verstreute Brutkolonien in SO-EU, im Schwarzmeergebiet und in Kleinasien auf Schilfinseln in flachen, fischreichen Seen und Flussdeltas; die meisten europ. Brutvögel ziehen im Winter nach Afrika, wenige überwintern in Israel; in M.-EU nur seltener Gast.

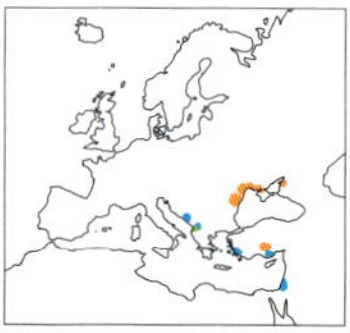

Wissenswert! R. sind hervorragende Segelflieger, die thermische Aufwinde geschickt zu nutzen wissen. Auf längeren Flügen in der Gruppe reiht sich ein Vogel seitlich versetzt hinter dem anderen. So profitiert jeder vom Auftrieb seines vor ihm fliegenden Artgenossen; der Anführer der Staffel wechselt regelmäßig.

R. leben das ganze Jahr über gesellig, ihre Nester legen sie in z. T. sehr großen Kolonien an. ♂ und ♀ brüten und ziehen gemeinsam meist 2 Junge groß. Zum Beutefang schwimmen R. in Reihen nebeneinander und treiben Fische in seichtes Wasser, kreisen sie ein und schöpfen sie dann mit ihrem Kescherschnabel aus dem Wasser. §

Krauskopfpelikan

Pelecanus crispus · Familie Pelikane

Gefieder grau (nicht rosa wie beim Rosapelikan) getönt, Beine grau, Unterflügel hellgrau, nur an den Spitzen dunkel; Altvögel im Prachtkleid mit krausen Nackenfedern.

Mit einer Flügelspannweite von 270–320 cm noch etwas größer als der Rosapelikan, mit rötlichem (im Schlichtkleid rosagelbem) Kehlsack.

Vorkommen Brütet lokal an Küstenlagunen und flachen Binnenseen SO-Europas und Kleinasiens. Überwintert als Kurzstrecken- und Teilzieher im östlichen Mittelmeer und im Irak. Beobachtungen in M.-EU betreffen durchweg Gefangenschaftsflüchtlinge.

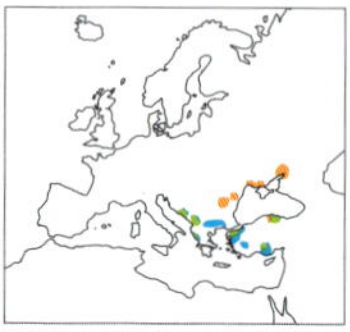

Wissenswert! K. leben das ganze Jahr über gesellig. Ihre Nester, große Haufen aus Pflanzenmaterial, liegen stets nah am Wasser und oft sehr dicht nebeneinander. Der Nestbau ist überwiegend Sache des ♂, die Bebrütung der meist 2–3 Eier übernimmt dagegen vor allem das ♀. Nach 30–32 Tagen schlüpfen die Jungen, die im Alter von rund 85 Tagen flügge sind. Sie verlassen das Nest jedoch schon vorher und schließen sich zu Gruppen zusammen.

Ihre Nahrung – bis zu 2 kg schwere Fische – erbeuten K. wie Rosapelikane in Gemeinschaftsjagd, bei der sie in Reihen dicht nebeneinander schwimmen.

Dank intensiver Schutzbemühungen konnte sich der Bestand dieser ehemals global gefährdeten Vogelart wieder erholen. §

Rosapelikan

Krauskopfpelikan

Kormoran

Phalacrocorax carbo · Familie Kormorane

Mit einer Größe von 75–100 cm und einer Spannweite von 120–150 cm etwas kleiner als ein Graureiher; im Flug gänseähnlich; schwarzes, metallisch glänzendes Gefieder.

Der nackte Schnabelgrund gelb, weiß umrandet; im Prachtkleid mit weißem Schenkelfleck und weißen Federn an Kopf und Hals (Schlichtkleid ⇨ Zeichnung S. 38); Jungvögel mit dunkelbrauner Ober- und hellerer Unterseite, Brust und Bauch, manchmal die ganze Unterseite ausgedehnt weiß.

Vorkommen 2 europ. Unterarten, von denen die eine Felsklippen an den Küsten von W-EU und N-EU bewohnt, während die Festlands-Unterart von den Niederlanden bis ins Baltikum sowie in SO-EU vorkommt und an Binnenseen auf Bäumen brütet; vor allem im südlichen M.-EU auch auf dem Durchzug und im Winter, lokal recht zahlreich.

Brut K. werden meist erst im 4. Lebensjahr geschlechtsreif. Für den Nestbau brechen ♂ und ♀ Äste und Zweige von Bäumen, manchmal werden auch fremde Nester geplündert. Zur Auspolsterung dienen Schilf, Gras und Stroh, an der Küste vor allem Tang. K. brüten in Kolonien, die nur wenige, aber auch Tausende von Paaren umfassen können. Die Balz beginnt in milden Wintern schon im Januar, gewöhnlich jedoch erst im Feb/Mär. Beim sog. „Flaggen" sitzt ein Vogel (meist das ♂) im Nest, hebt den gefächerten Schwanz, streckt Hals und Kopf steil nach oben und schlägt langsam mit den Flügeln. Kommt der Partner, wirft er den Kopf auf den Rücken und schüttelt ihn gleichzeitig schnell hin und her. Dabei ist ein gurgelnder Ruf zu hören, etwa wie „kirr-oohr". Das ♀ legt 3–4(6) Eier, die von beiden Partnern 23–30 Tage bebrütet werden. Das Futter für die Jungen, fast ausschließlich Fische, wird von den Eltern im Kropf transportiert und am Nest halb verdaut wieder hochgewürgt. Mit ca. 2 Monaten können die Jungen fliegen, sind aber erst nach 12–13 Wochen selbstständig.

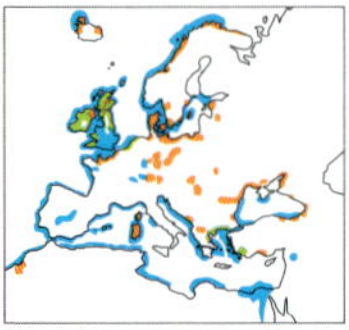

Jungvogel

Wissenswert! Seine Nahrung erbeutet der K. tauchend und erreicht dabei Wassertiefen bis zu 40 m. Da sein Gefieder nicht Wasser abweisend ist, muss er es nach jedem Tauchgang trocknen. Mit ausgestreckten Flügeln sieht man ihn dann auf Pfählen oder Bäumen sitzen.

Besonders im 19. und bis Mitte des 20. Jh. wurde der K. als Fischereischädling erbittert verfolgt und in weiten Teilen seines Brutareals ausgerottet. Der europaweite Schutz des K. durch die EG-Vogelschutzrichtlinie (seit 1979) sowie die Nährstoffanreicherung der Gewässer, von der zahlreiche Weißfischarten profitierten, führten zu einem starken Anwachsen der Brutbestände in M.-EU. Auch die Zahl der hier überwinternden K. hat sich vervielfacht. Den Forderungen nach Abschuss des K. wurde nachgegeben, obwohl man nur an intensiv genutzten Fischteichen mit unnatürlich hohem Besatz einen schädigenden Einfluss des K. nachweisen konnte. In vielen anderen Fällen müssen Fehler in der Fischereiwirtschaft oder gewässerbauliche Maßnahmen für den Rückgang von Fischbeständen verantwortlich gemacht werden. §

Prachtkleid

Jungvogel

Kormoran

Krähenscharbe

Phalacrocorax aristotelis · Familie Kormorane

Kleiner und schlanker als der Kormoran (⇨ S. 56), Gefieder im Prachtkleid gänzlich schwarz, zu Beginn der Brutzeit mit Federholle auf der Stirn.

Fliegt mit gerade ausgestrecktem Hals ohne Gleitstrecken; Schnabelwinkel gelb; im Schlichtkleid ähnlich Kormoran, ebenso Jungvögel, jedoch mit gleichmäßig hellbrauner Unterseite.

Vorkommen Brütet in Kolonien an Felsküsten und -inseln in der Nordsee, im Atlantik und Mittelmeer; in D seltener Durchzügler und Wintergast an der Nordseeküste, im Binnenland sehr selten.

Brut K. leben ausschließlich an der Küste.

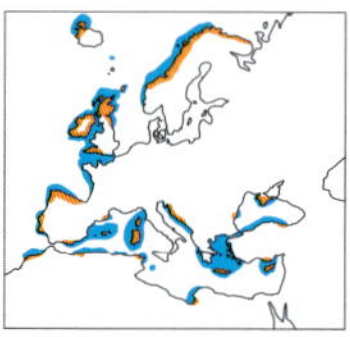

Ihre Nester aus Tang, Gras und Reisig stehen in lockerem Verband auf Felssimsen, unter Felsvorsprüngen und in unzugänglichen Nischen. Der Brutplatz wird vom ♂ ausgewählt und befindet sich meist an der Stelle des Vorjahrs. K. verpaaren sich jedes Jahr neu, doch können die Partner, insbesondere nach erfolgreicher Brut, auch im Folgejahr wieder zusammenfinden. Das ♀ legt 2–5, meist 3 Eier, die von beiden Partnern 30–31 Tage bebrütet werden. Nach einer Nestlingszeit von 7–8 Wochen verlassen die Jungvögel, noch flugunfähig, das Nest und springen vom Brutfelsen ins Meer. Hier werden sie von den Eltern noch weitere 3–7 Wochen gefüttert, bis sie selbstständig tauchen können.

Nahrung K. ernähren sich ausschließlich von Fischen des freien Meerwassers, z. B. Heringen oder Sandaalen. Sie tauchen wie die Kormorane vom Schwimmen aus, häufig aus einem kleinen Sprung heraus, und können Wassertiefen von 20 m (max. 45 m) erreichen. Nach dem Tauchen müssen sie ihr Gefieder trocknen und suchen dazu Felsen, nur selten Pfähle oder Bäume auf.

Zwergscharbe

Phalacrocorax pygmeus · Familie Kormorane

Kleiner als eine Stockente; kurzer Hals, rundlicher Kopf, kurzer, dicker Schnabel, langer Schwanz; im Prachtkleid Kopf und Hals dunkel rotbraun getönt, sonst schwarz.

Dünne, weiße Fadenfedern ungleichmäßig über den ganzen Körper verteilt; im Herbst und Winter Kopf, Nacken und Brust dunkelbraun, Kehle und Hals braunweißlich.

Vorkommen Brütet an vegetationsreichen Binnengewässern und Flussdeltas in SO-EU; außerhalb der Brutzeit auch an Brackwasser und auf dem küstennahen Meer; in M.-EU sehr seltener Gast.

Wissenswert! Ihr Nest aus Zweigen und

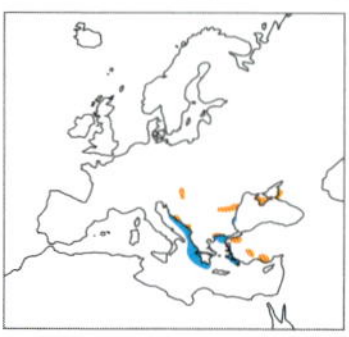

Ästen baut die Z. auf Sträuchern und kleinen Bäumen, manchmal auch in dichtem Schilf. Sie brütet in Kolonien, nicht selten mit Rei-

Krähenscharbe Zwergscharbe Kormoran

hern vergesellschaftet. Das Gelege umfasst meist 4–6 Eier. Beide Partner brüten und füttern die Jungen, die nach rund 70 Tagen flügge sind.

Die Nahrung der Z. besteht fast ausschließlich aus Fischen, die sie mitunter auch an sehr kleinen Gewässern erbeuten. Als Rast- und Trockenplatz dienen Bäume in Wassernähe.

Die Z. ist eine global gefährdete Vogelart, die durch Trockenlegungen von Sümpfen und Altwassern sowie durch menschliche Verfolgung im Lauf des 20. Jh. erhebliche Bestandseinbußen erlitten hat. Ihr Brutbestand in EU wird derzeit auf weniger als 40 000 Brutpaare geschätzt. §

Krähenscharbe

Zwergscharbe Linkes Bild: beim Trocknen des Gefieders.

Graureiher, Fischreiher

Ardea cinerea · Familie Reiher

Mit 85–100 cm größter europäischer Reiher; Oberseite mittelgrau, Unterseite grauweiß; bei Altvögeln Vorderhals schwarz gestrichelt, schwarze Schmuckfedern im Nacken.

wie bei allen Reihern Hals im Flug s-förmig gekrümmt

Spannweite 155–175 cm; Jungvögel dunkler, ohne deutliche schwarze Abzeichen; fliegt mit stark durchgebogenen Flügeln und – anders als Kraniche und Störche – stets mit s-förmig eingezogenem Hals.

Vorkommen Der häufigste und am weitesten verbreitete Reiher in EU; Brutvogel in fast ganz EU sowie in Asien bis zum Pazifik

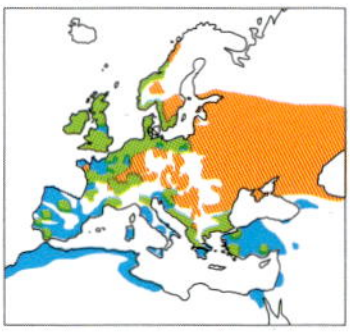

und Indischen Ozean; Teilzieher; nördl. und östl. Vögel ziehen im Herbst in den Mittelmeerraum und nach Afrika; in M.-EU ganzjährig.

Brut G. brüten in M.-EU in z.T. recht großen Kolonien auf Bäumen, meist in Waldrandnähe und oft nahe am Wasser, selten auch im Schilf. Aus groben Ästen und Reisig errichten ♂ und ♀ ab Feb/Mär ein sperriges Nest im Wipfelbereich eines Nadel- oder Laubbaums. Vielfach werden vorjährige Nester übernommen und nur noch ausgebessert. Das ♀ legt im Mär/Apr 3–5 Eier, die von beiden Partnern 25–28 Tage bebrütet werden. Beide Altvögel tragen das Futter (v. a. Weißfische) für die Jungen herbei und erbrechen es auf den Nestboden. Im Alter von 6–7 Wochen sind die Jungvögel flugfähig.

Nahrung Jagende G. sieht man bewegungslos am Gewässerrand auf Beute lauern oder mit niedrig gehaltenem Hals durch seichtes Wasser schreiten, wo sie u. a. Fische, Amphibien, Kleinsäuger u. Insekten erbeuten.

Purpurreiher

Ardea purpurea · Familie Reiher

Etwas kleiner als der Graureiher, im Flug die gespreizten Zehen weiter über den Schwanz hinausragend; Altvögel mit dunkelgrauem Mantel und rotbraunen Kopf- und Halsseiten.

Schlanker Hals mit schwarzen Seitenstreifen; langer, schmaler Schnabel.

Vorkommen Koloniebrüter in ausgedehnten Schilfgebieten in S-EU, vereinzelt auch in M.-EU; ferner in Afrika und S-Asien; überwintert im tropischen Afrika.

Brut P. brüten versteckt im Schilfröhricht, vorzugsweise in Kolonien, in denen die Brutpaare lediglich kleine Nestterritorien

verteidigen. ♂ und ♀ bauen gemeinsam das Nest aus Schilfhalmen und Zweigen und brüten abwechselnd 25–30 Tage. Die Jungen werden anfangs viel gehudert und von beiden Eltern gefüttert. Im Alter von 20 Tagen verlassen sie bereits das Nest und klettern in Nestnähe im Schilf herum, aber erst mit 45–50 Tagen sind sie flügge. Danach ziehen sie bald ohne bestimmte Richtung ab und können bis Ende Jul sogar nördlich ihres Geburtsorts beobachtet werden. Durch diese „Zerstreuungswanderung" erschließen sie neue Lebensräume und vermeiden Konkurrenz. Erst ab Aug/Okt fliegen P. in meist südwestliche Richtung in ihre tropischen Winterquartiere.

Wissenswert! Als Langstreckenzieher sind P. nicht nur durch Verschlechterung ihrer Lebensbedingungen im Brutgebiet (z. B. Absenkung des Wasserstands), sondern auch durch die Zerstörung ihrer Rast- und Überwinterungsgebiete in Afrika gefährdet. **RL, §**

Graureiher, Fischreiher Links beim Erbeuten eines Frosches.

Purpurreiher am Nest

Silberreiher

Egretta alba · Familie Reiher

Etwa so groß wie ein Graureiher; weiß befiedert, schlank und langhalsig; Schnabel im Prachtkleid schwarz, an der Basis gelb, im Schlicht- und im Jugendkleid ganz gelb.

Beine grünlich grau bis schwarz, im Prachtkleid Unterschenkel hellgelblich.

Vorkommen Weltweit verbreitet, in EU seltener Brutvogel in ausgedehnten Schilfröhrichten größerer Seen, vom Neusiedler See südostwärts, ferner einzelne Brutvorkommen in den Niederlanden; Winterquartiere im Mittelmeergebiet, am Schwarzen Meer und im südl. M.-EU; in D ganzjähriger Gast.

Brut S. kehren bereits ab Ende Feb an ihre Brutkolonien zurück, wo sie sich jedes Jahr neu verpaaren. ♂ und ♀ bauen gemeinsam ein Nest aus vorjährigen Schilfhalmen. Beide Partner brüten und füttern die Jungen, die im Alter von 40–50 Tagen flügge sind. Ab Jul ziehen die Jungvögel zunächst in unbestimmter Richtung davon, sodass sie auch nördlich der Brutgebiete beobachtet werden können.

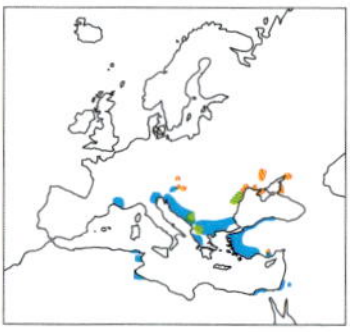

Wissenswert! Der Wegzug in die Winterquartiere beginnt erst im Sep. Seit einigen Jahren werden S. in wachsender Zahl das ganze Jahr über auch in D beobachtet, stellenweise gibt es hier sogar Brutversuche. Diese Entwicklung hängt mit der Zunahme der Brutbestände in SO-EU zusammen und dürfte durch eine Reihe milder Winter gefördert worden sein. Heute überwintern z. B. mehrere hundert S. am Neusiedler See. S. jagen an Gräben und im Uferbereich stehender Gewässer, auch ohne jede Deckung, indem sie langsam durch das flache Wasser schreiten oder unbeweglich am Schilfrand lauern. Sie erbeuten Fische, Amphibien und Wasserinsekten, auf dem Land regelmäßig auch Kleinsäuger. §

Seidenreiher

Egretta garzetta · Familie Reiher

Mit 55–65 cm viel kleiner als der Silberreiher, wie dieser weiß und schlank; Schnabel und Beine schwarz, Zehen gelb; im Prachtkleid mit 2 langen Schmuckfedern im Nacken.

Vorkommen Lokaler Brutvogel in S-EU, nordwärts bis Frankreich und Ungarn; brütet in Sümpfen, an flachen Seen und Flussmündungen; überwintert im tropischen Afrika, vereinzelt auch im Mittelmeerraum.

Wissenswert! S. brüten in Büschen und auf hohen Bäumen, seltener im Schilf. Für den Nestbau trägt das ♂ Zweige herbei, die das ♀ verbaut. Beide Partner brüten und füttern die Jungen. Auch außerhalb der Brutzeit leben S. gesellig, sie suchen gemeinsam nach Nahrung (Fischen, Fröschen, Würmern u. a.) und schlafen in Gruppen. Seit Mitte des 20. Jh. nimmt der S. in allen europäischen Brutgebieten zu und breitet sich aus. Einzelne Bruten wurden in England, Irland, Österreich und im S von D bekannt. §

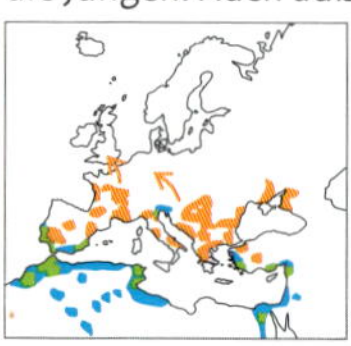

Ähnlich **Kuhreiher** *Bubulcus ibis*, deutlich kleiner als der Seidenreiher, kurz- und dickhalsiger; Schnabel im Schlichtkleid gelb, im Prachtkleid wie die Beine rötlich. Brütet in Bäumen oder im Schilf an See- und Flussufern, aber auch weitab vom Wasser; in Afrika und S-Asien weit verbreitet, zunehmend auch in der Camargue und im S der iberischen Halbinsel.

Silberreiher Anders als das Foto vermuten lässt, brüten S. nicht auf Bäumen, sondern im Schilf.

Seidenreiher

Nachtreiher

Nycticorax nycticorax · Familie Reiher

Mittelgroßer Reiher von gedrungenem Körperbau, kurzschnäblig und dickhalsig; Altvögel unverwechselbar, im Prachtkleid mit 2–3 weißen Nackenfedern und rötlichen Beinen.

58–65 cm groß; Jungvögel dunkelbraun, im Gegensatz zur ähnlichen Rohrdommel mit weißen Tropfen auf den Flügeldecken (Zeichnung und kl. Foto), erst im 3. Sommer voll ausgefärbt; Flugruf rau „quak".

Vorkommen Brütet in Kolonien in Sümpfen, Flussauen und an Teichen; in S-EU lokal häufiger Brutvogel, in M.-EU vereinzelt in den Niederlanden, in Österreich, Tschechien und im S von D; Zugvogel, überwintert im tropischen Afrika.

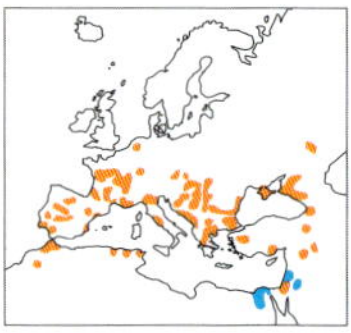

Wissenswert! N. leben überwiegend dämmerungs- und nachtaktiv, tagsüber halten sie sich in der Vegetation versteckt. Ihre Nester errichten sie meist auf Bäumen oder im Gebüsch. Das ♂ wählt den Nistplatz aus und trägt Zweige herbei, die vom ♀ verbaut werden. Beide Partner brüten abwechselnd. Die Jungvögel verlassen die Kolonien bereits im Jul/Aug, um zunächst in unbestimmte Richtung, ab Sep/Okt dann wie die Altvögel nach S fortzuziehen. Im Mär/Apr kehren die N. wieder in ihre Brutgebiete zurück. Noch nicht brutreife Tiere übersommern in den meisten Fällen abseits der Kolonien. **RL, §**

Jungvogel

Rallenreiher

Ardeola ralloides · Familie Reiher

Dickhalsig, ockergelb-bräunlich, im Flug weiße Flügel und weißer Schwanz auffällig; im Prachtkleid mit verlängerten Nackenfedern; Schnabel grünblau mit schwarzer Spitze.

Mit 43–48 cm etwas größer als eine Zwergdommel, Beine rot; im Schlichtkleid (Zeichnung ⇨ S. 68) Kopf- und Halsseiten deutlich gestrichelt, Schnabel und Beine grüngelblich.

Vorkommen Brütet lokal in vegetationsreichen Feuchtgebieten von S-EU (nördl. bis Ungarn); überwintert in Afrika, einzelne bereits im südl. Mittelmeerraum. Auf dem Heimzug in die Brutgebiete im Apr/Mai ziehen R. teilweise weiter in nördliche Richtung und gelangen dabei bis in den Nordseeraum. Regelmäßige Brutvorkommen gibt es in M.-EU bislang jedoch nur in Ungarn.

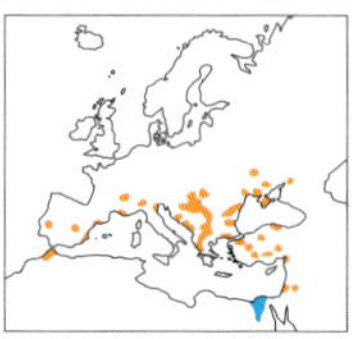

Brut R. brüten in Kolonien, oft zusammen mit anderen Reihern, Sichlern oder Zwergscharben. Ihr Nest bauen sie aus Zweigen in halbhohen Bäumen oder aus Schilfhalmen im Röhricht. ♂ und ♀ brüten und füttern die Jungen, die im Alter von ca. 45 Tagen flügge sind und ab Jul abseits der Brutkolonien beobachtet werden können. Der eigentliche Zug ins Winterquartier beginnt erst im Sep/Okt.

Nahrung R. sind überwiegend dämmerungsaktiv, bei der Nahrungssuche halten sie sich in dichtem Gebüsch oder im Schilf versteckt und sind schwer zu entdecken. Wie Rohrdommeln stehen sie unbeweglich im Schilf und lauern auf Wasserinsekten oder waten durch seichtes Wasser, um Frösche und kleine Fische zu erbeuten. **§**

Nachtreiher

Rallenreiher

Rohrdommel

Botaurus stellaris · Familie Reiher

Etwas kleiner als ein Graureiher, von gedrungener Gestalt mit dickem Hals und recht kurzen Beinen; ingwerbraunes Tarngefieder mit senkrechter dunkler Streifenzeichnung.

70–80 cm groß, Flug eulenähnlich; Balzruf des ♂ ein sehr tiefes, weit hörbares „whu-ump", an ein Nebelhorn erinnernd.

Vorkommen Brutvogel ausgedehnter Verlandungszonen mit mehrjährigen Schilf- und Rohrkolbenbeständen, die nicht zu dicht sein dürfen; zur Zugzeit und im Winter auch in kleinen und lückigen Schilfbeständen und selbst an deckungsarmen Gräben und Ufern; brütet lokal von S-Schweden, England, Spanien und N-Afrika bis an den Pazifik, ferner in S-Afrika; in M.-EU selten; europäische Vögel sind Teilzieher.

Lebensweise Die R. ist perfekt an das Leben im Schilfröhricht angepasst. Bei Gefahr erhöht sie die Tarnwirkung des Gefieders, indem sie Kopf und Schnabel steil in die Höhe reckt und sogar die Bewegungen des im Wind hin und her schwankenden Schilfs nachahmt. Durch diese charakteristische Pfahlstellung verschwimmen die Konturen ihres Körpers mit der Umgebung. Ihre langen Zehen befähigen sie, auch in umgeknicktem Röhricht geschickt zu laufen, und ihre sehr beweglichen Augen gewähren ein weites Blickfeld. Die schützende Deckung des Rohrwalds verlässt sie tagsüber nur bei trübem Wetter oder wenn die Nahrung knapp wird.

Wie alle Reiher besitzt die R. auf der Körperunterseite spezielle Puderdunen, die einen feinkörnigen Puder bilden. Hiermit stäubt sie ihr Gefieder ein, um seine Wasser abstoßende Wirkung zu erhöhen. Eine kammartige Putzkralle dient zum Glätten der Federn.

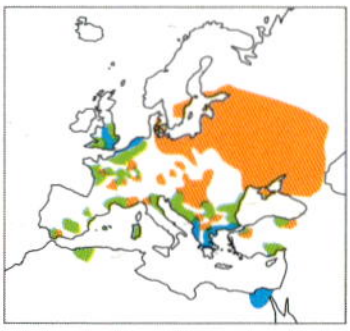

Brut Obwohl das ♂ bereits ab Ende Feb am Brutplatz eintrifft, bezieht es sein endgültiges Brutrevier nicht vor Ende Mär. Es verteidigt ein recht großes Territorium, in dem sich häufig nicht nur 1 Nest, sondern die Nester von bis zu 5 ♀ befinden. Jedes ♀ baut allein sein Nest aus Pflanzenmaterial und legt im Apr/Mai meist 5–6 olivbraune Eier hinein. Auch die Bebrütung ist Sache des ♀. Wenn das ♂ nur mit einem einzigen ♀ verpaart ist, hilft es gelegentlich bei der Jungenaufzucht. Im Übrigen füttert nur das ♀, bis die Jungen nach rund 8 Wochen selbstständig sind. Schon ab Jul ziehen diese in unbestimmte Richtung ab, während die Altvögel die Brutplätze erst ab Sep verlassen.

Nahrung Zu den Zugzeiten oder im Winter wird man die R. am ehesten zu Gesicht bekommen, etwa wenn sie langsam durch seichtes Wasser (seltener über Land) pirscht, um Fische, Amphibien, Wasserinsekten, Würmer oder Krebstiere zu erbeuten, oder wenn sie in der Dämmerung niedrig über das Schilf fliegt. Bei der Ansitzjagd steht sie dagegen regungslos am Schilfrand; erst wenn sie ein Beutetier erspäht hat, nähert sie sich ihm ganz langsam mit dem Kopf und stößt dann plötzlich zu.

Wissenswert! Unter den R., die in M.-EU überwintern, gibt es in kalten Wintern, wenn die Kleingewässer und Flachwasserzonen zufrieren, hohe Verluste, die in geeigneten Lebensräumen jedoch nach wenigen Jahren wieder ausgeglichen sind. Weitaus gravierender wirken sich nachhaltige Lebensraumveränderungen aus, sei es durch Gewässerverbauungen, übermäßigen Nährstoffeintrag oder Grundwasserabsenkungen, sei es durch zunehmende Störungen durch Freizeitaktivitäten in den Brutgebieten, die eine Bestandserholung nach klimatisch ungünstigen Jahren unmöglich machen. Gefahr droht der R. ferner in den Überwinterungsgebieten, wo man ihr z. T. immer noch (illegal) nachstellt. Inzwischen ist sie in M.-EU auch dort, wo sie früher recht häufig vorkam, selten geworden. **RL, §**

Rohrdommel Links unten: Perfekt getarnt in der sogenannten Pfahlstellung.

Zwergdommel

Ixobrychus minutus · Familie Reiher

Etwa hähergroß; beim ♂ Scheitel und Oberseite schwarz mit hellgelbem Flügelfeld; ♀ braunschwarz mit hellbraunem Flügelfeld, Hals, Brust und Flanken bräunlich gestreift.

Mit 33–38 cm kleinster europäischer Reiher; Jungvögel bräunlich, noch stärker gestreift als ♀.

Vorkommen Brutvogel der Verlandungszone größerer und kleinerer Gewässer, auch in Auwäldern und Sümpfen; bevorzugt mehrjährige, dichte Röhrichtbestände, die reich gegliedert und von kleinen, offenen Wasserflächen unterbrochen sind; brütet in M.-, O- und S-EU, ferner in Afrika, N-Indien und Australien; überwintert in Afrika südlich der Sahara.

Lebensweise Die Z. klettert sehr geschickt durch das Schilfröhricht, indem sie mit ihren langen Zehen mehrere Schilfhalme gleichzeitig umfasst. Fische, Frösche, Kaulquappen und Wasserinsekten erbeutet sie vom Ansitz aus: Reglos im Schilf oder auf einem Ast dicht über dem Wasser sitzend, stößt sie im passenden Moment blitzschnell zu. Libellen und andere Insekten liest sie von Schilfblättern ab. Mit schnellen Flügelschlägen fliegt sie niedrig über das Schilf und lässt sich unvermittelt in Deckung fallen.

Brut Z. kehren erst im Mai/Jun in ihre Brutgebiete zurück, wenn das diesjährige Schilf schon herangewachsen ist und das Röhricht somit mehr Deckung bietet. Wie die Rohrdommel lebt die Z. sehr heimlich. Der dumpfe Balzruf des ♂, ein kurzes, in regelmäßigen Abständen wiederholtes „wru", ist vor allem abends und nachts zu hören. Der Nistplatz wird vom ♂ ausgewählt und liegt gut versteckt in einer dichten Schilfgruppe, unter umgeknicktem Rohr oder in Sträuchern und Bäumen bis in 2 m Höhe. Aus dürren Zweigen und Halmen errichtet das ♂ eine Nestunterlage, an der beide Partner weiterbauen, bis ein sperriger, nach unten spitz zulaufender kegelförmiger Bau entsteht. Das ♀ legt Ende Mai/Jun (Jul) meist 5–6 Eier, die von beiden Brutpartnern abwechselnd bebrütet werden. Jede Brutablösung erfolgt nach einem festen Ritual, bei dem sich die Partner zunächst mit aufgerissenem Rachen und gesträubtem Gefieder bedrohen, um sich danach beschwichtigend mit den Schnäbeln zu berühren. Nach knapp 3 Wochen schlüpfen die Jungen, die das Nest bereits im Alter von 5–7 Tagen verlassen können. Wenige Tage später klettern sie schon im Schilf der Nestumgebung umher. Bei Gefahr nehmen Dunenjunge wie Altvögel eine charakteristische „Pfahlstellung" ein, bei der sie Kopf und Schnabel steil in die Höhe recken und sich die Konturen ihres Körpers aufgrund der Tarnfärbung ihres Gefieders in der Umgebung auflösen. Mit 25–30 Tagen sind die Jungen flügge und zerstreuen sich in verschiedene Richtungen. Der Abzug ins Winterquartier erfolgt im Aug/Sep.

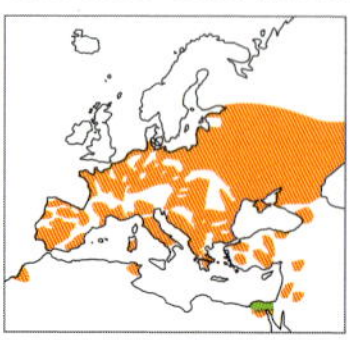

Wissenswert! Aufgrund von Lebensraumzerstörungen im Brutgebiet (z. B. Verbauungen, Schilfmahd, Entwässerungen, übermäßiger Nährstoffeintrag in die Gewässer, Angel- und Badebetrieb) sowie Gefährdungen an den Rast- und Überwinterungsplätzen in Afrika (Dürre in der Sahelzone, Intensivierung der Landwirtschaft, Pestizideinsatz, Jagd) ist die einst weit verbreitete Z. in M.-EU sehr selten geworden. **RL, §**

Rohrdommel

Rallenreiher im Schlichtkleid

Zwergdommel im Jugendkleid

Zwergdommel

Weißstorch

Ciconia ciconia · Familie Störche

95–110 cm groß, Flügelspannweite 183–217 cm, damit einer der größten mitteleuropäischen Brutvögel; Körper weiß mit schwarzen Schwungfedern, Beine und Schnabel rot.

Vorkommen Brutvogel der offenen Kulturlandschaft und feuchter Wiesen, vor allem in den Niederungen und Flusstälern; brütet auf der Iberischen Halbinsel und im östlichen M.-EU; in D, Frankreich, den Niederlanden, Belgien und Dänemark selten geworden; ferner in N-Afrika, SW- und O-Asien; überwintert als Langstreckenzieher in Afrika südlich der Sahara.

Brut Als Kulturfolger brütet der W. heute vielfach nicht mehr auf Bäumen, sondern auf Hausdächern, Kirchtürmen und Fabrikschloten. Das Nest bauen ♂ und ♀ aus starken Ästen und feinerem Reisig, meist auf eine künstliche Nestunterlage. Oft benutzen sie es über viele Jahre hinweg. Sollte es bei der Ankunft am Brutplatz (im Mär/Apr) bereits von fremden Störchen besetzt sein, kann es zu heftigen Kämpfen kommen. Während fremde Artgenossen durch Abwehrklappern, begleitet von pumpenden Flügelbewegungen, vom Horst ferngehalten werden, wird der eigene Partner mit einer „Klapperzeremonie" am Nest begrüßt, bei der Kopf und Schnabel bis auf den Rücken zurückgelegt werden.

Das ♀ legt meist 3–5 Eier, die von beiden Partnern 33–34 Tage abwechselnd bebrütet werden. Das Futter für die Jungen tragen die Eltern im Kehlsack zum Horst, wo sie es auswürgen, bei Trockenheit bringen sie im Schlund auch Wasser heran. Im Alter von 22 Tagen können die Jungen erstmals im Nest stehen, flugfähig sind sie jedoch erst nach rund 2 Monaten. Der Bruterfolg eines Storchenpaars ist oft nicht sehr hoch, da die Altvögel in unserer intensiv genutzten und zersiedelten Landschaft z. T. Schwierigkeiten haben, ausreichend geeignete Nahrung (Mäuse, Insekten und Regenwürmer, aber auch Frösche, Fische und Reptilien) herbeizuschaffen.

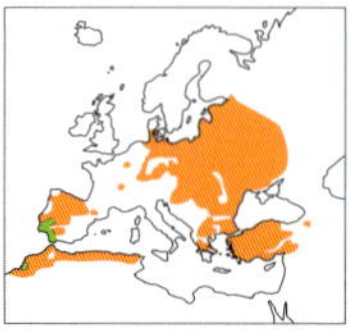

Zug W. verlassen ihr Brutgebiet im Aug/Sep. Als Segelflieger nutzen sie auf dem Zug warme Aufwinde über dem Land und meiden den kräftezehrenden Ruderflug übers Meer. So wandern mitteleurop. und iberische Brutvögel über die Meerenge von Gibraltar in westafrikanische Winterquartiere, während Vögel aus dem NO von D und aus O-EU über den Bosporus, Israel und das Niltal bis nach O- und S-Afrika ziehen. In Tagesetappen von bis zu 550 km legen sie auf dem Hin- und Rückweg insgesamt 16 000 km und mehr zurück.

Wissenswert! Nicht nur durch Lebensraumzerstörung in den Brutgebieten sind W. gefährdet. Sehr nachteilig auf Brutbestand und -erfolg wirken sich auch Dürreperioden, Überweidung und Entwässerungsmaßnahmen in den afrikanischen Rast- und Überwinterungsgebieten aus; Pestizidanwendung und Freileitungen führen darüber hinaus zu hohen Verlusten. Ungeachtet dessen können W. sehr alt werden, bis zu 34 Jahre sind nachgewiesen. **RL, §**

Jungvögel

Weißstorch

Schwarzstorch

Ciconia nigra · Familie Störche

Schwarzstorch Weißstorch

Ein wenig kleiner als der Weißstorch; überwiegend schwarzes Gefieder mit Grün- oder Purpurschimmer; Bauch und Unterschwanzdecken weiß, Schnabel und Beine rot.

An den Flügeln unterseits nur die Achselfedern weiß; Jungvögel dunkelbraun, Schnabel und Beine graugrün.

Vorkommen Brütet lokal in S-, M.- und O-EU und quer durch Eurasien bis an den Pazifik; ferner in Afrika; in M.-EU seltener Brutvogel in naturnahen Laub- und Mischwäldern mit eingestreuten kleinen Lichtungen, Feuchtwiesen, Sümpfen, Bächen und Waldteichen; zu den Zugzeiten regelmäßiger Gast. In Spanien sind S. zum Teil Standvögel, die Vögel aus den übrigen europäischen Brutgebieten überwintern in Afrika.

Brut S. kehren im Mär/Apr in ihre Brutgebiete zurück. Ihre hohe Ortstreue führt die Brutpartner des Vorjahrs häufig wieder zusammen. Das Nest befindet sich in M.-EU fast stets im Wipfelbereich von Laub- oder Nadelbäumen. ♂ und ♀ bauen das Nest gemeinsam aus Ästen und Zweigen und benutzen es meist viele Jahre hintereinander. Im Gegensatz zum Weißstorch, der zur Brutzeit nur ein kleines Nestterritorium verteidigt, besitzt der S. oft sehr große Brutreviere. Der Aktionsraum eines Brutpaars kann bis zu 250 qkm umfassen, in sehr dicht besiedelten Gebieten beträgt der Abstand zwischen 2 Nestern aber unter Umständen nur wenige Kilometer. Das ♀ legt im (Apr) Mai 3–5 Eier, die von beiden Partnern 32–40 Tage bebrütet werden. Am Nest begrüßen sich die Partner, indem sie mit gefächerten Unterschwanzdecken umherstolzieren und den Hals gleichzeitig auf- und niederbeugen. Auch an der Jungenaufzucht beteiligen sich beide Eltern. In den ersten 10–15 Tagen hält sich stets ein Altvogel am Nest auf, während der andere auf Futtersuche ist, oft weitab vom Nest. Nach 9–10 Wochen sind die Jungen flügge, sie kehren aber noch zur Fütterung und zum Nächtigen ans Nest zurück.

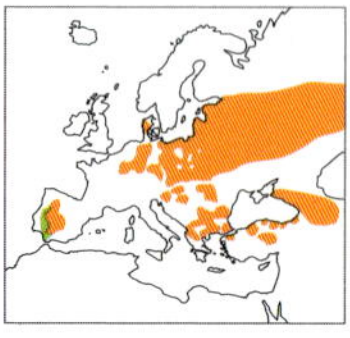

Zug Im Aug/Sep verlassen S. ihr Brutgebiet, um in die afrikanischen Winterquartiere zu ziehen. Wie beim Weißstorch unterscheidet man Westzieher, die über Gibraltar ins tropische W-Afrika wandern, und Ostzieher, die den Weg über den Bosporus nach O-Afrika nehmen. Die sog. Zugscheide, die beide Populationen voneinander trennt, verläuft entlang der Oder. Darüber hinaus zieht ein Teil auch über das mittlere und östliche Mittelmeer. Von warmen Aufwinden sind S. also weniger stark abhängig als Weißstörche, wie diese aber hervorragende Segelflieger.

Nahrung S. sind stärker an Wasser und Feuchtigkeit gebunden als Weißstörche. Sie ernähren sich vorwiegend von Fischen, Amphibien und Wasserinsekten, Landtiere (Mäuse, Reptilien, Insekten) spielen auf dem Speiseplan nur eine untergeordnete Rolle.

Wissenswert! Nachdem der S. in weiten Teilen von EU ab Mitte des 19. Jh. erhebliche Bestandseinbußen erlitten hat, dehnt er sein Brutgebiet derzeit – ausgehend von O-EU – wieder nach W aus. Dabei begründet er zunächst einzelne Vorposten und füllt anschließend den dazwischen liegenden Raum langsam auf. Die Ursachen für die Arealausweitung und Bestandszunahme in EU liegen zum einen in verbesserten Lebensbedingungen im Baltikum, die zu einem starken Anwachsen der dortigen Brutbestände und zu einem hohen Populationsdruck geführt haben. Erstbrüter waren deshalb gezwungen, sich außerhalb des bisherigen Areals anzusiedeln. Zum anderen bewirkte die seit Mitte des 20. Jh. eingestellte Verfolgung eine abnehmende Scheu des S. vor dem Menschen und ermöglichte ihm, nun auch weniger einsam gelegene Brutplätze (selbst in Siedlungsnähe) zu beziehen. §

Schwarzstorch

Sichler, Brauner Sichler

Plegadis falcinellus · Familie Ibisse

Mit 55–65 cm viel kleiner als ein Graureiher; Hals lang und dünn, Schnabel abwärts gebogen; Gefieder dunkel purpurbraun, Flügel mit grünem Metallglanz.

Vorkommen Brütet lokal in SO-EU in Sümpfen oder an vegetationsreichen Gewässern; ferner in W- und S-Asien, Australien, Afrika und im östlichen N-Amerika; Überwinterung in Afrika südlich der Sahara, vereinzelt auch im Mittelmeerraum; in M.-EU nur noch in Ungarn Brutvogel in geringer Zahl, sonst sehr seltener Sommergast (Apr–Okt).
Wissenswert! S. brüten in Kolonien in der Verlandungszone von Seen und großen Flüssen, oft zusammen mit Reihern, Löfflern oder Zwergscharben. Das Nest liegt in dichtem Röhricht oder in Weidenbüschen. Beide Partner brüten und füttern die Jungen, die mit 4 Wochen flügge werden, sich aber noch weitere 3 Wochen in der Nestumgebung aufhalten. Danach streifen sie z. T. weit umher, bevor sie in die Winterquartiere fliegen. In der Flachwasserzone von Seen und auf überschwemmten Wiesen suchen S. nach Insekten, Weichtieren, Würmern, Krebsen und kleinen Amphibien. **§**

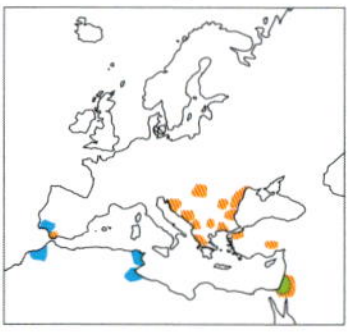

Ähnlich **Waldrapp** *Geronticus eremita*, 70–80 cm, kürzere Beine als Sichler, Schnabel rot; Kopf weitgehend unbefiedert, rot mit verlängerten Nackenfedern. Brutvorkommen im südlichen M.-EU sind bis ins 16. Jh. hinein belegt. Heute brüten nur noch wenige Paare in Marokko an steilen Felsküsten des Atlantiks.

Löffler

Platalea leucorodia · Familie Ibisse

Mit 80–93 cm nur wenig kleiner als ein Graureiher; unverkennbar durch den langen, vorn löffelartig verbreiterten Schnabel; aus der Ferne einem weißen Reiher ähnlich.

Zur Brutzeit mit gelbem Brustband und dickem, herabhängendem Nackenschopf.
Vorkommen Seltener Brutvogel in Sümpfen und Schilfgebieten in S- und W-EU, Vorderasien und NO-Afrika; brütet ferner vom Kaspi-Gebiet bis O-Asien; bedeutende Brutvorkommen in M.-EU am Ijsselmeer (Niederlande) und in Ungarn, ferner eine kleine Kolonie am Neusiedler See; außerhalb der Brutzeit auch an der Küste; überwintert im Mittelmeerraum und im nördlichen Afrika.
Wissenswert! L. brüten in ausgedehnten Verlandungszonen, häufig in Gesellschaft mit Reihern. Das Nest bauen ♂ und ♀ aus Schilfhalmen meist in Altschilfbestände nahe am Wasser. Beide Partner brüten und füttern die Jungen. Ihre Nahrung – Wasserinsekten, kleine Fische, Muscheln, Schnecken u. a. – finden sie, indem sie mit seitlich pendelnden Kopfbewegungen Seichtwasser oder Schlamm durchseihen. Nach einem starken Rückgang des L. in EU im Lauf des 20. Jh. ist hier seit den 1990er-Jahren wieder eine Zunahme der Brutbestände zu verzeichnen. In England, Dänemark, Frankreich und Italien kam es zu Neuansiedlungen und auch im N von D hat der L. bereits erfolgreich gebrütet. **RL, §**

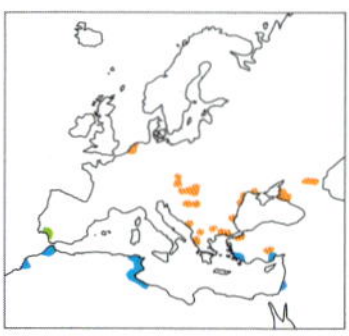

Sichler, Brauner Sichler

Löffler

Rosaflamingo

Phoenicopterus ruber · Familie Flamingos

Langer, meist s-förmig getragener Hals; weißes Gefieder mit rosa Ton (in Gefangenschaft häufig verblasst); Beine rosa; Schnabel gewinkelt, rosa mit schwarzer Spitze.

links: im Wasser filtrierender Flamingo

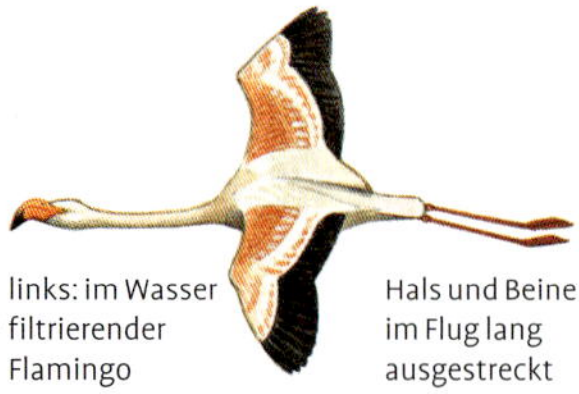

Hals und Beine im Flug lang ausgestreckt

125–145 cm groß; rote Flügeldecken im Flug aufleuchtend, Schwungfedern schwarz; gänseähnliche, gackernde und trompetende Rufe.

Vorkommen Brütet in großen Kolonien an flachen Salzseen und Brackwasserlagunen in der Camargue, in Spanien, der Türkei sowie in N-Afrika; ferner in Afrika südlich der Sahara, Vorder- und Innerasien, Pakistan. In M.-EU beobachtete Flamingos sind meist Zooflüchtlinge.

Nahrung Flamingos sind Spezialisten, die das einförmige, aber üppige Nahrungsangebot (stark) salzhaltiger Gewässer zu nutzen wissen. Ihre Beine und Füße sind mit hornigen Schuppen besetzt, sodass die ätzenden Salze ihnen nichts anhaben können. Kopf und Hals tief ins Wasser getaucht, schreitet der R. mit pendelnden Kopfbewegungen langsam voran. Dabei durchpflügt er mit leicht geöffnetem Schnabel den schlammigen Boden und filtriert mithilfe der feinen Lamellen am Schnabelrand kleine Krebse, Würmer, Insektenlarven, Algen und andere kleinste Organismen aus dem Gewässergrund, während feine Sandpartikel und Wasser bei geschlossenem Schnabel durch die Lamellen wieder ausgepresst werden. Nur ein minimaler Rest der Salzlake wird über die Nahrung aufgenommen. Mit den Krebstieren nehmen R. auch rote Farbstoffe, sog. Karotinoide, auf, die in den Krebsen enthalten sind und dem R. seine namengebende Rosafärbung verleihen. Fehlen diese Pigmente in der Nahrung, etwa bei Gefangenschaftshaltung, bleicht das Gefieder nach der nächsten Mauser aus.

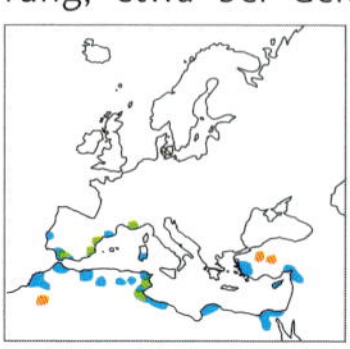

Brut Zu Beginn der Brutzeit erreicht die Rotfärbung der Flügeldecken die höchste Intensität. Bei der auffälligen Gruppenbalz der R. wirkt sie als Signalfarbe. In langen Zügen marschieren die Vögel dann aneinander vorbei und präsentieren durch ruckartiges Öffnen und Schließen der Flügel ihr rotes Gefieder. Ihre Nester errichten R. im flachen Wasser oder am Schlickufer aus kleinen Schlammkügelchen, die sie zu einem konischen Schlammhaufen aufschichten. Im Lauf des Sommers trocknet er aus und bleibt nach der Brutzeit noch lange erhalten. Das einzige Ei wird von beiden Partnern 28–32 Tage bebrütet. In der ersten Zeit werden junge F. mit einem stark eiweißhaltigen Kropfsekret gefüttert, das durch rote Blutkörperchen rot gefärbt ist. Erst wenn die Jungvögel 6 Wochen alt sind, bekommt ihr Schnabel seine endgültige Form und Funktion. §

Ähnlich **Chileflamingo** *Phoenicopterus chilensis*, etwas kleiner als der Rosaflamingo, Beine grau, Schnabel über die Hälfte schwarz; Brutvogel S-Amerikas. Im Naturschutzgebiet Zwillbrocker Venn im NW von D brüten aus Zoos entflogene C. seit Ende des 20. Jh. zusammen mit Rosa- und Karibischen Flamingos in der nördlichsten Flamingokolonie der Welt.

Rosaflamingo

Höckerschwan

Cygnus olor · Familie Entenvögel

Gefieder weiß, Schnabel rotorange mit schwarzem Stirnhöcker, der beim ♂ größer ist als beim ♀; langer, meist leicht s-förmig getragener Hals; langer, spitzer Schwanz.

140–160 cm groß, Flügelspannweite 200–260 cm, Gewicht bis zu 22,5 kg, damit größter und schwerster Schwimmvogel in M.-EU; Jungvögel graubraun, bei der *immutabilis*-Variante schon als Küken reinweiß; Schnabel anfangs noch ohne Höcker; fauchende, zischende und knurrende Laute; im Flug ein pfeifendes oder wummerndes Schwingengeräusch, das anderen Schwänen fehlt.

Vorkommen In EU ursprünglich nur im NO verbreitet (Schweden, östl. M.-EU, O-EU bis Schwarzmeergebiet); ferner in Vorder- und Mittelasien, China; in M.-EU an vielen Orten als Parkvogel ausgesetzt und inzwischen an Gewässern aller Art brütend; östliche Vögel ziehen im Winter nach Westen, in M.- und W-EU Stand- und Strichvogel. Halbzahme Schwäne wechseln im Winter gern an günstige Futterplätze, z. B. an städtische Parkgewässer.

Nahrung H. ernähren sich überwiegend von Wasserpflanzen, die sie, ähnlich wie Gründelenten, entweder schnatternd von der Wasseroberfläche, durch Eintauchen des Halses ins Wasser oder aber gründelnd aufnehmen. Dabei reichen sie dank ihres langen Halses bis in Wassertiefen von etwa 1 m hinab.

Brut H. brüten gewöhnlich erst ab einem Alter von 3–4 Jahren, die Brutpartner bleiben oft ihr Leben lang beisammen. Das Nest aus Reisig, Schilfhalmen, Plastik u.ä. befindet sich am Ufer in dichter Vegetation oder auch völlig frei, nicht selten in unmittelbarer Nähe häufig begangener Wege. Im Apr/Mai legt das ♀ 5–8 (11) Eier, die es alleine bebrütet, während das ♂ sich in Nestnähe aufhält und etwaige Rivalen aus dem Revier vertreibt. Beide Eltern führen die Jungen, die nach 4–5 Monaten selbstständig sind.

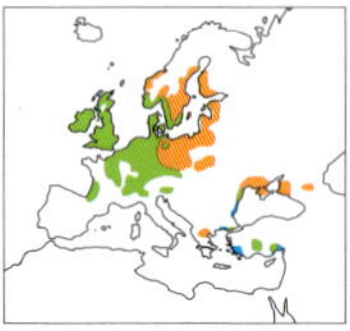

Wissenswert! Nach der Brutzeit versammeln sich H. zu Hunderten und Tausenden an traditionellen Mauserplätzen, meist geschützten Flachwasserbereichen an der Küste oder im Binnenland, um ihre Schwingen zu wechseln. Dabei werden sie für mehrere Wochen flugunfähig. H. können sehr alt werden, ein Alter von 26 Jahren ist nachgewiesen.

In W-EU und weiten Teilen von M.-EU war der H. ursprünglich nicht heimisch. Hier wurde er seit dem 19. Jh., in größerem Umfang aber erst nach 1920 ausgesetzt und verwilderte, sodass heutige Brutvögel ausschließlich auf diese eingebürgerten Gründerpopulationen zurückgehen. Nach einer Anfangsphase mit geringen Zuwachsraten kam es an vielen Brutgewässern zu einer sehr starken Zunahme des Bestands. Aber längst nicht alle Schwäne, die man im Sommer auf einem bestimmten Gewässer beobachten kann, brüten auch. Der Anteil an Nichtbrütern kann beim H. bis zu 80 % einer Population ausmachen. Mit zunehmender Bestandsdichte verringert sich der mittlere Bruterfolg, da nur noch wenige ♂ in der Lage sind, genügend große Reviere zu besetzen, um ihren Jungen bis in den Herbst hinein ein ausreichendes Nahrungsangebot zu sichern.

Ähnlich **Trauerschwan, Schwarzer Schwan** *Cygnus atratus*, wenig kleiner als Höckerschwan; nur im Flug weiße Hand- und Armschwingen auffallend; Schnabel rot, vorn weiß, ohne Höcker. Brutvogel Australiens; in M.-EU brüten an einigen Orten verwilderte Park- und Zooschwäne.

Höckerschwan

Singschwan

Cygnus cygnus · Familie Entenvögel

Ähnlich Höckerschwan, aber schlanker; Hals beim Schwimmen meist gerade gehalten; Schwanz kurz, Stirn flach, Schnabel keilförmig mit keilförmig gelbem Schnabelgrund.

Hals und Brust manchmal durch Verschmutzung rostfarben; das Gelb am Schnabel reicht, anders als beim ähnlichen Zwergschwan, bis unter die Nasenlöcher.

Vorkommen Brütet an Tundra- und Waldseen, in Mooren und Sümpfen sowie an Flussmündungen in N-Eurasien, von Island bis O-Sibirien; breitet sich derzeit nach SW aus, hat 1994 erstmals auch im NO von D als Wildvogel gebrütet; in M.-EU nur sehr wenige Brutpaare, aber häufiger Wintergast, v. a. auf Seen und Flüssen an Nord- und Ostseeküste, einige auch im Binnenland (Bodensee).

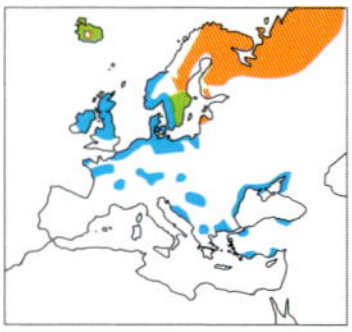

Brut Bei der Rückkehr an die Brutplätze im Apr/Mai sind S. bereits verpaart, die Brutpartner bleiben gewöhnlich ihr Leben lang zusammen. Das Nest, ein großer Haufen aus Pflanzenmaterial, wird größtenteils vom ♀ gebaut und befindet sich im Schilf oder frei am Ufer. Auch das Brüten ist Sache des ♀. Die Jungen schlüpfen nach rund 5 Wochen und werden von beiden Eltern geführt und verteidigt. Ab Sep/Okt ziehen die Familien in die Winterquartiere.

Nahrung S. ernähren sich überwiegend von Wasserpflanzen, z. B. den Überwinterungsknospen von Laichkräutern. Zunehmend nutzen Wintergäste aber auch das Nahrungsangebot auf Raps- u. Getreidefeldern.

Wissenswert! Seinen Namen verdankt der S. seinen lauten, trompetenden, oft 3- oder 4-silbigen Rufen. Feinste akustische und optische Unterschiede ermöglichen es den Vögeln, sich untereinander individuell zu erkennen. **RL, §**

Zwergschwan

Cygnus columbianus · Familie Entenvögel

Kleiner als Singschwan, mit kürzerem Hals, gänseähnlich; Gelbanteil am Schnabel geringer, reicht nicht bis zum Nasenloch, rechteckig oder gerundet, selten keilförmig.

Stimmfreudig, ruft höher als der Singschwan, meist 1- bis 2-silbig.

Vorkommen Brutvogel der Tundra im extremen N Eurasiens und Amerikas; überwintert in NW-EU, in M.-EU vor allem in Küstennähe, selten im Binnenland.

Brut Z. verpaaren sich im Alter von 2–4 Jahren, brüten aber meist erst, wenn sie 6 Jahre alt sind. Der lange Zugweg von 3000–4000 km und der kurze arktische Sommer lässt den Vögeln keine Zeit für eine intensive Balz und Partnersuche. Wenn sie im Mai/Jun am Brutplatz ankommen, beginnt das ♀ sogleich mit dem Nestbau. In der weiten Tundra sind die Reviere sehr groß (mindestens 3 km²). Nach rund 30 Tagen Brüten schlüpfen die Jungen.

Nahrung Wasserpflanzen, Gras, Saaten.

Wissenswert! Z. sind die Pioniere der Satelliten-Telemetrie in EU. Erstmals ausgestattet mit Minisendern, die über Satelliten Daten übermittelten, flogen sie 1990 von Holland quer über die zentrale Ostsee und den Finnischen Meerbusen bis in die sibirische Tundra. **§**

Singschwan

Zwergschwan

Graugans

Anser anser · Familie Entenvögel

So groß wie eine Hausgans, kräftig, mit relativ dickem Hals und großem Kopf; Gefieder einheitlich braungrau, heller als bei allen anderen grauen Gänsen; Beine fleischfarben.

75–90 cm groß; Schnabel hell, bei der westl. Unterart *A. a. anser* orangefarben, bei der etwas größeren und blasseren östlichen Unterart *A. a. rubirostris* rosa getönt; im Flug zweifarbiger Unterflügel artkennzeichnend; laute nasale, schnatternde Rufe, sehr ähnlich der Hausgans.

Vorkommen Lückig verbreitet von den gemäßigten und nördlichen Breiten in EU bis nach Zentral- und O-Asien mit Schwerpunkt in O- und NO-EU, Brutvorkommen im westlichen M.-EU gehen auf Ansiedlungen zurück; brütet an nährstoffreichen Binnengewässern mit freier Wasserfläche, Deckungsmöglichkeiten und angrenzendem Grünland für die Nahrungssuche; in M.-EU auch auf Baggerseen und halbzahm in Stadtparks und Anlagen; in NW-EU Stand- und Strichvogel, nördliche und östliche Vögel ziehen zum Überwintern südwest- bzw. südwärts nach S-Spanien bzw. N-Afrika.

Brut Ab Ende Feb kehren G. an ihre Brutplätze zurück. Jungvögel lösen sich nun aus dem Familienverband und die jungen ♂ umwerben einzelne ♀ mit vorgestrecktem und zugleich angriffshemmend nach unten abgewinkeltem Hals. In einer fortgeschrittenen Phase der Paarbildung äußert zuerst nur das ♂, dann auch das ♀ ein lautes „Triumphgeschrei“, das als Grußzeremonie auch von langjährig verpaarten Vögeln hervorgebracht wird. Im Alter von 2 Jahren brüten G. das erste Mal. Das Nest befindet sich an schwer zugänglichen Stellen, z. B. im Röhricht oder auf Kopfweiden, und wird vom ♀ mit Dunenfedern ausgepolstert, die es sich im Lauf der etwa 4-wöchigen Bebrütung an Brust und Bauch ausreißt. In den Brutpausen, die dazu dienen, dass die Eier auskühlen und Frischluft durch die Poren der Schale eindringen kann, bedeckt das ♀ das Gelege (4–9 Eier) mit den Dunen, damit es von gefiederten Räubern nicht so leicht entdeckt wird. Die Jungen werden von beiden Eltern geführt und kehren in den ersten Tagen oft zum Nest zurück. Im Sep zieht die Familie gemeinsam ins Winterquartier, Nichtbrüter verlassen das Brutgebiet bereits im Mai/Jun, um zu den Mauserquartieren in Dänemark, S-Schweden und Holland zu fliegen.

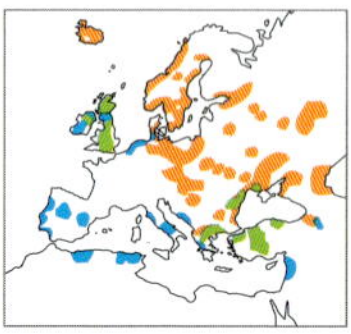

Nahrung G. sind in der Nahrungswahl sehr vielseitig. Vor allem im Winter, wenn sie gern auf Saatfeldern nach Nahrung suchen, kann es zu Konflikten mit Landwirten kommen.

Wissenswert! Der berühmte Verhaltensforscher Konrad Lorenz hat wesentliche Erkenntnisse zu angeborenen Verhaltensweisen bei Tieren an G. gewonnen. Bekannt wurden u. a. seine Untersuchungen zur „Eirollbewegung“ brütender G., mit der aus dem Nest gerollte Eier wieder zurückgeholt werden, und zur sehr früh stattfindenden Prägung der Küken auf ihre Mutter.

Die G. ist die Stammform der Hausgans.

Graugans

Saatgans

Anser fabalis · Familie Entenvögel

Wenig kleiner als eine Graugans, schlanker und dunkler, von braunerem Gesamteindruck; insbesondere Kopf und Hals dunkelbraun, Unterflügel einheitlich dunkel.

Kurzschnabelgans Tundrasaatgans Waldsaatgans

Beine im Gegensatz zu denen der Kurzschnabel- und der Graugans (⇨ S. 82) orangefarben; Altvögel oft mit weißer Befiederung am Schnabelgrund, ähnlich einer Blessgans (⇨ S. 86); ruft tief, nasal, trompetend „ahng-ahnk", aber wenig ruffreudig.

Vorkommen Brütet in Mooren, Sümpfen und an Teichen in der Taiga und der feuchten Tundra N-Eurasiens; in M.-EU häufiger Wintergast von Okt/Nov bis Mär.

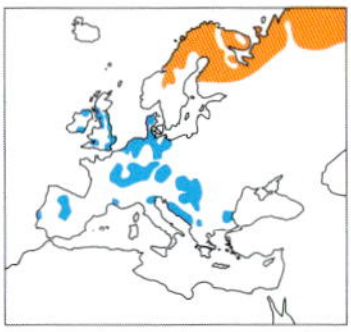

Brut S. treffen nicht vor Mitte Apr/Mai an den Brutplätzen ein, der Legebeginn fällt frühestens in die Zeit Ende Mai/Jun. Rund 4 Wochen später schlüpfen die Jungen. Sie werden von beiden Eltern geführt.

Wissenswert! Bedeutsame Rast- und Überwinterungsgebiete in M.-EU befinden sich im Ostseeraum, an der Nordseeküste (Dollart), an Nieder- und Oberrhein und in der pannonischen Region (Ungarn, Neusiedler See). Hier versammeln sich S. abends zu Hunderten und Tausenden an störungsarmen Gewässern mit ausgedehnten Flachwasserbereichen. Im Morgengrauen verlassen sie die Schlafplätze und verteilen sich im Umkreis von bis zu 25 km und mehr auf ihre Äsungsgebiete, wo sie auf Kartoffel- und Rübenfeldern nach Ernteabfällen suchen oder auf Grünland weiden.

Kurzschnabelgans

Anser brachyrhynchus · Familie Entenvögel

Sehr ähnlich der Saatgans, aber deutlich kleiner, mit kürzerem Hals und rundlichem Kopfprofil; Beine kürzer und rosafarben; Gesamteindruck heller, Oberseite oft blaugrau.

Schnabel kurz und dreieckig, schwarz mit rosa Binde; Brust schwach rosa übertönt, Schwanz mit breiter weißer Endbinde; ruft ähnlich wie die Saatgans, aber viel häufiger und höher „uinkuink" oder trompetend „ankankank".

Vorkommen Brütet in der arktischen Tundra und an Berghängen auf Island, Grönland und Spitzbergen. Grönländische und isländische K. verbringen den Winter in England und Schottland, die Brutvögel Spitzbergens ziehen über Norwegen nach Dänemark und von dort im Okt über die Deutsche Bucht ins niederländische Friesland; im Binnenland nur äußerst selten anzutreffen.

Brut K. treffen erst Ende Mai, Anfang Juni im Brutgebiet ein. Aufgrund des kurzen arktischen Sommers ist die Brutzeit sehr begrenzt, in Spitzbergen und auf Grönland ist nicht in allen Jahren ein normaler Brutablauf möglich. Die Brutpartner bleiben lebenslang beieinander. Das Nest, eine einfache Mulde, wird vom ♀ mit Gräsern, Flechten und Dunen ausgelegt. Nach einer Brutdauer von ca. 27 Tagen schlüpfen die Jungen, die von den Eltern geführt und verteidigt werden, bis sie nach 8 Wochen flügge sind. Die Familie bleibt jedoch auch auf dem Zug und im Winterquartier zusammen.

Nahrung Im Brutgebiet fressen K. Moos, Gräser und die Früchte der Krähenbeere; außerdem graben sie Wurzelstöcke aus, die besonders nahrhaft sind. Im Winterquartier ernähren sie sich von Feldfrüchten, Wintersaaten und Weidegräsern.

Saatgans

Kurzschnabelgans

Blessgans

Anser albifrons · Familie Entenvögel

Zwerg-gans

Bless-gans, alt

Kleiner und schlanker als eine Graugans; graubraunes Gefieder; Altvögel mit weißer, bis auf die Stirn reichender Blesse und schwarzer Bauchbänderung; Beine orangefarben.

64–78 cm lang; Schnabel rosa mit weißem Nagel; ruft hell und klangvoll „kjü-jü", meist 2-silbig, nicht so nasal wie die Saatgans.

Vorkommen Brutvögel der nordsibirischen Tundra überwintern in W-, M.- und SO-EU, große Ansammlungen v. a. im Ost- und Nordseeraum und am Neusiedler See. Grönländische Vögel ziehen nach Irland und Schottland. Weitere Brutgebiete im arktischen N-Amerika.

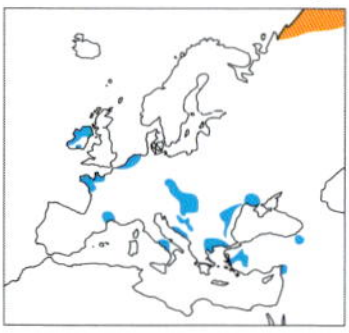

Brut Sibirische Brutvögel treffen erst Ende Mai am Brutplatz ein. Oft halten sich vorjährige Jungvögel während der Brutsaison in der Nähe ihrer Eltern auf und helfen, das elterliche Nest gegen Räuber zu verteidigen. Erst ab dem 3. Lebensjahr brüten sie selbst, jedes Jahr mit demselben Partner.

Wissenswert! In M.-EU erscheinen die ersten B. im Okt/Nov. An der Anzahl der Jungvögel in den Trupps lassen sich die Witterungsbedingungen und der Räuberdruck im Brutgebiet ablesen: bei ungünstigen Verhältnissen ist der Jungvogelanteil gering. B. nutzen im Winterquartier Salzwiesen, Wintersaatfelder und offenes Grünland als Äsungsgebiete. Die Verfügbarkeit der Nahrung entscheidet über den Beginn des Heimzugs. In milden Wintern, wenn bereits im Jan/Feb frisches Gras herangewachsen ist, beginnt der Abzug ins Brutgebiet bereits im Jan, in strengen Wintern kann er sich bis Mär/Apr verspäten. §

Zwerggans

Anser erythropus · Familie Entenvögel

Etwas kleiner als eine Blessgans, Gefieder etwas dunkler, Schnabel kürzer, stets rosafarben getönt, schwarze Bauchbänderung schwächer, Beine orangerot; gelber Lidring.

Stirnblesse bis auf den Scheitel hinauf reichend; die zusammengelegten Flügel ragen über die Schwanzspitze hinaus; ruft ähnlich wie die Blessgans, aber noch höher und schneller.

Vorkommen Brütet in der Waldtundra, besonders in höheren Lagen und nahe der nördlichen Waldgrenze; Brutvogel im nördlichen Eurasien, von N-Skandinavien bis O-Sibirien; Winterquartiere in SO-EU und SW-Asien; in M.-EU sehr seltener Gast.

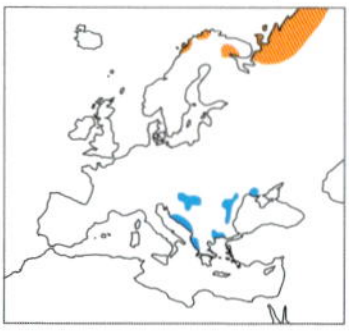

Wissenswert! Das Nest der Z. liegt meist in Gewässernähe, gut versteckt im Pflanzengestrüpp zwischen Strauchweiden und Zwergbirken. Während das ♀ brütet, wacht das ♂ in der Nähe. Sobald die Jungen im Alter von 35–40 Tagen flügge sind, scharen sich die Z. zu Gruppen zusammen, bereits Ende Aug/ Anfang Sep verlassen sie ihre Brutgebiete und ziehen in ihre Winterquartiere am Schwarzen und Kaspischen Meer. Auf einer westlichen Zugroute über die Ungarische Tiefebene gelangen einige Z. auch in den O von D oder nach Holland.

Z. sind sehr selten geworden, in Skandinavien gab es Ende des 20. Jh. gerade noch 50 Brutpaare. Telemetrische Untersuchungen haben gezeigt, dass ein Großteil der Vögel auf dem Zug abgeschossen wird. §

Zwerg- (Z) und Blessgänse (B) vergesellschaften sich häufig.

Blessgans

Zwerggans

Schneegans

Anser caerulescens · Familie Entenvögel

Tritt in 2 Farbformen auf: Gefieder entweder bis auf die schwarzen Handschwingen weiß oder (seltener) blaugrau getönt, nur Kopf, oberer Hals und Schwanzspitze weiß.

Kleiner als eine Graugans, Schnabel und Beine rosa.

Vorkommen Brütet in z. T. riesigen Kolonien von bis zu 200 000 Paaren auf Inseln und an der Küste des arktischen N-Amerikas, ostwärts bis Grönland; ferner in NO-Sibirien. In EU auftretende Vögel sind meist Gefangenschaftsflüchtlinge, Bruten sind die Ausnahme. In NW-EU ist die S. ein sehr seltener, unregelmäßiger Wintergast.

Wissenswert! Im Sommer nutzen S. das nahezu unerschöpfliche Nahrungsangebot der eisfrei gewordenen Tundra. Die meisten Brutvögel NO-Sibiriens ziehen im Herbst über die Behringstraße nach Kalifornien, nur wenige überwintern in Japan und China. Nordamerikanische Brutvögel verbringen den Winter am Golf von Mexiko (v. a. im Mississippidelta).

Streifengans

Anser indicus · Familie Entenvögel

Wenig kleiner als eine Graugans; wirkt im Flug sehr hell; weißer Kopf mit 2 schwarzen Querbinden; Hals dunkel mit weißem Seitenstreif; Schnabel und Beine orangegelb.

Vorkommen Im mittelasiatischen Hochland beheimatet, überwintert in Indien; in EU vielfach als Parkvogel gehalten, im Freien brütende Paare sind Gefangenschaftsflüchtlinge.

Wissenswert! S. halten, nach dem Sperbergeier, den Höhenrekord unter den Vögeln. Auf dem Zug von ihren Brutplätzen auf der tibetischen Hochebene in ihre indischen Winterquartiere überfliegen sie den Himalaja im Non-Stop-Flug in Höhen von bis zu 9000 m und mehr. Als Anpassung an den Flug in dieser sauerstoffarmen Höhe besitzen S. rote Blutkörperchen, die mehrere Formen des Blutfarbstoffs Hämoglobin enthalten, darunter auch eine spezielle „Höhenform“, die Sauerstoff besser binden kann. Nach der Rückkehr ins Brutgebiet beginnt die S. sehr rasch mit der Brut.

Rothalsgans

Branta ruficollis · Familie Entenvögel

Etwa stockentengroß; Kopfseiten, Vorderhals, Brust rostrot, weiß umrandet, Schwanz und Flanken weiß, sonst schwarz.

Hals dick, Schnabel klein; ruft schrill und hoch „ki-kwi“.

Vorkommen Brütet an Flussufern und -mündungen der arktischen Tundra in NW-Sibirien; Hauptwinterquartier an der westl. Schwarzmeerküste; in M.-EU seltener Gast im Herbst und Winter, ferner Gefangenschaftsflüchtlinge.

Wissenswert! Die meisten R. ziehen im Herbst in schmaler Front entlang des Ob über Kasachstan in die S-Ukraine und von dort in die Winterquartiere in Rumänien u. Bulgarien. Hier treffen sie im Okt/Nov ein. Der Weltbestand der R. umfasst nicht mehr als 74 000–75 000 Individuen, die sich im Winter in nur wenigen Gebieten konzentrieren. Sollte es dort zu Nutzungsänderungen kommen, könnte das verheerende Folgen für die Gesamtpopulation haben. §

Schneegans

Streifengans

Rothalsgans

Ringelgans

Branta bernicla · Familie Entenvögel

Mit 55–60 cm nur wenig größer als eine Stockente; Kopf klein, wie die Brust schwarz; Schwanz kurz, unterseits leuchtend weiß; aus der Nähe weißer Halsseitenfleck sichtbar.

Jungvögel ohne Halsfleck; ruft guttural „r'rott“, einsilbig oder kurz gereiht.

In EU 2 Unterarten: Bei der Dunkelbäuchigen Ringelgans *Branta bernicla bernicla* Bauch und Rückenseite dunkel schiefergrau, bei der Hellbäuchigen Ringelgans *Branta bernicla hrota* Bauch weißgrau, deutlich gegen die schwarze Brust abgesetzt, oberseits bräunlicher.

Vorkommen Brutvogel der küstennahen arktischen Tundra. Die Hellbäuchige R. brütet auf Grönland und Spitzbergen und zieht im Herbst über Island bzw. Dänemark auf die Britischen Inseln. Die sibirische Dunkelbäuchige R. überwintert in großen Trupps im niederländischen Wattenmeer und an den Küsten Englands und Frankreichs. Im Mär/Apr verlassen sie das Winterquartier, legen aber an der Nordseeküste zwischen Holland und Dänemark eine bis zu 2 Monate lange Zwischenrast ein, um hier Fettreserven für den Flug zu den Brutplätzen anzufressen. In den Brutgebieten treffen R. oft erst im Juni ein.

Nahrung Auf dem Zug und im Winter suchen R. ihre Nahrung auf den Seegraswiesen im Wattenmeer, wo sie neben Seegras auch Grünalgen, Tange und Queller fressen. In jüngerer Zeit nutzen R. verstärkt auch Wiesen und Wintersaatfelder.

Weißwangengans, Nonnengans

Branta leucopsis · Familie Entenvögel

Kontrastreich gezeichnet: Scheitel, Nacken, Hals und Brust schwarz, Gesicht weiß oder cremefarben mit schwarzem Zügel.

Mit 58–70 cm größer als Ringelgans; Oberseite grau, schwarz und weiß gebändert, unterseits grauweiß; stimmfreudig, meist einsilbiger, schriller, bellender Ruf „guak“.

Vorkommen Brütet in Kolonien auf Felsklippen und an Steilhängen in der hocharktischen Tundra auf Grönland, Spitzbergen und in NW-Sibirien (Novaja Semlja). Seit den 1970er-Jahren gibt es eine wachsende Brutpopulation im Ostseeraum (Öland, Gotland, Estland, seit 1988 auch im N von D). Im deutsch-niederländischen Wattenmeer überwintern ausschließlich Vögel aus dem NO. §

Kanadagans

Branta canadensis · Familie Entenvögel

Etwas größer als eine Graugans; Hals relativ lang, schwarz; Kopf schwarz mit breitem weißem Kehlstreifen.

90–100 cm lang; Oberseite graubraun, unterseits heller; stimmfreudig, nasal trompetender Flugruf „a-honk“ (2. Silbe höher).

Vorkommen Brutvogel in N-Amerika, in EU eingeführt und als Parkvogel häufig, auch frei brütend an Gewässern aller Art. Skandinavische Brutvögel überwintern im Nord- und Ostseeraum.

Wissenswert! Im 17. Jh. wurden K. durch König Karl II. nach England gebracht, heute leben dort über 50 000 Vögel. Sie überwintern im Brutgebiet und suchen auf Getreidefeldern nach Nahrung. Ob heimische Arten durch die konkurrenzstarke K. verdrängt werden, ist noch unklar.

Ringelgans

Weißwangengans, Nonnengans

Kanadagans

Brandgans

Tadorna tadorna · Familie Entenvögel

Weiß mit dunkelgrünem Kopf und kastanienbraunem Brustband; Schwungfedern schwarz, grün schillernd; roter Schnabel, beim ♂ mit Schnabelhöcker.

Mit 55–65 cm etwas größer als eine Stockente; ♀ insgesamt blasser gefärbt; im Schlichtkleid ♀ und ♂ weniger bunt und kontrastreich; Jungvögel ohne braunes Brustband; ♂ ruft zur Balzzeit hoch pfeifend, 2-silbig „piju piju“, ♀ im Flug nasal, tief und laut gackernd.

Vorkommen Brutvogel der Küsten von NW-EU, an Nord- und Ostsee und im westl. Mittelmeergebiet; ferner in SO-EU und in Steppen Asiens bis zur Mandschurei; brütet an sandigen Flachküsten, an Flussmündungen und in Dünen, zunehmend auch im Binnenland.

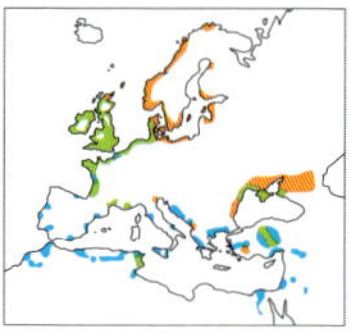

Brut Wegen ihres auffälligen Gefieders brütet die B. nur dort im Freien, wo sie vor Landräubern sicher ist, z. B. auf manchen Halligen. Meist dient eine Höhle als Nistplatz, oft ein Kaninchenbau, dessen rechtmäßige Besitzer das Brutpaar erst vertreibt. Die Gans legt 8–10 Eier und brütet allein, während der Ganter die Höhle bewacht. Wenn die Jungen nach 29–31 Tagen schlüpfen, werden sie sofort zum Wasser geführt. Auf dem Weg dorthin kann es zu großen Verlusten kommen, z. B. wenn Silbermöwen die Familien angreifen. Im Brutgebiet bilden sich oft „Kindergärten“, wobei 1 Altvogel bis zu 50 oder gar 100 Küken führt.

Wissenswert! Nach der Brutzeit zieht nahezu die gesamte europäische Population zum Knechtsand in der Deutschen Bucht, wo bis zu 200 000 B. von Jul–Sep gemeinsam mausern.

Rostgans

Tadorna ferruginea · Familie Entenvögel

Gefieder orangebraun, Kopf zimtfarben; Schwungfedern, Schwanz und Bürzel schwarz; im Flug weißer Vorderflügel auffällig.

Deutlich größer als eine Stockente; Schnabel schwarz; ruft im Flug laut, nasal „ang“.

Vorkommen Brutvogel der Steppen und Halbwüsten Zentralasiens, nach W bis SO- und S-EU sowie N-Afrika; in NW- und M.-EU häufiger Gefangenschaftsflüchtling, brütet auch frei.

In D gilt die R. inzwischen als etabliert, 2007 brüteten allein in Nordrhein-Westfalen über 50 Paare. Ein weiterer Verbreitungsschwerpunkt liegt im Bodenseeraum mit Hochrhein.

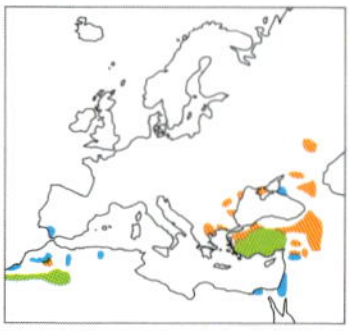

Wissenswert! Wild brütende R. sind in EU vor allem durch den Verlust von Wasserflächen gefährdet. §

Nilgans

Alopochen aegyptiacus · Familie Entenvögel

Oberseits düster braun bis olivgrau gefärbt, unterseits heller, graubeige; Altvögel mit dunklem Augen- und Bauchfleck.

Mit 63–73 cm etwas größer als die Rostgans; wie diese im Flug mit weißem Vorderflügel; Beine und Schnabel rosafarben.

Vorkommen Brutvogel Afrikas, nordwärts im Niltal bis Ägypten, bis Ende des 17. Jh. auch in SO-EU; in England eingebürgert; in M.-EU Gefangenschaftsflüchtling, in Holland, Belgien und D auch in Freiheit brütend und inzwischen fest etabliert; breitet sich zurzeit von den Niederlanden sehr rasch ostwärts aus.

Wissenswert! Der Erfolg der N. in W- und M.-EU beruht u. a. auf dem günstigen Nahrungsangebot (Grünland, Getreidefelder, Silage) durch die Landwirtschaft. Allein in D leben etwa 2200–2600 N. Negative Auswirkungen auf heimische Brutvogelarten durch die N. wurden bisher nicht bekannt.

Brandgans

Rostgans Rechts ein ♂ im Prachtkleid.

Nilgans

Mandarinente

Aix galericulata · Familie Entenvögel

Etwa so groß wie eine Reiherente; ♂ im Prachtkleid sehr bunt mit orangefarbenen „Segeln"; Flanken zimtfarben, verlängerte Wangenfedern orange, weißer Überaugenstreif.

40–45 cm groß; ♀ mit grauem Kopf und kleiner Haube, weißer Augenring läuft nach hinten in weiße Bogenlinie aus (Zeichnung unten), Schnabelbasis weiß umrandet; Flanken bräunlich mit großen, weißlichen Flecken; ♂ im Schlichtkleid ähnlich dem ♀.

Vorkommen Brutvogel O-Asiens; in EU seit dem 18. Jh. häufig als Ziervogel an Parkseen und Gartenteichen gehalten, z. T. frei fliegend; in England, den Niederlanden, Belgien, S-Schweden, der Schweiz, Österreich und in D auch frei brütend; in England fest etabliert.

Balz und Brut Die stark vergrößerten Flügeldecken des ♂, die „Segel", spielen bei der Balz eine wichtige Rolle, insbesondere bei Bewegungen, die der berühmte Verhaltensforscher Konrad Lorenz als „Antrinken" und „Scheinputzen" bezeichnet hat. Wenn der Erpel neben seiner Ente am Ufer steht, trinken beide Partner genau gleichzeitig und anschließend betippt das ♂ seine Schmuckfedern mit dem Schnabel, und zwar vor allem die dem ♀ zugewandte. Der Kampf der Erpel bei der Gesellschaftsbalz ist nicht mehr als eine reine Symbolhandlung, denn die aktive Rolle bei der Partnerwahl fällt – im Gegensatz zu anderen Enten – ausschließlich dem ♀ zu. Auch den Nistplatz wählt die Ente aus; sie brütet allein, während sich das ♂ anfangs noch in Nestnähe aufhält. Die Jungenaufzucht übernimmt allein das ♀.

Wissenswert! Die M. gehört wie die Brautente zu den sogenannten Baumenten, die gern auf Ästen sitzen und (meist) in Baumhöhlen brüten. In ihrer Heimat ist die M. stark gefährdet, sie gehört zu den global bedrohten Vögeln.

Brautente

Aix sponsa · Familie Entenvögel

♂ im Prachtkleid mit dunkelgrüner Kopfhaube, weißem Kinn und weißen Halsseitenstreifen; Rücken bis Schwanz schwarz, Brust kastanienbraun, Flanken gelbbraun gewellt.

♂ im Schlichtkleid sowie ♀ sehr ähnlich der Mandarinente, aber Kopfseiten etwas grün schillernd, weiße Partie um das Auge breiter, nach hinten weniger weit ausgezogen; Flankenfleckung des ♀ schwächer.

Vorkommen Brutvogel N-Amerikas; wird in EU häufig als Ziervogel in Gefangenschaft gehalten, brütet zunehmend auch in Freiheit, aber seltener als die Mandarinente. In der Schweiz wurden Bruten in 1730 m Höhe bekannt.

Balz Mehr als das ♂ irgendeiner anderen Entenart umwirbt der Brauterpel eine bestimmte Ente. Immer wieder präsentiert er seine auffällige Gefiederzeichnung. Insbesondere die verlängerten Federn des Hinterkopfs und der Schwanz haben Signalfunktion und werden dem auserwählten ♀ durch Zuwenden des Hinterkopfs und Schrägstellen des Schwanzes gezeigt.

Mandarinente ♀

Brautente ♀

Wissenswert! Oskar Heinroth, ein Wegbereiter der Verhaltensforschung und langjähriger Mitarbeiter des Berliner Zoos, unternahm zu Anfang des 20. Jh. einen Versuch zur Einbürgerung der B. in Berlin, bei dem die im Freien brütenden Vögel im Winter gefüttert wurden. Die Population wuchs innerhalb weniger Jahre bis auf 130 Tiere an, erlosch aber bis 1930, weil Ratten in der Brutzeit für hohe Verluste sorgten. Auch heute können sich einzelne kleine Brutpopulationen in M.-EU gewöhnlich nicht über einen längeren Zeitraum halten.

Mandarinente ♂ im Prachtkleid

Brautente ♂ im Prachtkleid

Stockente

Anas platyrhynchos · Familie Entenvögel

♂ im Prachtkleid mit metallisch grün schillerndem Kopf, weißem Halsring und brauner Brust, Schwanz weiß mit 4 schwarzen, ringelförmig aufgebogenen Steuerfedern.

50–60 cm lang; ♀ unscheinbar braun, dunkel geschuppt, Schnabel orange mit dunkler Zeichnung; ♂ im Schlichtkleid ähnlich dem ♀, aber mit rostbrauner, kaum gefleckter Brust und, wie im Prachtkleid, mit gelbem Schnabel; Jungvögel sehr ähnlich dem ♀; metallisch blauer, weiß eingefasster Flügelspiegel in allen Kleidern kennzeichnend; stimmfreudig; ♂ ruft gedämpft „rhäb" und balzt mit kurzen, hellen Pfiffen; ♀ ruft laut quakend.

Vorkommen Eurasien und N-Amerika; in M.-EU weit verbreitet, die häufigste Ente von der Küste bis ins Gebirge, selbst in Großstädten; brütet an Gewässern aller Art, häufig zahm auf Parkteichen; im Winter Zuzug aus N- und O-EU.

Balz Bereits ab Aug/Sep, nach der Mauser, kommt es zur Paarbindung zwischen den Brutpartnern der kommenden Brutsaison, Neuverpaarungen sind aber auch noch bis Feb möglich. Mit einer Reihe angeborener, komplizierter Bewegungen stellen sich die ♂ zur Schau, ohne allerdings dabei ein bestimmtes ♀ zu umwerben. Beispielsweise reißt der Erpel mit einem lauten Pfiff den Kopf nach oben, krümmt den Steiß aufwärts und hebt die Flügel an, sodass die Ringelfeder von der Seite sichtbar bleibt. Die Wahl des Partners trifft die Ente. Sie wendet sich dem auserwählten Erpel zu, schwimmt hinter ihm her und droht gleichzeitig über die Schulter weg nach hinten zu anderen Erpeln hin. Viele Paare kopulieren schon im Herbst miteinander, obwohl die Geschlechtsdrüsen erst im Lauf des Winters heranreifen. Die eigentliche Begattung erfolgt im Spätwinter. Nicht selten kommt es bei der S. auch zu Kopulationen fremder ♂ mit verpaarten ♀, wobei die Ente vom Erpel manchmal geradezu vergewaltigt wird. Bei einer solchen erzwungenen Kopulation (ohne Paarungsritual) kann sie sogar ertrinken.

Brut Nestbau und Bebrütung sind allein Sache des ♀, spätestens nach dem Schlüpfen der bis zu 11 Jungen (nach 27–28 Tagen) löst sich die Paarbindung und das ♂ zieht sich an einen Mauserplatz zurück. Die Jungen werden vom ♀ alleine großgezogen, bis sie nach 50–60 Tagen flügge sind. Nach der Brutzeit setzt auch bei den ♀ die Schwingenmauser ein; dabei werden sie für etwa 1 Monat flugunfähig.

Nahrung S. ernähren sich sowohl pflanzlich (Wasserpflanzen, an Land auch Bucheckern, Kräuter u.ä.) als auch tierisch (Mückenlarven, Krebstiere, Käfer u.a.), sie tauchen nur sehr selten.

Wissenswert! Die S. ist die Stammform unserer Hausente. Auf Parkteichen oder anderen Gewässern, an denen Enten gefüttert werden, sieht man häufig sehr große bzw. ungewöhnlich gefärbte S., die durch die Einkreuzung von Hausenten und anderen Zuchtformen entstanden sind (kleines Foto unten).

Stockente

Schnatterente

Anas strepera · Familie Entenvögel

Deutlich kleiner als eine Stockente, schlanker; ♂ im Prachtkleid überwiegend grau, Kopf und Hals graubraun, Steiß schwarz; ♀ (⇨ Zeichnung S. 96) ähnlich einer Stockente.

♂ im Schlichtkleid, ähnelt sehr dem ♀.

♀ mit weißlichem Bauch (beim Gründeln gut zu erkennen) und kleinem, manchmal undeutlichem, weißem Spiegel; Schnabel oberseits grau, seitlich orange.

Vorkommen Brutvogel des gemäßigten Eurasiens; ferner in N-Amerika; in M.-EU lückig verbreitet; brütet an flachen Seen und Teichen mit gut entwickelter Unterwasservegetation, auch an größeren Seen mit Flachwasserzonen; wichtigstes Überwinterungsgebiet in NW-EU ist der S von D (Voralpenseen); überwintert ferner im Mittelmeerraum, in Zentralasien sowie in N-Afrika.

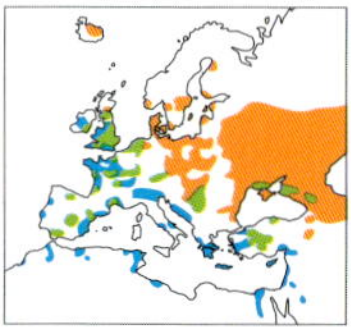

Wissenswert! Der Artname bezieht sich auf die Art und Weise der Nahrungsaufnahme. Wie alle Gründelenten bewegt die S. den Schnabel seihend durchs Seichtwasser, saugt dabei Wasser ein und filtert mittels Hornlamellen am Schnabelrand Nahrungspartikel heraus. Die dabei entstehenden Geräusche haben dem Vorgang die Bezeichnung „Schnattern" eingetragen. Die S. ernährt sich v. a. von Wasserpflanzen.

Das ♀ legt 8–12 Eier, die es anschließend allein bebrütet. Die Erpel verlassen das Brutgebiet im Juni und ziehen zur Kleingefieder- und Schwingenmauser an einen nahrungsreichen und störungsarmen Ort (Mauserzug). Ein bedeutendes Mauserquartier in M.-EU ist das Ismaninger Teichgebiet bei München, wo im Spätsommer bis zu 7000 S. versammelt sind.

Spießente

Anas acuta · Familie Entenvögel

Langhalsig, mit langem, spitzem Schwanz; ♂ im Prachtkleid (ab Sep) mit 10 cm langem Schwanzspieß; Brust und Vorderhals weiß, weißer Streifen reicht bis zum braunen Kopf.

♂ im Schlichtkleid, ähnelt dem ♀

Schlanker als eine Stockente; ♀ mit grauem Schnabel und fast einfarbig hellbraunem Kopf.

Vorkommen Brutvogel N-Eurasiens und Amerikas; in W- und M.-EU selten und z. T. unregelmäßig brütend an flachen Seen mit Ufervegetation; im Winter überwiegend an Flussmündungen und an der Küste in W- und M.-EU, im Mittelmeergebiet, in Vorderasien und in Afrika.

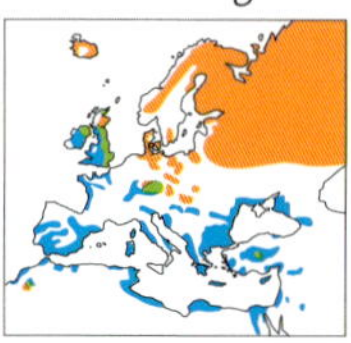

Wissenswert! S. suchen ihre Nahrung v. a. nachts. Beim Gründeln erreichen sie Wassertiefen von 50 cm und mehr. Neben Wasserpflanzen und Sämereien gehören auch kleine Schnecken, Krebstiere und Insektenlarven zu ihrer vielseitigen Kost. Nestbau, Brüten und Jungenaufzucht sind allein Sache des ♀. **RL**

Ähnlich **Marmelente** *Marmaronetta angustirostris*, Gestalt ähnlich Spießente, aber deutlich kleiner; Gefieder hell graubraun mit weißlicher Tupfenfleckung und dunklem Augenfleck. ♂ mit Schopf, der beim ♀ nur angedeutet ist. Brütet lokal im Mittelmeerraum (in EU lediglich in Spanien), in Vorder- und Zentralasien an flachen Seen und Flussufern mit reicher Ufervegetation; relativ scheu; in M.-EU nur Irrgast. **§**

Schnatterente

Spießente

Löffelente

Anas clypeata · Familie Entenvögel

Kleiner als eine Stockente, mit auffallend großem, löffelförmigem Schnabel; beim ♂ im Prachtkleid Kopf grünschwarz, Brust weiß, Bauch und Flanken kastanienbraun.

Im Körperbau gedrungen und kurzhalsig wirkend; grüner Spiegel durch eine weiße Binde vom Blau des Vorderflügels abgesetzt; ♀ (kleines Foto unten) und ♂ im Schlichtkleid ähnlich einer Stockente, aber mit viel größerem Schnabel.

Vorkommen Nördl. Eurasien und N-Amerika, in W- und M.-EU aber sehr lückenhaft, überwiegend im Tiefland; brütet an nährstoffreichen, flachen Binnengewässern

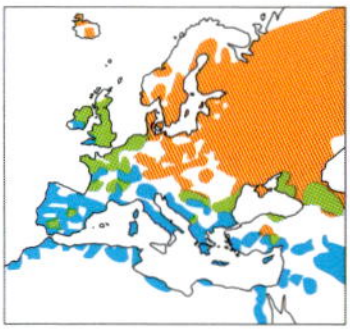

♀

und in Sümpfen mit freier Wasserfläche; überwintert in W-EU, im Mittelmeergebiet, im trop. Afrika und in Vorderasien; in M.-EU Durchzügler und spärlicher Wintergast.

Brut Ab Apr erscheinen die Brutpaare im Brutgebiet. ♂ und ♀ wählen den Brutplatz gemeinsam aus, meist im landseitigen Uferbereich eines Gewässers, der Nestbau ist hingegen allein Sache der Ente. Während das ♀ brütet, wacht das ♂ in Nestnähe. Mitunter hilft der Erpel in der Frühphase der Jungenaufzucht, meist aber verlässt er bereits im Juni das Brutgebiet, um im Mauserquartier (Wolgadelta) Kleingefieder und Schwingen zu wechseln.

Nahrung L. ernähren sich vor allem von Plankton, d. h. im Wasser schwebenden Kleinstorganismen. Beim seihenden Durchschnattern des oberflächennahen Wassers fressen sie auch Teile von Wasserpflanzen sowie Insektenlarven, Schnecken und andere wirbellose Tiere. **RL**

Pfeifente

Anas penelope · Familie Entenvögel

Kleiner als eine Stockente, rundlicher Kopf und kleiner Schnabel; beim ♂ im Prachtkleid Kopf kastanienbraun, Stirn gelblich, Brust rosa getönt, Steiß schwarz, Bauch weiß, Mantel grau.

♂ im Schlichtkleid, weißes Flügelfeld

Im Flug großes weißes Flügelfeld vor dem grünlichen Spiegel sichtbar; ♀ grau- bis rötlich braun, weißer Bauch vor allem im Flug deutlich; ♂ im Schlichtkleid ähnlich ♀.

Vorkommen Brütet in N-Eurasien von Island bis zur Beringsee an vegetationsreichen Seen; in M.-EU unregelmäßiger Brutvogel, aber sehr zahlreicher Durchzügler

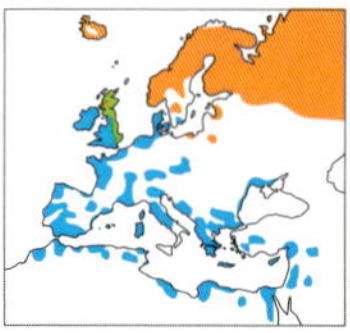

und Wintergast, vor allem an der Küste der Nord- und Ostsee sowie an größeren Binnenseen; weitere Winterquartiere liegen im Mittelmeergebiet, am Schwarzen Meer und im nördlichen Afrika.

Nahrung P. verbringen viel Zeit mit Fressen, da ihre Hauptnahrung aus schlecht verdaulichen Gräsern besteht. Bedingt durch einen Anstieg der nordwesteuropäischen Gesamtpopulation haben auch die Winterbestände an der deutschen Nordseeküste zugenommen. Gefördert wurde diese Entwicklung nicht nur durch eine Reihe milder Winter, sondern auch durch eine Ausweitung der Anbaufläche von Wintersaaten. Die frisch aufgelaufene Saat von Winterweizen und -raps wird von P. bevorzugt, da sie leichter verdaulich ist als Salzwiesen- und Weidegräser.

Wissenswert! Der laute, hohe Pfiff der Erpel „whii-u“ ist namengebend. Er wird mithilfe der Syrinx, dem stimmbildenden Organ der Vögel, erzeugt, das sich am unteren Ende der Luftröhre befindet. **RL**

Löffelente

Pfeifente

Krickente

Anas crecca · Familie Entenvögel

♀ ebenso wie das ♂ mit grünem Fügelspiegel

Kleinste europäische Ente; Kopf des ♂ im Prachtkleid rostbraun mit grünen, gelb eingefassten Seiten, Steißseiten leuchtend gelb, weißer Längsstreif im Bereich der Schultern.

34–38 cm lang; ♀ und ♂ im Schlichtkleid unscheinbar bräunlich, von der Knäkente durch weißen Längsstreif entlang der Schwanzseiten zu unterscheiden; erinnert im Flug durch schmale, spitze Flügel und wendige Flugweise an Watvögel; ♂ ruft häufig, auch nachts, hell „krick“ oder „krilük“.

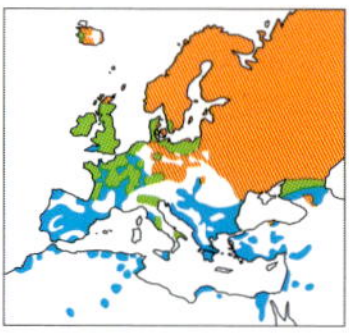

Vorkommen Nördliches Eurasien und N-Amerika; in M.-EU verbreitet, aber nur lokale, kleine Bestände; brütet an seichten Binnengewässern mit reicher Ufervegetation als Deckung; hier sehr häufiger Durchzügler und Wintergast von Okt–Mär, an der Küste vor allem im Wattenmeer, im Binnenland im Flachwasserbereich von Seen und Tieflandflüssen.

Wissenswert! Die Balzspiele der Krickerpel beginnen bereits im Herbst und ähneln der Balz der Stockerpel, doch sucht das einzelne ♂ stets aktiv die Gegenwart eines ♀ auf. In M.-EU treffen K. verpaart im Brutgebiet ein. Das ♀ baut das Nest gut versteckt in dichter Vegetation, meist nahe am Wasser, und brütet allein, während sich das ♂ in Nestnähe aufhält. Die Jungen werden allein vom ♀ geführt und sind nach rund 6 Wochen flügge.

Zur Nahrungssuche halten sich K. gern auf Schlick- und Schlammflächen auf, um den feuchten Untergrund zu durchseihen. Dabei nehmen sie recht wahllos sowohl kleine Wirbellose als auch angespülte Samen von Wasserpflanzen auf. **RL**

Knäkente

Anas querquedula · Familie Entenvögel

♂ im Prachtkleid mit braunem Kopf, weißer Überaugenstreif reicht bogenförmig bis zum Nacken; Brust braun, Flanken hellgrau; lange, schwarzweiß längsgestreifte Schulterfedern.

♀ sehr ähnlich der Krickente, aber ohne weißen Längsstrich an den Schwanzseiten; ♂ im Schlichtkleid ähnlich dem ♀; ♂ ruft bei Balz und Beunruhigung hölzern schnarrend.

Vorkommen Brutvogel vor allem des gemäßigten Eurasiens von W-EU über S-Skandinavien und Zentral-Russland bis O-Asien; in S- und M.-EU lückig verbreitet; brütet an nahrungs- und deckungsreichen Binnengewässern, die oft nur kleine offene Wasserflächen aufweisen; Langstreckenzieher, überwintert in Afrika, weiter südlich als alle anderen europäischen Entenarten.

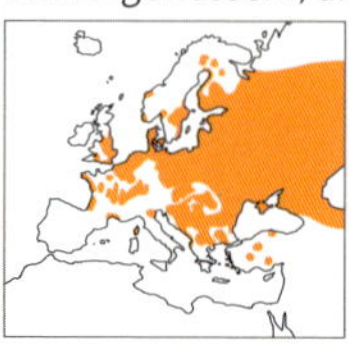

Wissenswert! Der Paarbildung erfolgt oft bereits auf dem Herbstzug. Gleich nach der Ankunft im Brutgebiet wird der Nistplatz ausgewählt, meist gut versteckt in der Vegetation und nicht zu dicht am Wasser. Die Jungen schlüpfen nicht vor Jun, sie sind nach etwa 6 Wochen selbstständig. Der Wegzug beginnt Ende Jul, und Anfang Okt haben die K., von wenigen Nachzüglern abgesehen, M.-EU verlassen. Im nächsten Frühjahr treffen sie im Mär/Apr wieder in M.-EU ein. Für die Nahrungssuche sind seichte, offene Wasserflächen mit dichter Unterwasservegetation wichtig, da sich K. überwiegend pflanzlich ernähren. **RL**

♀

Krickente Bild rechts oben: bei der Gruppenbalz.

Knäkente

Kolbenente

Netta rufina · Familie Entenvögel

Stockentengroß, mit großem, rundem Kopf; ♂ im Prachtkleid sehr auffällig durch fuchsbraunen Kopf und leuchtend roten Schnabel; übriges Gefieder braun, schwarz und weiß.

♂ Schlichtkleid

♂ Prachtkleid

♀ oberseits braun, unterseits heller, hellgraue Wangen und Kehle in Kontrast zum dunklen Scheitel; Schnabel dunkelgrau mit hellrotem Band an der Spitze; ♂ im Schlichtkleid wie ♀, aber mit rotem Schnabel und roten Augen; im Flug in allen Kleidern breiter weißer Flügelstreif zu erkennen; ♂ ruft heiser, nasal „bäht".

Vorkommen Hauptverbreitungsgebiet in Mittelasien, vom Schwarzen Meer ostwärts bis zur Mongolei; europ. Brutvorkommen aufgesplittert, v. a. im westlichen Mittelmeergebiet; in M.-EU lokal auf Voralpenseen (z. B. Bodensee, Neuenburger See) sowie im N von D und in den Niederlanden; Bestand zunehmend; europäische K. überwintern in Spanien, Frankreich und im nördlichen Alpenvorland; Brutplätze in M.-EU in mildem Klima an flachen Seen mit reichlichem Wasserpflanzenvorkommen und dichter Ufervegetation; z. T. auch als Ziervogel gehalten und gelegentlich verwildert; neuerdings auch in Städten.

Nahrung Die Beine der K. sind nicht so weit hinten am Körper eingelenkt wie bei anderen Tauchenten, sie ist daher weniger auf das Tauchen spezialisiert, und man sieht sie oft auch gründeln. Wasserpflanzen wie Laichkräuter und Armleuchteralgen (Characeen), die im flachen Wasser ausgedehnte unterseeische Wiesen bilden können, sind ihre Hauptnahrung. Da Characeenrasen bis weit in den Winter hinein erhalten bleiben, haben sie in der Ernährung der K. einen besonders hohen Stellenwert.

Balz K. leben außerhalb der Brutzeit gesellig. Vom Herbst bis ins Frühjahr lässt sich ihre Gruppenbalz beobachten, bei der die Erpel in Gegenwart der Enten typische Ausdrucksbewegungen durchführen. Sie tauchen z. B. die Schnabelspitze ins Wasser, berühren die innere Armschwinge, schlagen mit den Flügeln oder schwimmen mit steifem Hals und hoch erhobenem Kopf hinter einer oder mehreren Enten her. Verpaarte ♂ überreichen ihren ♀ Wasserpflanzen, die sie tauchend emporgeholt haben. Dieses ritualisierte Balzfüttern ist unter Entenvögeln einzigartig.

Brut Das ♀ legt im Apr/Mai(Jun) an einem gut versteckten Nistplatz 8–11 Eier, doch kommt es – insbesondere bei Nistplatzmangel – auch vor, dass 2 oder mehrere ♀ ihre Eier in ein Nest legen. Nicht selten platziert die K. ihre Eier auch in den Nestern anderer Arten, v. a. von Reiher-, Tafel- und Stockente (Nestparasitismus). Das ♀ brütet rund 26 Tage und führt die Jungen etwa 2 Monate lang.

Wissenswert! Das ♂ verlässt das Brutgebiet im Jun/Jul, um an einem nahrungsreichen und geschützten Ort das Gefieder zu wechseln. Bedeutende Mauserquartiere in M.-EU sind das Ismaninger Teichgebiet bei München und der Bodensee, wo sich im Sommer bzw. Herbst mehrere Tausend K. zur Schwingen- bzw. Kleingefiedermauser versammeln. Seit den 1990er-Jahren überwintern K. in zunehmendem Maß auch im nördlichen Voralpengebiet, während die Winterbestände dieser Entenart in Spanien rückläufig sind. Umso wichtiger sind ausreichend große Schutzgebiete in den Mauser- und Winterquartieren, in denen jegliche Nutzung durch Jagd und/oder Freizeitsport und Baden untersagt ist.

Kolbenente

Tafelente

Aythya ferina · Familie Entenvögel

♂ im Schlichtkleid

Kaum größer als eine Reiherente (⇨ S. 108), mit flacher Stirn und hohem Scheitel; bei ♂ im Prachtkleid Kopf und Hals kastanienbraun, Brust und Steiß schwarz, Mantel hellgrau.

♀ graubraun, oberseits eher grau getönt; ♂ im Schlichtkleid matter als im Prachtkleid, Brust und Steiß graubraun.

Vorkommen Mittlere Breiten Eurasiens; hat sich seit Mitte des 19. Jh. in M.- und W-EU nach W und N ausgebreitet und inzwischen Island erreicht; brütet an nährstoffreichen Binnengewässern mit offener Wasserfläche und ausgeprägter Ufervegetation; im Herbst und Winter v. a. auf größeren Seen, oft in großen Trupps; überwintert von W- und S-EU bis N-Afrika, in M.-EU v. a. im S u. SW.

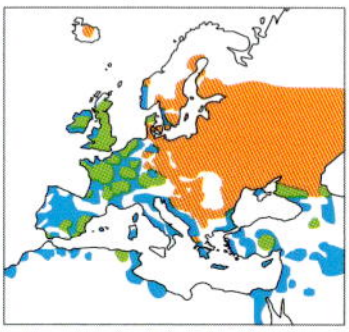

Brut Die Balz der Erpel setzt im Spätwinter ein, Paare bilden sich oft erst im Brutgebiet. Sobald das ♀ zu brüten beginnt, lockert sich die Paarbindung. Die Jungen schlüpfen nach 24–28 Tagen und sind mit 7–8 Wochen selbstständig.

Mauser Nach der Brutzeit suchen T. traditionelle Mauserplätze auf, um dort ihr Kleingefieder und die Schwingen zu mausern. Die Erpel treffen ab Juni dort ein, die Enten nach der Jungenaufzucht. Dabei werden die Vögel für 3–4 Wochen flugunfähig und sind deshalb auf ungestörte, nahrungsreiche Gewässer angewiesen.

Nahrung T. ernähren sich sowohl pflanzlich, als auch tierisch. Nachdem in den 1960er-Jahren die Dreikantmuschel in die Voralpenseen eingeschleppt wurde, gehört sie zur Hauptnahrung der dort rastenden und überwinternden T.

Moorente

Aythya nyroca · Familie Entenvögel

♀

♂ im Prachtkleid oberseits schwarzbraun; Kopf, Nacken, Brust und Flanken tief kastanienbraun, weiße Unterschwanzdecken; ♀ sehr ähnlich dem ♂, jedoch matter gefärbt.

Etwas kleiner als eine Reiherente (⇨ S. 108); Kopfprofil ähnlich der Tafelente.

Vorkommen Steppen- und Wüstengebiete Innerasiens, von O-EU bis Zentralchina; in W- und M.-EU nur sehr vereinzelte Brutvorkommen, auch als Durchzügler und Wintergast selten, z. T. wohl Gefangenschaftsflüchtlinge; brütet an nährstoffreichen, flachen, vegetationsreichen Binnengewässern.

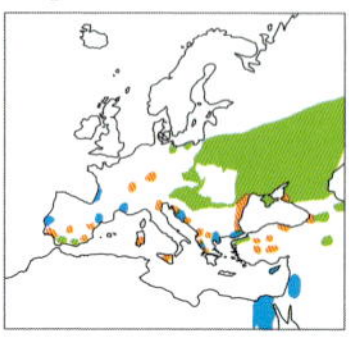

Brut Die Paarbildung erfolgt im Winterquartier, doch wird auch nach der Ankunft im Brutgebiet im Mär/Apr noch lebhaft gebalzt. Das ♀ legt im Mai/Juni meist 7–11 Eier, manchmal mit anderen ♀ gemeinsam in ein Nest. Bisweilen verlegt es Eier auch in die Nester anderer Arten, v. a. der Tafelente, mit der sie sich mitunter auch fruchtbar verpaart. Nach einer Brutdauer von 23–27 Tagen schlüpfen die Jungen, sie werden vom ♀ etwa 8 Wochen geführt. Der Vorteil des Nestparasitismus: Wird das eigene Gelege zerstört, haben einzelne Junge in fremden Nestern noch eine Chance.

Wissenswert! M. tauchen und gründeln nach Wasserpflanzen, ab und zu erbeuten sie auch Wasserinsekten und Kleinkrebse. Zerstörung von Feuchtgebieten und intensive Bejagung auf dem Herbstzug und im Winterquartier (Sudan) führten zu einem starken Rückgang des Brutbestands der M. in EU. In D brüten weniger als 10 Paare. **RL, §**

Tafelente Das ♀ (rechts) ist graubraun, oberseits eher grau getönt; ♂ (links) mit hellgrauem Mantel.

Moorente ♂ im Prachtkleid mit schwarzbraunem Mantel und weißem Unterschwanz.

Reiherente

Aythya fuligula · Familie Entenvögel

Tauchente mit gedrungenem Körper und steiler Stirn; ♂ im Prachtkleid durch Federschopf am Hinterkopf unverkennbar, im Schlichtkleid braunschwarz mit bräunlichen Flanken.

♂ im Schlichtkleid, Nackenschopf nur kurz

Gesamtlänge 40–47 cm; ♀ recht einheitlich dunkelbraun mit helleren Flanken, Schopf kurz; manchmal mit weißen Federn am Schnabelgrund, ähnlich einer Bergente, aber Schnabelspitze in ganzer Breite schwarz; ♂ balzt mit leise vibrierendem Pfeifen, ♀ ruft tief knurrend „krr krr krr".

Vorkommen Brutvogel im nördlichen Eurasien bis an den Pazifik; breitet sich seit 19. Jh. von O-EU über M.-EU nach W aus; in M.-EU heute recht häufig an Gewässern aller Art bis ins Bergland (über 1800 m Höhe), auch in Städten; sehr zahlreicher Durchzügler u. Wintergast an der Küste und auf größeren Binnenseen.

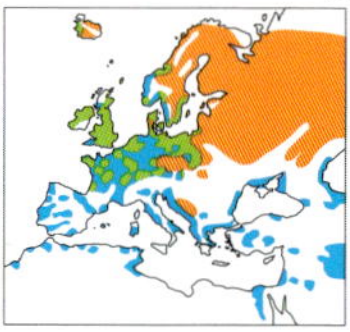

Brut und Mauser Die Erpel balzen ab Jan intensiv und schwimmen dabei in Gruppen mit emporgerecktem Hals und abgespreiztem Schopf. Im Brutgebiet treffen R. im Apr (Mai) verpaart ein, die Paarbindung erlischt aber bald. Das ♀ legt 6–11(14) Eier und bebrütet sie 23–28 Tage. Außer den eigenen Jungen führt es nicht selten auch diejenigen fremder ♀, selbst anderer Arten. Zur Schwingenmauser suchen die Erpel ab Juni traditionelle Mauserquartiere auf, wo es Ende Jul/Aug zu Ansammlungen von mehr als 10 000 R. kommen kann.

Nahrung In den Winterquartieren im Alpenvorland ist die R. Hauptvertilger der Dreikantmuschel, die in den 1960er-Jahren in die Voralpenseen eingeschleppt wurde.

Bergente

Aythya marila · Familie Entenvögel

Etwas größer als die Reiherente mit rundlichem Kopf, ohne Schopf; ♂ im Prachtkleid ähnlich Reihererpel, aber mit hellgrauem Rücken, schwarzer Kopf grün schillernd.

links: ♀ Bergente, rechts: ♀ Reiherente mit kurzem Schopf

Schnabel hellgrau mit kleinem, schwarzem Nagelfleck; ♂ im Schlichtkleid verwaschener gezeichnet, Oberseite bräunlicher getönt; ♀ dunkelbraun mit helleren Flanken, ähnlich der Reiherente, aber weiße Befiederung an der Schnabelbasis ausgedehnter.

Vorkommen Brutvogel im N Eurasiens und in N-Amerika; in M.-EU regelmäßiger Durchzügler und Wintergast in großer Zahl an der Küste, einige wenige auch im Binnenland auf den großen Voralpenseen; brütet auf Seen der Tundra, Taiga und der Moore, sowie in Schären der Ostsee, in jüngster Zeit in wenigen Paaren auch im N von D, im Wattenmeer und in Flussmündungen.

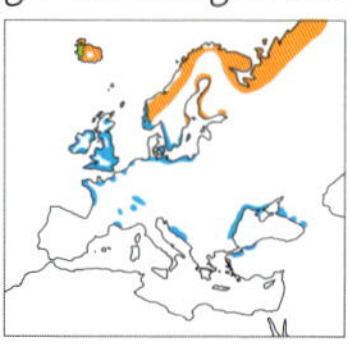

Wissenswert! Die Balz der Erpel erreicht ihren Höhepunkt nach Ankunft im Brutgebiet im Mai. Aus Pflanzenmaterial baut das ♀ einen manchmal recht umfangreichen Bau, der zum Schutz des Geleges (6–9 Eier) mit wärmenden Dunen ausgepolstert wird. Mischgelege mehrerer ♀ kommen häufig vor. Das ♀ brütet 26–28 Tage, in den Brutpausen taucht es zusammen mit dem ♂ nach Nahrung. Diese besteht vor allem aus Muscheln, Schnecken, Krebstieren u. a. Wirbellosen, auch Sämereien werden gern gefressen.

Der Haupteinzug in die Winterquartiere findet im Nov statt. Im Alpenvorland werden die höchsten Zahlen aber erst zur Zeit des Heimzugs im Mär/Apr erreicht. **RL**

Reiherente Das nur kurz geschopfte ♀ (rechtes Tier) ist dunkelbraun mit hellen Flanken.

Bergente Beim ♀ weiße Befiederung an der Schnabelbasis stets ausgedehnter als bei der Reiherente.

Trauerente

Melanitta nigra · Familie Entenvögel

Kleiner als eine Stockente; untersetzte Meeresente mit relativ langem, spitzem Schwanz; ♂ im Prachtkleid völlig schwarz, Schnabel mit Höcker und gelbem First.

einheitlich dunkle Flügel

44–54 cm groß; ♀ dunkelbraun mit helleren Kopfseiten und schwarzbraunem Scheitel, ähnlich einer Kolbenente (⇨ S. 104), Schnabel dunkel; Flug schnell, beim ♂ mit pfeifendem Geräusch, in langen Ketten oder Schwärmen; taucht aus einem kleinen Sprung heraus und mit angelegten Flügeln; ♂ pfeift während der Balz und auf dem Zug flötend „djü", ♀ ruft tief knarrend.

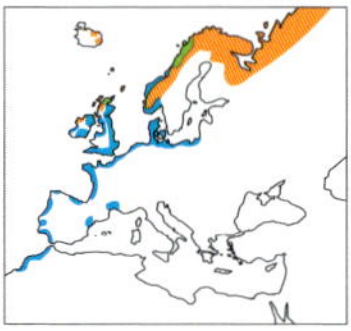

Vorkommen Brutvogel in Schottland, Irland, Island, im nördl. Eurasien bis O-Sibirien und W-Alaska; brütet an Seen und Flüssen der Weiden- und Waldtundra, auch auf Hochmooren; überwintert in EU an den Küsten der Ost- und Nordsee und des Atlantiks, südwärts bis Mauretanien; gelegentlich in geringer Zahl Wintergast auch im Binnenland auf größeren Seen.

Brut Die ersten Verpaarungen erfolgen bereits im Winterquartier, das ♀ wählt den Partner. An den Brutplätzen treffen T. erst im Mai/Jun ein. Schon kurz nach Brutbeginn verlässt das ♂ sein ♀, das alleine brütet und die Jungen großzieht.

Wissenswert! Im Sommer (♂ Jun–Aug, ♀ Sep/Okt) mausern an der W-Küste Dänemarks alljährlich über 100 000 T. die Schwingen. Hauptnahrung während des ganzen Jahres sind Meeresmuscheln, dazu kommen Schnecken, Ringelwürmer und Krebstiere. T. tauchen vorzugsweise in Gruppen und erreichen dabei bis zu 15 m Tiefe.

Samtente

Melanitta fusca · Familie Entenvögel

♂ im Prachtkleid tiefschwarz mit kleinem, weißem Halbmond unter dem Auge und orangegelben Schnabelseiten; ♀ dunkelbraun, im Sommer mit hellem Wangenfleck.

mit weißem Flügelspiegel

Mit 51–58 cm deutlich größer und kräftiger als die Trauerente, mit dickem Hals und kurzem, spitzem Schwanz; weiße Armschwingen nur im Flug auffällig; taucht mit leicht geöffneten Flügeln; wenig ruffreudig, außerhalb der Balzzeit kaum zu hören.

Vorkommen Brutvogel von Norwegen quer durchs nördliche Eurasien bis O-Sibirien und Kamtschatka; brütet auf kleinen Seen der Taiga und Tundra sowie im Gebirge; in M.-EU Durchzügler, Mauser- und Wintergast in großer Zahl an der Nord- und Ostseeküste, im Binnenland auf großen und tiefen Seen, dort regelmäßiger und häufiger als die Trauerente.

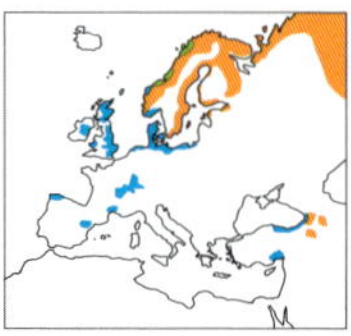

Brut Nach der Ankunft im Brutgebiet (im Mai/Jun) halten sich S. noch in Gruppen an der offenen Küste auf. Von hier starten brutwillige Vögel zu kurzen Rundflügen, die der Balz und der Wahl des Brutplatzes dienen. Der Kontakt mit der Gruppe wird erst mit Beginn des Brutgeschäfts aufgegeben. Das Nest liegt in dichter Vegetation verborgen. Nach 26–29 Tagen schlüpfen die Jungen, die sich manchmal auch einem fremden ♀ anschließen.

Wissenswert! Da S. das ganze Jahr über fast ausschließlich an der Küste leben, sind sie – ebenso wie die Trauerenten – von der Ölverschmutzung der Meere besonders stark betroffen.

Trauerente Schwimmt oft mit auffällig angehobenem Schwanz.

Samtente Keilförmiger Schnabel, an der Basis angeschwollen, beim ♂ im Sommer an den Seiten gelb.

Eiderente

Somateria mollissima · Familie Entenvögel

Größte europäische Ente, mit relativ großem Kopf, der flachstirnig in den keilförmigen Schnabel übergeht; im Prachtkleid ♂ weiß und schwarz, am Hinterkopf hell moosgrün.

♂: 1. Jugendkleid   2. Jahr im Frühling (links) und im Herbst (rechts)

60–70 cm lang; ♀ braun, dicht schwarz gebändert; ♂ im Schlichtkleid (⇨ Zeichnung S. 114) viel dunkler als das ♀, nur der Rücken und Teile des Flügels bleiben weiß; Jungvögel ähnlich dem ♀; fliegt mit kräftigen Flügelschlägen, wirkt dabei schwer.

Vorkommen Brutvogel an den Küsten des N-Atlantiks, NO-Sibiriens und des nördl. N-Amerikas; an den Küsten und auf vorgelagerten Inseln von Holland, D und Dänemark gebietsweise ziemlich häufig; sehr zahlreich als Mauser- und Wintergast an Nord- und Ostsee, etwa seit 1970 kleine Rast- u. Mauserbestände auch im Alpenvorland.

Balz Eidererpel sind erst im 3. Lebensjahr geschlechtsreif, an der Gesellschaftsbalz, die bereits im Dez beginnt, beteiligen sich aber auch jüngere ♂. Während sie den Kopf ruckartig nach vorn und nach oben stoßen oder auf den Rücken zurückwerfen, sind gurrende, weit schallende, an- und absteigende Rufe („ahóu", „ru-húu" u.ä.) zu hören. Bei der Ankunft im Brutgebiet (Apr–Jun) sind die meisten ♀ verpaart.

Brut E. brüten in Kolonien, die Hunderte oder Tausende von Nestern umfassen und – vor allem auf offenen, vegetationslosen Inseln – sehr dicht liegen können. Während der knapp 4-wöchigen Bebrütung ihrer 3–8 Eier ist die Ente durch ihr Tarngefieder geschützt. Wenn sie das Nest verlässt um Nahrung zu suchen oder zu baden, bedeckt sie das Gelege mit wärmenden Dunen, die sie sich vor Brutbeginn aus Brust und Bauch

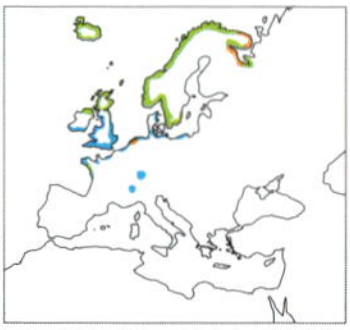

ausgerupft hat, um die Nestmulde damit auszupolstern. Diese Eiderdunen haben hervorragende wärmeisolierende Eigenschaften und finden daher noch heute bei der Herstellung von Schlafsäcken und Federbetten Verwendung. Wird das ♀ beim Brüten erschreckt, bespritzt es die Eier beim Abfliegen mit übel riechendem, flüssigem Kot – was Feinde aber nicht wirklich vom Eierraub abzuhalten vermag. Gleich nach dem Schlüpfen wird die Kükenschar von den Altvögeln über teilweise weite Entfernungen an seichte Küstenabschnitte geführt, wo sich häufig mehrere Mütter zusammenschließen, um ihre Jungen in „Kindergärten" gemeinsam zu betreuen.

Wissenswert! Die Erpel verlassen die Kolonien bereits zu Brutbeginn (ab Mai/Jun) und suchen traditionelle Mauserquartiere auf, in M.-EU v. a. das Wattenmeer an der deutsch-dänischen Nordseeküste. Während der Schwingenmauser im Jul/Aug (♂) bzw. Aug/Sep (♀) werden die Tiere für mehrere Wochen flugunfähig.

E. ernähren sich überwiegend von Muscheln, v. a. Miesmuscheln, die sie dank ihres kräftigen Muskelmagens mitsamt der Schale verzehren können. Auch nach Schnecken und Krebstieren tauchen sie häufig. An Binnengewässern profitiert die E. von der Ausbreitung der Dreikantmuschel.

Durch das Sammeln von Dunen und besonders der Eier nahmen die Bestände der E. in vielen Regionen in der ersten Hälfte des 20. Jh. stark ab. Verbesserte Schutzbestimmungen sowie die Nährstoffanreicherung der Küstengewässer führten an der Nordsee und im nördlichen Ostseeraum v. a. ab den 1970er-Jahren zur Erholung und Ausbreitung der Brutpopulationen. Die zunehmende Ölverschmutzung von Nord- und Ostsee sowie deren Belastung mit Umweltgiften stellen jedoch nach wie vor eine potenzielle Gefährdung der E. dar.

Eiderente

Prachteiderente

Somateria spectabilis · Familie Entenvögel

Prachteiderente Eiderente

Etwas kleiner als die Eiderente; ♂ im Prachtkleid unverkennbar: Kopf graublau mit grünlichen Wangen, roter Schnabel mit großem, orangefarbenem Stirnhöcker.

Beim ♂ Brust weißlich bis lachsfarben, Hinterkörper schwarz mit weißem Fleck an den Bürzelseiten, kleine schwarze „Segel" auf den Schulterfedern; im Schlichtkleid bräunlich schwarz, nur Vorderrücken weiß, Stirnhöcker kleiner; ♀ ähnlich Eiderente, aber Gefieder mehr rötlich braun, Schnabel kürzer.

Vorkommen Brutvogel der arktischen Küsten und Inseln Eurasiens und N-Amerikas; brütet an Süßwassertümpeln und -seen der Tundra; überwintert und übersommert in EU vor den Küsten O-Islands, Norwegens und in der Barentsee, einzelne auch in der nördlichen Ostsee; in M.-EU sehr seltener Gast an der Küste.

Brut Bei der Balz blasen die Erpel den weiß leuchtenden Hals stark auf und rufen tief und vibrierend. Wenn P. ins Brutgebiet zurückkehren, sind die Brutgewässer meist noch zugefroren. Die Brutpaare warten auf dem Meer und nutzen die ersten schneefreien Stellen als Nistplätze, auch wenn sie weit vom nächsten Gewässer entfernt sind. Bis die Jungen schlüpfen, sind die Tundraseen eisfrei.

Nahrung Während der Brutzeit suchen P. in der Tundra nach Samen und Mückenlarven, auf dem Zug und im Winter tauchen sie im Meer bis in Tiefen von 20 m nach Muscheln.

Scheckente

Polysticta stelleri · Familie Entenvögel

Scheckente ♂ Eiderente ♂ beide im Schlichtkleid

♂ im Prachtkleid mit weißem Kopf, Brust und Flanken hell orangefarben; Augenregion, Kehle, Halsband, Mantel, Rücken und Steiß schwarz; schwarzer Punkt auf den Brustseiten.

Mit 42–48 cm etwas größer als eine Reiherente; Stirn steil, Hinterkopf eckig wirkend, Schwanz relativ lang; ♀ dunkel rotbraun, Spiegel blau und breit weiß eingefasst; ♂ im Schlichtkleid ähnlich ♀; pfeifendes Fluggeräusch.

Vorkommen Brutvogel der arktischen, küstennahen Tundra Alaskas und O-Sibiriens, übersommert an den Küsten Norwegens; in M.- und W-EU nur sehr seltener Gast, fast ausschließlich an der Küste; neuerdings in den Wintermonaten in wachsender Zahl auch auf der Ostsee anzutreffen.

Wissenswert! Der Aktivitätsrhythmus der S. wird wie bei vielen Küstenvögeln v. a. von den Gezeiten bestimmt. Bei Ebbe, wenn die Nahrung am leichtesten erreichbar ist, tauchen die Tiere an seichten Küstenabschnitten nach Muscheln, Schnecken und Krebstieren – typischerweise in großen Trupps, deren einzelne Mitglieder oft wie auf Kommando gleichzeitig untertauchen. Bei Flut schließen sie sich dagegen auf dem Wasser zu dichten Ruhegesellschaften zusammen. Werden sie während der Nahrungsaufnahme beunruhigt, z. B. durch überfliegende Mantelmöwen, fliehen sie überstürzt aufs offene Wasser hinaus und scharen sich dort eng zusammen, sodass der Räuber irritiert wird. §

Prachteiderente

Scheckente

Eisente

Clangula hyemalis · Familie Entenvögel

Größe wie Reiherente, aber zierlicher, ♂ mit 10–15 cm langem Schwanzspieß, Gefiederfärbung sehr variabel mit verschiedenen Kleidern im Sommer, Herbst und Winter.

♂ im Sommer schwarzbraun mit weißer Unterseite und hellem Gesichtsfleck; im Herbst Hals und Kopf weiß, graubrauner Fleck unter den Wangen; im Prachtkleid (Nov–Apr) wie im Herbst mit hell graubraunem Augenbereich und schwarzbraunem Fleck darunter; ♀ im Sommer ähnlich dem ♂, aber ohne Schwanzspieß, matter gefärbt; im Herbst/Winter Kopf weißlich mit dunklem Scheitel und Fleck unter den Wangen; Flug schnell, mit häufigen Richtungswechseln, dabei abwechselnd der weiße Körper und die schwarzen Flügel zu sehen.

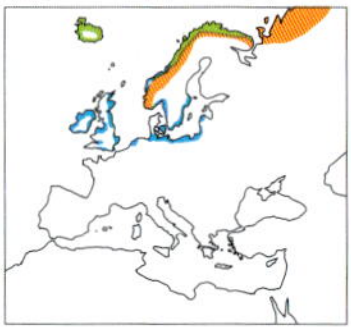

♀ Schlichtkleid ♂ 1. Winterkleid

Vorkommen Weit verbreiteter Brutvogel in der Arktis Eurasiens und Amerikas; brütet an Süßwasserseen und -tümpeln in der Tundra, doch auch an der Küste und auf vorgelagerten Inseln; in M.-EU zahlreich als Wintergast an der Ostseeküste (Nov–Mär), spärlicher an der Nordsee; im Binnenland selten und nur vereinzelt.

Wissenswert! Im Feb beginnen die Erpel mit der Gruppenbalz, bei der sie den Kopf auf den Rücken werfen und wohltönend „a-ahulik“ rufen. Während die ♀ brüten und die Jungen großziehen, sammeln sich die ♂ ab Jun/Jul zu Mausertrupps an der Küste. Im Winterquartier tauchen E. nach Meeresmuscheln, wobei Tauchtiefen bis zu 60 (!) m belegt sind.

Kragenente

Histrionicus histrionicus · Familie Entenvögel

♂ im Prachtkleid dunkel graublau mit kastanienbraunen Flanken und weißen, schwarz gesäumten Flecken und Streifen an Kopf, Hals, Brust, Schultern und Flügeln.

Etwas kleiner als eine Reiherente, mit rundem Kopf, hoher Stirn und keilförmig zugespitztem Schwanz; ♀ dunkel schiefer- bis rußbraun; ♂ im Schlichtkleid ähnlich dem ♀, ein Teil der bunten Abzeichen des Prachtkleids zumindest angedeutet.

Vorkommen Brütet an reißenden Bergbächen und Wildflüssen der arktischen Tundra N-Amerikas und NO-Sibiriens sowie auf Grönland; in EU nur auf Island, hier ganzjährig; in M.-EU ein Ausnahmegast, z. T. wohl Gefangenschaftsflüchtlinge.

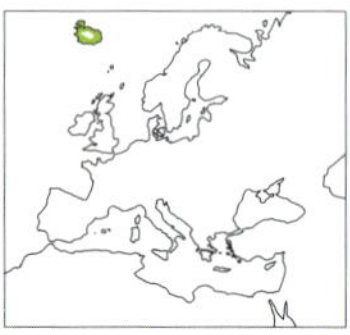

Lebensweise Außerhalb der Brutzeit leben K. an der Küste, wo sie sich mit Vorliebe am Kiesstrand oder auf Felsen in tosender Brandung aufhalten. Zur Nahrungssuche schwimmen sie fast immer in Gruppen auf dem Meer und halten dicht zusammen. Beim Tauchen benutzt die K. ihre Flügel zur Fortbewegung unter Wasser und erbeutet kleine Krebstiere, Muscheln und Schnecken, gelegentlich sogar kleine Fische.

Brut Im Frühjahr wandern K. flussaufwärts zu ihren Brutplätzen. Das Nest errichtet das ♀ stets gut versteckt in dichter Vegetation. Sobald das ♀ fest auf dem Gelege sitzt, verlässt der Erpel das Brutgebiet und kehrt an die Küste zurück, um dort zu mausern.

Wissenswert! Die auffälligen weißen Abzeichen im Gefieder der K. besitzen einerseits Signalwirkung bei der Verständigung mit Artgenossen, andererseits können sie im Spritzwasserbereich schnell fließender Bäche auch als hervorragende Tarntracht wirken.

Eisente

Kragenente Sowohl ♂ wie ♀ mit rundem, weißem Fleck hinter dem Auge.

Schellente

Bucephala clangula · Familie Entenvögel

Größe wie Reiherente; großer Kopf mit steiler Stirn und hohem Scheitel, eckig wirkend; ♂ im Prachtkleid schwarz-weiß, Kopf grün schillernd mit rundem, weißem Zügelfleck.

♀ überwiegend grau mit dunkelbraunem Kopf und weißem Halsring, Bauch weiß; ♂ im Schlichtkleid ähnlich ♀; Flug schnell, v. a. beim ♂ mit klingelndem Flügelgeräusch.

Vorkommen Brütet im N Eurasiens und N-Amerikas an Seen, Teichen und langsam fließenden Flüssen der Nadelwaldzone; in M.-EU seltener Brutvogel, vor allem im N und O von D; als Wintergast häufig an Ost- und Nordseeküste und am Nordrand der Alpen vom Inn bis zum Genfer See.

Brut Ab Dez bilden die Erpel kleine Trupps und balzen in der Nähe einzelner ♀. Im Brutgebiet treffen S. gewöhnlich verpaart ein. Das ♀ sucht, gefolgt vom ♂, eine Baumhöhle als Bruthöhle aus, z. B. eine Schwarzspechthöhle, vorzugsweise in Wassernähe (kleines Foto oben). Während das ♀ brütet (ca. 30 Tage), verteidigt das ♂ den näheren Nestbezirk gegen eindringende Artgenossen. Noch vor dem Schlüpfen

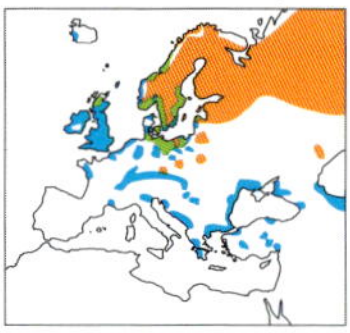

der Jungen verlässt es das Brutgebiet, um zu mausern. Mit einem speziellen Lockruf („kio-rr“) lockt das ♀ die frisch geschlüpften Küken aus der Höhle. Spitze, gebogene Krallen an den Füßen ermöglichen es den Jungen, zum Loch der Höhle zu klettern, um sie dann mit einem kräftigen Sprung zu verlassen.

Nahrung Mit ihrem feinen Pinzettenschnabel picken S. vor allem kleine Organismen, z. B. Köcherfliegenlarven und kleine Muscheln, von steinigem Substrat und aus Spalten zwischen den Steinen. Da sie sich dabei optisch orientieren, suchen sie fast ausschließlich tagsüber nach Nahrung, nachts finden sie sich außerhalb der Brutzeit an festen Schlafplätzen ein.

Spatelente

Bucephala islandica · Familie Entenvögel

♂ im Prachtkleid schwarz-weiß, Kopf schwarz mit Purpurglanz; halbmondförmiger weißer Fleck vom Unterschnabel bis über Augenhöhe.

Etwas größer als sehr ähnliche Schellente; Stirn steiler, Scheitel flacher; im Flug 2 deutlich getrennte weiße Flügelfelder sichtbar; ♀ außer an Kopfform kaum von Schellente unterscheidbar, zur Brutzeit mehr Gelb am Schnabel.

Vorkommen Hauptverbreitungsgebiet im westlichen N-Amerika; von dort nach der letzten Eiszeit nach Island und SW-Grönland eingewandert; brütet an klaren Seen und Teichen sowie schnell fließenden Flüssen der subarktischen und arktisch-alpinen Zone, in N-Amerika ausschließlich in Baumhöhlen, auf Island in den Höhlen und Spalten des jungen Lavagesteins. Isländische Brutvögel bleiben ganzjährig auf der Insel, in M.-EU angetroffene S. sind daher lediglich Irrgäste oder Gefangenschaftsflüchtlinge.

Schellente

Spatelente

Gänsesäger

Mergus merganser · Familie Entenvögel

Mit 58–70 cm deutlich größer als Stockente; ♂ im Prachtkleid (Dez–Mai) überwiegend weiß, Brust und Flanken lachsrosa überhaucht, schwarzgrüner Kopf.

Kopf durch verlängerte Hinterkopffedern gerundet wirkend; langer, schmaler, roter Schnabel mit scharfem Haken an der Spitze; ♀ überwiegend grau, Kopf und Oberhals rotbraun mit weißer Kehle, scharf abgesetzt gegen die weiße, im Winter lachsrosa getönte Brust; gleichfalls verlängerte Hinterkopffedern; ♂ im Schlichtkleid ähnlich dem ♀.

Vorkommen Brutvogel auf Island, in Schottland und im N Eurasiens bis O-Sibirien an großen fischreichen Seen und Flüssen; ferner in N-Amerika und in den Hochgebirgen Zentralasiens; in M.-EU an der Ostseeküste und am Nordrand der Alpen; hier auch häufiger Mausergast, Durchzügler (ab Juli) und Wintergast (Okt–Mär), auch an der Nordseeküste.

Brut Die Gesellschaftsbalz der Erpel beginnt schon im Nov/Dez im Winterquartier, erreicht ihren Höhepunkt jedoch erst an den Brutplätzen. Die ♂ schwimmen erregt hin und her und strecken Kopf und Schnabel senkrecht in die Höhe, gleichzeitig sträuben sie die Scheitelfedern und rufen leise „augi-a". Auch quakende Balzrufe sind zu vernehmen. Bereits im Winter fordern ♀ zur Begattung auf, indem sie sich flach auf das Wasser legen; Kopulationen finden aber erst im zeitigen Frühjahr statt. Ab Mär treffen G. an ihren Brutgewässern ein. Das ♀ sucht entlang der Ufer in alten Baumbeständen nach geeigneten Nisthöhlen, z. B. ausgefaulten Stämmen oder Schwarzspechthöhlen, bis in 18 m Höhe. Sogar in Felsnischen, unter Bootshäusern und auf Kirchtürmen wurden schon Nester gefunden. Das ♀ legt ab März meist 8–12 Eier (größere Gelege stammen von 2 ♀) und brütet 30–32 Tage. Nach dem Schlüpfen bleiben die Jungen noch 1–2 Tage in der Bruthöhle; dann klettern sie aus eigener Kraft aus der Höhle, um sich mit gespreizten Füßen und ausgebreiteten Flügelchen nach unten fallen zu lassen (kleines Bild unten). Von der wartenden Mutter werden sie sofort zum Wasser geführt. Längst nicht alle Jungen einer Brut werden flügge (nach ca. 2 Monaten), kalte Witterung, Hochwässer, Marder und Hechte sorgen für große Verluste.

Nahrung G. sind auf die Unterwasserjagd nach Fischen spezialisiert. Einzeln oder in Gruppen umherschwimmend spähen sie mit eingetauchtem Kopf nach kleinen (bis 10 cm langen) Fischen, die sie dann tauchend erbeuten. Eine Auswahl nach Arten findet nicht statt, G. jagen vor allem häufige, d. h. leicht zu fangende Fische. Als Sichttaucher fehlt der G. überall dort als Brutvogel, wo das Wasser getrübt ist. Angler lasten dem G. den Rückgang der Äschenbestände in den Flüssen des Alpenvorlands an. Tatsächlich spielen beim Rückgang dieses Fisches Gewässerverbauungen und -verunreinigungen sowie Pilzerkrankungen eine weitaus größere Rolle. **RL**

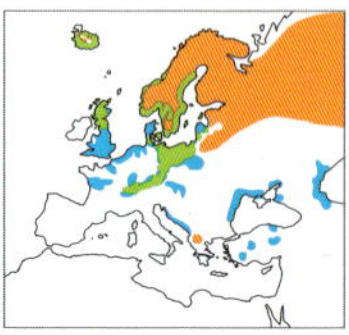

im Flug überwiegend weiß wirkend

Gänsesäger

Mittelsäger

Mergus serrator · Familie Entenvögel

Kleiner als Gänsesäger (⇨ S. 120), Schopf kürzer, struppig; ♂ im Prachtkleid mit grünschwarzem Kopf, weißem Halsband und rostbrauner, schwarz gestrichelter Brust.

♀ Gänsesäger

♀ Mittelsäger

Etwa stockentengroß; im Flug großes weißes Flügelfeld mit 2 schwarzen Flügelbinden sichtbar; ♀ dem Gänsesäger-♀ sehr ähnlich, aber brauner Kopf nicht deutlich vom grauen Hals abgesetzt, Kehle nicht rein weiß; ♂ im Schlichtkleid ähnlich dem ♀, aber mit mehr Weiß im Flügel.

Vorkommen Brutvogel im N Eurasiens und N-Amerikas sowie auf Grönland, Island und den Britischen Inseln; brütet an flachen

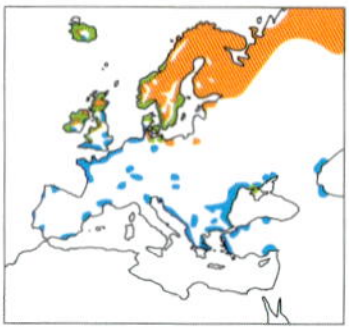

Küsten und auf Inseln, auch an Binnenseen und Fließgewässern; in M.-EU vor allem an der Ostseeküste, im Binnenland sehr selten; in M.- und S-EU regelmäßiger Wintergast (Nov–Apr), jedoch nur an der Küste häufiger.

Balz Die Gruppenbalz der M. beginnt bereits im Dez, erreicht ihren Höhepunkt aber meist erst nach Ankunft im Brutgebiet (Apr–Jun). Besonders auffällig ist der sog. „Knicks", wobei das ♂ zuerst den Kopf nach oben reißt und dann Brust und Hals unter Wasser taucht. Gleichzeitig wird der hintere Teil des Körpers angehoben. Bei weit geöffnetem Schnabel ist nun der heisere, an ein Niesen erinnernde Balzruf des ♂ zu hören. Viele Paare bilden sich erst auf dem Heimzug oder am Brutplatz.

Nahrung M. jagen kleine Fische von weniger als 8–10 cm Länge, daneben auch kleine Krebstiere u. a. Wirbellose.

Zwergsäger

Mergus albellus · Familie Entenvögel

Kleiner als eine Reiherente; ♂ im Prachtkleid weiß mit schwarzer Gesichtsmaske, schwarzem Rücken und schwarzen Linien an Hinterkopf und Vorderkörper.

Gestalt ähnlich der Schellente (⇨ S. 118); kurzschnäblig; ♀ braungrau mit kastanienbrauner Kopfkappe, ähnlich der Schellente, jedoch Kopfseiten und Hals weiß; ♂ im Schlichtkleid (Jun–Okt) ähnlich dem ♀; fliegt reißend, mit sehr schnellen Flügelschlägen.

Vorkommen Seltener Brutvogel an nährstoffarmen Binnengewässern im N Eurasiens von Schweden und Finnland quer

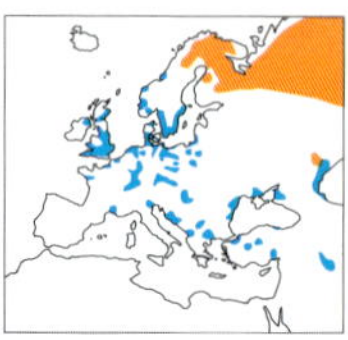

durch die Nadelwaldzone bis zur Beringstraße; in M.-EU regelmäßiger Wintergast (Nov/Dez–Mär) überwiegend an der Küste, in geringer Zahl aber auch auf Binnenseen.

Nahrung Im Gegensatz zu den großen Sägerarten ernährt sich der Z. während der Brutzeit vor allem von Wasserinsekten, Kleinkrebsen, Muscheln und anderen Wirbellosen. Erst im Winterhalbjahr überwiegen kleine Fische auf seinem Speiseplan.

Brut Z. werden, ebenso wie Mittel- und Gänsesäger, erst im 2. Lebensjahr geschlechtsreif. Die Gesellschaftsbalz beginnt im Dez/Jan im Winterquartier und nimmt bis zum Frühjahr an Intensität zu. Bei der Suche nach einer geeigneten Nisthöhle (Baumhöhle, Nistkasten o.ä.) konkurrieren Z. mit Schellenten, die in der Regel früher mit der Eiablage beginnen und daher im Vorteil sind. Das Nistplatzangebot ist häufig der limitierende Faktor für die Siedlungsdichte des Z. Bebrütung und Jungenaufzucht erfolgen allein durch das ♀.

Wissenswert! Z. werden (gelegentlich) auch als Ziervögel in Parks u. Gärten gehalten. §

Mittelsäger

Zwergsäger

Weißkopf-Ruderente

Oxyura leucocephala · Familie Entenvögel

Großer Kopf mit großem, an der Basis geschwollenem Schnabel; ♂ im Prachtkleid rot- bis gelbbraun, Kopf weiß mit schmalem, schwarzem Scheitel, Schnabel hellblau.

links: ♀ Schwarzkopf-, rechts: ♀ Weißkopf-Ruderente

43–48 cm lang, einschließlich Schwanz; ♀ dunkler braun, mit dunkler Kopfkappe und weißen Wangen, die durch ein braunes Längsband geteilt werden.

Vorkommen Sehr lokaler Brutvogel vom Baikalsee über die Steppengebiete Zentralasiens nach W bis Spanien und Marokko; in M.-EU nur in Ungarn unregelmäßig brütend, sonst seltener Gast, z. T. wohl

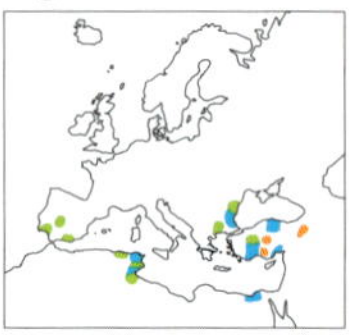

Gefangenschaftsflüchtlinge; brütet an nährstoffreichen, oft salz- oder sodahaltigen Flachseen mit reicher Unterwasservegetation und dichtem Röhrichtgürtel; nördl. Populationen überwintern im Mittelmeergebiet sowie in Vorder- und S-Asien.

Brut Das Nest errichtet das ♀ direkt am Wasser in dichter Vegetation. Bebrütung und Jungenaufzucht sind allein Sache des ♀.

Wissenswert! Viele der ursprünglichen Brutgewässer der W. sind heute aufgrund überhöhter Wasserentnahme oder infolge von Dürreperioden ausgetrocknet. Künstliche Gewässer gewinnen in EU daher zunehmend an Bedeutung für diese weltweit bedrohte Entenart. Bereits im 19. Jh. kam es infolge von Lebensraumverlusten und Bejagung zu starken Bestandsrückgängen und viele ehemalige Brutvorkommen, z. B. in Italien, Marokko und Griechenland, sind inzwischen erloschen. Nur in Spanien nahm der Brutbestand in jüngster Zeit dank intensiver Schutzbemühungen zu. **§**

Schwarzkopf-Ruderente

Oxyura jamaicensis · Familie Entenvögel

Ähnlich Weißkopf-R., aber Schnabel ohne geschwollene Basis, im Profil konkav; ♂ intensiver rotbraun, das Schwarz am Kopf reicht bis zum Auge und in den Nacken hinab.

Vorkommen Die S. ist in Mittel- und N-Amerika beheimatet. Als Gehegevogel wurde sie nach England gebracht, wo sie 1953 aus dem Wasservogelzoo Slimbridge entkam. Ab 1960 brütete sie auch in Freiheit an kleinen Seen und Teichen. Seit den 1980er-Jahren nimmt ihr Bestand in England stark zu, Ende des 20. Jh. zählte man dort bereits mindestens 3300 überwinternde S. und über 780 Brutpaare, die allesamt von den

Slimbridger „Ausbrechern" abstammen. Auch auf dem Festland mehren sich die Beobachtungen frei fliegender Vögel, es gibt inzwischen Brutnachweise aus Schweden, Holland, Belgien, Frankreich, Spanien und Island.

Wissenswert! 1983 trat die amerikanische S. erstmals in Spanien auf, wo sie auf die nahe verwandte europäische Weißkopf-R. traf. Beide eigentlich geografisch voneinander isolierten Arten besitzen sehr ähnliche Lebensraumansprüche und entwickelten weder im Körperbau (Kopulationsorgane) noch im Verhalten (Balz) Eigenheiten, die eine Kreuzung mit der Schwesterart verhindern könnten. Daher kam es recht bald zu Mischpaarungen beider Arten. Da die Bastarde fruchtbar sind und überdies die S. konkurrenzstärker ist als die Weißkopf-R., droht langfristig ein Erlöschen der kleinen spanischen Brutpopulation der Weißkopf-R. Deshalb werden in deren Brutgebieten Bastarde und S. gezielt bejagt. Die S. ist die einzige Art unter rund 160 Neubürgern in der europ. Vogelwelt, die nachweislich eine heimische Art zu verdrängen vermag.

Weißkopf-Ruderente Der 8–10 cm lange, steife Schwanz wird häufig aufgestellt.

Schwarzkopf-Ruderente

Gänsegeier

Gyps fulvus · Familie Habichtartige

Spannweite bis 280 cm

Im Vergleich: Schmutzgeier *(Text unten)* Spannweite bis 170 cm

Größer als ein Steinadler, breite Flügel, am Ende tief gefingert; kurzer und breiter Schwanz; langer, nur mit weißlichen Dunen besetzter Hals.

Heller Kopf, Hals im Flug eingezogen. G. hängen für ihren Gleit- und Segelflug von Aufwinden ab; segeln mit charakteristisch v-förmig angehobenen Flügeln.

Vorkommen Trockengebiete in S-EU, N-Afrika sowie Vorder- bis Zentralasien und N-Indien; aus M.-EU bis auf eine regelmäßig übersommernde Nichtbrüter-Population in den österreichischen Alpen inzwischen weitgehend verschwunden.

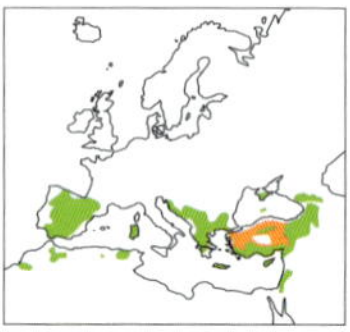

Wissenswert! Als reine Aasverzehrer leben G. hauptsächlich von mittelgroßen bis großen, frischtoten oder verwesenden Säugetieren. Vom Aas nehmen sie, anders als Bartgeier, nur Eingeweide und Fleisch. Am Boden bewegen sich G. schreitend oder hopsend fort. Sie erheben sich erst nach Anlauf und Sprüngen in die Luft. G. nisten auf Felsbändern oder in Felshöhlen, häufig in lockeren Kolonien von 10–20 Paaren. Beginn von Balz und Paarbindung bereits im Spätherbst. Beide Partner tragen Äste als Baumaterial ein. Das Paar brütet und füttert auch gemeinsam sein einziges Junges. §

Mönchsgeier

Aegypius monachus · Familie Habichtartige

Mit einer Flügelspannweite bis zu 3 m größter Greifvogel von EU; Flügel breit, Enden tief gefingert, einheitlich dunkel.

Kurzer, keilförmiger Schwanz, Hals im Flug eingezogen; Kopf und Halskrause hellbraun, bei jungen ♂ schwärzlich. Beim Gleiten und Segeln werden die Flügel strikt waagrecht gehalten.

Vorkommen Selten und vereinzelt in waldigen Berglandschaften; westlichste Vorkommen in Spanien, kleine Bestände in Griechenland, ansonsten in Gebirgen von Kleinasien bis O-China.

Wissenswert! M. brüten im Unterschied zu Gänsegeiern in großen Baumnestern.

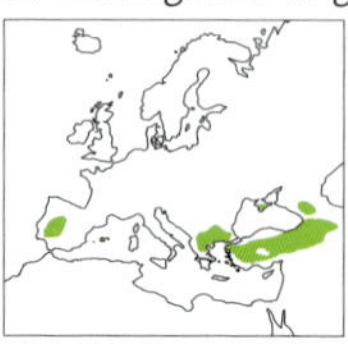

Das Paar baut und brütet gemeinsam. Das Junge wird von beiden Eltern mit ausgewürgter, teils halbverdauter Nahrung gefüttert. §

Schmutzgeier

Neophron percnopterus · Fam. Habichtartige

Mittelgroßer Greifvogel; mit bis zu 170 cm Spannweite wesentlich kleiner als andere Geier; lange, breite Flügel.

Kleiner, deutlich vorragender Kopf, durch langen Schnabel spitz wirkend; kurzer, keilförmiger Schwanz; Altvögel cremefarben mit schwarz-weißen Flügeln (aus der Ferne mit Weißstorch verwechselbar), Jungvögel braun mit hellen Federrändern.

Vorkommen In den trockenen und warmen Ländern von S-EU, größere Bestände jedoch nur noch in Spanien und der Türkei. Alle S. sind Zugvögel.

Wissenswert! Außer Aas verzehren S. auch selbst erbeutete Kleintiere. Dickschalige

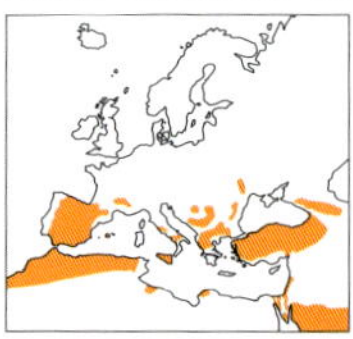

Eier öffnen sie oft mit Steinen (Werkzeuggebrauch!). S. ziehen in Nischen von Fels- und Erdwänden meist ein Junges auf. §

Gänsegeier hier bei der Mahlzeit am Aas.

Mönchsgeier

Schmutzgeier

Bartgeier

Gypaetus barbatus · Familie Habichtartige

Sehr groß und langflügelig; Flugsilhouette durch die schmalen, spitzen Flügel und den langen, keilförmigen Schwanz unverwechselbar.

Spannweite bis 280 cm

Der namengebende „Bart“ ist ein schwarzer Augenstreif, der sich in borstenartigen Federn unter dem Schnabel fortsetzt. Die rostrote Färbung auf der Körperunterseite der Altvögel entsteht durch eisenoxidhaltigen Sand, mit dem das Gefieder beim Sitzen in Felsnischen in Kontakt kommt.

Vorkommen Felsige, schluchtenreiche Gebirgsregionen, vor allem Hochgebirge, von den Pyrenäen bis Zentralasien sowie in afrikanischen Gebirgen; in den Alpen z. T. wieder eingebürgert.

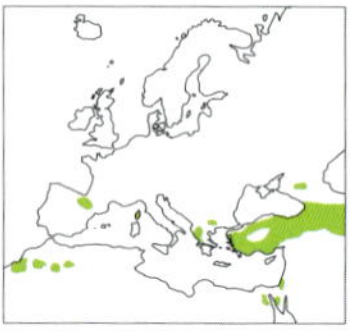

Nahrung Als spezialisierte Suchflieger patrouillieren B. endlos segelnd ihr riesiges Revier nach Freßbarem ab. Sie können jedoch allenfalls kleine Wirbeltiere selbst schlagen, größere Tiere bringen sie manchmal durch Stoßflüge in Steilfelsen zum Abstürzen. Hauptsächlich ernähren sich B. von Fleisch und Knochen frischtoter Säugetiere und Vögel, nehmen aber auch alte Knochen und Aas oder Abfälle auf. Um ans Mark zu gelangen, beißen sie kleinere Knochen durch, größere Knochen und Schildkröten lassen sie aus dem Flug fallen, damit sie beim Aufprall auf Felsen zertrümmern. Selbst große Knochenteile werden verschluckt und im Magen verdaut.

Wissenswert! B.-Paare leben in Dauerehe. Auf riesigen Horsten in Felswänden ziehen sie jeweils 1 Junges auf. **§**

Fischadler

Pandion haliaetus · Familie Fischadler

Langflügeliger Greifvogel, mit einer Spannweite von rund 160 cm etwas größer als ein Mäusebussard; weiße Körperunterseite, dunkle Armschwingen und dunkler Fleck am Flügelbug.

Heller Kopf mit dunkler Maske; kurzer, am Ende gerader Schwanz; unverwechselbare Flugsilhouette mit meist deutlich abgewinkelten Flügeln.

Vorkommen Nahezu weltweit in 5 Unterarten; ursprünglich auch in ganz EU beheimatet. In EU brüten heute noch ungefähr 8000 Paare, die als Mittel- und Langstreckenzieher im Mittelmeerraum oder in Afrika überwintern.

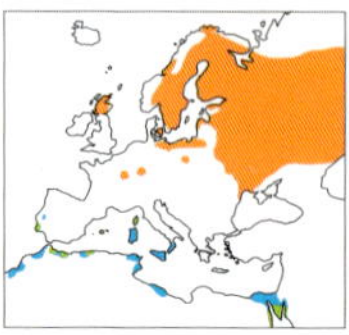

Nahrung Der F., ein hoch spezialisierter Fischjäger, jagt an Binnengewässern ebenso wie an Meeresküsten. Von einem Ansitz aus, während eines langsamen Suchflugs oder im Rüttelflug über der Wasserfläche stehend späht er nach Beute. Hat er einen Fisch entdeckt, greift er ihn im Sturzflug an. Dabei stößt er mit 30–60 km/h aus der Luft herab. Erst unmittelbar vor dem Eintauchen streckt er die Füße vor, um die Beute mit seinen langen, dünnen und scharfen Krallen blitzschnell zu packen. Der erfolgreiche Jäger kann sekundenlang ganz unter Wasser tauchen und auch eine Weile mit ausgebreiteten Flügeln auf der Wasserfläche schwimmen, ehe er mit kraftvollen Flügelschlägen, den Fisch in den Fängen, zum Fraßplatz oder Horst abfliegt.

Wissenswert! Früher bauten F. ihre Horste bevorzugt auf einzeln stehenden Bäumen an den Ufern fischreicher Gewässer, heute nisten viele Paare erfolgreich auf Starkstrommasten. **RL, §**

Bartgeier hier ein noch dunkel gefärbter Jungvogel.

Fischadler

Steinadler

Aquila chrysaetos · Familie Habichtartige

Viel größer als ein Mäusebussard, im Flugbild schlanker wirkend; lange, am Ende breit gefächerte Flügel, die beim Segeln leicht v-förmig gehalten werden.

Schwanz relativ lang; Altvögel an Kopf und Nacken goldbraun, sonst dunkelbraun, Jungvögel einige Jahre mit weißen Gefiederpartien auf der Flügelunterseite und heller Schwanzwurzel.

Vorkommen In EU und den USA fast nur noch in Hochlagen und abgelegenen Gebieten; die Mehrzahl der lediglich noch 500–650 mitteleurop. Brutpaare in den Alpen.

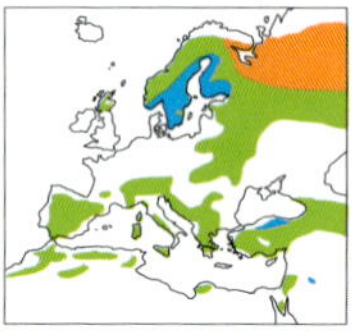

Wissenswert! S. nisten im Hochgebirge meist in Felswänden, vereinzelt auch auf Bäumen. Gewöhnlich hat ein Paar mehrere Horste in seinem 50–100 qkm großen Revier. Das Paar lebt in Dauerehe und markiert sein Revier mit auffälligen Girlandenflügen. S. sind erst im 4. oder 5. Lebensjahr brutreif. Nach der Ablage von normalerweise 2 Eiern Ende Februar wird das brütende ♀ vom ♂ mit Nahrung versorgt und auch kurzzeitig abgelöst. Während die Jungen heranwachsen, von denen meist nur eines flügge wird, jagt auch das ♀ wieder. Je nach Lebensraum erbeuten S. Murmeltiere, Schneehasen, Ziesel oder Raufußhühner, manchmal auch Jungtiere von Gämsen, Rehen und Schafen. Vor allem im Spätwinter gehen S. gern an Aas (Fallwild). **RL, §**

Spannweite 190–230 cm

Kaiseradler

Aquila heliaca · Familie Habichtartige

Wuchtiger, langflügeliger, kurzschwänziger Adler, mit einer Spannweite von 180–215 cm nur wenig kleiner als der Steinadler.

Altvögel braunschwarz mit goldgelbem Nacken, Jungvögel sandfarben. K. segeln typischerweise mit waagrecht gehaltenen oder ganz leicht nach vorn gedrückten und angehobenen Schwingen sowie häufig mit schmal zusammengelegtem Schwanz.

Vorkommmen In Steppengebieten vom östlichen M.-EU und SO-EU bis nach Zentralsibirien; in M.-EU nur noch in Ungarn und der Slowakei 65–85 Paare; Kurzstreckenzieher mit Winterquartier in N-Afrika, im Nahen und Mittleren Osten oder im südlichen und mittleren O-Asien.

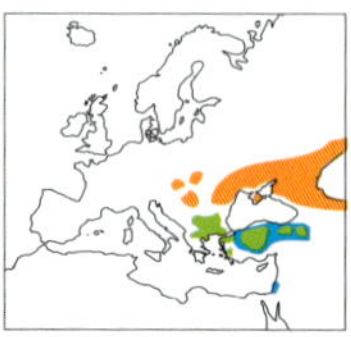

Wissenswert! K. leben in Wald- und Kultursteppen im Tiefland, wo sie ihren Horst in hohen Bäumen bauen. Sie jagen in offenen Niederungslandschaften. Aus einem kreisenden Suchflug heraus, nicht selten aber auch zu Fuß, werden vor allem Kleinsäuger, z. B. Ziesel und Hamster, erbeutet. §

Ähnlich **Spanischer Kaiseradler** *Aquila adalberti*, vom Kaiseradler unterscheidbar durch seine rein weißen Flügelvorderkanten, größere weiße Schulterflecken und hellgraue Schwanzbasis; Jungvögel mehr rötlich gefärbt als die eher gelblich braunen jungen Kaiseradler; Weltpopulation noch rund 150 Brutpaare. §

Steinadler Linkes Bild: am Felshorst.

Kaiseradler

Schreiadler

Aquila pomarina · Familie Habichtartige

Lange, gleichmäßig breite Flügel, Spannweite bis zu 165 cm; Altvögel einheitlich dunkelbraun.

Bei Jungvögeln je ein helles Band auf der Flügelober- und -unterseite.

Vorkommen Nur vom östlichen M.-EU bis W-Russland, im S bis Griechenland.

Wissenswert! S. jagen Bodentiere, von Großinsekten bis zu jungen Hasen, vor allem aber Wühlmäuse. **RL, §**

Ähnlich **Schelladler** *Aquila clanga*, etwas größer und dunkler als der Schreiadler; Jungvögel oberseits mit 2–3 hellen Flügelstreifen. **RL, §**

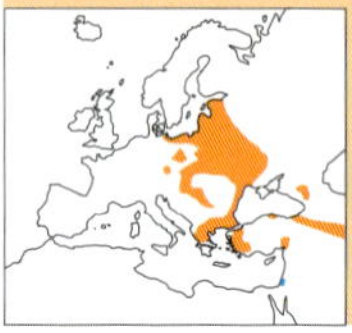

Schlangenadler

Circaetus gallicus · Familie Habichtartige

Großer, heller, langflügeliger Greifvogel, Spannweite um die 180 cm.

Erinnert in der Gefiederzeichnung an einen hellen Bussard, von dem er sich aber außer in der Größe auch durch das Fehlen eines dunklen Flügelbugs unterscheidet; eulenartig dicker Kopf mit hellen Augen.

Vorkommen Von NW-Afrika über S- und O-EU bis zur N-Mongolei; in M.-EU fast nur noch in SO-Polen, Slowakei u. Ungarn; Langstreckenzieher, überwintert nahe dem Äquator.

Wissenswert! S. sind auf Reptilien als Nahrung spezialisiert. Sie vermögen Schlangen bis über 1 m Länge zu erbeuten und machen auch vor Giftschlangen nicht Halt. Wenn der S. im Rüttelflug nach Beute späht, lässt er die Füße auffällig nach unten hängen. **§**

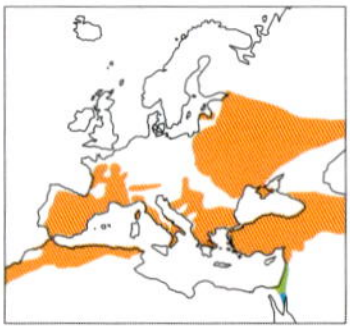

Zwergadler

Hieraaetus pennatus · Familie Habichtartige

Kleinster Adler, mit einer Spannweite bis 135 cm nur bussardgroß; tief gefingerte Flügelspitzen.

Flügel beim Segeln leicht nach hinten gerichtet; 2 Farbvarianten: hell graubraun mit weißlicher Unterseite sowie (seltener) dunkel graubraun mit dunkel- bis rostbrauner Unterseite.

Vorkommen Lückenhaft von N-Afrika und S-EU (v.a. Spanien) ostwärts bis Zentralsibirien u. der Mongolei; Brutgebiete in lückigen Waldlandschaften sowie in trocken-warmen Niederungs- und Berggebieten.

Wissenswert! Z. übernehmen gern Nester anderer Greif- und Großvögel. Die Thermiksegler haben ein breites Nahrungsspektrum. Als Zugvögel überwintern sie in Afrika südlich der Sahara sowie in Indien. **§**

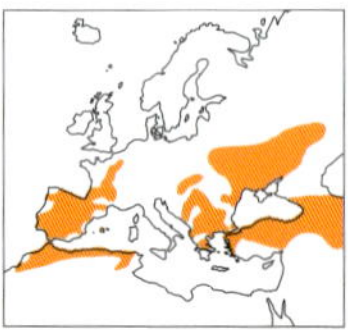

Habichtsadler

Hieraaetus fasciatus · Familie Habichtartige

Mittelgroßer, kräftiger Greifvogel, mit einer Spannweite bis 165 cm deutlich größer als der Zwergadler.

Altvögel im Flugbild kenntlich an der hellen Flügelvorderkante und einer breiten, dunklen Längsbinde auf den Flügeln.

Vorkommen Von W-Afrika über das ganze Mittelmeergebiet und die Arabische Halbinsel mit größeren Lücken bis S-China; Brutbestand in EU sehr niedrig, die meisten Paare brüten auf der Iberischen Halbinsel.

Wissenswert! Über ihren stets gebirgigen Brutrevieren führen die Altvögel ab Herbst Schauflüge aus. Die Paare besitzen mehrere, abwechselnd benützte Nester, meist in Felsnischen. Im Mittelmeerraum leben H. v.a. von Kaninchen und Rothühnern, die sie im Stoßflug oder vom Ansitz erbeuten. **§**

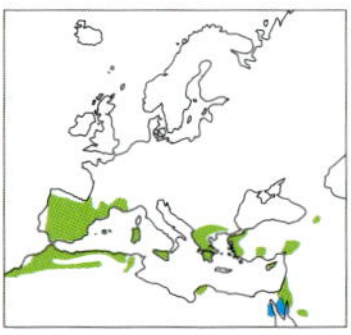

Schreiadler

Schlangenadler

Zwergadler

Habichtsadler Bild oben: helle Form mit weißer Unterseite.

Seeadler

Haliaeetus albicilla · Familie Habichtartige

Größter Greifvogel des nördlichen EU; breite Flügel mit rechteckiger Silhouette, an der Spitze stark gefingert; Schwanz kurz und keilförmig, bei Altvögeln weiß.

Körperlänge 75–90 cm, Spannweite 190–245 cm; kräftiger, gelber Schnabel; Jungvögel dunkelbraun mit rotbrauner Schuppung, Schwanz überwiegend dunkel, im Flug heller Achselfleck am Unterflügel kennzeichnend; Schnabel zunächst grau, etwa ab dem 4. Jahr gelb. Das Alterskleid ist nach etwa 5 Jahren ausgebildet, der helle Kopf erst nach 8–10 Jahren. Der S. fliegt mit Serien flacher Flügelschläge, die nur durch kurzes Gleiten unterbrochen werden. Beim Kreisen hält er die Flügel gerade oder schwach angehoben.

Vorkommen Brutvogel von S-Grönland und NW-EU quer durch Eurasien bis O-Asien, in EU viele Vorkommen bereits erloschen; in M.-EU vor allem im Gebiet der waldreichen Seenplatten im NO; in M.-EU Stand- und Strichvogel, meist wandern nur Jungvögel weitere Strecken (nach S/SW); nördliche Populationen ziehen nach M.-EU.

Balz S. brüten im Alter von 5 Jahren das erste Mal. Im Winter fliegen die Brutpartner in ausgedehnten Balzflügen hoch über ihrem Revier. Das ♂ stößt dabei spielerisch auf das ♀ hinab, das sich auf den Rücken wirft, sodass sich die Fänge beider Vögel berühren. Hoch und gellend ruft das ♂ „kyick kyick kyick…“, oft im Wechsel mit dem tiefer rufenden ♀. Die Brutpartner bleiben sich gewöhnlich ein Leben lang treu.

Brut In M.-EU wird das Nest fast immer auf alten, hohen Bäumen errichtet, stets so, dass freier An- und Abflug gewährleistet ist. Beide Partner tragen Äste für den über 1 m breiten Horstunterbau herbei, die Nestmulde wird mit Grasbüscheln o.ä.

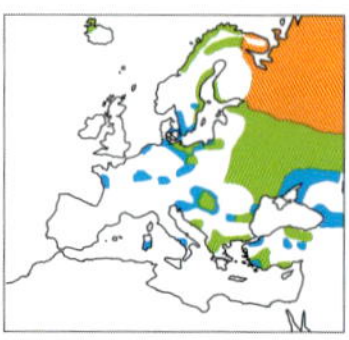

Material ausgepolstert. Solche Nestburgen werden manchmal über viele Jahre benutzt. Bereits ab Feb/Mär legt das ♀ 1–3, meist 2 Eier, die von beiden Partnern 38–42 Tage bebrütet werden. In den ersten 4 Wochen nach dem Schlupf hudert und bewacht das ♀ die Jungen, während das ♂ Futter herbeischafft, später gehen beide Eltern auf Jagd. Erst nach 80–90 Tagen sind die Jungen voll flugfähig, sie werden dann noch 2–3 Monate von den Eltern betreut, bis sie selbstständig sind.

Nahrung Seine Hauptbeutetiere, Fische und Wasservögel (v. a. Enten, Taucher, Blesshuhn), jagt der S. vom Ansitz aus oder im Suchflug und stößt dann mit ausgestreckten Fängen hinab. Fische erbeutet er auch aus dem Sturzflug, wobei er manchmal wie ein Fischadler unter Wasser verschwindet. Bei großen Wasservogeltrupps versucht er, einzelne Individuen aus der Gruppe abzudrängen und jagt sie bis zur Erschöpfung. Insbesondere im Winterhalbjahr gehört auch Aas zur Nahrung. Ein Altvogel benötigt durchschnittlich etwa 500 g Fleisch pro Tag.

Wissenswert! S. haben sehr große Raumansprüche, das Jagdrevier eines Paares zur Brutzeit kann bis zu 100 km² umfassen. Sie sind also von Natur aus seltene Vögel. Bis Anfang des 20. Jh. kam es zudem zu erheblichen Bestandseinbußen, bedingt durch direkte Verfolgung, nicht nur in D. Nach Einführung einer ganzjährigen Schonzeit erholten sich die Bestände, stagnierten dann aber etwa von 1950 bis 1980. Schuld daran war das Umweltgift DDT, das sich innerhalb der Nahrungskette anreichert und die Endglieder, die Beutegreifer, daher am stärksten gefährdet. Eine Verdünnung der Eischalen und ein sehr geringer Bruterfolg des S. waren die Folgen. Erst einige Jahre nach dem Anwendungsverbot von DDT (1972) nahmen die Bestände des S. in D allmählich wieder zu. §

Seeadler

Rotmilan

Milvus milvus · Familie Habichtartige

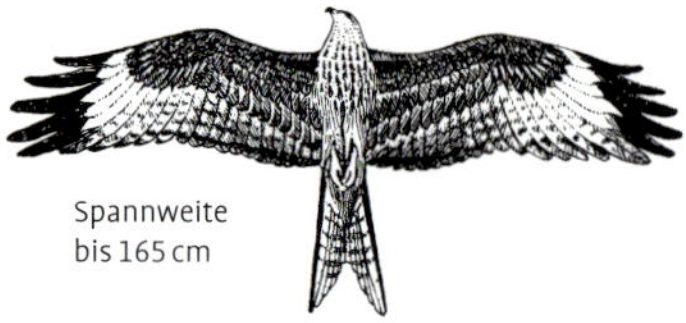

Spannweite bis 165 cm

Deutlich größer und langflügeliger als der Mäusebussard; charakteristischer langer, tief gegabelter, rostroter Schwanz, der im Flug fast ständig gedreht wird.

Helles Diagonalband auf den oberen Armdecken sowie kontrastreiche weiße Flecken auf der Flügelunterseite; segelt auf geraden oder schwach gebogenen Flügeln.

Vorkommen Anders als beim Schwarzmilan nur kleines Verbreitungsgebiet, das im Wesentlichen W- und M.-EU umfasst, dazu inselartige Vorkommen bis O-Anatolien und zum Schwarzen Meer. Als Kurzstreckenzieher fliegen die europäischen R. im Herbst ins Mittelmeergebiet. Manche überwintern auch in M.-EU in der Nähe günstiger Nahrungsplätze, z. B. Mülldeponien.

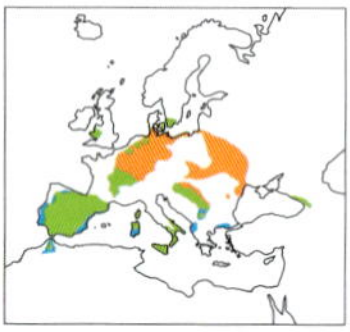

Brut R. brüten vor allem in lichten Laubwäldern mit Altholzbeständen. Beim Besetzen des Reviers im Frühjahr zeigt das Paar auffällige Sturzflüge über dem Horstplatz. Das Nest liegt meist hoch auf einem Baum, oft am Waldrand. Typischerweise kleiden R. ihr Nest mit alten Lumpen, Papierfetzen und anderem Abfall aus. Die meist 2–3 Eier bebrütet das ♀ allein, das vom ♂ währenddessen mit Nahrung versorgt wird.

Wissenswert! Das Jagdgebiet des R. umfasst offene Ackerflächen, Straßenränder und Müllkippen. Seine Nahrung ist ähnlich vielseitig wie die des Schwarzmilans, enthält aber weniger Fische und zudem einen höheren Anteil selbst geschlagener Beute, vor allem Kleinsäuger. **§**

Schwarzmilan

Milvus migrans · Familie Habichtartige

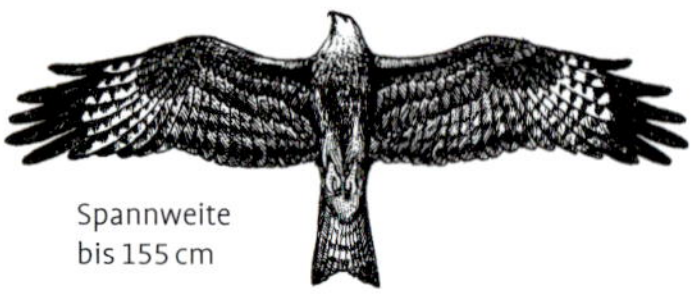

Spannweite bis 155 cm

Mittelgroßer Greifvogel mit schmalem, nur leicht gegabeltem Schwanz.

Vom Rotmilan außer durch den kürzeren, niemals rostfarbenen Schwanz auch am dunkleren Gefieder und den proportional kürzeren Flügeln unterscheidbar.

Vorkommen In 6 Unterarten über die gemäßigten, subtropischen und tropischen Regionen Eurasiens und Afrikas verbreitet, außerdem in SO-Asien, Neuguinea und Australien vertreten. Damit hat der S. das größte Verbreitungsgebiet aller Greifvögel.

Nahrung S. sind Jäger und Aasfresser. Oft lesen sie kranke und tote Fische von der Wasserfläche oder vom Ufer auf. Kleinsäuger und -vögel erbeuten S. oft selbst, jagen sie aber auch anderen Greifvögeln ab. Auch Amphibien und Insekten gehören zu ihrer Beute.

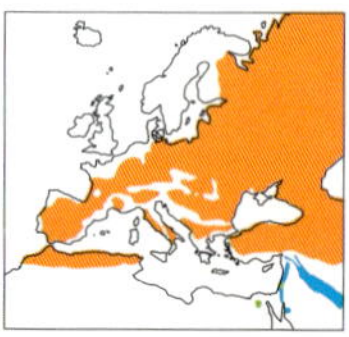

Wissenswert! Zusammen mit den Rotmilanen gehören S. zu den geselligsten Greifvögeln. Sie bilden oft große Nahrungs- oder Schlafgesellschaften und brüten bei guten Nahrungsbedingungen kolonieweise (in M.-EU etwa in den Rheinauen). Größere Ansammlungen finden sich insbesondere an Mülldeponien oder bei schwärmenden Ameisen und Termiten.

Das breite Spektrum an Lebensräumen, an das sich S. anzupassen vermochten, reicht von Halbwüsten bis zum Rand von Tropenwäldern und von Meeresküsten bis zu Großstadtzentren. Bei uns sind sie durch die Zerstörung ihrer bevorzugten Lebensräume, den Auenlandschaften, jedoch gefährdet. **§**

Rotmilan

Schwarzmilan Flugbild: Die Gabelung des Schwanzes verschwindet bei gespreiztem Schwanz.

Gleitaar

Elanus caeruleus · Familie Habichtartige

Kleiner Greifvogel, kaum größer als ein Turmfalke; Gefieder oberseits hell blaugrau, am Vorderflügel schwarz, unterseits ganz weiß mit schwärzlichen Handschwingen.

Ähnelt einer männlichen Wiesenweihe, erinnert mit seinem dickeren Körper und dem rundlichen, weißen Kopf mit schwarzer Maske sogar etwas an eine Schleiereule; breite, spitz zulaufende Flügel; kurzer, am Ende gerader Schwanz.

Vorkommen N-Afrika, SW-Arabien, ganz Afrika südlich der Sahara, Vorder- und Hinterindien, Sundainseln und Philippinen; in EU im S der Iberischen Halbinsel, wo seit den

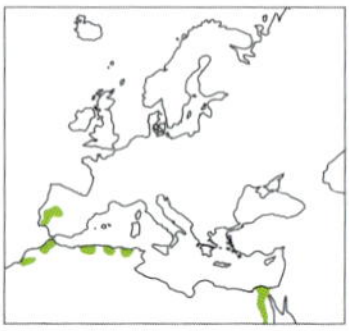

1960er-Jahren eine Bestandsvergrößerung und Arealausweitung zu beobachten ist, inzwischen erste Brutnachweise in S-Frankreich.

Spannweite bis 85 cm

Wissenswert! Im Suchflug halten G. ihre Flügel wie die Weihen v-förmig nach oben, sie rütteln auch oft wie Turmfalken mit flachen, schnellen Flügelschlägen gegen den Wind. Doch stürzen sie aus dem Rüttelflug nicht in einem Stoß nach unten, sondern lassen sich mit kleinen Rüttelpausen eher stufenweise sinken. G. sitzen häufig auf exponierten Sitzwarten wie Ästen oder Leitungsdrähten. Mit der Taktik der Rüttel- und Ansitzjagd erbeuten sie Kleinvögel und -säuger, Reptilien und Großinsekten. Innerhalb ihres Brutgebiets unternehmen die Vögel größere Wanderungen. Paare halten für mindestens eine Brutsaison lang zusammen. Der Bau des Nests, das in einer Astgabel verankert wird, ist überwiegend Sache des ♂. Auch bei der Jungenaufzucht übernimmt es einen erheblichen Anteil. §

Rohrweihe

Circus aeruginosus · Familie Habichtartige

Mit einer Spannweite bis zu 135 cm etwa so groß wie ein Mäusebussard; wie alle Weihen lange Flügel, die im Segel- und Gleitflug in deutlicher V-Stellung gehalten werden.

Kopf und Rumpf schlank; Schwanz lang und schmal, am Ende leicht gerundet; ♂ mit scharf abgesetzten schwarzen Flügelspitzen und einfarbig blaugrauem Schwanz, an Kopf und Brust gelblich weiß getönt; ♀ und Jungvögel mit dunkelbraunem Gefieder, Scheitel und Kehle cremeweiß, ♀ z. T. auch mit hellem Flügelbug und Brustfleck.

Vorkommen Gemäßigte und subtropische Zone von W-EU bis Mittelsibirien und Zentralasien; südlichste Brutplätze in N-Afrika und im Mittleren Osten; Zugvogel.

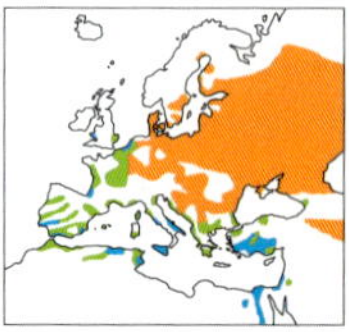

Brut Wie alle Weihen ist die R. ein Brutvogel der offenen Landschaften. Gewöhnlich nistet sie in dichtem Schilf, seit einigen Jahrzehnten auch zunehmend in Getreide- und Rapsfeldern sowie auf Grünland. Die Nester stehen oft dicht beieinander.

Wissenswert! Die Jagdgebiete der R. sind Schilfgürtel und daran angrenzende Wasserflächen, Verlandungszonen, Wiesen und Dünen. R. greifen ihre kleinen bis mittelgroßen Beutetiere meist am Boden. In der Brutzeit handelt es sich dabei vor allem um Jungvögel und Nestlinge sowie Eier. Schwimmvögel bis Blässhuhngröße werden auf dem Wasser verfolgt und auch in der Ufervegetation gejagt. Nach Ankunft am Brutplatz zeigen R. auffällige Schauflüge mit Rollern, Sich-Fallen-Lassen und Überschlägen. Bei der Balz übergibt das ♂ dem ♀ auch Beutegeschenke in der Luft. §

Gleitaar Unverkennbar: das silbrig weiße Gefieder und der für einen Greifvogel dicke Kopf.

Rohrweihe ♂: Kopf und Brust hell gefärbt; ♀: Scheitel und Brust rahmweiß.

Kornweihe

Circus cyaneus · Familie Habichtartige

Größer und breitflügeliger als die Wiesen- und Steppenweihe, außerdem rundere Flügelspitzen als diese; Spannweite bis zu 120 cm.

Bei ausgefärbten ♂ Flügel hellgrau mit scharf abgegrenzten schwarzen Spitzen; ♀ und Jungvögel mit weißem Bürzel; nur sehr schwer von Wiesen- und Steppenweihe unterscheidbar.

Vorkommen Von einigen Lücken in den Tieflagen W- und M.-EUs abgesehen in einem zusammenhängenden Areal vom mittleren und nördlichen EU bis zum Pazifik; zweite Unterart in N-Amerika; heute in M.-EU nur noch 300–400 Brutpaare.

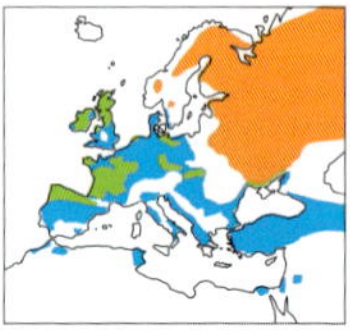

Brut Als Brutvogel offener Flächen brütet die K. in M.-EU bevorzugt in Mooren, Marschwiesen, Heide- und Dünengebieten sowie Verlandungszonen. Ihr dramatischer Bestandseinbruch hängt mit dem Verschwinden bzw. der Veränderung dieser Lebensräume zusammen. In intensiv genutzten Agrarlandschaften hat die K., ungeachtet ihres Namens, keine Überlebenschance. In Tschechien und Baden-Württemberg brüten K. auch in niedrigen Aufforstungsflächen. Ihr Nest legen K. am Boden als Mulde zwischen höheren Pflanzen an. Im Mai–Jun brütet das ♀ gewöhnlich 4–6 Eier aus.

Wissenswert! K. sind Kurzstreckenzieher, Vögel aus nördlicheren Gebieten überwintern regelmäßig in M.-EU. Sie suchen oft in Gruppen traditionelle Schlafplätze in Streuwiesen, Schilf u. ä. auf. Mehr als Rohr- und Wiesenweihe jagen K. Kleinsäuger, im Winter besonders Mäuse. Im niedrigen Suchflug gaukeln sie übers Jagdrevier. **RL, §**

△ Jungvogel

Wiesenweihe

Circus pygargus · Familie Habichtartige

Schlanker als die Kornweihe, schmalere Flügel, Spannweite um 110 cm; ♂ grau mit weißlicher, grau und rostbraun gestrichelter Unterseite; ♀ braun mit heller, dunkel gestrichelter Unterseite.

♂ (kleines Foto oben) mit oberseits 1, unterseits 2 schwarzen Flügelbinden; bei Jungvögeln die helleren Gefiederpartien intensiv rostfarben getönt. In manchen Gegenden treten auch dunkel- bis schwarzbraun gefärbte Tiere auf.

Vorkommen In EU nur lückenhaft verbreitet, ostwärts bis Zentralsibirien; in M.-EU kaum mehr als 700–1000 Brutpaare; Zugvogel, überwintert hauptsächlich in Afrika.

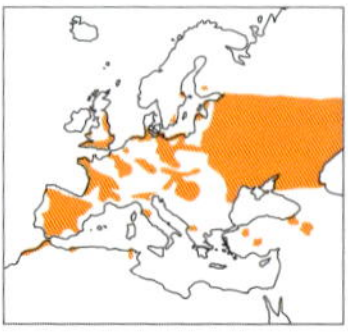

Wissenswert! W. brüten in feuchten Niederungsgebieten und offenen Buschlandschaften ebenso wie auf trockenem Wiesen- und Ackerland. Ihre Beutetiere sind gewöhnlich kleiner als die der übrigen Weihen, Großinsekten und Reptilien stehen oft an der Spitze der Beuteliste.

W. sind geselliger als Kornweihen. Mehrere Paare können auf engem Raum brüten, denn die Vögel verteidigen nur die unmittelbare Umgebung ihres Nests gegen Artgenossen. Im Kulturland ergeben sich Probleme für die Jungenaufzucht wegen der späten Vegetationshöhen auf den Getreidefeldern und der frühen Ernte. **RL, §**

Ähnlich **Steppenweihe** *Circus macrourus*, ♂ weißlich mit schwarzen Flügelspitzen, ♀ (Bild) dem der Wiesenweihe sehr ähnlich.

Kornweihe Charakteristisch für die Art: breite Armflügel.

Wiesenweihe ♀ mit beinahe eulenartigem Kopf; ♂ ähnlich der Kornweihe, aber schlanker.

Mäusebussard

Buteo buteo · Familie Habichtartige

Spannweite bis 135 cm; breitflügelig und relativ kurzschwänzig; in der Färbung sehr variabel, von fast einfarbig dunkelbraun bis zu weißlich.

Vorkommen Der M. ist der am weitesten verbreitete und häufigste mittelgroße Greifvogel unserer Region; in ganz Eurasien vertreten; jagt im offenen Kulturland, benötigt zum Brüten Wälder oder größere Gehölze.

Wissenswert! Die Horste werden hoch in Bäumen angelegt und oft über Jahre hinweg genutzt, wodurch mächtige „Horstburgen“ entstehen. Im Frühjahr kreisen die Paare mit lauten, miauenden Rufen über

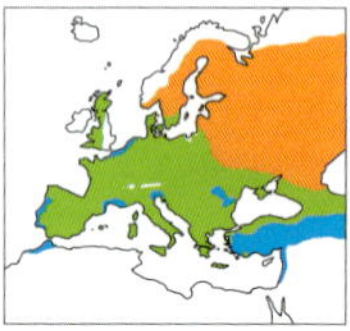

ihrem Revier und vertreiben so Artgenossen. Die Partner halten mehrjährig oder sogar lebenslang zusammen. Gelegegröße und Bruterfolg der M. hängen stark von der Zahl der Feldmäuse, ihrer Hauptbeutetiere, ab. Im Winter halten sich M. wegen des Nahrungsangebots oft in Straßennähe auf.

Ähnlich **Raufußbussard** *Buteo lagopus*, insgesamt etwas heller als der Mäusebussard, mit nahezu weißlichem Kopf; Schwanz an der Basis weißlich mit breiter dunkler Endbinde, Läufe bis zu den Zehen hinab befiedert. Der R. brütet in N-EU und erscheint – in stark schwankenden Zahlen – etwa ab Nov als Wintergast in M.-EU.

Wespenbussard

Pernis apivorus · Familie Habichtartige

In der Färbung überaus variabel; auffällig schlanker Hals und kleiner, kuckucksähnlicher Kopf; im Flugbild Kopf und Hals deutlich vorragend.

Leicht zu verwechseln mit dem gleich großen Mäusebussard, wenngleich nicht näher mit diesem verwandt; Schwanz länger und kräftiger als beim Mäusebussard.

Vorkommen In 6 Unterarten in sommerwarmen, niederschlagsarmen Gebieten von SW-EU bis W-Sibirien; in M.-EU von Vorgebirgen bis in Hochlagen.

Nahrung Das Vorkommen des W. hängt neben dem Vorhandensein geeigneter Brutbiotope insbesondere vom Nahrungsan-

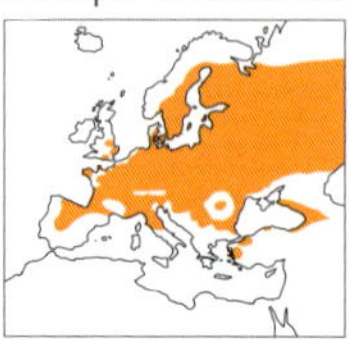

gebot ab. Der Name der Art rührt daher, dass die Vögel die Larven, Puppen und Vollinsekten von sozialen Wespenarten fressen und vor allem für die Jungenaufzucht benötigen. Daneben verzehren W. auch Amphibien, Reptilien und (Jung-)Vögel.

Wissenswert! W. brüten gewöhnlich in lichten Laub- und Mischwäldern auf alten Bäumen. Weil sie auf Insektennahrung angewiesen sind, zählen sie zu den wenigen ausgeprägten Langstreckenziehern unter den europ. Greifvögeln. Ihre Winterquartiere liegen in Äquatorial- und Südafrika. §

Ähnlich **Adlerbussard** *Buteo rufinus* (rechtes kleines Bild), im Flug durch seinen zimtroten Schwanz vom Wespenbussard (linkes kleines Bild) zu unterscheiden.

Mäusebussard In der Färbung ist dieser breitflügelige Bussard sehr variabel.

Wespenbussard Typisch: eine leuchtend gelbe Iris und eine dunkle Wachshaut auf der Nase.

Sperber

Accipiter nisus · Familie Habichtartige

Im Flugbild kurze, gerundete Flügel und langer Schwanz, der 4–5 dunkle Bänder trägt; charakteristisch sind taubenartig kurze Flügelschläge und eine wellenförmige Flugbahn.

Das ♂ mit einer Spannweite bis zu 65 cm kleiner als ein Turmfalke (⇨ S. 146), das ♀ mit einer Spannweite bis 80 cm etwas größer als dieser.

Vorkommen Von W-EU und N-Afrika ostwärts bis zum Pazifik; in EU Schwerpunkte der Verbreitung im N sowie in Russland.

Wissenswert! S. brauchen abwechslungsreiche Landschaften mit gutem Kleinvogelbestand. Etwa 90 % ihrer Nahrung bestehen nämlich aus Vögeln bis Drosselgröße. S. verfolgen ihre Beute aus einer Deckung heraus über kurze Strecken mit hoher Geschwindigkeit.

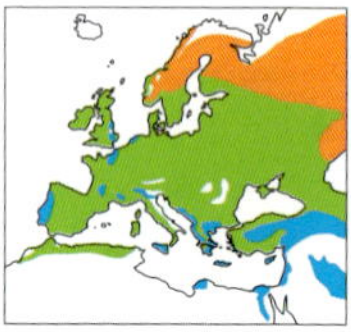

Kurzfangsperber

Accipiter breviceps · Familie Habichtartige

Sehr ähnlich dem Sperber, aber im Flugbild schlanker; Geschlechter gleich groß, Spannweite bis 80 cm; helle Unterflügel stehen im Kontrast zu dunklen Flügelspitzen.

Jungvögel wie bei Habicht und Sperber unterseits nicht quer gebändert, sondern dunkel gefleckt mit kräftigen Tropfenflecken.

Vorkommen Inselartiges Vorkommen von SO-EU und Kleinasien bis Kasachstan. Zugvogel, überwintert in N- und O-Afrika sowie Arabien.

Wissenswert! Die Art brütet in kleinen Baum- oder Waldbeständen, die mit offenem Grasland abwechseln. Die Nahrung besteht v. a. aus Reptilien, Großinsekten und Nestlingen von Kleinvögeln. Insgesamt ist der K. ein stärkerer Bodenjäger als der Sperber. §

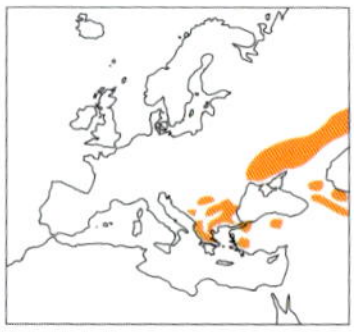

Habicht

Accipiter gentilis · Familie Habichtartige

Mittelgroßer, kräftiger Greifvogel mit relativ kurzen Flügeln und langem Schwanz; überaus wendiger Flieger; Gefieder braun, unterseits grau gebändert.

Der Sperber wirkt wie eine Kleinausgabe des Habichts.

Bemerkenswerter Größenunterschied zwischen den Geschlechtern: ♀ mit einer Flügelspannweite bis zu 125 cm fast mäusebussardgroß, beim ♂ Spannweite höchstens 105 cm; Jungvögel braun gefleckt („Rot-H.").

Vorkommen Gesamte Nordhalbkugel der Erde. In M.-EU sind H. im Wesentlichen Standvögel, nur Tiere aus nordöstlichen Gebieten ziehen im Winter z. T. ins südwestliche M.-EU.

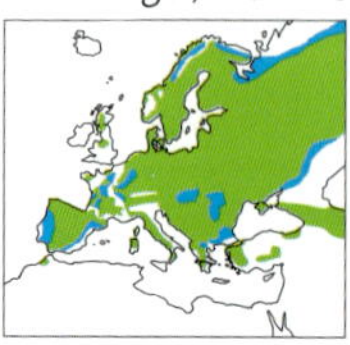

Nahrung Die größeren ♀ schlagen meist auch größere Beute als die ♂ (bis Hühner- und Hasengröße). Überwiegend werden Vögel von Tauben- bis Drosselgröße erbeutet.

Wissenswert! H. benötigen möglichst vielgestaltige, deckungsreiche Landschaften mit langen Randlinien zwischen freien Flächen und Wald. Sie kommen auch in Stadtnähe und bei geeigneten Lebensräumen sogar innerstädtisch vor. Völlig offene Flächen meiden sie jedoch. Ihre Horste liegen bevorzugt in Hochwäldern mit alten Baumbeständen.

Kein anderer Greifvogel wurde und wird bei uns so verfolgt (von Taubenzüchtern, Kleintierhaltern u. einigen Jägern) wie der geschmähte „Hühnerhabicht".

Sperber

Kurzfangsperber

Habicht

Turmfalke

Falco tinnunculus · Familie Falken

Langflügeliger und langschwänziger Falke, Spannweite rund 75 cm; häufig rüttelnd; ♂ oberseits rotbraun, schwarz gepunktet, Kopf grau, Bürzel und Oberschwanz blaugrau.

♂ mit dunkler Schwanzendbinde; beim ♀ Oberseite weniger rötlich, Kopf gestrichelt, Bürzel und Oberschwanz gebändert.

Vorkommen Häufigster und am weitesten verbreiteter Falke: kommt in nahezu ganz EU bis O-Asien und Afrika südlich der Sahara vor, in M.-EU vom Tiefland bis in die Hochalpen. T. brüten im Kulturland mit Ausnahme völlig ausgeräumter Ackersteppen sowie in Dünen- und Steppengebieten.

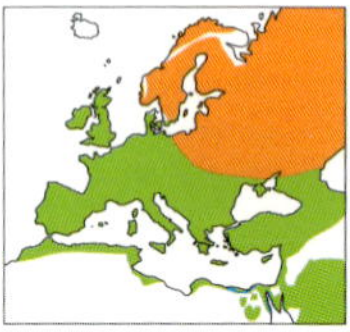

Von geschlossenen Waldgebieten werden nur die Randbereiche genutzt. Nistplätze finden sich in Felswänden mit Nischen und Höhlen, ersatzweise auf Simsen oder in Mauerlöchern höherer Gebäude, sowie auf Bäumen, vor allem in alten Greifvogel-, Elstern-, Rabenkrähen- oder Reihernestern.

Nahrung Typische Jagdgebiete sind freie Flächen mit niedriger oder lückiger Vegetation für die Bodenjagd auf Kleinsäuger. T. können auch Kleinvögel erbeuten, v. a. wenn es sich um ungeschickte Jungvögel handelt. Bei manchen T. in der Stadt macht die Vogelbeute die Hauptnahrungsmenge aus, während sonst Wühlmäuse die Beuteliste anführen, vor Spitz- und Langschwanzmäusen. In warmen Gegenden spielen auch Reptilien und Insekten als Beutetiere eine größere Rolle.

Rötelfalke

Falco naumanni · Familie Falken

Etwas kleiner als der Turmfalke (Flügelspannweite bis 70 cm), schlanker, mit schmaleren, spitzeren Flügeln und etwas kürzerem Schwanz.

Schwanz im Flugbild am Ende dreieckig wirkend; ♂ ohne Wangenstreif; ♀ und Jungvögel dem Turmfalken ähnlich.

Vorkommen Vom Mittelmeerraum über Klein- und Vorderasien bis China; in EU vor allem in Spanien, Italien, Griechenland.

Wissenswert! R. sind viel geselliger als Turmfalken und jagen Insekten, ihre Hauptbeute, oft in Trupps. Sie brüten häufig in Kolonien in Felsspalten, Mauernischen oder Baumhöhlen. Trockenwarme,

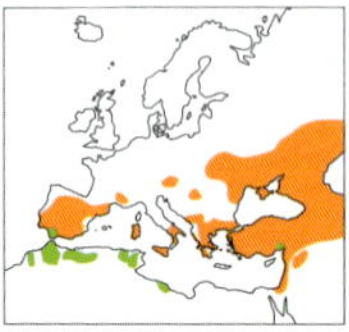

offene Landschaften mit vielen Insekten sind Lebensraum dieser in ihren Beständen überall stark gefährdeten Zugvögel. §

Rotfußfalke

Falco vespertinus · Familie Falken

Spannweite bis 75 cm, kurzschwänziger als der Turmfalke; alte ♂ (großes Foto rechts) dunkel blaugrau, „Hosen" mattrot.

Schnabel und Füße orangerot; ♀ (kleines Foto unten) mit orangeroten Füßen und rötlichem Nacken.

Vorkommen Vor allem in Steppen und Waldsteppen des europ. Russlands bis Zentralsibirien, aber auch regelmäßig in der Slowakei, in O-Österreich und Ungarn.

Wissenswert! Hauptnahrung der R. sind Insekten. Die geselligen Vögel brüten in Kolonien, oft in Elstern- und Saatkrähennestern. R. sind Langstreckenzieher. §

Turmfalke

Rötelfalke

Rotfußfalke

Baumfalke

Falco subbuteo · Familie Falken

Etwa turmfalkengroß; schmale, spitze Sichelflügel, kurzer Schwanz; Oberseite dunkel, Unterseite hell mit dunklen Längsstrichen, am Kopf ein kräftiger, dunkler Bartstreif, Kehle und Backen weiß.

Altvögel mit rostfarbenen Federn an den Unterschenkeln („Hosen") und rostroten Unterschwanzdecken. Jungvögel braun mit tropfenförmig gefleckter Brust.

Vorkommen EU und N-Afrika, ostwärts bis Japan; ausgeprägter Langstreckenzieher, der zum Überwintern bis ins tropische Afrika südlich der Sahara fliegt.

Nahrung Als rasante Luftjäger, die sich gern über Ödland und Feuchtgebieten aufhalten, erbeuten B. hauptsächlich Kleinvögel und große Fluginsekten, z. B. Libellen.

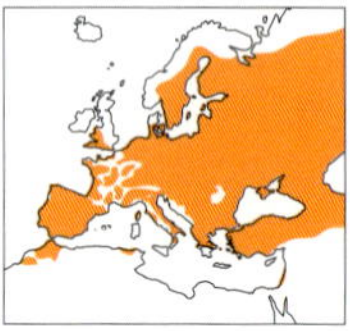

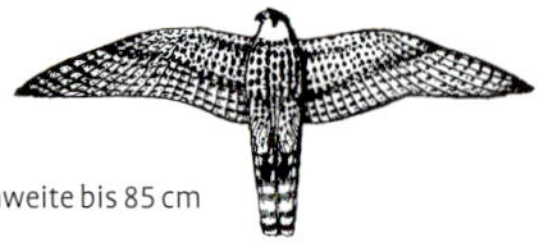

Spannweite bis 85 cm

In Siedlungsnähe jagen sie oft Schwalben und selbst die schnellen Mauersegler. Die Flugkünstler können sogar dem Turmfalken eine erbeutete Maus abjagen. B. jagen oft bis weit in die Dämmerung hinein und greifen sich dann auch Fledermäuse.

Brut B. brüten am Rand alter Nadelwälder, in lichten Wäldern und Feldgehölzen, auch auf einzeln stehenden Bäumen, selbst in Parks und Gärten. Wie alle Falken bauen sie kein eigenes Nest, sondern besetzen verlassene Nester anderer großer Vögel, vorzugsweise solche von Raben- oder Nebelkrähen. Das Brüten sowie das Wärmen und Füttern der zumeist 2 Jungen übernimmt das ♀, das während dieser Zeit vom ♂ mit Beutetieren versorgt wird. **RL**

Eleonorenfalke

Falco eleonorae · Familie Falken

Mittelgroßer Falke mit langen, schmalen Flügeln, langem Schwanz und schlankem Körper; Spannweite bis 104 cm.

Tritt in 2 Färbungsvarianten auf: Die hellere (gr. Foto) ähnelt jungen Baumfalken, die dunklere ist einfarbig schwarzbraun.

Vorkommen Nur auf felsigen Inseln und Küstenvorsprüngen im Mittelmeergebiet.

Wissenswert! Brütet als letzter Brutvogel in EU erst im August! E. sind spezialisierte Vogeljäger, die Brutzeit und Jungenaufzucht an das Auftauchen der Zugvögel angepasst haben. Sie brüten in Kolonien bis zu 300 Paaren. **§**

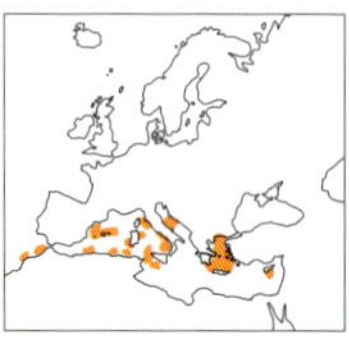

Merlin

Falco columbarius · Familie Falken

Kleinster Falke in EU; ziemlich kurzschwänzig und breitflügelig; Spannweite bis zu 70 cm.

♂ oberseits schiefergrau, Schwanz mit breiter, schwarzer Endbinde, Brust dünn gestrichelt; ♀ etwas größer, dunkelbraun, Schwanz dunkel gebändert, Brust dunkel längsgestreift.

Vorkommen Nördlicher Teil der Nordhalbkugel in Taiga und Waldtundra; als Wintergäste halten sich die Kurzstreckenzieher in M.-EU v.a. in baumarmen Ebenen mit einzelnen Gehölzstrukturen u. Brachland auf.

Wissenswert! M. sind ausgesprochene Singvogeljäger. Sie leben in offenem, baumarmem Gelände. Die 4–5 Eier werden in Felsnischen, großen Vogelnestern oder einer Bodenmulde zwischen Zwergsträuchern abgelegt. **§**

Baumfalke

Eleonorenfalke Typisch: lange Flügel, langer Schwanz.

Merlin Klein, mittellanger Schwanz.

Wanderfalke

Falco peregrinus · Familie Falken

Großer Falke mit gedrungenem Körper und langen, spitzen, im Flug meist angewinkelten Flügeln, Schwanz nur mittellang; ♀ deutlich größer als ♂ (Spannweite ♀ 105 cm, ♂ 90 cm).

Alttiere oberseits dunkel blaugrau, ähnlich dem Baumfalken (⇨ S. 148), unterseits weißlich mit schwarzer Querbänderung, höchstens am Vorderkörper Tropfenflecken; breiter, deutlich von weißer Kehle und Wangen abgesetzter schwarzer Backenstreif; Jungvögel oberseits dunkel graubraun, unterseits längsgefleckt, Wangenstreif nur undeutlich ausgeprägt. Am Brutplatz lassen W. oft klagend klingende Rufe („Lahnen") hören.

Vorkommen In etwa 19 Unterarten nahezu weltweit, besiedeln die verschiedensten Lebensräume. Nur hochalpine Regionen, großflächig ausgeräumte Kulturlandschaften und große, geschlossene Waldgebiete meiden sie. In M.-EU brüten W. bevorzugt in Nischen und Halbhöhlen steiler Felswände in Flusstälern und bewaldeten Gebirgen, in

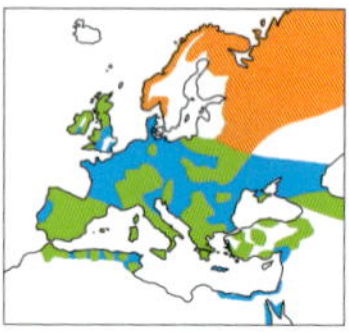

Steinbrüchen, auch an hohen Gebäuden in Siedlungsnähe und selbst in Innenstädten. In der Tundra, gelegentlich auch auf Sandinseln oder Dünen der Nordseeküste brüten W. am Boden.

Angriff

Nahrung W. erbeuten fast ausschließlich Vögel, die sie vorwiegend in offener Landschaft jagen. Beim Herabstürzen auf die Beute können sie kurzzeitig Geschwindigkeiten von über 200 km/h erreichen. Allein in M.-EU umfasst das Beutespektrum über 200 Vogelarten, wobei zur Brutzeit Stare, Drosseln, Krähen und Möwen, in Städten auch Tauben den Hauptanteil ausmachen.

Wissenswert! Nach großen Bestandsverlusten infolge von Pestizidanreicherungen über die Nahrungskette und rücksichtslose Jagd (Taubenzüchter) und Horstplünderungen (Falkner) wurde ab den 1960er-Jahren die Rettung des W. zur Erfolgsgeschichte des Naturschutzes. §

Ähnlich **Gerfalke** *Falco rusticolus*, bis 140 cm Spannweite; dunkle, graue und weiße Farbschläge; in arktischen und subarkt. Regionen. §

Würgfalke

Falco cherrug · Familie Falken

Spannweite bis 135 cm; Oberseite braun mit dunkler Zeichnung, Unterseite der Altvögel stets längsgestreift; heller Kopf.

Vorkommen Steppenbewohner; vom südöstlichen M.-EU bis China.

Wissenswert! W. erbeuten Säugetiere bis zu Hasengröße und Vögel. §

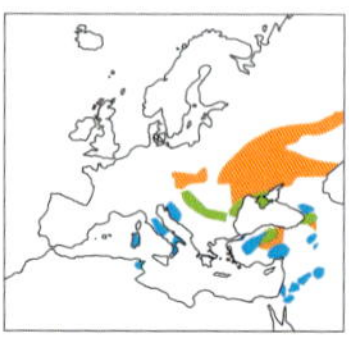

Lannerfalke

Falco biarmicus · Familie Falken

Schlankster Großfalke, Spannweite bis 115 cm; oben und unten quergebändert.

Flügel und Schwanz länger und gleichmäßiger breit als beim Wanderfalken.

Vorkommen Am südlichsten v. allen Großfalken, in EU Restbestände in S-Italien, Kroatien u. Griechenland.

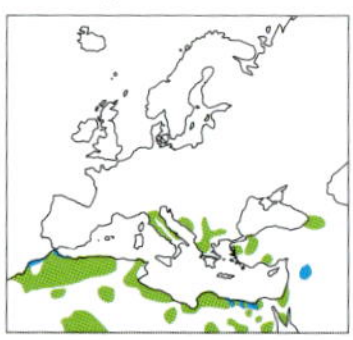

Wissenswert! L. jagen neben Vögeln bis etwa Entengröße auch kleine Säugetiere sowie Reptilien und Großinsekten. §

Wanderfalke Das erwachsene ♂ (Bild oben links) ist auf der Unterseite quer gebändert.

Würgfalke Typisch: die gelbbraune Färbung.

Lannerfalke Oberseite schiefergrau.

Alpenschneehuhn

Lagopus mutus · Familie Raufußhühner

Etwas größer als ein Rebhuhn, Spannweite bis 60 cm; jahreszeitliche Änderung der Gefiederfärbung, nur Flügel, Bauch und Fußgefieder stets weiß.

♂ mit roten „Rosen" über den Augen; im Brutkleid (Foto oben links) ♂ schwarzbraun marmoriert, ♀ eher gelbbraun gebändert; im Winter beide Geschlechter weiß mit schwarzem Schwanz, ♂ mit schwarzem Zügelstreif vom Schnabel durchs Auge; Übergangskleider mehr oder weniger scheckig.

Vorkommen In der arktischen und subarktischen Zone rund um den Pol, außerdem in den Hochlagen der Alpen, Pyrenäen und Zentraljapans.

Nahrung Fast ausschließlich vegetarisch. Vor allem im Winter brauchen A. energiereiche Kohlenhydrate und Eiweiße, die in Knospen und Trieben enthalten sind. Sie suchen dann gezielt schneefreie Grate und Hänge auf.

Brut Herbst- und Frühjahrsbalz mit auffälligen Balzflügen; ♂ verteidigen danach ihre Reviere und bleiben in Nähe des allein brütenden ♀, das sein Nest mit 6–9 Eiern hinter Steinen und in Bodenvertiefungen anlegt.

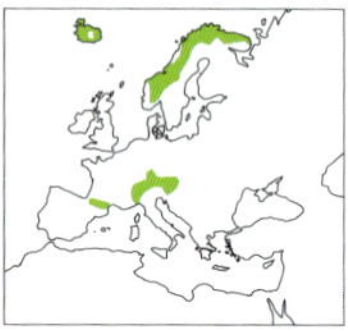

befiederter Fuß

Wissenswert! Die langen, schneereichen Winter in den Lebensräumen des A. machen besondere Anpassungen erforderlich: ein weißes Wintergefieder zur Tarnung, Federn mit luftgefüllten Hohlräumen zur besseren Isolierung gegen Kälte und nicht zuletzt bis zu den Zehenspitzen befiederte Füße als „Schneeschuhe" zum Laufen in lockerem Schnee. **RL, §**

Ähnlich **Schottisches Moorschneehuhn** *Lagopus lagopus scoticus*, eine nur im Norden der Britischen Inseln vorkommende Unterart des Moorschneehuhns; hat im Gegensatz zu diesem keine weißen Flügel, legt außerdem kein weißes Winterkleid an, sondern ist ganzjährig dunkel rostbraun, das ♀ eher beigebraun gefiedert; besiedelt Heiden, Moore und Hochländer, lebt ganzjährig hauptsächlich von Heidekraut.

Moorschneehuhn

Lagopus lagopus · Familie Raufußhühner

Ähnlich dem Alpenschneehuhn, nur etwas größer; Gefieder im Sommer braun, Flügel jedoch meist weiß; Winterkleid schneeweiß.

Winterkleid ohne den schwarzen Zügelstreif des Alpenschneehuhn-♂. Der bellende Ruf des ♂ erinnert an menschliches Lachen.

Vorkommen Arktisches EU und N-Amerika; außerdem an waldfreien Stellen oberhalb der Baumgrenze sowie in offenen Heiden und Mooren auch in Großbritannien, Irland und im südlichen Skandinavien.

Wissenswert! Die monogamen M. werden im ersten Lebensjahr geschlechtsreif. Die Henne brütet allein. Nach dem Schlüpfen werden die zumeist 6–10 Jungen aber von beiden Eltern geführt. Bereits mit 10 Tagen können die rasch heranwachsenden Küken schon etwas fliegen.

Alpenschneehuhn

Moorschneehuhn Das ♂ (Bild) ist im Spätsommer am intensivsten gefärbt. Schnabel gröber als beim Alpen-Sch.

Auerhuhn

Tetrao urogallus · Familie Raufußhühner

Größter Hühnervogel von EU; Hahn mehr als gänsegroß, dunkles Gefieder; Henne nur gut halb so groß wie der Hahn, erinnert an große Birkhenne.

♀

Beim Hahn Flügel braun mit weißem Schulterfleck, schwarzer Kehlbart, Brust metallisch blaugrün glänzend; über dem Auge rote, nackte Hautstelle; Henne unterseits deutlich gebändert.

Vorkommen Von den Wäldern Schottlands über N-EU bis Zentralsibirien; im übrigen EU einzelne Verbreitungsinseln, nur vereinzelt auch in Tieflagen (z. B. in O-Polen oder der Niederlausitz).

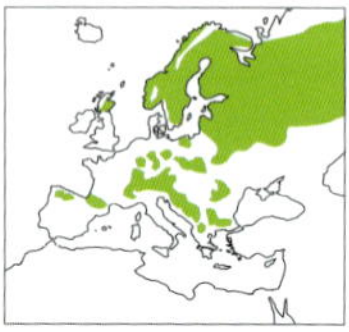

Lebensraum Als ausgesprochene Standvögel bevorzugen A. naturnahe, störungsarme Nadel- und Mischwälder mit vielerlei Strukturelementen: eine geschlossene Krautschicht und Beerensträucher zur Nahrungsaufnahme im Sommer und zur Deckung, ältere Nadelholzbestände als ganzjähriger Lebensraum und für Winternahrung (besonders Kiefernnadeln), Übergangsbereiche zwischen Altholz und Verjüngungen zur Jungenaufzucht und als Balzplätze, viele Ameisenhaufen v.a. als Kükennahrung sowie Möglichkeiten, Magensteinchen und Wasser aufzunehmen.

Balz Beim A. gibt es wie beim Birkhuhn keine Paarbindung. Vom Spätwinter bis zum Frühjahr versammeln sich die Hähne an speziellen Balzplätzen und versuchen durch Haltung (gespreizter Schwanz) und charakteristischen „Gesang“ (Schnabelklappern, Schlucken, wetzende Geräusche) den Hennen zu imponieren. Brutgeschäft und Jungenbetreuung sind dann allein Sache der Hennen. **RL, §**

Birkhuhn

Tetrao tetrix · Familie Raufußhühner

Hahn (Foto) deutlich größer als Henne, schwarz, schillernd, weiße Unterflügel und Unterschwanzdecken, sichelförmige Steuerfedern.

♂ mit nackten, roten Hautstellen über den Augen („Rosen“), die im Frühjahr stark anschwellen; ♀ dunkelbraun gemustert, leicht gegabelter Schwanz.

Vorkommen Nördliche Nadelwaldzone von N-EU bis O-Asien sowie im Bereich der Waldgrenze im Hochgebirge in M.- und O-EU; im Tiefland in wenigen Moorgebieten.

Wissenswert! Benötigt als Lebensraum halboffenes, niedrig bewachsenes Gelände mit reichem Beerenangebot. **RL, §**

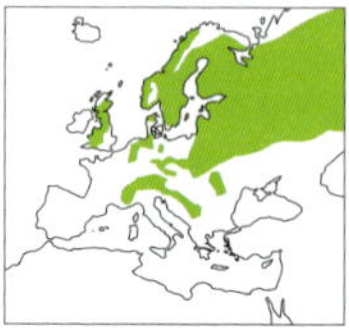

♀

Haselhuhn

Bonasa bonasia · Familie Raufußhühner

Rebhuhnähnlicher Vogel, grau und rostbraun mit komplizierten Zeichnungsmustern, die am Waldboden als gute Tarnung wirken.

♂ mit kurzer, aufrichtbarer Haube und schwarzem, weiß umrandetem Kehlfleck; Schwanz mit schwarz-weißem Endband, im Flug gerundet; beim Abfliegen burrendes Geräusch hörbar.

Vorkommen Von M.-EU und Skandinavien bis Sibirien, Schwerpunkt im nördl. Nadelwaldgürtel; braucht als Standvogel unterholzreiche, stark gegliederte Wälder mit gutem Deckungs- und Nahrungsangebot.

Wissenswert! H. ernähren sich vorwiegend pflanzlich, doch sind Insekten und deren Larven sowohl als Zusatzkost für Altvögel wie zur Jungenaufzucht wichtig. **RL, §**

Auerhuhn Balzender Hahn.

Birkhuhn

Haselhuhn

Rothuhn

Alectoris rufa · Familie Glattfußhühner

Dem Stein- und Chukarhuhn ähnlich; unterscheidbar jedoch durch die lebhafte schwarze Fleckung unterhalb des weißen, von einem schwarzen Band begrenzten Kehlfelds.

Außerdem Nacken braun statt grau; im Vergleich zum Rebhuhn, das es in SW-EU ökologisch vertritt, viel lebhaftere Bänderung der Flanken.

Vorkommen Nach erheblichem Bestandsrückgang, u. a. durch starke Bejagung und Arealverlusten wegen intensiver Landwirtschaft, heute auf SW-EU, Italien und das südliche Großbritannien (dort eingebürgert) beschränkt.

Lebensraum R. bewohnen Brach- und Weideland, Heiden, sandiges oder steiniges Gelände mit niedrigem Pflanzenwuchs, Küstenstrei-

fen und vereinzelt auch Gebirge oberhalb der Baumgrenze. Sie ernähren sich von Sämereien, Blättern und Wurzeln, im Sommerhalbjahr auch von Insekten und anderen Kleintieren.

Brut Paare halten meist über eine Brutzeit hinweg zusammen. Der Nestplatz wird vom ♂ ausgewählt, das auch die Nestmulde ausscharrt und mit wenig Pflanzenmaterial ausstattet. Das Brüten ist Sache des ♀, das ♂ hilft höchstens kurzzeitig dabei. Die geschlüpften Küken (meist 10–16) werden von beiden Eltern betreut.

Wissenswert! R. sind meist in kleinen Gruppen zu sehen. Die wachsamen Tiere laufen bei Störungen rasch davon. Nur im Notfall fliegen sie, niedrig und mit schnellen Flügelschlägen, ab.

Steinhuhn

Alectoris graeca · Familie Glattfußhühner

Gut rebhuhngroß, Körperseiten auffallend schwarz gebändert; Kehle, Wangen und Vorderhals weiß mit breitem, schwarzem Saum.

Schwanz rotbraun, Schnabel und Füße rot. Vom Chukarhuhn am ehesten an der Stimme unterscheidbar: Lockrufe „gack-gack-gack …", Gesang ähnlich einem Sensenwetzen.

Vorkommen Balkanhalbinsel, Alpen und Apennin, isoliert auch in den Gebirgen Siziliens; besiedelt steinige und felsige Steilhänge der subalpinen und alpinen Stufe; bevorzugt trockene, sonnige Standorte in reich strukturiertem Gelände mit

Rasen und (Zwerg-)sträuchern.

Wissenswert! Überwintert als einzige eigentlich mediterrane Vogelart im Alpenraum. §

Chukarhuhn

Alectoris chukar · Familie Glattfußhühner

Etwas größer als ein Rebhuhn; Kehle gelblich weiß, diffuser, heller Überaugenstreif.

Bräunliche Oberseite. Stimme tiefer als die des Steinhuhns, „tschuk-tschuk …", sich zu „tschukarr" steigernd.

Vorkommen SO-Bulgarien, Kreta, Türkei, Asien; in trockenen und halbtrockenen Gebieten mit steinigem Boden und niedriger Vegetation, vom Tiefland bis Hochgebirge.

Wissenswert! Das C. ernährt sich von Pflanzenteilen, Insekten und anderen Kleintieren. Außerhalb der Brutzeit leben C. in kleinen Gruppen, im Winter bilden sie auch manchmal größere Scharen.

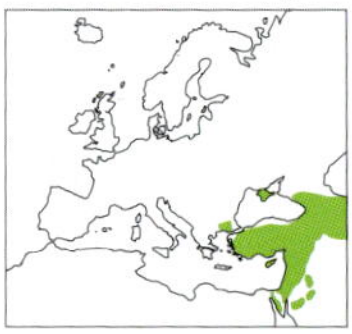

Rothuhn

Steinhuhn

Chukarhuhn

Rebhuhn

Perdix perdix · Familie Glattfußhühner

Höchstens halb so groß wie ein Haushuhn, kompakt, rundlich wirkend; im Unterschied zu anderen Glattfußhühnern gestrichelte, nie zeichnungslose Oberseite.

♂

Orangefarbenes Gesicht, Flanken gebändert; hellgrauer Vorderkörper, dunkelbrauner Bauchfleck (fehlt bei ♀ manchmal); beim ♂ im Frühjahr roter Hautfleck hinter dem Auge; Jungvögel schlicht braun, oberseits gestrichelt und gesprenkelt.

Vorkommen In mehreren Unterarten von W-EU bis Zentralsibirien mit Lücken in S- und N-EU. Ursprünglich Steppen- und Waldsteppenbewohner, in M.-EU Kulturfolger; besiedelt Äcker, Weiden, Heiden in milden Lagen (bis 600 m Höhe).

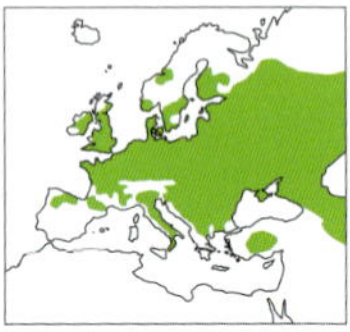

Wissenswert! Als Standvögel sind R. ganzjährig auf ein ausreichendes Nahrungsangebot angewiesen. In kalten, schneereichen Wintern und feuchten Frühjahren/-sommern können sie hohe Verluste erleiden. Ihr Lebensraum im Kulturland muss aus einem Mosaik offener Flächen mit Ackerrainen, Staudenfluren und Hecken sowie abwechselnden Fruchtfolgen bestehen. Sie benötigen auf kleinem Raum Altgrasflächen zum Nisten, Insektennahrung zur Jungenaufzucht, eine Vielzahl an verschiedenen Pflanzen mit ihren Samen, Sandbadestellen sowie Deckungsmöglichkeiten im Winter (z. B. Stoppelbrachen, Hecken). Daher ist die Intensivierung und Technisierung der Landwirtschaft mit ihren großflächigen Monokulturen, fehlenden Fruchtfolgen und immer größeren Bewirtschaftungsgeschwindigkeiten die Hauptursache für die z. T. dramatischen Bestandsverluste des R. in M.-EU. **RL**

Wachtel

Coturnix coturnix · Familie Glattfußhühner

Mit Abstand kleinster Hühnervogel von EU, nur etwa starengroß, kurzschwänzig, rundlich, erdbraun gefärbt.

Sehr versteckt lebend, beste Nachweismöglichkeit: Revierruf des ♂ („pick-wer-wick").

Vorkommen Von N-Afrika bis N-EU, ostwärts bis N-Indien und Baikalsee; überwintert als einziger Zugvogel der Familie überwiegend im Mittelmeerraum.

Wissenswert! W. bevorzugen wärmere Standorte und leben in offenen Feldfluren, vor allem Wintergetreideflächen, Luzerne- und Kleeschlägen. Während der Brutzeit von Mai–Jun sind W. stark auf Insektennahrung angewiesen.

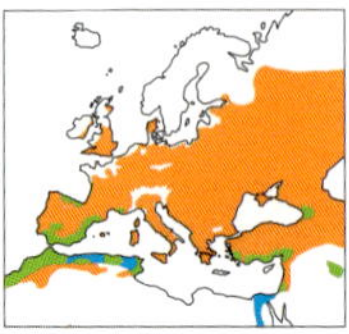

Beide Geschlechter sind sich sehr ähnlich.

Wachtelkönig

Crex crex · Familie Rallen

An schmales Rebhuhn erinnernd, aber nur halb so groß; von allen europ. Rallen am wenigsten an Wasser gebunden.

Am ehesten durch die zweisilbigen, schnarrenden Rufe der ♂ nachzuweisen.

Vorkommen Mittlere Breiten von W-EU bis Sibirien; in M.-EU ungleichmäßig, z. T. inselartig verbreitet, die meisten Brutpaare in Polen. Europäische W. ziehen zum Überwintern nach Afrika.

Wissenswert! Ursprünglich lebten W. in halboffenen Auen und auf natürlichen Bergwiesen. Heute nutzen sie auch offenes, extensiv genutztes Kulturland mit deckungsreicher Vegetation, v.a. winter- und frühjahrsüberschwemmte Flächen. Das ♀ bebrütet in einem Bodennest 6–14 Eier. Die schwarzen Küken sind Nestflüchter. **RL, §**

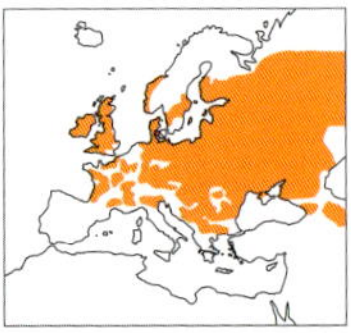

Rebhuhn Der charakteristische dunkelbraune Bauchfleck kann bei ♀ manchmal fehlen.

Wachtel Typisch: Mitte der Kehle schwarz.

Wachtelkönig Typisch: rotbraune Flügel.

Fasan

Phasianus colchicus · Familie Glattfußhühner

Größtes Feldhuhn von EU, etwa hühnergroß, langschwänzig, hochbeiniger als Rebhuhn; ♂ deutlich größer als ♀, überlanger Schwanz, buntes Prachtkleid.

♂ am Kopf mit leuchtend roten Hautlappen; ♀ braun, hell-dunkel gemustert; Jungvögel wie ♀, nur kurzschwänzig.

Vorkommen Ursprünglich in den Trockengebieten Asiens, von Kleinasien bis Japan, in vielen Unterarten und Rassen; schon seit der Römerzeit in W- und M.-EU immer wieder eingebürgert, heute hier einer der häufigsten Großvögel in den Niederungsgebieten. Zur Brutzeit in Kulturlandschaften mit offenen Flächen zur Nahrungssuche und für die Balz sowie Hecken, Feldgehölzen und lichten Wäldern zur Deckung und für die Nachtruhe (schläft auf Bäumen und in Büschen); im Winter in Gebieten mit guter Deckung und Schutz vor Wind und hohen Schneelagen, etwa Schilfgürtel oder Auwälder; dort oft in großen Scharen.

Nahrung Ihre Nahrung suchen F. am Boden: Sämereien, Früchte, grüne Pflanzenteile, Regenwürmer, Schnecken und Insekten, bei den Jungen hauptsächlich Kleintiere.

Wissenswert! Nach Auflösung der winterlichen Trupps im Frühjahr grenzen die ♂ durch lauten, durchdringenden Gesang („göö-gock", „gogock"), gefolgt von lautem Flügelklatschen, ihre Reviere gegeneinander ab. Die dadurch angelockten ♀ werden mit Imponiergehabe und Futterlocken empfangen. Zwischen den ♂ kann es zu heftigen Kämpfen kommen. Das Brutgeschäft und Führen der bis zu 12 Jungen ist allein Sache des ♀.

Großtrappe

Otis tarda · Familie Trappen

Größer als eine Gans; ♂ über 30 % größer und mit bis zu 18 kg doppelt so schwer wie das ♀.

Zählt zu den schwersten flugfähigen Vögeln; Spannweite bis 260 cm; ältere ♂ mit dickem, weißem Hals und Bartfedern, rotbraunem Brustband.

Vorkommen Inselartig von S- und M.-EU über Vorderasien bis Mongolei und Mandschurei; lebt in weiten, baumlosen, trockenen Grassteppen und in „Kultursteppen".

Wissenswert! Balzende ♂ verwandeln sich durch Hochklappen von Schwanz und weißen Flügelfedern sowie Aufblasen von Hals und Brust zu grotesken Federkugeln. **RL**

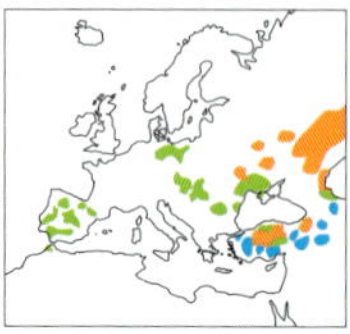

Zwergtrappe

Tetrax tetrax · Familie Trappen

Etwa so groß wie ein Haushuhn; beim ♂ Hals im Brutkleid tiefschwarz mit zwei weißen Streifen.

Vorkommen Teile S-EU (besonders Iberische Halbinsel) und N-Afrikas sowie Grassteppen vom Schwarzen Meer bis O-Kasachstan; in EU stark gefährdet.

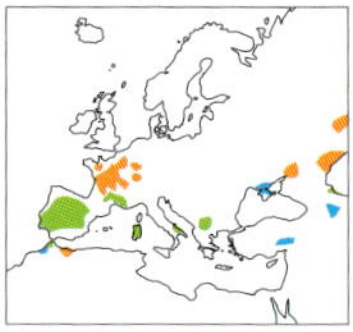

Wissenswert! Balzende ♂ blasen den Hals auf, zeigen die Flügel und machen kurze Luftsprünge. **§**

Ähnlich **Laufhühnchen** *Turnix sylvatica*, wachtelähnlich; die Rufe des balzenden ♀ (!) klingen wie ein Nebelhorn oder das Muhen einer Kuh; in EU nur in S-Spanien beheimatet. **§**

Fasan hier der sogenannte „Torquatus“-Typ mit weißem Halsring.

Großtrappe balzend

Zwergtrappe Auffällig: der breite, schwarze Halsring.

Blesshuhn, Blessralle

Fulica atra · Familie Rallen

Gefieder rußschwarz, Stirnschild und Schnabel weiß; im Flug Flügelhinterrand undeutlich weiß gesäumt; Zehen lang, mit Schwimmlappen; schwimmt mit leicht nickendem Kopf.

36–42 cm groß, rundlich; ältere Jungvögel braunschwarz, Gesicht, Vorderhals und Brust weißlich, ohne auffallendes Stirnschild. Zu den häufigsten Rufen gehören ein lautes, oft wiederholtes „köck" (♀) und ein stimmloses „tp" (♂), bei Erregung zu einem explosiven „pix" gesteigert.

Vorkommen Brutvogel in Eurasien, N-Afrika, Australien und Neuguinea; in M.-EU weit verbreitet und häufig an stehenden und langsam fließenden, meist nährstoffreichen Gewässern mit gut ausgeprägter Ufervegetation; während der Schwingenmauser (im Jul/Aug) auf den Schutz ausgedehnter Schilfzonen angewiesen; Stand- und Strichvogel.

Brut In der Phase der Revierbesetzung kommt es häufig zu heftigen Auseinandersetzungen, die dazu dienen, die Reviergrenzen festzulegen bzw. zu behaupten. Wenn fremde B. ins Revier eindringen, rennt der Revierinhaber flügelschlagend über das Wasser auf den Eindringling zu und versucht ihn zu vertreiben. Nach der endgültigen Revierbesetzung krault das ♂ Kopf und Hals des ♀ – ein Verhalten, das die Paarbindung festigt. Das Nest, ein umfangreicher Bau aus Pflanzenmaterial, wird von ♂ und ♀ gemeinsam gebaut und meist als Schwimmnest in dichter Ufervegetation verankert, seltener völlig frei oder auf fester Unterlage errichtet. Das ♀ legt 5–10 Eier, die von beiden Partnern bebrütet werden. Die Küken verlassen das Nest meist erst nach ein paar Tagen, ein Teil wird vom ♀, der andere vom ♂ geführt und 4–5 Wochen gefüttert.

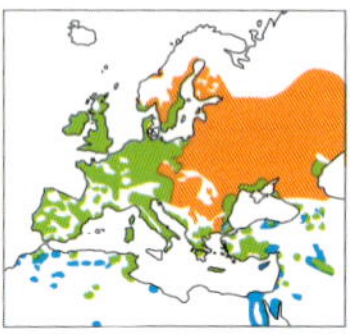

Nahrung B. sind Allesfresser, die auf Veränderungen im Nahrungsangebot äußerst flexibel reagieren können. Im Sommerhalbjahr ernähren sie sich überwiegend pflanzlich, z. B. von Laichkräutern, Armleuchteralgen, Wasserpest, Schilftrieben und -blättern. Im Herbst und Winter spielen Muscheln gebietsweise eine große Rolle in ihrer Nahrungspalette.

Kammblesshuhn

Fulica cristata · Familie Rallen

Dem Blesshuhn sehr ähnlich; zur Brutzeit mit 2 kleinen, undeutlichen, dunkelroten Höckern über dem weißen Stirnschild.

Im Gegensatz zum Blesshuhn bildet die schwarze Befiederung zwischen Stirnblesse und Schnabel einen stumpfen Winkel, der weiße Flügelhinterrand fehlt; ruft anders als das Blesshuhn, häufig 2-silbig, nasal „wäa" oder dumpf „kwou".

Vorkommen In EU nur noch im südwestl. Andalusien an schilfbestandenen Seen und Teichen brütend; in Afrika Brutvogel im N Marokkos und vor allem südlich der Sahara (O- und S-Afrika, Madagaskar); im tropischen Afrika recht häufig; Standvogel. In Spanien trifft man das K. neben dem Blesshuhn im selben Lebensraum an, das K. lebt allerdings viel heimlicher. §

Blesshuhn, Blessralle Rechts oben mit einem wenige Tage alten Küken, rechts unten mit älteren Jungen.

Kammblesshuhn Typisch: 2 rote Höcker über dem weißen Stirnschild, die aber nur zur Brutzeit getragen werden.

Teichhuhn, Teichralle

Gallinula chloropus · Familie Rallen

Mit grünlichen Beinen und langen Zehen; Gefieder schwarz, oberseits olivbraun, weiße Federn an den Flanken; rotes Stirnschild, Schnabel rot mit gelber Spitze.

Mit 30–35 cm deutlich kleiner als das Blesshuhn, schlanker; Unterschwanzdecken außen weiß (kleines Foto unten); ruft aus dem Schilf guttural „kürrk", bei Beunruhigung „kirreck", ferner lang gereiht und durchdringend „ick-ick…", zur Balzzeit auch nachts zu hören; beim Schwimmen mit dem Kopf nickend.

Vorkommen Nahezu weltweit verbreitet; in M.-EU Brutvogel an stehenden und langsam fließenden, nährstoffreichen, auch kleinsten Gewässern mit ausgedehntem Verlandungsgürtel, z. T. auch im Siedlungsraum; vielfach Standvogel, nord- und osteuropäische Populationen ziehen im Winter südwestwärts.

Brut Bei Standvögeln beginnen Balz und Paarbildung häufig bereits im Spätherbst bzw. Winter. Die Partnerwahl trifft das ♀,

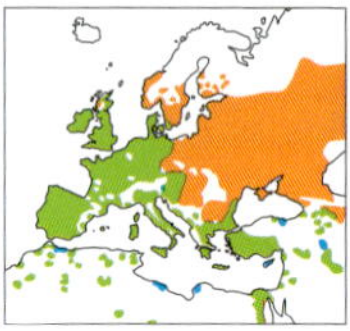

Teichhuhn (links) und Blesshuhn im Jugendkleid

während das ♂ Revier und Nistplatz bestimmt. Das Nest wird direkt am Ufer oder in Ufernähe als Schwimmnest, dicht über dem Wasser oder am Boden, seltener im Gebüsch errichtet.

Ab Apr legt das ♀ 5–11 Eier, die von beiden Brutpartnern 19–22 Tage bebrütet werden. Die Jungen bleiben nach dem Schlüpfen in der Regel noch für ein paar Tage im Nest, wo sie gefüttert und gewärmt werden. Nicht selten verlassen die Altvögel ihr Brutrevier und führen die Jungen in ein Aufzuchtrevier. Hier errichten sie dann ein „Schlafnest", das von den Jungen nachts oder bei kühler Witterung aufgesucht wird. Das ♀ kann mit einer Zweitbrut beginnen, während das ♂ die Jungen alleine führt.

Nahrung Sehr vielseitig: Früchte, Blätter und Sprossteile von Wasser- und Sumpfpflanzen ebenso wie Insekten, Muscheln und andere kleine wirbellose Tiere, manchmal sogar Aas und Abfälle.

Purpurhuhn, Purpurralle

Porphyrio porphyrio · Familie Rallen

Gefieder dunkel purpurblau schimmernd, Unterschwanzdecken weiß; Stirnschild wie der kräftige, hohe Schnabel rot.

Mit 45–50 cm deutlich größer als ein Blesshuhn; Beine lang und kräftig, mit langen,

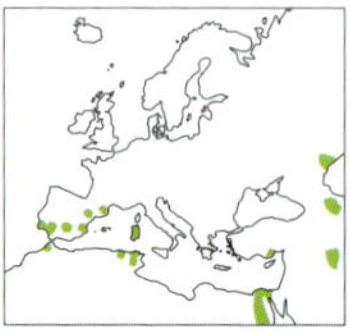

roten Zehen; Gesang eine Folge von nasalen, klagenden „quiu quiu…", daneben vielfältige Rufe, z. T. auch sehr laut und schrill.

Vorkommen Brutvogel der Tropen und Subtropen Eurasiens, Afrikas und Australiens, in EU nur in S-Spanien und Sardinien, neuerdings wieder in SW-Frankreich; brütet im dichten Verlandungsgürtel von Seen, Lagunen und langsam fließenden Gewässern, meidet reine Schilfbestände; Stand- und Strichvogel; in M.-EU sehr seltener Gast, meist wohl Gefangenschaftsflüchtlinge.

Wissenswert! Als einzige Ralle führt das P. Nahrung (Sprosse, Blätter, Wirbellose u. a.) mit dem Fuß zum Schnabel, es „frisst aus der Faust". §

Teichhuhn, Teichralle Unteres linkes Bild: frisch geschlüpfte Junge im Nest.

Purpurhuhn, Purpurralle

Wasserralle

Rallus aquaticus · Familie Rallen

Seitlich zusammengedrückter Körper; Schnabel rot, lang und dünn, leicht abwärts gebogen; Oberseite olivbraun mit schwarzen Längsflecken; Flanken schwarzweiß gebändert.

Wasserralle   Tüpfelsumpfhuhn   Kleines Sumpfhuhn

Mit 27–29 cm kleiner als ein Teichhuhn; Gesicht, Hals und Brust schiefergrau; Unterschwanzdecken weißlich; bei Jungvögeln Kehle weißlich, Schnabel nur wenig rot, undeutliche Flankenbänderung; vielfältige Rufe, meist versteckt aus dem Röhricht, am häufigsten „kruieh“ (wie Ferkelquieken), meist gereiht und oft von mehreren Vögeln gleichzeitig hervorgebracht, das ganze Jahr über zu hören; Gesang des ♂ nachts und in der Dämmerung „tjik tjik tjik...“, Strophe des ♀ ähnlich, aber mit abschließendem, langem Triller; Warnruf explosiv „zick“, gereiht.

Vorkommen Gemäßigte und subtropische Zone von Island über Eurasien bis Japan; in M.-EU in tieferen Lagen verbreitet; brütet in hoher und dichter Ufervegetation, v. a. in Röhricht- und Großseggenbeständen, sofern wenigstens kleine offene Wasserflächen (z. B. Gräben) vorhanden sind; zieht im Herbst (Aug–Okt/Nov) nach SW (Kurzstreckenzieher). Einzelne Vögel überwintern im Brutgebiet und leben dann oft weniger versteckt, z. B. an Fluss- und Seeufern und an Gräben.

Balz Gewöhnlich werden die Brutplätze nicht vor Mär/Apr besetzt. Bei der Partnersuche orientieren sich W. v. a. akustisch, was dadurch erleichtert wird, dass sich der Gesang von ♂ und ♀ unterscheidet. Haben sie einen Partner gefunden, folgt eine etwa 3-wöchige Balzphase, in der die Vögel häufig miteinander kopulieren und Verhaltensweisen zeigen, die der Paarfestigung dienen. Hierzu gehört z. B. das Balztreiben, bei dem das ♂ leise gackernd hinter dem ♀ herläuft. Häufig stochern die Partner auch nebeneinander mit dem Schnabel an derselben Stelle oder sie kraulen sich gegenseitig an Hals und Nacken. Zum Ende der Balzphase zeigt das ♂ dem ♀ mit gesenktem Kopf und gesträubtem Gefieder den Neststandort.

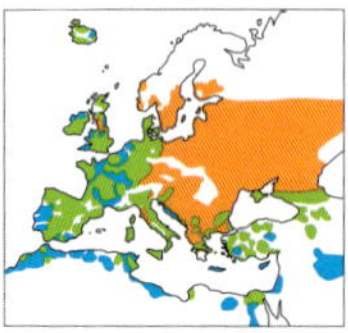

Brut Das Nest aus vorjährigem Pflanzenmaterial liegt gut versteckt zwischen Seggen oder in mehrjährigen Schilfbeständen. Beide Partner bebrüten das Gelege (6–11 Eier) abwechselnd 19–20 Tage lang. Nach dem Schlüpfen bleiben die Jungen noch mehrere Tage zusammen mit einem Altvogel im Nest, während der andere Futter herbeibringt und es den Küken vorhält. Bei Gefahr stoßen die Eltern einen hohen Warnruf aus, worauf sich die Jungen in der Nestumgebung verstecken. Ist die Gefahr vorüber, tragen die Altvögel sie mit dem Schnabel ins Nest zurück. Mit zunehmendem Alter nehmen die Jungen immer häufiger selbstständig Nahrung auf, bereits im Alter von 20–30 Tagen können sie von den Eltern verlassen werden. Dies ist vor allem dann der Fall, wenn die Altvögel ein 2. Mal brüten. Bei Zweitbruten hält die Familienbindung bis in den Herbst an.

Nahrung Die W. sucht ihre Nahrung meist auf Schlickflächen oder in dichten Teppichen aus Schwimmpflanzen. Im Schlamm oder unter fauligem Laub stochert sie nach Schnecken, Würmern, Insekten und Krebstieren. Bisweilen macht sie aber auch Jagd auf kleine Fische, Frösche und (selten) sogar auf Kleinvögel. Vor dem Verschlingen wird das Beutetier häufig an einer nahen Wasserstelle gewaschen. Auch pflanzliche Nahrung (Samen, Früchte u. ä.) verschmäht sie nicht.

Wissenswert! Da W. nachts ziehen, können ihnen Freileitungen zum Verhängnis werden. In strengen Wintern gibt es Verluste bei den überwinternden W.

Wasserralle Typisch: der lange, rote Schnabel und die schiefergraue Färbung von Gesicht, Hals und Brust.

Tüpfelsumpfhuhn, Tüpfelralle

Porzana porzana · Familie Rallen

Ähnlich der Wasserralle, aber mit kürzerem, geradem Schnabel und beigen Unterschwanzdecken (⇨ Zeichnung S. 166).

Mit 22–24 cm knapp amselgroß; Beine grün; weiße Tupfen auf Hals, Brust und Oberseite nur aus der Nähe zu erkennen; sehr versteckt lebend; ♂ singt v. a. nachts und in der Dämmerung „huitt" (wie Peitschenhieb).

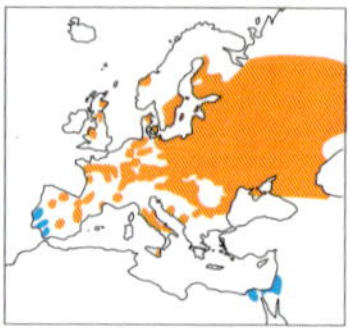

Vorkommen Lokaler Brutvogel in EU und W-Sibirien, ostwärts bis fast zum Baikalsee; brütet im landseitigen Bereich von Verlandungszonen, auf Nasswiesen und an verlandeten Tümpeln, in M.-EU selten geworden; zieht ab Juni südwestwärts ins Mittelmeergebiet und bis S-Afrika.

Wissenswert! Der Gesang des ♂ ist oft der einzige Hinweis für ein Brutvorkommen, nach der Verpaarung wird es meist schweigsam. T. reagieren sehr kurzfristig auf Wasserstandsschwankungen: ausgetrocknete Flächen verlassen sie wieder. **RL, §**

Kleines Sumpfhuhn

Porzana parva · Familie Rallen

Deutlich kleiner und schlanker als das Tüpfelsumpfhuhn (⇨ Zeichnung S. 166); Schnabel gelbgrün, an der Basis rot.

Lange Handflügelspitze und langer, spitzer Schwanz; Beine grünlich; Gefiederfärbung ähnlich der Wasserralle. Der nächtliche Gesang des ♂, eine aus kurzen, nasalen Elementen („kwa") zusammengesetzte Rufreihe, ist weithin hörbar.

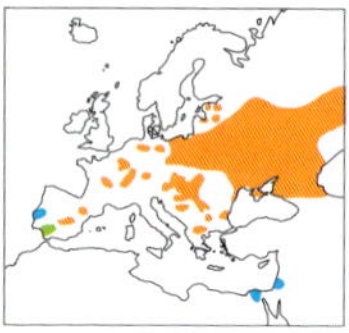

Vorkommen Brutvogel in niederen Lagen, EU bis W-Sibirien mit Schwerpunkt in den Steppengebieten von O-EU, in M.-EU selten; brütet in undurchdringlichen, wasserseitigen Verlandungsgesellschaften; Winterquartiere im Mittelmeerraum, in Afrika und in Indien.

Lebensweise Wenn Schilfröhrichte mit zunehmendem Alter durch die abgestorbenen und umgebrochenen Halme immer mehr verfilzen und neue Halme nur noch schütter wachsen, ist die Zeit des K. S. gekommen. Auf waagrechten und schrägen Halmen läuft es sehr geschickt. **RL, §**

Zwergsumpfhuhn

Porzana pusilla · Familie Rallen

Dem Kleinen Sumpfhuhn sehr ähnlich, aber mit kürzerem Handflügel, ohne Rot am grasgrünen Schnabel, Beine bräunlich.

Oberseits reichlich weiß gesprenkelt, mit deutlicher Flankenbänderung; Der Gesang des ♂ ist ein hölzernes Knarren, das an- und abschwillt (an Knäkerpel oder Grasfrosch erinnernd), und wird in der Dämmerung vorgetragen.

Vorkommen Von SO-EU bis Japan verbreitet, ferner Brutvogel in Afrika, Madagaskar, Australien und Neuseeland; in W- und M.-EU lokal und sehr selten in seicht überschwemmten Seggen- und Süßgraswiesen brütend; überwintert im Mittelmeerraum, z. T. auch südlich der Sahara.

Wissenswert! Das Z. gehört aufgrund seiner versteckten Lebensweise und seiner unauffälligen Rufe zu den am wenigsten bekannten Arten in M.-EU. Im 20. Jh. führten zudem Lebensraumzerstörungen zu großräumigen Bestandsrückgängen. **§**

Tüpfelsumpfhuhn, Tüpfelralle Schnabel kurz und dick, rötlich.

Kleines Sumpfhuhn Schnabel gelbgrün, mit roter Basis.

Zwergsumpfhuhn Schnabel grasgrün, ohne Rot.

Kranich

Grus grus · Familie Kraniche

Beine und Hals lang; Schirmfedern verlängert, buschig aufgerichtet und überhängend; dunkle Schwungfedern im Kontrast zum hellgrauen Körper; im Flug Hals ausgestreckt.

95–120 cm groß, Flügelspannweite 180–220 cm; im Sommer oberseits durch Einreiben mit Schlamm oder eisenhaltigem Moorwasser oft bräunlich; trompetende Rufe; zieht in Keilformation.

Vorkommen Brutvogel der Waldtundra und der Wald- und Waldsteppenzone Eurasiens von N- und M.-EU bis O-Sibirien, isolierte Populationen im Mittelmeergebiet; in D über 5000 Brutpaare, überwiegend in Mecklenburg-Vorpommern und Brandenburg; brütet in M.-EU in feuchten bis nassen Niederungsgebieten sowie Verlandungszonen, vermehrt auch in Feldfluren. Im Okt/Nov ziehen mitteleurop. und skandinavische Vögel und zunehmend auch K. aus NO-EU nach Spanien oder Portugal, z. T. bis NW-Afrika. Neuerdings überwintern immer mehr K. bereits in NO-Frankreich oder sogar im Brutgebiet (D). Verkürzte Zugwege kosten nicht nur weniger Energie, sondern ermöglichen es auch, früh ins Brutgebiet zurückzukehren und die besten Brutplätze zu besetzen. Während im NO von D bereits ab Feb die ersten Reviere besetzt werden, rasten skandinavische Brutvögel im Mär/Apr noch mehrere Tage südlich der Ostsee und erreichen ihre Brutgebiete erst im Apr/Mai.

Balz Am Brutplatz beginnen K. sogleich mit der Balz, bei der das ♂ mit schräg aufwärts gerichtetem Schnabel und eng angelegtem Gefieder im Prahlmarsch hinter dem ♀ herschreitet. Die berühmten K.-Tänze gehören dagegen vermutlich nicht zur eigentlichen Balz, da sie auch außerhalb der Brutzeit, v. a. an den Rast- und Sammelplätzen im

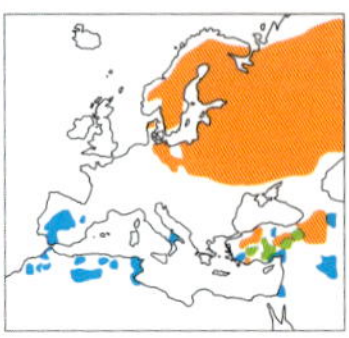

Frühjahr beobachtet werden können. Dabei bilden ♂ und ♀ kleine Gruppen, verbeugen sich, springen hoch, schlagen mit den Flügeln, rennen im Kreis oder im Zickzack. Manchmal picken sie auch einen Zweig, einen Stein o. ä. vom Boden auf und werfen ihn in die Höhe. K. balzen bereits im 2. Lebensjahr, sie brüten aber erst im Alter von 4–6 Jahren das erste Mal. Mit dem einmal ausgewählten Partner bleiben sie lebenslang zusammen.

Brut Das Nest, ein umfangreicher Bau aus Pflanzenmaterial, wird stets am Boden errichtet, nicht selten in sehr kleinen Feuchtgebieten (1–5 ha). Das Nahrungsrevier des K. ist allerdings sehr ausgedehnt, in landwirtschaftlich intensiv genutzten Flächen umfasst es bis zu 120 ha. Das ♀ legt 2 Eier, die von beiden Partnern ca. 30 Tage bebrütet werden. Bei der Jungenaufzucht kümmert sich jeweils ein Altvogel um eines der beiden Küken, die zwar Nestflüchter sind, denen das Futter (Insekten, Würmer, Schnecken) aber anfangs noch vorgehalten wird. Schon während der Zeit der Jungenaufzucht kann bei den Altvögeln die Schwingenmauser einsetzen, während der sie 5–6 Wochen flugunfähig werden. Diese Vollmauser findet aber nur alle 2–4 Jahre statt.

Wissenswert! Von Aug bis Nov sammeln sich K. zu Tausenden an traditionellen Rastplätzen, die sich durch ergiebige Nahrungsflächen und geeignete Schlafplätze auszeichnen. Im NO von D nächtigen skandinav. K. in den flachen Boddengewässern der Halbinsel Zingst, der Inselgruppe des Bock sowie im Bereich Hiddensee und W-Rügen, während sich die mitteleuropäischen Brutvögel im Binnenland versammeln. Im Herbst 1996 rasteten insgesamt rund 85 000 K. in D. §

Kranich Hält im Flug Hals und Beine ausgestreckt.

Austernfischer

Haematopus ostralegus · Familie Austernfischer

Durch schwarz-weißes Gefieder und roten, langen, geraden Schnabel unverwechselbar; Beine rosafarben; im Flug breites, weißes Fügelband und weißer Hinterrücken.

40–45 cm groß; im Schlichtkleid und im 1. Sommer mit weißem Kehlband; sehr stimmfreudig und laut, häufigster Ruf „kwie-wiep", „kliip" o. ä., bei Erregung immer schneller gereiht und in einem langen Triller endend.

Vorkommen Küstenvogel von NW- und M.-EU, seltener am Mittelmeer; ferner von Vorderasien und O-EU bis Mittelsibirien verbreitet; brütet in M.-EU vor allem auf Salzwiesen und in Dünen an der Küste, zunehmend auch auf Wiesen und Weiden in den Niederungen des Binnenlands, sogar auf Gebäuden, z. B. Flachdächern; zu den Zugzeiten und im Winter große Trupps an der Küste. Während das Wattenmeer bei Ebbe als Nahrungsraum dient, werden bei Flut sichere Hochwasserfluchtplätze (z. B. Sandstrände, Inseln) aufgesucht. Die mitteleurop. Brutvögel überwintern an den Küsten von M.- bis SW-EU.

Brut A. brüten im Alter von 3–5 Jahren das erste Mal, ein nicht geringer Teil der Altvögel schreitet aber nicht alljährlich zur Brut, sondern lebt das ganze Jahr über im Schwarm. Selbst Brutvögel geben die Bindung an die Gruppe nie ganz auf und schließen sich zeitweilig den Nichtbrütertrupps an. An den Sammelplätzen findet im Jan/Feb auch die Paarbildung statt. Über Tage und Wochen wirbt das ♂ mit langgezogenen, einsilbigen Rufen, bis sich ein ♀ einfindet. Gemeinsames Trillern und Kopulieren festigt die Paarbindung, die in der Regel lebenslang anhält. Paare verlassen die Trupps meist ab Feb/Mär und besetzen ihre

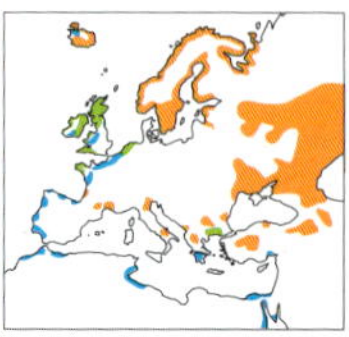

Reviere. Zur Abgrenzung bzw. Verteidigung ihrer Territorien führen A. (♂ und ♀) regelrechte „Trillerturniere" durch. Einem fremden Vogel läuft der Revierinhaber sofort entgegen. Mit vorgestrecktem Hals, nach unten weisendem Schnabel und gesträubten Nackenfedern beginnt er zu trillern, droht dazwischen seitwärts und dreht sich um die eigene Achse. Weicht der Fremde nicht, laufen die Rivalen trillernd nebeneinander her, treten auf der Stelle, laufen wieder los usw. Oft beteiligen sich an solchen Drohzeremonien auch die benachbarten Paare. Dank dieses ritualisierten Verhaltens gelingt es meist, den Eindringling zu vertreiben, ohne dass es zu echten Kämpfen kommt.

Das Nest, eine einfache, flache Mulde, wird spärlich mit Muschelschalen o. ä. ausgelegt und über viele Jahre benutzt. Im (Apr) Mai legt das ♀ meist 3 Eier, die von beiden Partnern abwechselnd 25–27 Tage bebrütet werden. Die Jungen sind zwar Nestflüchter, müssen aber im Gegensatz zu anderen Limikolen die Technik der Nahrungsaufnahme von ihren Eltern lernen. Erst im Alter von 5 Wochen nehmen sie zunehmend selbst Nahrung auf.

Nahrung Abhängig von der bevorzugten Nahrung des einzelnen A. hat der Schnabel etwas unterschiedliche Form. Im Wattboden oder Grünland nach Würmern stochernde Vögel besitzen spitze Pfriemschnäbel. Vögel mit stumpfem Hammerschnabel zertrümmern bevorzugt Muscheln, solche mit meißelartig abgeflachtem Schnabel öffnen Muscheln, indem sie den Schließmuskel zwischen beiden Schalenhälften durchtrennen.

gemeinsames Trillern

Austernfischer Typisch: das Gefieder schwarz-weiß, Schnabel und Beine rot.

Stelzenläufer

Himantopus himantopus · Familie Stelzenläufer

Wirkt grazil durch den nadelfeinen Schnabel und die extrem langen Beine; Gefieder überwiegend weiß, Flügel und Mantel schwarz, beim ♂ mit grünlichem Glanz; Beine rot, im Flug den Schwanz weit überragend.

Etwa taubengroß; im Prachtkleid ♂ und ♀ mit reinweißem Kopf oder auf Scheitel und Nacken in unterschiedlichem Maß schwarz; Jungvögel oberseits matter; ruft während der Brutzeit laut und schrill „quät…".

Vorkommen Brutvogel in EU, weiten Teilen Afrikas, Zentral- und S-Asiens; ferner in Australien, Neuseeland und gebietsweise in Amerika; in EU in küstennahen Niederungen und an Steppenseen, in M.-EU nur in Ungarn regelmäßig brütend; gebunden an Verlandungszonen von Süßgewässern oder salzhaltigen Seen in offener, warmer Landschaft; überwintert v. a. in Afrika. Im Lauf des 20. Jh. hat der S. sein Brutgebiet weit nach N ausgedehnt. Bei anhaltender Trockenheit im Mittelmeerraum kommt es zu Vorstößen nach M.-EU und immer wieder auch zur Ansiedlung von Brutpaaren.

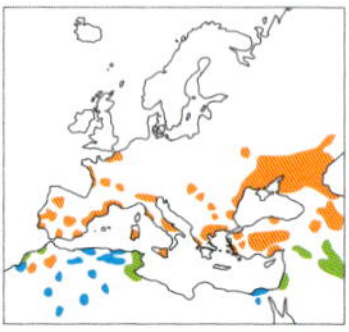

variable Kopffärbung

Brut Hinsichtlich ihres Brutplatzes sind S. nicht allzu wählerisch. Bruten in Reisfeldern, Klärteichen oder Salinen sind keine Seltenheit. Ihr Nest, oft nur eine einfache Mulde, errichten S. in seichtem Wasser oder auf einer kleinen Insel, meist in lockeren Kolonien.

Nahrung S. picken ihre Nahrung – Insekten, kleine Krebse, Kaulquappen und Fischchen – aus dem flachen Wasser auf. Nicht selten gehen sie dabei bis zum Bauch ins Wasser. §

Säbelschnäbler

Recurvirostra avosetta · Familie Stelzenläufer

Unverkennbar durch den dünnen, aufwärts gebogenen Schnabel, das schwarz-weiße Gefieder und die langen, graublauen Beine, die im Flug den Schwanz weit überragen.

42–46 cm groß; bei Jungvögeln dunkle Gefiederpartien bräunlich; Ruf laut und flötend „kliep" oder „klu-it".

Vorkommen In zahlreichen Verbreitungsinseln an den Küsten von N-, M.-, W- und S-EU brütend; ferner in Steppen und Halbwüsten vom südöstlichen M.-EU bis Zentralasien sowie lokal in O- und S-Afrika; an seichten, vegetationsarmen und salzhaltigen Gewässern in offener Landschaft, z. B. an binnenländischen Steppenseen; bevorzugt trockenwarme Gebiete; europ. Brutvögel überwintern an den Küsten des Atlantiks und Mittelmeers sowie in Afrika.

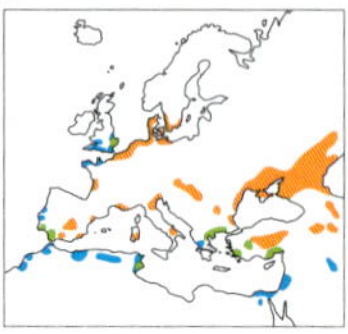

Brut Im Mär/Apr kehren S., bereits verpaart, ins Brutgebiet zurück. Sie brüten in dichten Kolonien meist nah am Wasser und ziemlich offen auf Schlick, Sand oder in niedrigem Gras. Die einfache Nestmulde enthält in der Regel 4 Eier, die von ♂ und ♀ 23–25 Tage bebrütet werden.

Nahrung Mit gleichmäßig mähenden Bewegungen führen S. den leicht geöffneten Schnabel durch das weiche Substrat von Schlammböden und ergreifen dabei Zuckmückenlarven, Würmer und andere Wirbellose. Im flachen Wasser erhaschen sie Kleinkrebse oder kleine Fische. Im Gegensatz zu allen anderen Limikolen kann der S. sehr gut schwimmen und ist daher in der Lage, auch in tieferem Wasser nach Nahrung zu suchen. §

Stelzenläufer Die unproportional langen, roten Beine sind auch im Flug ein sicheres Kennzeichen.

Säbelschnäbler Kennzeichnend: der dünne, aufwärts gebogene Schnabel und die langen, blaugrauen Beine.

Triel

Burhinus oedicnemus · Familie Triele

Gut taubengroß und langbeinig, im Aussehen an einen übergroßen Regenpfeifer erinnernd.

Sandfarbenes Gefieder mit schwarzen und weißen Flügelmarken; gelbe Augen, kräftiger gelber Schnabel mit schwarzer Spitze.
Vorkommen Von W- und S-EU bis Zentralasien. In EU Schwerpunkte in Russland, Frankreich, Iberien. Brütet in Steppen und Halbwüsten, auf Ödland, Schotterflächen großer Flüsse und trockenem Kulturland.
Wissenswert! Die dämmerungs- und nachtaktiven Tiere nehmen vor allem Kleintiere vom Boden auf. Bei Gefahr drücken sie sich meist reglos zu Boden oder sie laufen geduckt weg. Außer in Ungarn sind T. in M.-EU infolge der Kultivierung ihrer Lebensräume fast ganz verschwunden. **§**

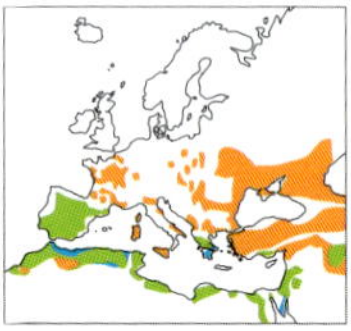

Rotflügel-Brachschwalbe

Glareola pratincola · F. Brachschwalbenartige

Etwa amselgroß, in der Luft durch lange, spitze Flügel und gegabelten Schwanz an eine Schwalbe erinnernd.

Weißer Bürzel und weißer Bauch in Kontrast zum sonst dunklen Gefieder.
Vorkommen Mittelmeergebiet, SO-EU, Vorderasien bis W-Sibirien; bewohnt als Steppenvogel offene Flächen mit kurzer oder karger Vegetation.
Wissenswert! Nördl. R. sind Langstreckenzieher. Während des Heimzugs bilden sich die Paare, die dann in Kolonien in Bodennestern brüten. Eindringlinge werden gemeinsam heftig attackiert. Ihre Insektennahrung fangen R. im Flug. **§**

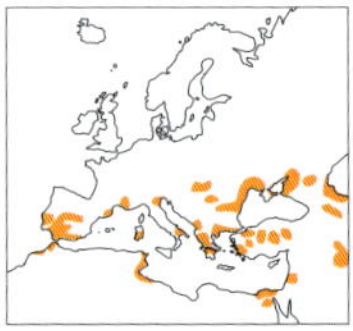

Glareola nordmanni

Ähnlich: **Schwarzflügel-Brachschwalbe**

Goldregenpfeifer

Pluvialis apricaria · Familie Regenpfeifer

Gut amselgroß; im Brutkleid oberseits braunschwarz mit goldgelben Federspitzen, Gesicht und Unterseite schwarz, weiß umrahmt.

Ganzjährig oberseits goldgelb gesprenkelt, weiße Achselfedern.
Vorkommen Nördl. Eurasien bis Zentralsibirien; brütet in arktische Tundren oder nassen Heide-, Gras- und Hochmooren; in M.-EU nur 10–30 Brutpaare in Niedersachsen.
Wissenswert! Auf dem Durchzug im Binnenland rasten die Kurzstreckenzieher in dichten Trupps, oft zusammen mit Kiebitzen, auf Wiesen und Äckern. G. ernähren sich v. a. von Bodentieren. **RL, §**

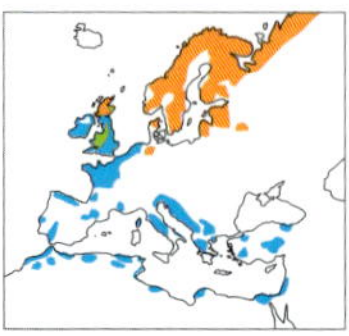

Ruhekleid unauffällig bräunlich

Mornellregenpfeifer

Charadrius morinellus · Familie Regenpfeifer

Kleiner als der Goldregenpfeifer, gedrungener Körperbau; ♀ im Brutkleid kräftiger gefärbt als ♂.

Oberseits grau, rostrote Brust, weißes Brustband; leuchtend weißer Überaugenstreif.
Vorkommen Schottland, Hochplateaus und Tundren Skandinaviens, isolierte Populationen in einigen anderen Regionen von EU. In M.-EU nur wenige Paare.
Wissenswert! M. brüten auf vegetationsarmen Ebenen und Plateaus und suchen als Langstreckenzieher auf der Rast in M.-EU kurzrasige Viehweiden und Äcker auf. Wie andere nordische Watvögel zeigen M. eine ungewöhnliche Rollenverteilung: Die prächtigeren ♀ werben aktiv bei der Balz, die ♂ kümmern sich später hauptsächlich um das Gelege und die Jungen. **§**

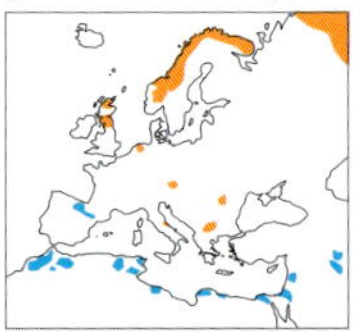

Triel

Rotflügel-Brachschwalbe

Goldregenpfeifer

Mornellregenpfeifer

Flussregenpfeifer

Charadrius dubius · Familie Regenpfeifer

Oberseite braun, Unterseite weiß, schwarzes Kehlband; zwischen braunem Scheitel und schwarzem Stirnband ein deutlicher weißer Saum; gelber Lidring; Beine schlammfarben.

Mit 14–16 cm etwa so groß wie ein Haussperling, kleiner und schlanker als der ähnliche Sandregenpfeifer (⇨ S. 180); im Flug ohne deutliche Flügelbinde; Jungvögel mit brauner Kopfzeichnung und hell rahmfarbener Stirn; läuft mit schnellen Schritten, stoppt dann jäh ab; häufigster Ruf ein charakteristisches, laut flötendes „Ti-u".

Vorkommen Brutvogel ganz Eurasiens sowie N-Afrikas; sowohl im Brut- als auch im Winterquartier an Süß- oder Brackwasser gebunden, fehlt an der Küste; brütet auf offenen, vegetationsarmen Flächen, sog. Pionierstandorten, ursprünglich auf Kiesbänken, Sandufern und Schotterinseln von Flüssen; in M.-EU nach dem Ausbau und der Begradigung nahezu aller Fließgewässer heute fast ausschließlich in künstlichen Ersatzbiotopen wie Kies- und Sandgruben, Steinbrüchen, Großbaustellen, Stauseen, Klärbecken, Ödflächen, Flachdächern u. ä.; überwintert in den Trockensteppen Afrikas.

Brut Gleich nach der Ankunft am Brutplatz (Ende Mär/Apr) beginnen F. mit der Balz. Das ♂ umkreist in fledermausartigem Singflug, rau „griägriägriä..." rufend, sein Revier. Im kiesigen Untergrund, dreht es mehrere Nestmulden, von denen das ♀ eine auswählt. Im Apr/Mai legt es 4 kreiselförmige Eier, die durch ihre Färbung – sandgrau mit vielen schwarzbraunen Flecken und Stricheln – zwischen den Kieseln hervorragend getarnt sind. ♂ und ♀ brüten abwechselnd 22–28 Tage. Die Brutablösung erfolgt nach einem festen Ritual: Der brütende Vogel erhebt sich von den Eiern, fächert den Schwanz und spreizt die Flügel ab, unter denen der Partner dann aufs Nest schlüpft. Die Küken nehmen vom 1. Tag an selbstständig Nahrung auf und werden von den Eltern lediglich geführt, bewacht und bei Regen, Kälte oder großer Hitze gehudert. Nähert sich ein potenzieller Räuber, versuchen die Altvögel, ihn abzulenken, indem sie eine Verletzung am Flügel vortäuschen. Immer auf genügend Sicherheitsabstand bedacht, locken sie ihn damit von den Jungen fort und fliegen dann plötzlich auf. Mit 3–4 Wochen sind die jungen F. flugfähig und verlassen schon bald ihren Geburtsort. Wurde das Gelege überschwemmt, von unachtsamen Spaziergängern zertreten oder von Beutegreifern geplündert, zeitigen F. ein Nachgelege. Bei einer starken Störung während der Brutzeit, z. B. durch intensiven Freizeitbetrieb, brechen sie die Brut ab und können das Brutgebiet bereits im Mai/Juni verlassen. Nach erfolgreicher Erstbrut brüten F. manchmal ein 2. Mal. Die Küken der 1. Brut werden in solchen Fällen vom ♂ allein geführt, während das ♀ das 2. Gelege bebrütet (Schachtelbrut). Die Jungen der Zweitbrut werden erst im August flügge.

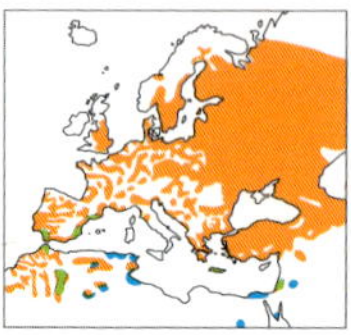

Nahrung Spinnen, Flohkrebse, Käfer, Zuckmückenlarven und Würmer, die er erspäht hat, pickt der F. vom Boden auf, sich schnell fortbewegenden Beutetieren rennt er auch hinterher. Um unter Steinen versteckte Organismen aufzustöbern, klopft er mit einem Fuß auf den Boden, bis sie sich bewegen und er sie ergreifen kann.

Wissenswert! Der F. ist heute sehr stark von sogenannten Sekundärlebensräumen abhängig, die entweder einer starken (Freizeit-)Nutzung unterliegen oder nur vorübergehender Natur sind (z. B. durch Verbuschung oder durch Bebauung von Ödflächen verloren gehen). Allein durch den Erhalt naturnaher, dynamischer Flusssysteme kann sein Bestand langfristig gesichert werden.

Flussregenpfeifer Unteres linkes Bild: am Gelege; ganz unten rechts: Dunenjunges.

Sandregenpfeifer

Charadrius hiaticula · Familie Regenpfeifer

Größer und kräftiger als der Flussregenpfeifer (⇨ S. 178), kompakter und kurzbeiniger wirkend; Schnabel dicker, orange mit schwarzer Spitze; Beine orange.

Ohne gelben Lidring und ohne durchgehenden weißen Saum zwischen Scheitel und Stirnband (⇨ Zeichnung S. 178); im Flug weißer Flügelstreif auffallend; Jungvögel an deutlichem weißem Überaugenstreif und fehlendem Lidring von jungen Flussregenpfeifern zu unterscheiden; ruft weich flötend und nach oben gezogen „tü-ip".

Vorkommen Von Grönland und Island über das gesamte nördliche Eurasien bis zur W-Küste des arktischen N-Amerikas; in M.-EU Brutvogel offener Flächen des küstennahen Tieflands, z. B. auf Sand- und Kiesböden sowie kurzrasigen Wiesen und Weiden, im Binnenland auch an See- und Flussufern ohne Bewuchs; Wegzug im Sep/Okt; Hauptwinterquartier der mitteleuropäischen Brutvögel Atlantikküste von Frankreich bis N-Afrika.

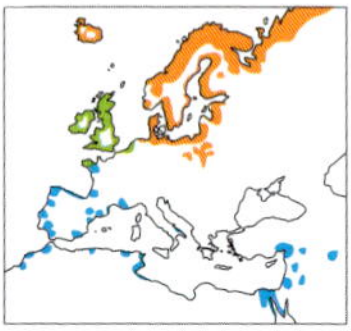

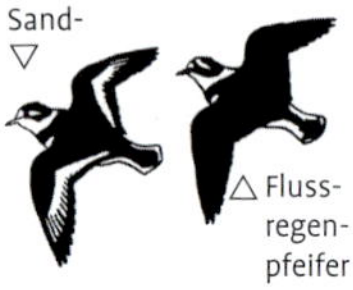

Brut Sofort nach Ankunft am Brutplatz beginnt das ♂ mit der Abgrenzung seines Reviers. Im Singflug kreist es über offenem Gelände und wirft sich dabei von einer Seite auf die andere, während gleichzeitig sein kehlig-heiserer Gesang aus gereihten Elementen wie „duije-duije-duije" ertönt. Mit scharrenden Beinbewegungen dreht das ♂ im Kies oder Sand mehrere Nistmulden, von denen das ♀ eine auswählt. Beide Partner brüten und führen dann die Jungen. Schon vom 1. Tag an nehmen die Küken selbstständig Nahrung auf. **RL**

Seeregenpfeifer

Charadrius alexandrinus · Familie Regenpfeifer

Größe wie Flussregenpfeifer (⇨ S. 178), Gefieder hell, ohne durchgehendes dunkles Brustband, nur mit kleinen Brustseitenflecken, Beine schwärzlich.

♂ im Prachtkleid mit schwarzen Brustflecken und schwarzer Kopfzeichnung, Scheitel und Nacken rostbraun; beim ♀ Kopf ohne Schwarz, Scheitel und Brustflecken hellbraun; im Schlicht- und Jugendkleid mit undeutlichen Brustflecken; rollende und pfeifende Rufe, kurz „tit", auch „djuitt" usw.

Vorkommen Brutvogel der Küsten und Steppengebiete Eurasiens, erreicht in S-Schweden seinen nördlichsten Vorposten; ferner in N-Afrika sowie gebietsweise in S-Asien, N- und Mittelamerika; brütet in M.-EU fast ausschließlich an der Nordsee, bevorzugt an Sandstränden und Spülsäumen; auch im Binnenland an Salzwasser gebunden. Mit dem Aufkommen höherer und dichterer Vegetation (z. B. aufgrund von Nährstoffeintrag oder Aufgabe der herkömmlichen Nutzung) sowie bei Aussüßung werden die Brutplätze aufgegeben. Die Winterquartiere mitteleuropäischer Brutvögel reichen vom Mittelmeerraum bis W-Afrika.

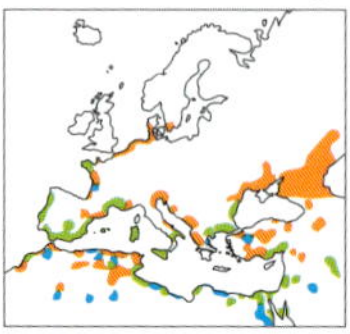

Brut Im Mär/Apr kehren S. in die Brutgebiete zurück, wobei sie eine hohe Bindung an ihren vorjährigen Nistplatz zeigen. Hier treffen sie häufig ihren alten Partner wieder. Das Nest, eine einfache, vom ♂ gedrehte Mulde, enthält zumeist 3 Eier, die von ♂ und ♀ bebrütet werden. Die Küken werden von beiden Altvögeln geführt und sehr lange gehudert. Nach der Brutzeit versammeln sich S. an Mauserplätzen im Watt der Nordseeküste. **RL, §**

Sandregenpfeifer

Seeregenpfeifer

Kiebitzregenpfeifer

Pluvialis squatarola · Familie Regenpfeifer

Knapp kiebitzgroß; kräftiger, schwarzer Schnabel und schwarzgraue Beine; im Prachtkleid schwarz-weiß gemusterte Oberseite, Unterseite schwarz; Gesicht breit weiß umrahmt.

Schlichtkleid Kiebitzregenpfeifer

Im Schlichtkleid oberseits braungrau, unterseits weiß; in allen Kleidern im Flug schwarze Achselfedern, breiter weißer Flügelstreif und weißer Bürzel kennzeichnend und dadurch vom Goldregenpfeifer (⇨ S. 176) zu unterscheiden; ruft flötend, deutlich dreisilbig „tlü-i-eh".

Vorkommen Brutvogel der arktischen Tundra von der O-Küste des Weißen Meeres bis NO-Sibirien und N-Amerika; in M.-EU an Nord- und Ostseeküste im Watt und auf Sandflächen häufig als Durchzügler im Herbst (Aug–Okt) und Frühjahr (Apr/Mai), einzelne übersommern; im Binnenland selten; überwintert u. a. an den Küsten von NW-EU bis S-Afrika und im Mittelmeergebiet, an der Nordsee nur wenige.

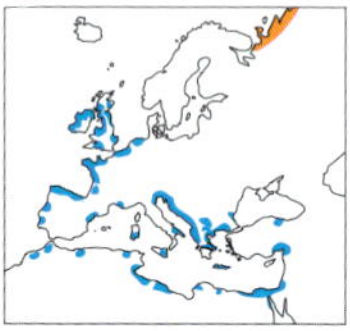

Wissenswert! An leicht erhöhten Stellen legt der K. seine Nistmulde an und polstert sie mit Flechten und Blättern aus. Beide Altvögel brüten und führen die Jungen. Bereits im Brutgebiet beginnt die Mauser ins Schlichtkleid, die sich in den Rast- und Überwinterungsgebieten fortsetzt. Im Wattenmeer rastende K. zeigen daher meist keine vollständig schwarze Unterseite mehr. Bei Ebbe verteilen sie sich weit im Watt und erbeuten hier Wattwürmer, kleine Krebse, Schnecken und Muscheln.

Spornkiebitz

Hoplopterus spinosus · Familie Regenpfeifer

Schlank und hochbeinig; Oberseite sandfarben, ausgedehnt weiße Wangen und Halsseiten bei sonst schwarzem Kopf und Vorderhals; Bauch, Schwanz und Beine schwarz.

Mit 25–28 cm etwas kleiner als Kiebitz (⇨ S. 200); Flügelunterseite kontrastreich: Handschwingen und Spitzen der Armschwingen schwarz, übriger Flügel weiß; namengebender kleiner Sporn am Flügelbug (= von einer Hornscheide umschlossener Außenfinger) selten sichtbar; läuft meist mit eingezogenem Hals.

Vorkommen Brutvogel der trockenen Steppen- und Savannenzone in Afrika, vom Niltal nordwärts bis Israel, Vorderasien und NO-Griechenland; brütet in offenen Landschaften, in Sümpfen, an Seeufern, Flussmündungen und Brackwasserlagunen, auch in bewässertem Kulturland; in Afrika Stand- und Strichvogel, griechische Brutvögel ziehen im Aug/Sep ins Nildelta bzw. obere Niltal; in M.-EU lediglich ein Irrgast.

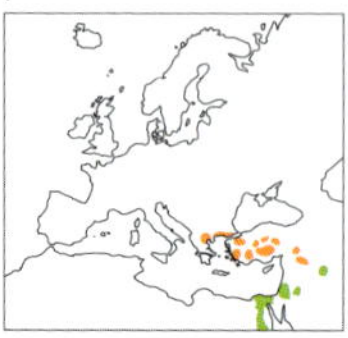

Brut Im Frühjahr scharrt das ♂ mehrere Nistmulden in den Sand, von denen das ♀ eine auswählt. Von kleinen Erhebungen in Nestnähe überblicken die Altvögel ihr Revier. Nähern sich potenzielle Feinde, fliegen sie unter ständigen „Tidididi"-Rufen auf. ♂ und ♀ brüten abwechselnd und sind dabei durch ihr sandfarbenes Gefieder gut getarnt. Die Jungen schlüpfen nach 22–24 Tagen und werden von beiden Eltern geführt.

Nahrung In Afrika picken S. Insekten von Großtieren, etwa Flusspferden oder Krokodilen, ab, ähnlich wie dies Kuhreiher (⇨ S. 62) bei Rindern machen. Neben Insekten gehören auch Spinnen zur Nahrung des S. §

Kiebitzregenpfeifer Im Prachtkleid Oberseite lebhaft schwarz-weiß gemustert.

Spornkiebitz Mantel einheitlich sandfarben getönt.

Knutt

Calidris canutus · Familie Schnepfenvögel

Wirkt plump durch kurzen Hals und kurze Beine; Schnabel gerade, etwa kopflang; im Prachtkleid unterseits rostbraun.

Mit 23–26 cm größter Strandläufer; im Schlichtkleid grau mit feiner dunkler Strichelung; Beine grünlich; im Flug langflügelig, schmale, weiße Flügelbinde zu sehen.

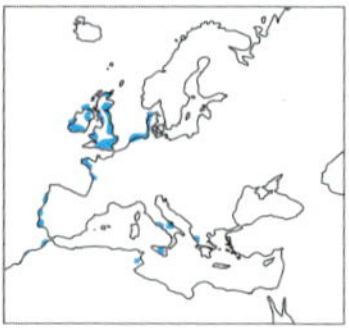

Knutt

Sichelstrandläufer

Vorkommen Brutvogel der hocharktischen Tundra von Kanada und Grönland bis N-Sibirien; brütet in küstennaher Flechten- und Moostundra; außerhalb der Brutzeit auf Sand- und Schlickflächen der Gezeitenzone, im Binnenland an größeren Seen. Brutvögel Grönlands sowie der kanad. Inseln überwintern an europäischen Küsten, sibirische Brutvögel an der Atlantikküste W-Afrikas. Im Wattenmeer suchen K., oft in großen Trupps, nach marinen Wirbellosen.

Sanderling

Calidris alba · Familie Schnepfenvögel

Kurzer, gerader Schnabel, Beine schwarz; im Prachtkleid Oberseite und Brust rostbraun, im Schlichtkleid sehr hell.

Mit 18–21 cm etwa so groß wie der Alpenstrandläufer (⇨ S. 188); nach der Mauser (Jul–Sep) Oberseite hellgrau, Flügelbug schwarz (⇨ Zeichnung S. 186); in allen Kleidern im Flug weißer Flügelstreif erkennbar.

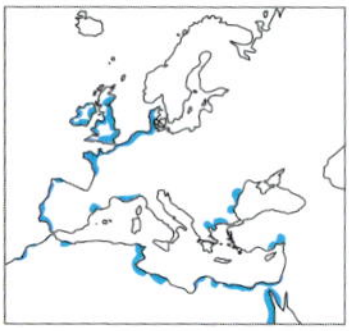

Sommer

Winter

Vorkommen Brutvogel der Tundrenzone von Mittelsibirien über das arktische N-Amerika bis Grönland; in M.-EU an der Nordseeküste in geringer Zahl ganzjährig, zahlreicher zu den Zugzeiten im Mai und Jul–Sep; im Binnenland spärlicher Durchzügler.

Nahrung Mit sehr schnellen Schritten läuft der S. an Sandstränden im Rhythmus der heranrollenden Wellen hin und her und pickt Insekten, kleine Krebstiere und Muscheln auf.

Meerstrandläufer

Calidris maritima · Familie Schnepfenvögel

Wirkt plump durch kurzen Hals und kurze Beine; Schnabel etwa kopflang, schwach gebogen, Beine und Schnabelbasis mattgelb.

Mit 19–22 cm etwas größer als der Alpenstrandläufer (⇨ S. 188); im Prachtkleid an Mantel und Schultern durch weiße und rostbraune Federsäume gesprenkelt, Kehle und Flanken stark gefleckt; im Schlichtkleid Kopf, Brust und Oberseite einheitlich düster grau gefärbt.

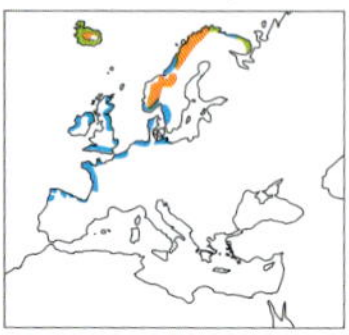

Schlichtkleid

weißer Flügelstreif, weiße Bürzelseiten

Vorkommen Brutvorkommen von NO-Amerika über Grönland, Island, Skandinavien bis zur Kolahalbinsel; brütet auf trockenen, steinigen Böden an der Küste oder in der Bergtundra; außerhalb der Brutzeit an steinigen und felsigen Küsten des Atlantiks, auch an Hafenmolen; im Binnenland sehr selten.

Knutt Jungvögel (rechtes Bild) sind oberseits geschuppt und haben eine rahmfarbene Brust.

Sanderling Rennt, meist truppweise, mit enorm schnellen Trippelschritten am Sandstrand hin und her.

Meerstrandläufer Jungvögel (links) sind etwas bunter als Altvögel und tragen oberseits ein Schuppenmuster.

Temminckstrandläufer

Calidris temminckii · Familie Schnepfenvögel

Größe etwa wie Zwergstrandläufer, aber mit gelbbraunen Beinen und weißen äußeren Schwanzfedern; Schwanz überragt die Flügelspitzen; Schnabel schwach nach unten gebogen.

Im Prachtkleid oberseits graubraun, unregelmäßig gemustert, aus der Ferne scheckig wirkend; im Schlichtkleid oberseits einheitlich graubraun, braune Brust deutlich vom weißen Bauch abgesetzt, an einen Flussuferläufer (⇨ S. 190) erinnernd; Jungvögel oberseits mit Schuppenzeichnung; schwirrender Flugruf wie „tirrr…"

Vorkommen Brutvogel des nördlichen Eurasiens von Schottland über das skandinavische Bergland bis NO-Sibirien; brütet in Tundren mit Strauchbewuchs, meist in der Nähe von Feuchtgebieten; in M.-EU regelmäßiger Durchzügler im Frühjahr (Mai) und Herbst (Jul–Sep), oft an sehr kleinen Wasserstellen im Binnenland, seltener an der offenen Küste; zieht in breiter Front zum Überwintern ins Mittelmeergebiet, nach Vorderasien und vor allem nach Afrika.

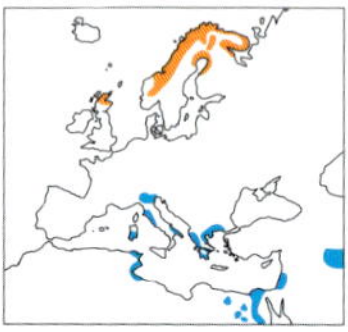

Wissenswert! T. kehren erst Mitte Mai / Anfang Jun ins Brutgebiet zurück und besetzen dort in der Regel wieder ihr vorjähriges Brutrevier. Von erhöhter Warte aus markiert das ♂ sein Revier mit einem langen, klirrenden, auf- und absteigenden Triller. Manchmal erhebt es sich dabei mit schwirrendem Flügelschlag, ähnlich einer Lerche, in die Luft. In den Rastgebieten hält sich der T. oft abseits von anderen Limikolen und pickt im Schutz niedriger Ufervegetation auf schlammigen oder sandigen Flächen kleine Insekten auf.

Zwergstrandläufer

Calidris minuta · Familie Schnepfenvögel

Kurzer, gerader Schnabel; Beine schwarz; im Flug äußere Steuerfedern grau; im Prachtkleid oberseits rostbraun mit schwarzen Federzentren, Brust seitlich rotbraun gestrichelt.

Sanderling (links) und Zwergstrandläufer im Schlichtkleid

13–15 cm groß; kurzer Schwanz; im Schlichtkleid graubraune Oberseite, Brustseiten grau; Jungvögel mit weißer V-Zeichnung auf Mantel und Schultern (bei Altvögeln nur angedeutet), dunkler Scheitelmitte und gegabeltem, weißem Überaugenstreif; Flugruf kurz „tit", beim Abflug und Landen sanft „dirr-dirrit".

Vorkommen Brutvogel N-Eurasiens von N-Norwegen bis O-Sibirien; brütet in der küstennahen arktischen Tundra; zieht im Jul/Aug (Altvögel) bzw. Sep/Okt (Jungvögel) in breiter Front quer durch EU in seine im Mittelmeergebiet, in Vorderasien und in Afrika gelegenen Winterquartiere.

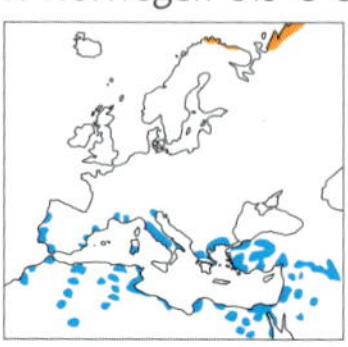

Brut In rüttelndem oder schmetterlingsartigem Singflug tragen Z. (♂ und ♀) im Brutrevier ihren klirrenden, auf- und absteigenden Gesang vor. Nach der Verpaarung und Eiablage verlässt das ♀ das ♂ und verpaart sich mit einem weiteren ♂. Während das 1. ♂ das 1. Gelege bebrütet und die Jungen allein großzieht, wird das 2. Gelege vom ♀ bebrütet. Auf diese Art und Weise erhöhen Z. ihren Bruterfolg im kurzen arktischen Sommer.

Wissenswert! Mit sehr schnellen, trippelnden Schritten flitzt der Z. über Sand- und Schlickflächen und pickt Insekten, Würmer und Schnecken auf.

Temminckstrandläufer

Zwergstrandläufer

Alpenstrandläufer

Calidris alpina · Familie Schnepfenvögel

Starengroß; gedrungen, relativ kurze, schwarze Beine; Schnabel lang und leicht gebogen; im Prachtkleid schwarzer Bauchfleck kennzeichnend, oberseits rostbraun.

16–22 cm groß; häufigster Strandläufer; im Schlichtkleid oberseits braungrau, unterseits weiß mit feinen grauen Bruststrichen; Jungvögel oberseits dunkel mit weißen und rostbraunen Federsäumen, Kopf und Brust gelbbraun, große, schwarze Flecken auf den Bauchseiten; im Flug Flügelstreifen und Bürzelseiten weiß; häufigster Ruf gepresst „trrü"; rasanter Flug und wendige Flugmanöver in großen Trupps typisch.

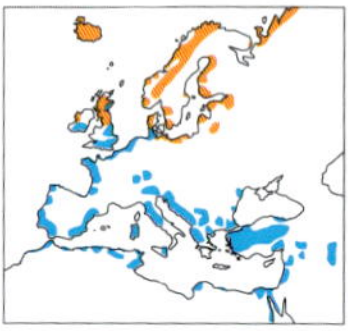

Schlichtkleider

Sichelstrandläufer

◁ Alpenstrandläufer

Vorkommen Brutvogel auf Grönland, Island, den Britischen Inseln sowie im nördlichen Eurasien und in N-Amerika; in M.-EU selten auf Strandwiesen an Nord- und Ostseeküste brütend, im N in Feuchtwiesen, Mooren und in der Tundra, vom Flachland bis in höhere Lagen; zu den Zugzeiten und im Winter in riesigen Schwärmen an der Küste, im Binnenland weniger zahlreich, aber regelmäßig.

Wissenswert! Nach der Brutzeit (Jun/Jul–Okt) versammeln sich jedes Jahr mehrere 100 000 A. im Wattenmeer, um zu mausern. Im weichen Wattboden oder Schlick stochern sie dann nach Würmern, Schnecken, Muscheln, Mückenlarven und kleinen Krebschen. **RL, §**

Sichelstrandläufer

Calidris ferruginea · Familie Schnepfenvögel

Kaum größer als der Alpenstrandläufer, Schnabel etwas länger, gleichmäßig und deutlich abwärts gebogen; im Prachtkleid unterseits leuchtend ziegelrot (v. a. das ♂).

Im Schlichtkleid dem Alpenstrandläufer ähnlich; Jungvögel oberseits gleichmäßig geschuppt, Brust beige bis hell orangefarben überhaucht.

Vorkommen Brutvogel Mittel- und O-Sibiriens; brütet in der arktischen Tundra; zieht von Jul–Sep/Okt entlang der Küsten Eurasiens oder durch das osteuropäische Binnenland und das Mittelmeergebiet nach W-Afrika; auf dem Heimzug im Apr/Mai wesentlich seltener; rastet im Schlickwatt oder auf Schlamm- und Sandbänken von Seen und Flüssen.

im Flug Oberschwanzdecken ungeteilt weiß

Weitere Art **Sumpfläufer** *Limicola falcinellus*, Schnabel gerade, vorn deutlich abwärts geknickt; kurzbeinig; gegabelter Überaugenstreif; brütet in Mooren und Sümpfen in Skandinavien, in M.-EU seltener Durchzügler.

Alpenstrandläufer im Jugendkleid

Sichelstrandläufer im Jugendkleid

Flussuferläufer

Actitis hypoleucos · Familie Schnepfenvögel

Fliegt mit schnellen, zuckenden Flügelschlägen niedrig über das Wasser, während der kurzen Gleitphasen Flügel nach unten gebogen, breiter, weißer Flügelstreif sichtbar.

18–21 cm groß; kurzbeinig, relativ langer Schwanz; wippt häufig mit dem Hinterkörper; Beine graugrün; Ruf wie „hii-dii-dii".

Vorkommen Eurasien, von Großbritannien und Spanien bis Japan; in W- und M.-EU heute nur noch lückenhaft verbreitet; brütet an unverbauten Flüssen von den Tieflagen bis in über 1900 m Höhe auf locker und niedrig bewachsenen Schotter- und Kiesbänken sowie auf sandigen Flussaufschüttungen, die Gehölzbewuchs aufweisen können; vereinzelt auch an Kiesufern von Seen, Baggerseen oder in Kiesgruben; auf dem Zug (Apr/Mai und Jul–Okt/Nov) an Binnengewässern aller Art; mitteleuropäische Brutvögel überwintern v. a. in Afrika, südlich der Sahara, ferner im Mittelmeerraum; auch Überwinterungen in M.-EU sind nachgewiesen.

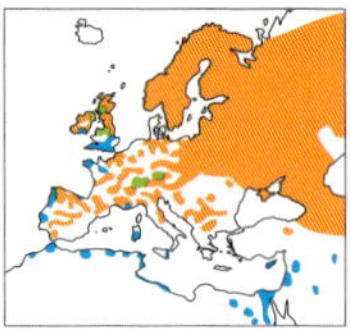

Brut Ab Ende April besetzen F. ihr Brutrevier. In wilden Verfolgungsflügen, hell und rhythmisch „tihidi tihidi..." pfeifend, jagen sie während der Balz dicht über das Wasser. Die Nestmulde wird versteckt in der Ufervegetation oder zwischen Schwemmgut angelegt. Während ein Altvogel brütet, wacht der andere häufig auf einer erhöhten Sitzwarte. Nach rund 3 Wochen schlüpfen die Jungen, die von beiden Eltern etwa 4 Wochen geführt werden. Schon vom 1. Lebenstag an nehmen sie selbstständig Nahrung auf. Wie die Eltern picken sie zwischen Kieseln, auf Schlickflächen und Treibhölzern Insekten und andere Beutetiere auf.

Wissenswert! Auf dem Zug sieht man F. tagsüber meist einzeln oder in sehr kleinen Gruppen, abends finden sie sich jedoch, unter anhaltendem Rufen, bisweilen zu größeren Schlafgemeinschaften auf Sand- oder Kiesbänken ein.

Durch Flussbegradigungen und Uferverbauungen wurden viele ehemalige Brutplätze des F. zerstört. An den verbliebenen naturnahen Flussufern sind sie zunehmend durch Freizeitaktivitäten gefährdet. **RL**

Terekwasserläufer

Xenus cinereus · Familie Schnepfenvögel

Ähnlich Flussuferläufer, aber mit langem, aufwärts gebogenem Schnabel und kurzen, gelben oder orangefarbenen Beinen.

22–25 cm groß; im Flug weißer Flügelhinterrand, ähnlich dem Rotschenkel (⇨ S. 194); Oberseite und Brust grau, unterseits weiß.

Vorkommen Brutvogel der Nadelwaldzone vom Baltikum ostwärts bis O-Sibirien; einzelne isolierte Brutvorkommen u. a. in Finnland; zieht von Jul–Sep in breiter Front durch Eurasien an die Küsten des trop. Afrikas bis Kapland; überwintert ferner in S-Asien, Australien und Neuseeland; in M.-EU sehr spärlicher Durchzügler. **§**

Flussuferläufer

Terekwasserläufer

Bruchwasserläufer

Tringa glareola · Familie Schnepfenvögel

Ähnlich Waldwasserläufer, doch oberseits heller und Brust undeutlich grau gefleckt, daher Kontrast zu weißer Unterseite und weißem Bürzel geringer; Beine gelbgrün.

Mit 19–21 cm knapp starengroß, viel kleiner als der ähnliche Grünschenkel (⇨ S. 196); wippt wie der Flussuferläufer (⇨ S. 190) mit dem Hinterkörper; Schwanz fein gebändert; im Flug Flügelunterseite hell, Zehen überragen Schwanz deutlich; Flugruf schnell und laut „giff giff giff".

Vorkommen Brutvogel der Nadelwald- und Tundrenzone Eurasiens, von Schottland ostwärts bis O-Sibirien; in M.-EU heute nur

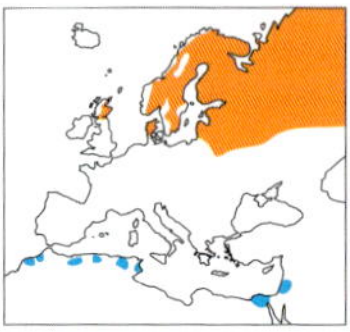

noch sehr wenige Brutpaare in Hochmooren mit offenen Wasserflächen und geringem Gehölzbestand; auf dem Durchzug (Apr/Mai und Jul/Sep) an der Küste und v. a. im Binnenland häufig an flachen Seeufern, auf Schlickflächen und überschwemmten Wiesen; überwintert im südlichen Mittelmeerraum, in Afrika sowie im südlichen Vorderasien.

Brut B. treffen am Brutplatz oft bereits verpaart ein. Bei auffälligen Singflügen kreisen ♂ wie ♀ über ihrem Revier, steigen mit zitterndem Flügelschlag hoch empor und rufen beim Abwärtsgleiten schnell gereiht „diledilediIe...". Das Nest wird in der Regel am Boden errichtet, ♂ und ♀ brüten und führen die Jungen gemeinsam.

Rast Auf dem Zug trifft man B. gewöhnlich in kleineren Trupps an, während sie im Boden nach Insekten, kleinen Krebstieren und Süßwasserschnecken stochern. Wichtige Rast- und Mauserplätze dieser Vogelart befinden sich u. a. in der Camargue und im Ebrodelta. **RL, §**

Waldwasserläufer

Tringa ochropus · Familie Schnepfenvögel

Gedrungener und kurzbeiniger als der Bruchwasserläufer, Oberseite dunkelbraun, wirkt im Kontrast zu weißer Unterseite und weißem Bürzel fast schwarz, Brust dunkel gestreift.

Mit 21–24 cm gut starengroß; wippt mit dem Hinterkörper; Beine graugrün, Schwanz breit gebändert; im Flug dunkle Flügelunterseite, Zehen überragen den Schwanz kaum; ruft beim Auffliegen melodisch „dluit iht iht".

Vorkommen Brutvogel der Nadelwaldzone Eurasiens von Norwegen bis O-Sibirien, in M.-EU vor allem in Polen; seit Mitte des 20.

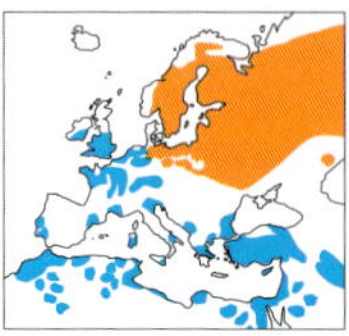

Jh. Bestandszunahme und Arealausweitung nach SW und S, heute regelmäßiger Brutvogel in Dänemark und im NO und O von D; Brutnachweise ferner in Bayern, Österreich und in Böhmen; brütet in Bruch- und Auwäldern, gehölzreichen Mooren und am Ufer von Waldseen; in M.-EU häufiger Durchzügler, nicht selten an Kleinstgewässern wie Waldtümpeln oder Gräben, selten auf offenen Schlammflächen; Überwinterungsgebiet vom atlantischen W-EU über das Mittelmeergebiet bis Vorderasien und ins tropische Afrika reichend.

Wissenswert! W. brüten fast immer im Geäst, und zwar in vorjährigen Nestern anderer Vögel, v. a. von Drosseln.

Auf dem Zug sieht man den W. meist einzeln. Ende des Heimzugs und Beginn des Wegzugs liegen eng beieinander. Auch Übersommerungen sind in M.-EU nicht selten und gebietsweise, etwa an Flussmündungen, überwintert er regelmäßig. Daher kann man ihn bei uns, auch abseits der Brutplätze, das ganze Jahr über beobachten.

Bruchwasserläufer

Waldwasserläufer Typisch: starker Hell-Dunkel-Kontrast zwischen Ober- und Unterseite.

Rotschenkel

Tringa totanus · Familie Schnepfenvögel

Schlichtkleid
(⇨ S. 208)

25–30 cm groß; lange, rote Beine, Schnabel gerade, rot mit dunkler Spitze; Flugbild sehr typisch durch großen, weißen Rückenkeil und breiten, weißen Flügelhinterrand.

Prachtkleid oberseits braun, dunkel gefleckt, Unterseite weiß, Brust und Flanken gestrichelt; Schlichtkleid oberseits einfarbig graubraun, unterseits undeutlich gefleckt; im Flug überragen die Zehen den Schwanz kaum; ruft beim Auffliegen weich und melodisch „tjü dü dü“.

Vorkommen Brutvogel Eurasiens von W-EU bis O-Sibirien, von der Nadelwaldzone im

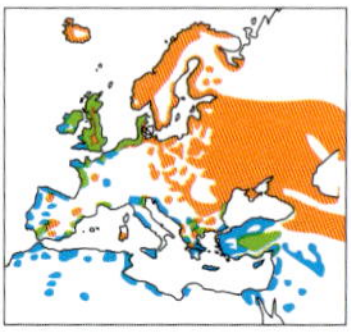

N bis an den nördlichen Rand der Mittelmeerregion und bis in die Steppen- und Wüstengebiete Asiens; brütet in M.-EU überwiegend an der Küste in feuchten, extensiv genutzten Wiesen, im Binnenland in Ried- und Moorgebieten, auf Hutweiden usw.; in M.-EU häufiger Durchzügler, v. a. an der Küste; überwintert im atlantischen EU, im Mittelmeerraum, in Vorder- und S-Asien sowie in Afrika.

Brut In M.-EU kehren R. bereits im März an ihre Brutplätze zurück, oft brüten sie über viele Jahre im selben Gebiet. Ihre recht kleinen Nestreviere verteidigen sie mit einem Singflug, bei dem sie laut „tüliu -tüliu“ jodelnd in weiten Kurven über den Brutplatz fliegen. Während des Brütens und der Jungenaufzucht sind R. sehr wachsam und warnen mit hartem „tjik“.

Nahrung An der Küste suchen R. bei Ebbe im Watt nach Nahrung, wo sie tagsüber einzeln vor allem Schlickkrebse jagen, während sie nachts in dichten Trupps kleine Wattschnecken erbeuten. **RL**

Dunkler Wasserläufer

Tringa erythropus · Familie Schnepfenvögel

Schlichtkleid

Mit 30–32 cm etwas größer als der Rotschenkel, Beine und Hals länger, wirkt dadurch schlanker; Schnabel sehr lang, dünn und gerade, nur Unterschnabelbasis rot.

Im Prachtkleid fast ganz schwarz, oberseits mit weißen Flecken, Beine schwärzlich; im Schlichtkleid (kleines Bild unten) ähnlich dem Rotschenkel, aber grauer, mit hellem Überaugen- und dunklem Zügelstreif, Beine orangerot; im Flug weißes Oval auf dem Rücken zu sehen, dunkle Oberflügel, Zehen das Schwanzende weit überragend; häufigster Ruf ein flötendes „Tju-it“.

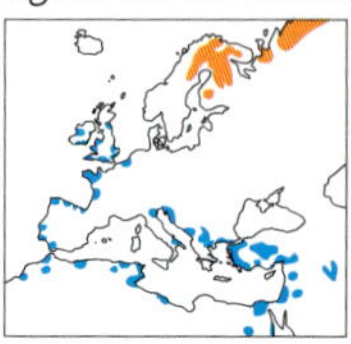

Vorkommen Brutvogel in der arktischen und der nördl. Nadelwaldzone Eurasiens, von N-Norwegen bis O-Sibirien; brütet in Mooren und Sümpfen der Taiga und in der Tundra; in M.-EU häufiger Durchzügler im Frühjahr und v. a. im Herbst (Jul–Okt), sowohl an der Küste, als auch im Binnenland; zieht in breiter Front über das europ. Binnenland und entlang der Küsten in die Winterquartiere in Afrika, im südl. Mittelmeergebiet und in Vorderasien; wenige überwintern auch in W- und S-EU.

Wissenswert! Mit großer Verlässlichkeit kehren D. W. alljährlich zur selben Zeit ins Brutgebiet zurück, ungeachtet der aktuellen Witterung. Eine „innere Uhr“ sagt ihnen, wann sie im hochnordischen Brutgebiet ankommen müssen, um die kurze Zeitspanne, die ihnen in der Arktis zum Brüten zur Verfügung steht, am besten zu nutzen.

Rotschenkel im Prachtkleid

Dunkler Wasserläufer im Prachtkleid

Grünschenkel

Tringa nebularia · Familie Schnepfenvögel

Mit 30–35 cm Länge größter Wasserläufer; langer Schnabel, schwach aufgeworfen; lange Beine, graugrün; im Flug in allen Kleidern dunkle Flügel und breiter weißer Keil auf dem Rücken.

Schlichtkleid

Prachtkleid oberseits braungrau mit schwarzen Flecken, Kopf, Brust und Flanken kräftig dunkel gefleckt bzw. gestrichelt; Schlichtkleid oberseits einheitlich hellgrau, unterseits weiß; Flugruf härter als beim Rotschenkel (⇨ S. 194), ein rasches „kjück-jük-jük".

Vorkommen Brutvogel des nördl. Eurasien von Schottland und den Hochlagen Skan-

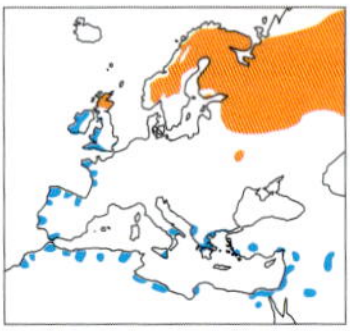

dinaviens bis O-Sibirien; brütet in der offenen Taiga und in Tundrenlandschaften; in M.-EU an der Küste und im Binnenland häufiger Durchzügler im Frühjahr (Apr/Mai) und im Herbst (Jul–Sep); überwintert im atlantischen W-EU, im Mittelmeergebiet, in Vorderasien und Afrika.

Brut G. wählen ihren Brutplatz meist auf trockenem Untergrund in nicht zu hoher Vegetation. Die Nahrungsreviere, offene Wasserstellen, können mehrere km vom Nistplatz entfernt sein und werden vom ♂ ebenso markiert und verteidigt wie das Nistterritorium. Dabei singt es von einer erhöhten Warte aus oder im Singflug anhaltend flötend „tju-i tju-i…". Beide Partner brüten und ziehen die Jungen groß.

Nahrung Auf dem Durchzug sieht man G. einzeln oder in kleineren Trupps auf der Nahrungssuche im Watt oder in der Flachwasserzone von Binnengewässern. Rasch laufend pflügen sie mit dem geöffneten Schnabel durch das Wasser und fangen dabei kleine Fische.

Teichwasserläufer

Tringa stagnatilis · Familie Schnepfenvögel

Mit 22–25 cm deutlich kleiner als der Grünschenkel, in der Färbung diesem ähnlich, aber mit geradem, nadelfeinem Schnabel und sehr langen Beinen, zierlich wirkend.

Im Prachtkleid oberseits braungrau getönt, schwarz gefleckt, im Schlichtkleid oberseits hellgrau, unterseits weiß; im Flug wie der Grünschenkel mit dunklen Flügeln und weißem Rückenkeil, Zehen den Schwanz jedoch weit überragend; wenig ruffreudig.

Vorkommen Der T. brütet von der Ukraine bis O-Asien in offenen Steppen und in der Taiga. In M.-EU treten die Vögel als seltene Durchzügler auf. Im Aug/Sep ziehen sie

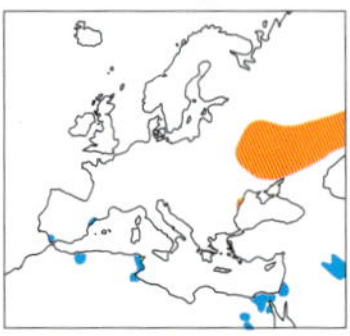

in ihre Winterquartiere, die im Mittelmeerraum, im südlichen Vorderasien und vor allem in Afrika südlich der Sahara liegen.

Teichwasserläufer Grünschenkel

Wissenswert! T. kehren erst im Mai an ihren Brutplatz zurück. Nicht selten brüten sie in lockeren Kolonien. In eine mit vorjährigem Gras ausgepolsterte Bodenmulde legt das ♀ 4 Eier, die von beiden Partnern bebrütet werden. Auch an der Jungenaufzucht beteiligen sich beide Eltern. Auf dem Zug rasten T. gern im seichten Wasser am Ufer von Binnengewässern, immer häufiger auch in Reisfeldern, wo sie reichlich Nahrung finden. Oft halten sie sich in der Nähe gründelnder Enten auf, um die aus dem Schlamm emporgewirbelten Kleintiere aufzupicken. Aus demselben Grund suchen T. auch Anschluss an größere Watvögel (z. B. den Grünschenkel) oder kleine Reiher.

Grünschenkel im Prachtkleid

Teichwasserläufer im Prachtkleid

Pfuhlschnepfe

Limosa lapponica · Familie Schnepfenvögel

Pfuhlschnepfe

Uferschnepfe

beide im Schlichtkleid

Etwa so groß wie die Uferschnepfe (⇨ S. 202), aber kurzbeiniger, Schnabel etwas kürzer, deutlich aufgeworfen; ♂ im Prachtkleid unterseits ziegelrot.

33–42 cm groß; ♀ beige bis orangefarben, Brust undeutlich gestrichelt; im Schlichtkleid oberseits graubraun, im Gegensatz zur Uferschnepfe mit schwarzer Strichelung, unterseits weiß, nur Brust schwach gestrichelt; im Flug ohne den weißen Flügelstreif der Uferschnepfe, Weiß des Bürzels als Keil bis auf den Rücken reichend; ruft nasal „gägägä…".

Vorkommen Brutvogel im N Eurasiens von Lappland bis nach W-Alaska; brütet in der

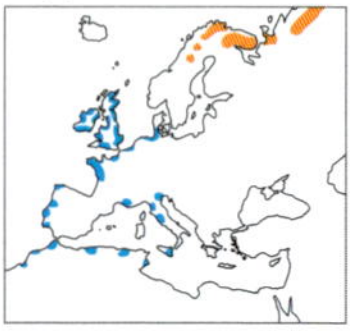

arktischen Tundra und in Mooren am Rand der nördl. Nadelwaldzone; in M.-EU an der Küste sehr häufiger Durchzügler und Wintergast, vor allem an der Nordseeküste, hier auch übersommernd; spärlicher Gast zu den Zugzeiten (Apr/Mai und Sep/Okt) im Binnenland; Winterquartiere von den nordwesteurop. Küsten bis zur Atlantikküste Afrikas.

Brut P. bauen ihre Nester gern in die Nähe der Brutplätze von Falkenraubmöwen (⇨ S. 212), die durch ihr aggressives Verhalten in der Lage sind, Beutegreifer wie Eisfüchse oder Großmöwen in die Flucht zu schlagen. Diese Nistplatzwahl treffen P. aber nur in Jahren mit reichem Nagetiervorkommen. Gibt es nur wenige Wühlmäuse und Lemminge, können die Raubmöwen ihrerseits den Gelegen und Jungen der P. gefährlich werden. **§**

Regenbrachvogel

Numenius phaeopus · Familie Schnepfenvögel

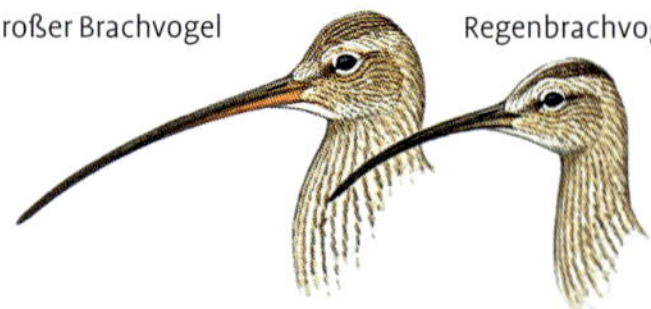

Großer Brachvogel

Regenbrachvogel

Mit 37–45 cm Länge deutlich kleiner als der ähnliche Große Brachvogel (⇨ S. 200), mit kürzerem, vorn nach unten gebogenem Schnabel; ruft laut und schnell trillernd „tititi…".

Heller Überaugen- und heller Scheitelstreif, heben sich vom dunklen Zügel und den dunklen Scheitelseiten ab; graubraunes Gefieder gleichmäßig gefleckt und gebändert; wie der Große Brachvogel im Flug mit auffallendem, weißem Rückenkeil und dunklen Handflügeln, doch Flügelschläge viel schneller.

Vorkommen Brutvogel im nördl. Eurasien (in Mittel- und O-Sibirien nur lückig verbreitet), ferner in

Alaska und im NW von Kanada; brütet in der Tundra, auf alpinen Gras- und Heideflächen oberhalb der Baumgrenze und in Mooren der Nadelwaldzone, nicht in Kulturland wie der Große Brachvogel; in M.-EU häufiger Durchzügler, vor allem an der Küste, aber auch im Binnenland; Winterquartiere hauptsächlich an den Küsten Afrikas; überwintert selten auch in M.-EU.

Wissenswert! In M.-EU trifft man R. am ehesten bei der Nahrungssuche auf sandigen und schlammigen Flächen an. Mit ihrem langen, gebogenen Schnabel stochern sie im weichen Substrat nach Ringelwürmern oder Muscheln und Schnecken. In ihrem Brutgebiet ernähren sie sich auch von Beeren, beispielsweise von den Früchten der Krähenbeere. Außerhalb der Brutzeit versammeln sich R. abends an gemeinsamen Schlafplätzen.

Pfuhlschnepfe im Prachtkleid

Regenbrachvogel Im Flug ein auffallender, weißer Rückenkeil sichtbar (kleines Bild).

Kiebitz

Vanellus vanellus · Familie Regenpfeifer

Etwa taubengroß; unverwechselbar durch auffällig schwarz-weißes Federkleid mit metallisch glänzender Oberseite, am Kopf langer, abstehender Federschopf.

Im Flugbild Flügel breit, weiße Unterseite, schwarze Spitze, langsamer Flügelschlag; häufigster Ruf ein weinerliches „kie-wi".

Vorkommen Gemäßigte und mediterrane Breiten von W-EU bis zum Ussuri; 3/4 des europ. Brutbestands im N von D, in den Niederlanden u. Polen. Als Kurzstreckenzieher überwintern mitteleurop. K. im Mittelmeergebiet und in N-Afrika. In milden Gegenden sind K. auch Stand- und Strichvögel.

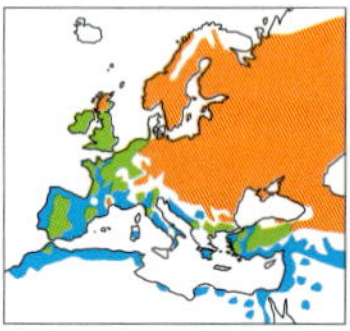

Lebensraum Offene Landschaften mit wenig strukturierten Flächen und kurzer Vegetation; früher v. a. Feuchtwiesen und Flachmoore, heute vielerorts landwirtschaftliche Wiesen und Felder.

Wissenswert! Im März Ausdrucksflüge der ♂ über den Brutrevieren mit atemberaubenden Flugkapriolen; Rufe beim Aufsteigen „chä-chuit", in der Höhe „wit-wit-wit-wit", im Sturzflug „chiu-wit", wuchtelnde Fluggeräusche vernehmbar.

Zur Brut sollte die Vegetation nicht höher als 8 cm stehen, damit weder die brütenden Vögel in ihrer Sicht, noch später die nestflüchtenden Küken im Laufen behindert werden. Auf intensiv bewirtschafteten Feldern wachsen die Pflanzen oft zu rasch. Zudem sind Gelege und Jungvögel des K. durch frühe Mahd gefährdet, die Verwendung von Insektiziden lässt Kleininsekten, die Nahrung der Jungen, fehlen. So hält sich der K. heute in M.-EU vielerorts nur noch durch Zuzug aus O-EU. **RL**

Großer Brachvogel

Numenius arquata · Familie Schnepfenvögel

Gut krähengroß; größter Watvogel von EU; langer, kräftig gebogener Schnabel, graubraunes Gefieder, gefleckt und gestreift.

Küken, Nestflüchter

♀ etwas größer als ♂, außerdem mit längerem Schnabel; beim wellenförmigen Reviermarkierungsflug flötend melodische Rufe.

Vorkommen Mittlere und nördliche Breiten von W-EU bis O-Sibirien; nach S hin zunehmend lückig, südlichste Brutvorkommen in SW-Frankreich und am Alpenrand; in M.-EU Kurz- bis Mittelstreckenzieher mit Überwinterungsgebieten von der Atlantikküste Frankreichs bis ins Mittelmeergebiet und W-Afrika. Ursprünglich ein Brutvogel feuchter Hoch- und Flachmoore, heute v. a. in offenen, feuchten Wiesengebieten mit extensiver landwirtschaftlicher Nutzung anzutreffen.

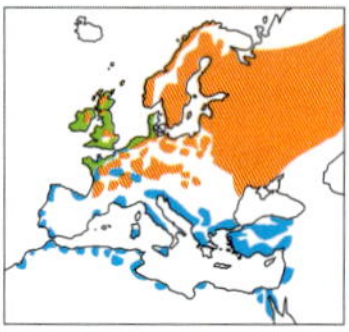

Nahrung Sehr vielfältig, wechselt mit dem Angebot im Jahreslauf. Der lange Schnabel wird nicht nur zum Absammeln von Kleintieren am Boden und der Aufnahme von Pflanzenteilen eingesetzt, sondern auch zum Stochern in weichem Boden.

Wissenswert! Außerhalb der Brutzeit treten G. B. oft in großer Zahl auf und finden sich an Sammelschlafplätzen ein. Das Nest ist eine einfache Bodenmulde, in dem ♂ und ♀ abwechselnd die meist 4 Eier bebrüten. Den Tieren gelang zwar eine Anpassung an intensiv bewirtschaftete Flächen. Sie haben dort aber nur dann einen ausreichenden Bruterfolg, wenn ihnen genügend lange Zeit zum Brüten und zur Jungenaufzucht – insg. etwa 11 Wochen – bleibt. Hohes Lebensalter (um 30 Jahre) u. Brutplatztreue täuschen einen intakten Bestand vor. **RL**

Kiebitz

Großer Brachvogel

Uferschnepfe

Limosa limosa · Familie Schnepfenvögel

Großer langbeiniger Watvogel mit langem, geradem Schnabel; im Brutkleid Hals und Brust rostbraun, Bauch weiß, Oberseite braun und grau.

Im Ruhekleid Kopf und Brust hellgrau; im Flug an weißem Flügelstreif erkennbar.

Vorkommen In 3 Unterarten von Island und Großbritannien ostwärts bis W-Sibirien; isolierte Populationen von Zentralsibirien bis China; südlichste Brutgebiete in Italien und Frankreich. Mitteleuropäische U. Mittel- und Langstreckenzieher; überwintern an Atlantikküste, im Mittelmeerraum, in NW-Afrika und Vorderasien.

Lebensraum Ursprünglich v. a. Moor- und Heidegebiete sowie Verlandungszonen, heute in M.-EU vielfach in Sekundärbiotopen wie extensiv genutzten Wiesen oder Rieselfeldern. Die U. profitierten offenbar von dem verglichen mit Mooren und Heiden günstigeren Nahrungsangebot in den entstandenen feuchten Niederungswiesen im nordwestl. M.-EU. Auf dem Durchzug sind U. oft in Überschwemmungsgebieten und Verlandungszonen zu beobachten, wo sie, bis zum Bauch im Wasser stehend, nach Kleintieren suchen.

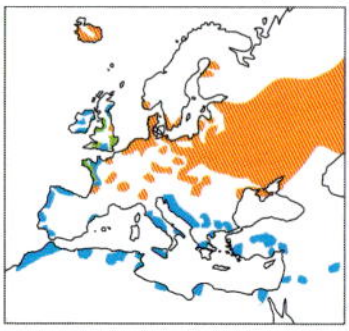

Wissenswert! Außerhalb der Brutzeit rufen U. einsilbig oder gereiht „wäd" oder „geg". Zur Balz tragen sie ihren lauten, durchdringenden Gesang „gruitugruitu..." als auf- und absteigende Tonreihe vor. Die 4 Eier werden in einer flachen Nestmulde von ♂ und ♀ bebrütet.

Hauptursache für den Bestandsrückgang in letzter Zeit ist der Verlust geeigneter Brutplätze. In Wiesenvogel-Schutzgebieten v. a. in den Niederlanden versucht man der U. ein ungestörtes Brüten zu ermöglichen, indem man die Bewirtschaftung räumlich und zeitlich auf ihre Bedürfnisse abstimmt. **RL**

Bekassine

Gallinago gallinago · Familie Schnepfenvögel

Etwa amselgroß; häufigste und verbreitetste Sumpfschnepfe; relativ kurzbeinig; sehr langer, gerader Schnabel.

Gefieder braun bis rotbraun, kräftig gestreift und gefleckt; nasales „ätch" beim (oft sehr plötzlichen) Abflug, hartes „tükke" zur Brutzeit am Boden und im Flug.

Vorkommen In M.-EU starke Abnahme.

Wissenswert! B. werden wegen der meckernden Laute, die sie bei ihren Ausdrucksflügen über dem Revier durch Vibrationen der äußeren Steuerfedern zustande bringen, auch „Himmelsziegen" genannt. Der lange Schnabel fungiert als „Sondiergerät". **RL**

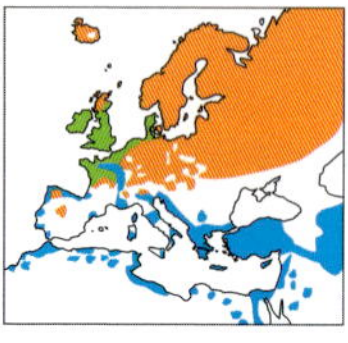

„Meckern" = vibrierende Schwanzfedern

Waldschnepfe

Scolopax rusticola · Familie Schnepfenvögel

Ungefähr haustaubengroß, Spannweite bis 60 cm; langer, gerader Schnabel.

Tarnfarben braun gemustert; kurze Beine.

Vorkommen Waldzone Eurasiens von W-EU bis Japan.

Wissenswert! W. brüten in lichten, meist feuchten Hochwäldern oder in Niederwäldern. Für ihre Balzflüge brauchen die Tiere Lichtungen. Der „Schnepfenstrich", bei dem das ♂ im Flug ein dumpfes Quorren mit anschließendem hohen „Pfuitzen" vorträgt, dient der Zusammenführung der Geschlechter ebenso wie der Markierung des Brutgebiets. Das ♀ zieht die Jungen alleine groß. **RL**

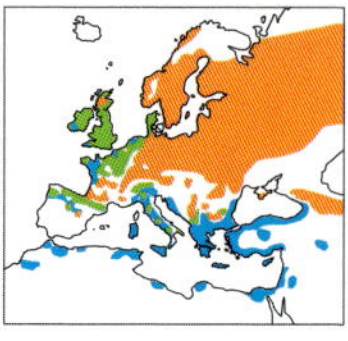

Schnabel kürzer als bei Bekassine

Uferschnepfe rechts im Prachtkleid

Bekassine

Waldschnepfe

Zwergschnepfe

Lymnocryptes minimus · F. Schnepfenvögel

Mit 18–20 cm (einschl. Schnabel) viel kleiner als die ähnliche Bekassine (⇨ S. 202), kürzerer Schnabel.

Durch schwarz-braunes Gefieder mit hellgelben Streifen hervorragend getarnt; fliegt stumm auf, oft erst direkt vor dem Beobachter, landet meist gleich wieder.

Vorkommen Brütet im N Eurasiens von Norwegen bis O-Sibirien in Mooren und Sümpfen der Nadelwaldzone; in M.-EU regelmäßiger, aber nicht häufiger Durchzügler, stellenweise auch überwinternd. Als Rast- und Winterplätze sind vernässte Wiesen und Weiden sowie Schlickflächen in der Verlandungszone stehender Binnengewässer von großer Bedeutung. Dort sucht sie mit wippenden Bewegungen des Körpers nach Wirbellosen und Sämereien.

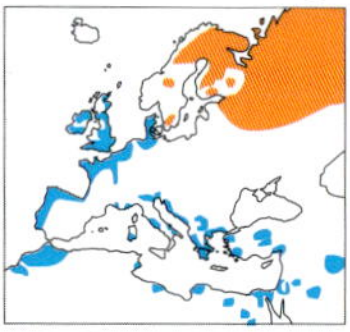

Doppelschnepfe

Gallinago media · Familie Schnepfenvögel

Wenig größer als die Bekassine (⇨ S. 202), plumper und mit kürzerem Schnabel; Brust und Bauch gebändert.

26–30 cm groß; 2 deutliche weiße Flügelbinden; beim Auffliegen weiße äußere Steuerfedern gut zu erkennen; fliegt relativ langsam und wirkt dabei schwerfällig; meist stumm.

Vorkommen Brutvogel der Nadelwald- und Tundrenzone von Norwegen bis Zentralsibirien; brütet in M-EU nur noch in Polen, sonst sehr seltener Durchzügler. **§**

Steinwälzer

Arenaria interpres · Familie Schnepfenvögel

Kurze, orangefarbene Beine, kurzer, kräftiger Schnabel; ♂ im Prachtkleid oberseits orangebraun mit schwarzen Schultern, Kopf und Hals markant schwarz-weiß gezeichnet.

Mit 20–24 cm knapp amselgroß; ♀ matter und weniger kontrastreich; im Schlicht- und Jugendkleid oberseits einfarbig dunkelbraun, dunkler Brustlatz, Jungvögel insgesamt etwas heller; im Flug oberseits auffälliges, kontrastreiches Schwarz-Weiß-Muster; kehlige, hölzerne oder pfeifende Rufe bzw. Rufreihen.

Vorkommen Zirkumpolar von NW-EU über Eurasien und das arktische N-Amerika bis Grönland verbreitet, überwiegend in der Tundren- und Nadelwaldzone; in M.-EU heute nur in Schleswig-Holstein; brütet vor allem auf küstennahen Inseln auf sandigem oder steinigem Boden; an der Küste ferner häufiger Durchzügler, Übersommerer und Wintergast, sowohl im Watt und auf Muschelbänken als auch an felsigen Küsten und Hafenmolen; im Binnenland sehr selten und in geringer Zahl.

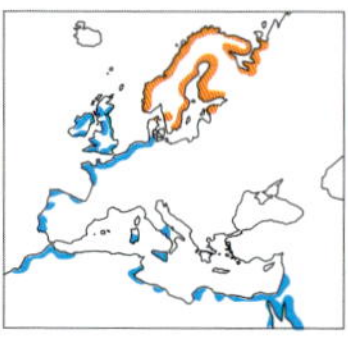

Schlichtkleid

Nahrung Seinen Namen verdankt der S. einer besonderen Technik des Nahrungserwerbs. Um an versteckte Beute, insbesondere Garnelen und andere Krebstiere, zu gelangen, wälzt er mithilfe seines Schnabels geschickt Steine, Tang und Treibgut um. Vor allem im Winter ernährt er sich aber ebenso von den Küchenabfällen der Strandrestaurants, auch Aas wird nicht verschmäht. **RL**

Zwergschnepfe

Doppelschnepfe balzend.
Arttypisch: die weißen äußeren Steuerfedern.

Steinwälzer im Prachtkleid

Odinshühnchen

Phalaropus lobatus · Familie Schnepfenvögel

Schnabel nadelfein, schwarz; ♀ im Prachtkleid (großes Foto) oberseits schiefergrau mit ockergelben Längsstreifen, Halsseiten rotbraun, Kehle weiß; ♂ stumpfer gefärbt.

Etwas kleiner und zierlicher als das Thorshühnchen; im Schlichtkleid (ab Aug/Sep) Oberseite grau mit weißen Längsstreifen und weißen Federsäumen; im Flug schmaler, weißer Flügelstreif.

Vorkommen Brutvogel der Subarktis und Arktis von Eurasien ebenso wie von N-Amerika; brütet im Binnenland und in Küstennähe an seichten Tundragewässern, in Skandinavien auch in Hochlagen; in M.-EU nur ein seltener Durchzügler (v. a. im Aug/Sep) an flachen Küsten und auf Binnenseen; die nordeurop. Brutvögel ziehen südostwärts über O-EU an die Küsten des Persischen Golfs und des Indischen Ozeans.

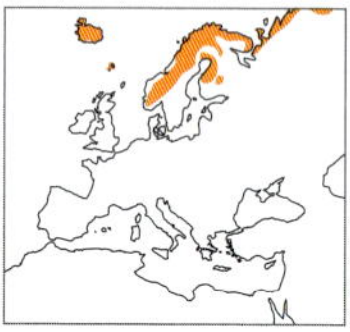

Wissenswert! Das O. gehört wie das Thorshühnchen zur Gruppe der Wassertreter, deren Name sich auf die Art der Nahrungsaufnahme bezieht. Auf dem Wasser schwimmend wirbelt es unter kreiselartigen Körperdrehungen Planktonorganismen hoch, die es dann eilig von der Wasseroberfläche aufpickt. Bei den Wassertretern sind die Geschlechterrollen vertauscht: Das farbenprächtigere ♀ fliegt im Schauflug dicht über das Wasser und balzt ein ♂ an, andere ♀ vertreibt es. Bebrütung und Jungenaufzucht sind dagegen Sache des ♂. §

Jugendkleid

Thorshühnchen

Phalaropus fulicarius · Familie Schnepfenvögel

Im Prachtkleid (großes Foto) unverkennbar, mit ziegelroter Unterseite, schwarzer Kopfkappe und weißen Wangen, beim ♂ Kopfmuster undeutlich, weiße Flecken auf Brust und Bauch.

20–22 cm groß; schwimmend einer Möwe nicht unähnlich, doch viel kleiner; etwas größer und kräftiger als das Odinshühnchen, Schnabel dicker, im Sommer gelb mit schwarzer Spitze; im Schlichtkleid oberseits einfarbig hellgrau; im Flug breite, weiße Flügelbinde.

Vorkommen Brutvogel der arktischen, küstennahen Tundra Eurasiens und N-Amerikas, in EU nur auf Island; zieht ab Ende Aug entlang der Küsten oder über das offene Meer nach SW bzw. S in die Winterquartiere an der W-Küste Afrikas; wird bei Stürmen bisweilen auch in das west- oder mitteleuropäische Binnenland verdriftet, ist dort aber noch seltener als an der Küste.

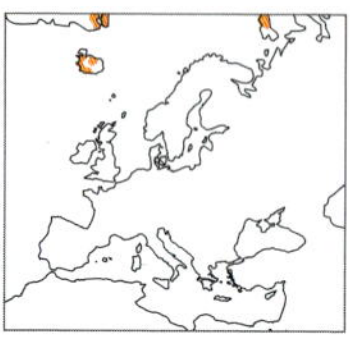

Brut Wie bei den Wassertretern (⇨ siehe Odinshühnchen) üblich, übernimmt das ♀ bei der Balz die aktive Rolle und umwirbt ein ♂. Die Nestmulde wird von beiden Brutpartnern angelegt und vom ♂ ausgepolstert. Da dem ♂ die Aufgabe des Brütens und der Jungenaufzucht zukommt, kann sich das ♀ ein 2. Mal verpaaren und so den eigenen Bruterfolg erhöhen. Auch das 2. Gelege wird allein vom ♂ bebrütet, während das ♀ das Brutgebiet bereits Anfang Juli verlässt.

Jugendkleid

Odinshühnchen

Thorshühnchen Das ♂ ist blasser gefärbt.

Kampfläufer

Philomachus pugnax · Familie Schnepfenvögel

♂ im Prachtkleid (Apr/Mai–Jun/Jul) mit bunten Schmuckfedern in Form von Kopfbüscheln und einer Halskrause, einfarbig (schwarz, rotbraun, beige, weiß) oder gebändert.

♂ mit 29–32 cm deutlich größer als ♀ (22–26 cm); gedrungener, manchmal „buckelig" wirkender Körper, relativ langer Hals und kleiner Kopf, Schnabel leicht nach unten gebogen; Beinfarbe bei Jungvögeln zunächst schlammfarben bis grünlich, dann gelblich, bei Altvögeln rotorange; bei ♀ im Prachtkleid Oberseite, Hals und Brust graubraun mit großen schwarzen Feldern; im Schlicht- und Jugendkleid oberseits recht einfarbig braungrau mit schwacher, bei Jungvögeln deutlicher Schuppenzeichnung.

Vorkommen Brutvogel im N Eurasiens von NW-EU bis O-Sibirien, in M.-EU in der Tiefebene von den Niederlanden bis Polen; brütet in feuchten, kurzrasigen, extensiv genutzten Wiesen mit Kleingewässern, in Mooren und in der Tundra, in D meist in Küstennähe; häufiger Durchzügler im Frühjahr (Mär–Mai) und Herbst (Jul–Sep) in nassen Wiesen und auf Schlammflächen; überwintert vor allem in Afrika südlich der Sahara.

Balz und Brut In M.-EU kehren die ♂ Ende Mär/Apr in die Brutgebiete zurück, etwa 2–3 Wochen früher als die ♀. Am Brutplatz beenden sie die auf dem Heimzug begonnene Kleingefiedermauser, sodass sie bei Ankunft der ♀ bereits das auffällige Prachtkleid tragen. Sie versammeln sich nun in kleinen Gruppen auf traditionellen Balzplätzen oder Arenen zur Gruppenbalz. Jedes territoriale ♂ besetzt ein im Durchmesser nur 25–40 cm großes Balzterritorium, das es heftig verteidigt, die ranghöchsten ♂ befinden sich im Zentrum der Arena. Sobald ein ♀ auf der Balzarena erscheint, beginnen die ♂ intensiv zu werben und zu imponieren, schlagen mit den Flügeln, entfalten ihren Balzkragen, vollführen Flattersprünge usw. Zuletzt kauern sie mit abgespreiztem Gefieder vor dem ♀ nieder, das allein die Partnerwahl trifft. Fast immer kopuliert es mit einem ranghohen, territorialen ♂. Zwischen ♂ und ♀ besteht keinerlei Partnerbindung, der Nestbau, die Bebrütung der zumeist 4 Eier und die Jungenaufzucht sind ausschließlich Sache des ♀. **RL, §**

♂♂-Porträts im Prachtkleid

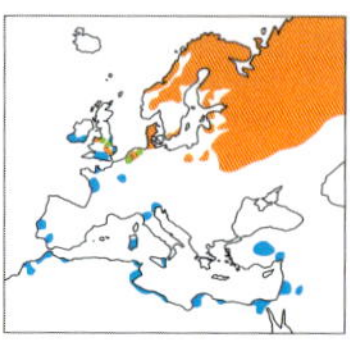

Kampfläufer ♂ im Prachtkleid, bei der Balz.

Skua, Große Raubmöwe

Stercorarius skua · Familie Raubmöwen

Dunkelbraun mit auffallendem, halbmondförmigem weißem Feld im Handflügel, das bei Jungvögeln kleiner ist; mittlere Steuerfedern überragen den Schwanz nur wenig (Zeichnung).

Mit 53–60 cm die größte Raubmöwe, etwa so groß wie die Silbermöwe; Körper gedrungen, im Flug schwer wirkend, Flügel breit, Schwanz kurz; Hakenschnabel und Beine schwarz.

Vorkommen 4 Unterarten, von denen 3 auf Inseln der Südhalbkugel brüten, eine 4. Unterart (*S. s. skua*) ist Brutvogel auf Island, den Färöern und Schottland und erscheint regelmäßig an den Küsten von M.-EU, im

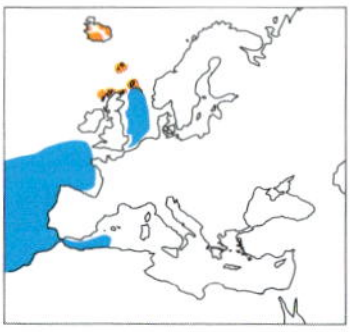

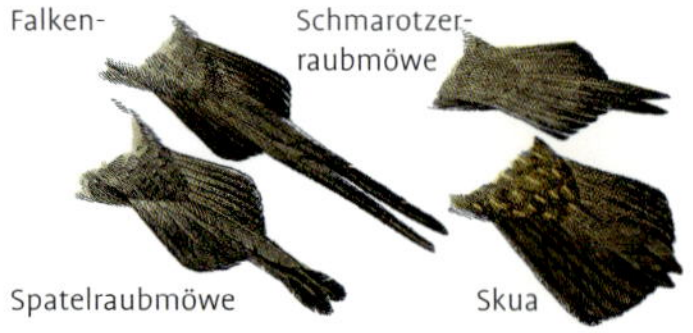

Binnenland sehr selten. Die Brutplätze der S. befinden sich in hoch gelegenen, nassen Mooren in der Nähe von Kolonien anderer Seevögel, denen sie oft ihre Beutefische abjagen, aber auch auf felsigen Inseln. Außerhalb der Brutzeit leben S. auf dem offenen Meer. Jungvögel ziehen ab Aug in die Winterquartiere im N- und S- Atlantik, nur wenige kehren schon im nächsten Jahr in die Heimatgewässer zurück. Altvögel überwintern z. T. in der weiteren Umgebung des Brutplatzes.

Brut S. sind erst im Alter von 4–8(9) Jahren brutreif, 3- bis 4-jährige Vögel leben in kleinen Nichtbrütertrupps in der Nähe der Brutkolonien. Ihr Nest verteidigen S. mit gewandten Flugattacken.

Spatelraubmöwe

Stercorarius pomarinus · Familie Raubmöwen

Im Prachtkleid mit 5–12 cm überstehenden mittleren Steuerfedern, die spatelförmig verbreitert sind (⇨ oben); im Schlicht- und Jugendkleid kaum verlängert.

Mit 43–53 cm deutlich kleiner als die Skua, aber größer und gedrungener als die sehr ähnliche Schmarotzerraubmöwe; im Prachtkleid meist schwarzbraun mit weißem Bauch, weißem Hals und gelben Wangen; schwarze Kopfkappe bis unter die Schnabelwurzel reichend, braunes Brustband typisch, kann beim ♂ aber fehlen. Manche S. sind bis auf ein weißes Handschwingenfeld gänzlich dunkel.

Vorkommen Zirkumpolar in der Arktis verbreitet, ferner im nördlichen N-Amerika und im W Grönlands; brütet in der arktischen Tund-

Dunkle Formen der ...

ra, lebt außerhalb der Brutzeit auf dem offenen Meer; zieht ab Jul/Aug weit draußen auf See oder hoch über Land in die Winterquartiere vor den Küsten S-Amerikas, an der W-Küste Afrikas, SW-Küste Australiens und im indischen Ozean; an der Nordsee regelmäßiger Gast, vor allem im Okt/Nov, im Binnenland sehr selten.

Nahrung S. ernähren sich im Brutgebiet überwiegend von Lemmingen, die sie im Suchflug oder vom Ansitz aus erbeuten. Da die Altvögel auch ihre beiden Jungen mit Lemmingen füttern, hängt der Bruterfolg wesentlich vom Vorkommen dieser nordischen Wühlmausart ab.

Skua, Große Raubmöwe

Spatelraubmöwe

Schmarotzerraubmöwe

Stercorarius parasiticus · Familie Raubmöwen

Mit 37–45 cm wenig größer als Lachmöwe; Flügel lang und schmal, schneller, falkenähnlicher Flug; spitze mittlere Steuerfedern den Schwanz um 5–10 cm überragend (⇨ Zeichnung S. 210 oben).

Schnabel schlanker als bei der Spatelraubmöwe (⇨ S. 210); verschiedene Färbungstypen: die hellsten Vögel dunkelbraun mit weißer Unterseite, weißem Hals und gelben Wangen ähnlich Spatelr., aber Kopfkappe braun, heller Fleck über Schnabelwurzel, selten mit braunem Brustband; an der Ostsee brüten v. a. braunschwarze S., die nur im Handflügel ein helles Feld aufweisen (⇨ Zeichnung S. 210 unten).

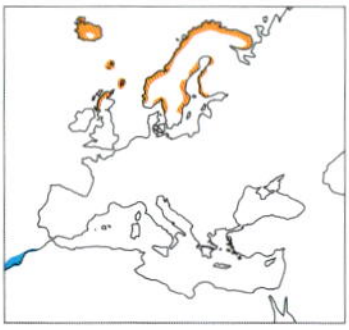

Vorkommen Zirkumpolar verbreitet im nördlichen Eurasien und N-Amerika, in EU südwärts bis Schottland, S-Norwegen und zur nördlichen Ostsee; brütet in Küstennähe oder auf Inseln, in Mooren, feuchter Tundra und auf Heiden; lebt im Winter auf dem Meer; regelmäßiger Durchzügler an der Küste, im Nordseeraum vor allem im Apr/Mai und Sep/Okt, im Binnenland sehr selten; überwintert überwiegend südlich des Äquators.

Nahrung Der Name der S. bezieht sich auf ein für alle Raubmöwen typisches Verhalten. Sie verfolgen Seeschwalben, Möwen, Papageitaucher u. a. Fisch fressende Vogelarten so lange, bis diese ihre Beute fallen lassen oder aus dem Kropf hervorwürgen; manchmal wird ihnen der Fisch auch entrissen.

Falkenraubmöwe

Stercorarius longicaudus · Familie Raubmöwen

Mittlere Steuerfedern 12–25 cm überstehend (bei Jungvögeln nur 1–3 cm), nicht steif wie bei der Schmarotzerraubmöwe, sondern weich flatternd (⇨ Zeichnung S. 210).

Mit 35–40 cm nur etwa lachmöwengroß, kleinste Raubmöwe; schlank mit langen, schmalen Flügeln, Flug wirkt fast seeschwalbenartig; im Prachtkleid nie ganz dunkel wie Spatel- und Schmarotzerraubmöwe, Oberseite braungrau, heller als bei den genannten Arten, nur Schwungfedern dunkel, ohne helles Feld im Handflügel; scharf abgesetzte dunkle Kopfkappe, weiße Brust ohne braunes Band, Bauch hellgrau.

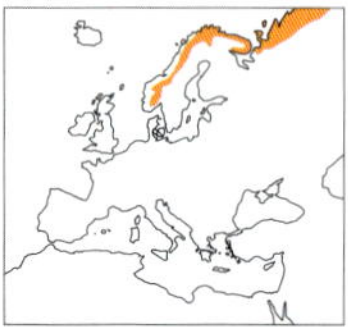

Vorkommen Zirkumpolar verbreitet vom skandinavischen Fjäll bis NO-Sibirien, ferner im nördlichen N-Amerika; brütet in der arktischen Tundra, oft weit im Binnenland; außerhalb der Brutzeit fast ausschließlich auf offener See und seltener an der Küste als andere Raubmöwen, im mitteleuropäischen Binnenland nur ausnahmsweise; zieht im Jul–Sep in die Winterquartiere vor den Küsten S-Amerikas und der W-Küste S-Afrikas.

Nahrung F. erbeuten Fische im Stoßtauchen oder jagen sie anderen Vögeln ab, machen im Suchflug Jagd auf Kleinvögel, nehmen Vogelgelege aus und ernähren sich zusätzlich von Fischereiabfällen, Insekten und Beeren. Zur Brutzeit machen jedoch Lemminge die Hauptnahrung aus.

Schmarotzerraubmöwe braune Färbungsvariante

Falkenraubmöwe

Lachmöwe

Larus ridibundus · Familie Möwen

In allen Kleidern weißer Keil am Vorderrand des Handflügels; Altvögel etwa von Mär–Aug/Nov mit schokoladenbrauner Gesichtsmaske, Schnabel und Beine rot.

35–40 cm groß, häufigste der kleineren Möwen; im Winter Kopf hell mit dunklen Flecken an Auge und Ohr, Schnabel mit schwarzer Spitze; Jungvögel und Einjährige mit brauner Armflügelbinde und scharf abgesetzter, schwarzer Schwanzendbinde, Schnabel und Beine bräunlich orange; häufigster Ruf „kwärr“ o. ä.

Vorkommen Brutvogel des mittleren und nördl. Eurasiens von NW-EU bis O-Sibirien; in M.-EU vor allem an der Küste und in tieferen Lagen; brütet in z. T. sehr großen Kolonien in der Verlandungszone stehender oder langsam fließender Gewässer sowie auf kleinen, bewachsenen Inseln; zur Nahrungssuche tagsüber mitunter weitab vom Wasser; abends Rückkehr an die Schlafplätze auf dem Wasser; in M.-EU Standvogel oder Kurzstreckenzieher, überwintert in fast ganz EU und im Mittelmeerraum; nördliche und östliche Populationen weichen im Winter nach S bzw. SW aus.

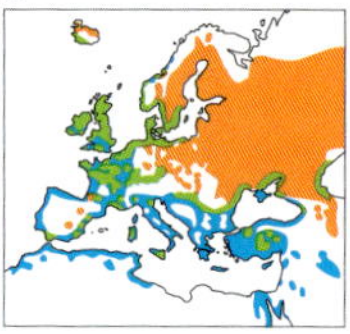

Brut Am Brutplatz besetzen die ♂ zunächst kleine Territorien, die der Paarbildung dienen. Das ♀ wählt den Nistplatz, der von beiden Partnern verteidigt wird. Die Eiablage erfolgt innerhalb der Kolonie etwa zur selben Zeit, sodass die Jungen ungefähr zeitgleich schlüpfen.

Wissenswert! Vielseitigkeit in der Nahrungswahl und geringe Scheu gegenüber dem Menschen verhalfen der L. in der 1. Hälfte des 20. Jh. bis etwa 1970 zu einer starken Zunahme in EU. Mülldeponien, Futterstellen, gestiegener Nährstoffeintrag in die Gewässer und eine Ausweitung des Ackerbaus verbesserten die Ernährungsbedingungen. Inzwischen sind die Bestände aber vielerorts wieder (z. T. sehr stark) rückläufig.

Dünnschnabelmöwe

Larus genei · Familie Möwen

Ähnlich der Lachmöwe, aber mit längerem Hals, flacher Stirn und längerem Schnabel; im Prachtkleid Kopf reinweiß, Unterseite rosa überhaucht, Schnabel dunkelrot, fast schwarz.

40–45 cm groß; im Schlichtkleid ohne oder mit undeutlichem Ohrfleck, kein Augenfleck (Unterschied zur Lachmöwe!), Schnabel orangerot.

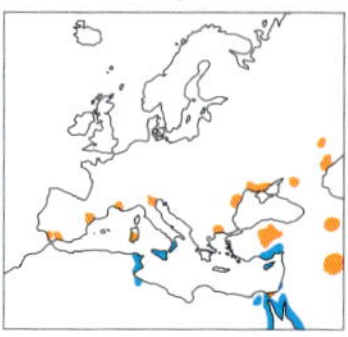

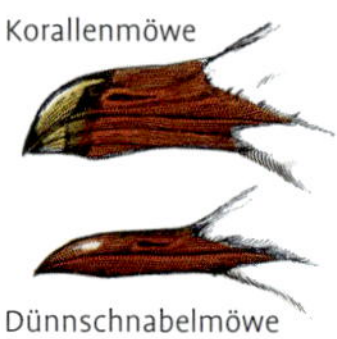

Vorkommen Sehr lückenhaft verbreitet, in EU in Andalusien (Guadalquivir), im Ebro- und Rhonedelta, auf Sardinien, am Ägäischen und Schwarzen Meer (z. B. Donaudelta); weitere Brutvorkommen in der Kaspischen Senke, in Vorderasien und an der Küste W-Afrikas; brütet in kleinen Kolonien auf Inseln in Lagunen und Flussmündungen, auch in Sümpfen; Kurzstreckenzieher; in M.-EU Ausnahmeerscheinung. §

Lachmöwe

Dünnschnabelmöwe im Prachtkleid

Schwarzkopfmöwe

Larus melanocephalus · Familie Möwen

Mit 37–40 cm etwa lachmöwengroß; Altvögel oberseits hellgrau mit weißen Schwungfedern, Schnabel dunkelrot; im Prachtkleid (ab Feb) schwarze, bis in den Nacken reichende Kapuze.

Kapuze im Schlichtkleid nur als dunkle Maske angedeutet; erst mit 2½ Jahren voll ausgefärbt; im 1. Winter einer gleichaltrigen Sturmmöwe (⇨ S. 218) ähnlich, aber schwarze Schwanzendbinde schmaler, Beine und Schnabel dunkel; im 2. Winter wie Altvogel, aber noch mit Schwarzanteil in der Flügelspitze (vgl. Zwergmöwe!); ruft nasal „äja", „höaou" o. ä., ganz anders als Lach- oder Sturmmöwe.

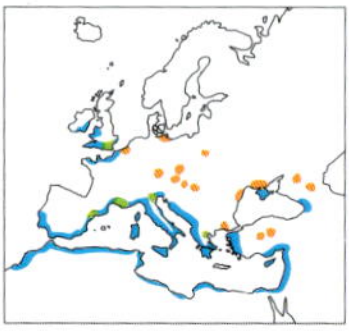

Vorkommen Bis zur Mitte des 20. Jh. fast ausschließlich an der ukrainischen Schwarzmeerküste verbreitet; seit 1960 rasanter Bestandsanstieg und Ausdehnung des Brutgebiets nach O bis zum Kaspischen Meer, nach W bis an die französische Mittelmeer- und Atlantikküste sowie entlang der Donau nach M.-EU und schließlich bis an die Nord- und Ostsee; wichtigste mitteleurop. Brutvorkommen heute im Rhein-Maas-Schelde-Delta und in der ungarischen Tiefebene; brütet auf küstennahen Inseln, in Lagunen, Sumpfgebieten, an Flussmündungen und flachen Seen, in M.-EU meist in Lach- oder Sturmmöwenkolonien. West- und mitteleurop. Brutvögel überwintern an der britisch-französischen Atlantikküste sowie im nördlichen Mittelmeer. §

Zwergmöwe

Larus minutus · Familie Möwen

Mit 24–28 cm viel kleiner als die Lachmöwe; bei Altvögeln Oberflügel hellgrau mit weißem, bis zur Flügelspitze reichendem Hinterrand und sehr dunklem Unterflügel.

Kleinste europäische Möwe; im Prachtkleid ganzer Kopf schwarz, Schnabel dunkelrot, Beine rot; im Schlichtkleid schwarzer Ohrfleck und dunkler Scheitel, Schnabel schwarz, Beine fleischfarben; erst im Alter von 2½ Jahren voll ausgefärbt; Jungvögel im Flug mit schwarzem „W" auf Rücken und Flügeln, das auch im 1. Winter noch zu erkennen ist; im 1. Sommer z. T. bereits mit dunkler Kapuze; im 2. Winter und Sommer ähnlich den Altvögeln, aber mit Schwarzanteil im Handflügel; ruft hart, nasal und schnell gereiht „kjeck".

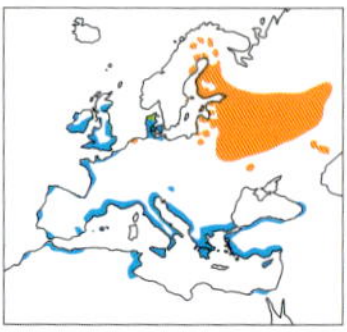

Vorkommen Lückig verbreiteter Brutvogel Eurasiens, von Finnland und dem Baltikum bis O-Sibirien; einzelne Brutvorkommen ferner in Skandinavien und Polen, seit 1942 Brutvogel in den Niederlanden; in D mehrfach Brutversuche; brütet in meist kleinen Kolonien an flachen, nährstoffreichen Binnengewässern, gern auf Inseln, und schließt sich nicht selten anderen Koloniebrütern (z. B. Lachmöwen) an; zieht von Jul/Aug–Okt/Nov quer durch EU in die Winterquartiere, die unter anderem an der Nordsee, an der westeuropäischen Atlantikküste und am Mittelmeer liegen; vereinzelte Winternachweise auch aus dem mitteleuropäischen Binnenland; Heimzug Apr–Jun. **RL, §**

Schwarzkopfmöwe im Prachtkleid

Zwergmöwe links Jungvogel, rechts Altvogel im Prachtkleid

Sturmmöwe

Larus canus · Familie Möwen

Runder Kopf, relativ kleiner Schnabel; bei Altvögeln Rücken und Oberflügel dunkelgrau mit weißem Hinterrand, Flügelspitze schwarz mit großem, weißem Fleck.

Mit 38–44 cm etwas größer als die Lachmöwe (⇨ S. 214) und viel kleiner als die im Flug sehr ähnliche Silbermöwe (⇨ S. 220); Kopf weiß, im Schlichtkleid grau gestrichelt; Schnabel gelb, im Winter grau mit dunkler Binde; Beine grünlich gelb; erst im Alter von 2½ Jahren voll ausgefärbt; Jungvögel oberseits graubraun, Brust hellbraun, Beine fleischfarben; im 1. Winter Mantel und Flügelbinde grau, breit schwarze Schwanzendbinde; im 2. Winter wie Altvögel, doch Vorderrand des Handflügels ausgedehnter schwarz; Rufe denen der Silbermöwe ähnelnd, aber höher und schriller, im Flug „kjau“. Das sog. Jauchzen bei der Balz beginnt mit einigen kurzen „kiä“ und steigert sich dann zu einem sich überschlagenden „kiiijä“.

Vorkommen Brutvogel im nördlichen Eurasien und in Alaska; in EU Schwerpunkte der Verbreitung im nördl. Russland, Finnland und Skandinavien; in M.-EU Brutvorkommen auf die Küste und küstennahe Gebiete konzentriert, erst ab Mitte des 20. Jh. zunehmend auch weiter im Binnenland; derzeitige S-Grenze des Brutgebiets entlang des Alpennordrands; brütet in kleinen bis mittelgroßen Kolonien, an der Küste auf Inseln, Sandstränden und in Dünen, im Binnenland auf Kiesbänken und Schotterinseln in Seen und Flüssen, in der Verlandungszone stehender Gewässer sowie in Moorgebieten, selten auch im Siedlungsraum; benötigt trockene und übersichtliche Flächen, meidet gewöhnlich hohe und dichte Vegetation; Standvogel und Kurzstreckenzieher; überwintert an der Nord- und Ostsee sowie an der Atlantikküste von W-EU, nach S bis Frankreich, wenige auch im Mittelmeer; im mitteleurop. Binnenland bis an den Nordrand der Alpen. Im Winter vagabundieren S. oft weit umher, nördliche und östliche Populationen weichen bei Kälteeinbrüchen bis tief ins Binnenland aus.

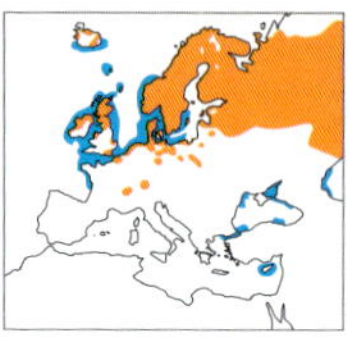

Nahrung Von ihren Schlafplätzen am Wasser fliegen S. morgens z. T. weite Strecken zu ihren Nahrungsplätzen auf Wiesen, Äckern, in Häfen und v. a. auf Mülldeponien, an der Küste suchen sie auch im Watt nach Nahrung (Ringelwürmer). Gern schmarotzen sie bei anderen Vögeln, z. B. Lachmöwen, die mit Brot gefüttert werden oder bei nach Fischen und Muscheln tauchenden Wasservögeln.

Brut Aufgrund ihrer hohen Brutortstreue finden die vorjährigen Brutpartner nach der Rückkehr ins Brutgebiet im Mär häufig wieder zusammen. Das ♂ wählt den Nistplatz auf dem Boden oder einer leicht erhöhten Stelle aus, der Nestbau ist Sache des ♀. Häufig befinden sich die Nester am Rand der Kolonien von Silber- oder Lachmöwen. Das Gelege (meist 3 Eier) wird von beiden Partnern 23–28 Tage bebrütet, die Jungen schlüpfen innerhalb einer Brutkolonie etwa zur selben Zeit. Wie alle Möwenjungen sind junge S. sog. Platzhocker, die zwar bedunt und mit geöffneten Augen auf die Welt kommen und schon gleich nach der Geburt laufen können, aber noch im Nest bzw. dessen Umgebung von den Eltern gefüttert werden. Die Jungen picken auf die Schnabelspitze des Altvogels, der daraufhin einen Nahrungsbrei hervorwürgt. Im Alter von 4–5 Wochen sind sie flugfähig und bald selbstständig.

Häufig ist der Bruterfolg der S. recht gering, da Füchse und Ratten für hohe Brutverluste sorgen. Bei der Nistplatzsuche ist die S. außerdem der größeren Silbermöwe meist unterlegen.

Sturmmöwe oben im Pracht-, unten im Schlichtkleid

Silbermöwe

Larus argentatus · Familie Möwen

Altvögel oberseits hellgrau, Flügelspitze schwarz mit recht großen, weißen Flecken; Kopf weiß, im Schlichtkleid dicht grau gestrichelt; Schnabel gelb mit rotem Fleck.

54–60 cm groß; häufigste Großmöwe; Iris gelb, Lidring gelborange; Beine fleischfarben, nur bei S. aus NO-EU gelblich; erst im Alter von 3½ Jahren voll ausgefärbt, vorher von anderen Großmöwen nur schwer zu unterscheiden; jauchzt laut und gedehnt „kiija-kija-kia-kjaa-kjau…".

Vorkommen In mehreren Unterarten im nördlichen N-Amerika, an den Küsten von NW- und N-EU sowie vom Baltikum nordwärts bis N-Finnland und NW-Russland verbreitet; in M.-EU fast ausschließlich an Nord- und Ostseeküste auf felsigen oder sandigen, stets spärlich bewachsenen Flächen brütend, im Binnenland auch auf Flachdächern; an der Nordsee Standvogel und Teilzieher, vor allem Jungvögel im Winter bis tief ins Binnenland vordringend; nordosteuropäische Vögel ziehen im Winter nach SW.

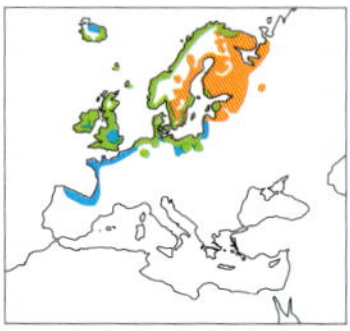

Nahrung Segelnd erspähen S. an den Strand gespülte Krebs- und Stacheltiere oder Aas, folgen Fisch- und Krabbenkuttern, treten im Watt Muscheln aus dem feuchten Grund und fressen sie mitsamt der Schale oder lassen sie aus großer Höhe auf harten Untergrund fallen. Auch Eier und Küken von Seevögeln gehören zum Speisezettel. Im Winter besuchen sie gern Müllplätze.

Mittelmeermöwe

Larus michahellis · Familie Möwen

Altvögel mit leuchtend gelben Beinen, orangerotem Lidring und mehr Schwarz im Handflügel als die ähnliche Silbermöwe; im Schlichtkleid Kopf nur leicht gestrichelt.

Größe wie Silbermöwe, aber langflügeliger, im Stehen überragen die Flügelspitzen den Schwanz weiter; erst mit 3½ Jahren ausgefärbt, vorher von anderen Großmöwen nur schwer zu unterscheiden. Die osteurop. Steppenmöwe *(L. cachinnans)* wurde früher mit der M. zur „Weißkopfmöwe" zusammengefasst. Sie hat eine flachere Stirn und graugelbe Beine.

Vorkommen An der afrikan. Atlantikküste, in SW-EU, im Mittelmeergebiet und SO-EU verbreitet; brütet an Sand- und Felsküsten und an Flussmündungen, im Binnenland v. a. auf Inseln. Seit Mitte des 20. Jh. nimmt der Bestand im Mittelmeerraum stark zu und dehnt sein Areal nordwärts aus. In der Schweiz brütet die M. seit 1968 in wachsender Zahl am Neuenburger See. Einzelne Bruten gab es auch im S von D.

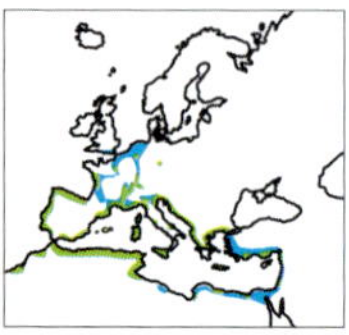

Ähnlich **Korallenmöwe** *Larus audouinii*, kleiner, heller und zierlicher als die M., korallenroter Schnabel mit schwarzer Spitze (⇨ Zeichnung S. 214), graue Beine; eine der seltensten Möwen der Welt; brütet lokal auf kleinen Inseln im Mittelmeer, überwintert im südlichen Mittelmeer; in M.-EU gelegentlicher Irrgast. §

Silbermöwe im Prachtkleid

Mittelmeermöwe

Heringsmöwe

Larus fuscus · Familie Möwen

Deutlich kleiner als die Mantelmöwe, mit schmaleren, spitzeren Flügeln, die beim stehenden Vogel den Schwanz weit überragen; Schnabel schlanker; Altvögel mit gelben Beinen.

Baltische H. *(L. f. fuscus)* auf Rücken und Oberflügel schwarz, westeurop. H. *(L. f. graellsii)* schiefergrau (ähnlich der Mittelmeermöwe, ⇨ S. 220) mit schwarzen Flügelspitzen, H. aus SW-Skandinavien *(L. f. intermedius)* zwischen beiden Formen stehend; erst mit 3½ Jahren voll ausgefärbt, vorher sehr ähnlich anderen jungen Großmöwen.

Vorkommen In 3 Unterarten verbreitet: *L. f. graellsii* an der Atlantikküste von Spanien bis Island, *L. f. intermedius* im SW von Skandinavien und *L. f. fuscus* in N-Norwegen und von Mecklenburg nordostwärts; Bestände der beiden ersteren Unterarten nehmen seit den 1970er-Jahren stark zu, heute brüten sie auch auf den friesischen Inseln, häufig in Mischkolonien mit Silbermöwen; westliche Populationen ziehen ab Juli entlang der Küsten bis W-Afrika, östliche Populationen ziehen über Land durch M.- und O-EU bis zum östlichen Mittelmeer, zum Schwarzen Meer und nach O-Afrika.

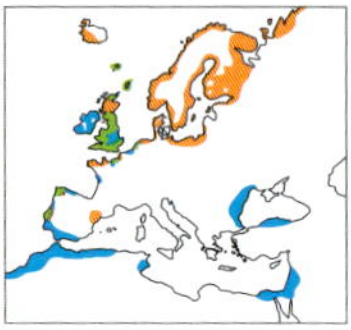

Jungvogel

bei der Balz „jauchzend“

Wissenswert! H., Mittelmeer- und Silbermöwe entwickelten sich aus einer gemeinsamen Vorläuferart innerhalb mehrerer 100 000 Jahre zu eigenständigen Arten, nachdem sie während der Eiszeit geografisch voneinander isoliert waren.

Mantelmöwe

Larus marinus · Familie Möwen

Altvögel mit schwarzem Mantel und schwarzen Oberflügeln, im Handflügel mit größerem weißem Spitzenfleck als die ähnliche Heringsmöwe; Beine rosagrau, kräftiger Schnabel.

60–75 cm groß, Spannweite 145–170 cm, größte Möwe; breite Flügel, die den Schwanz nur wenige cm überragen; erst mit 3½ Jahren voll ausgefärbt; Jungvögel leicht mit anderen Großmöwen zu verwechseln, Größe und massige Gestalt im direkten Vergleich beste Kennzeichen; reiherähnlicher Flug.

Vorkommen Brutvogel an den Küsten von NW- und N-EU, im Baltikum, Russland, auf Inseln der Arktis sowie an der NO-Küste N-Amerikas; brütet in losen Kolonien v. a. an felsigen Küsten, auf küstennahen Inseln, an Flussmündungen und in Dünen. An Nord- und Ostseeküste brütende M. sind Standvögel oder Kurzstreckenzieher mit Winterquartieren an flachen Küsten, südl. bis zum Mittelmeer.

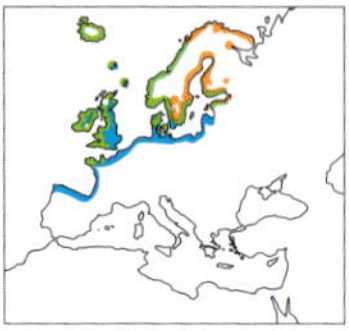

Heringsmöwe (links) (Unterart *L. f. fuscus*) und Mantelmöwe

Wissenswert! M. brüten frühestens im Alter von 4–5 Jahren, meist viele Jahre hintereinander am selben Nistplatz. Das Futter für die Jungen schaffen die Eltern z. T. aus Entfernungen von 20–35 km oder mehr herbei. Verbesserte Ernährungsbedingungen, insbesondere durch den Beifang der Hochseefischer, und abnehmende Verfolgung führten dazu, dass die M. seit Anfang des 20. Jh. stark zugenommen und ihr Brutareal ausgedehnt hat. Seit 1984 brütet sie auch in Norddeutschland. **RL**

Heringsmöwe Die Flügel überragen den Schwanz deutlich.

Mantelmöwe Typisch: große weiße Spitzenflecken auf den Handschwingen.

Dreizehenmöwe

Rissa tridactyla · Familie Möwen

Dunkelgraue Flügeloberseite zur einfarbig schwarzen Flügelspitze hin immer heller, fast weiß werdend, sodass der Flügel auf einige Entfernung grau-weiß-schwarz wirkt.

37–42 cm groß, mit leicht eingekerbtem Schwanz und kurzen, dunklen Beinen; Altvögel ohne Weiß in der Flügelspitze (vgl. Sturmmöwe, ⇨ S. 218!); Schnabel grünlich gelb bis gelb; im Prachtkleid weißer Kopf, im Schlichtkleid (ab Aug/Okt) mit dunkelgrauem Ohrfleck und hellgrauem Hinterkopf; erst im Alter von 2½ Jahren voll ausgefärbt; Jungvögel und Vögel im 1. Winter mit schwarzem „W“ auf Rücken und Flügeln, ähnlich jungen Zwergmöwen (⇨ S. 216), aber schon im Jugendkleid mit einfarbig grauem Mantel und reinweißen Armschwingen; schwarze Schwanzendbinde, schwarzer Ohrfleck und schwarzes Nackenband; Schnabel schwarz; ruft in den Brutkolonien nasal und gellend „kiti uääh“ o. ä., warnt kurz „ök ök…“, abseits vom Brutplatz schweigsam.

Vorkommen Von der gemäßigten Zone bis in die Hocharktis an den Küsten von SW- bis NW-EU (einschließlich Island), Grönlands, W-Russlands, O-Sibiriens und N-Amerikas verbreitet, in M.-EU nur auf Helgoland in mehreren 1000 Paaren; brütet in steilen Felswänden direkt am Meer, gebietsweise auch an Gebäuden; außerhalb der Brutzeit Hochseevogel, Hauptüberwinterungsgebiete im N-Atlantik, im Binnenland nur selten und unregelmäßig, z. B. nach Stürmen.

Brut An den Brutkolonien erscheinen D. erst, wenn sie mehrere Jahre alt sind. Die Kolonien umfassen oft Tausende von Nestern, die sehr dicht beieinander liegen. Nicht selten brüten an den Brutfelsen der D. auch andere Küstenvögel, z. B. Eissturmvögel und Lummen. Oft verpaaren sich D. mit dem letztjährigen Brutpartner, v. a. dann, wenn sie Bruterfolg miteinander hatten. Ein Vorteil des langen Paarzusammenhalts liegt u. a. darin, dass

sich zu Beginn der Brutzeit die Geschlechtsdrüsen der Brutpartner etwa zeitgleich entwickeln, sodass alte Partner früher mit der Brut beginnen können als neu verpaarte. Beide Altvögel errichten auf einem Felssims aus feuchtem Material wie Schlamm, Moos, Tang u. ä. ein Nestfundament, das abtrocknet und dann hart wird und Eiern wie Jungvögeln guten Schutz bietet. Manchmal wird das Nest schon lange vor der Eiablage gebaut. Die Eier der D. sind im Gegensatz zu den Eiern von bodenbrütenden Möwen stärker konisch, weshalb sie nicht so leicht aus dem Nest kullern können. Beim Brüten wechseln sich ♂ und ♀ ab, nach 25–32 Tagen schlüpfen die Jungen. Als reine Nesthocker verlassen sie das Nest bis zum Ausfliegen nicht. Die Eltern erkennen ihre Jungen nicht individuell, sondern orientieren sich beim Füttern allein an der ihnen vertrauten Lage des Nistplatzes – ein weiterer Unterschied zu anderen Möwen, deren Junge schon bald in der Brutkolonie umherlaufen und von den Eltern dann nur anhand ihrer Rufe gefunden werden können. Während ein Altvogel bei den Nestlingen bleibt, schafft der andere Futter herbei und fliegt dazu oft weite Strecken. Nach rund 5 Wochen sind junge D. flügge, sie verlassen das Nest aber erst etwa 1 Woche später. ♀ mit Bruterfahrung haben größere Gelege (3 anstatt 1–2 Eier), sodass alte, erfahrene Paare in der Regel mehr Junge großziehen als Erstbrüter.

Nahrung In langsamem Flug suchen D. die Meeresoberfläche ab, um plötzlich mit leicht angewinkelten Flügeln ins Wasser zu stoßen und kleine Fische zu erbeuten. Regelmäßig folgen D. Schiffen und nutzen wie andere Möwen den Beifang der Hochseefischerei. Auch über Bord gefallene Küchenabfälle und von der Flut angespültes Aas verschmähen sie nicht. **RL**

Dreizehenmöwe alle im Prachtkleid

Eismöwe

Larus hyperboreus · Familie Möwen

Mit 62–70 cm deutlich größer als die Silbermöwe; wie Polarmöwen in allen Altersklassen ohne jegliches Schwarz; Jungvögel beider Arten viel heller als andere Großmöwen.

Altvögel oberseits heller grau als Silbermöwen, im Winterhalbjahr (Sep/Okt–Feb/Mär) Kopf und Brust hellbraun gestrichelt, sonst rein weiß; Schnabel gelb mit rotem Fleck, gelber Lidring, Beine fleischfarben; erst mit 3½ Jahren voll ausgefärbt; von Polarmöwen am besten an Gestalt und Größe zu unterscheiden: meist deutlich größer, kompakter, mit längeren Beinen und kräftigerem Schnabel, flachstirniger Kopf mit eckig wirkendem Profil; die breiten, abgerundeten Flügel den Schwanz am stehenden Vogel nur wenig (höchstens um Schnabellänge) überragend.

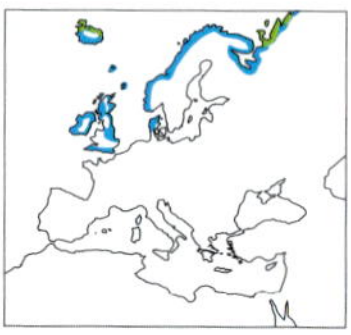

Vorkommen Zirkumpolar auf Inseln und an der Küste des arktischen Eismeers, in EU Brutvogel u. a. auf Island, Spitzbergen, Nowaja Semlja und an der Küste N-Russlands; brütet an Klippen, auf felsigen Inseln oder in geschützten Meeresbuchten auf flachem Strand; überwintert in eisfreien Küstengewässern, südl. bis Irland, Großbritannien und S-Norwegen, vereinzelt auch an Küsten von Dänemark, N-Frankreich und der südl. Nordsee, im Binnenland nur ausnahmsweise.

Polarmöwe

Larus glaucoides · Familie Möwen

Wie die größere Eismöwe in allen Kleidern durch das Fehlen von Schwarz in Flügeln und Schwanz von anderen Großmöwen unterschieden, mit rein weißen Handschwingen.

52–60 cm groß; kurzbeiniger und kurzhalsiger als die Eismöwe, mit schmaleren, längeren und spitzeren Flügeln, die beim stehenden Vogel den Schwanz deutlich überragen; durch runderen Kopf, kürzeren schlankeren Schnabel und dunklen Lidring „freundlicher" wirkend; erst im Alter von 3½ Jahren voll ausgefärbt.

Vorkommen Brütet an steilen Felsklippen an den Küsten Grönlands und NO-Kanadas; im S Grönlands Standvogel, sonst Kurzstreckenzieher mit Hauptüberwinterungsgebiet an den Küsten des N-Atlantiks, in EU auf Island und den Britischen Inseln, an mitteleurop. Küsten nur sehr selten und nicht alljährlich.

Nahrung P. finden sich an den Resten einer Eisbärenmahlzeit ein, erbeuten im Stoßtauchen Fische, folgen Schiffen oder suchen in Fischerhäfen und auf Müllplätzen nach Abfall.

Ähnlich **Elfenbeinmöwe** *Pagophila eburnea*, 40–47 cm, größer als Lachmöwe; Altvögel ganz weiß mit kurzen, schwarzen Beinen, Schnabel grau mit gelber Spitze; hocharktischer Vogel der Packeiszone, nach Stürmen als Irrgast an Küsten von NW- und M-EU.

jung (links) und erwachsen (rechts)

Eismöwe

Polarmöwe

Flussseeschwalbe

Sterna hirundo · Familie Seeschwalben

Wie alle Seeschwalben mit langen, spitzen Flügeln, langem, gegabeltem Schwanz, dünnem, spitzem Schnabel und kurzen Beinen; orangeroter Schnabel mit schwarzer Spitze.

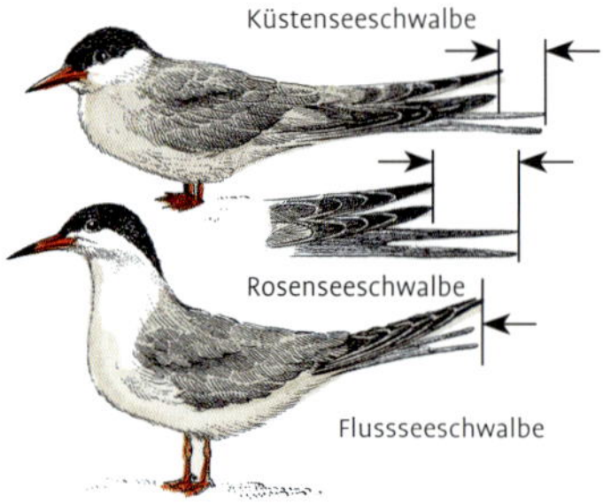

34–37 cm groß; im Prachtkleid schwarze Kopfkappe; ab Jul/Aug Stirn weiß werdend, Schnabel schwarz und Flügelbug dunkel; im Vergleich zu sehr ähnlicher Küstenseeschwalbe Schnabel, Kopf und Beine länger, Flügel etwas breiter, Bauch und Brust heller grau; am stehenden Vogel die Schwanzspieße die Flügelspitzen nicht überragend; äußere Handschwingen bilden im Sommer dunklen Keil auf dem Oberflügel; ruffreudig, bei Störung am Brutplatz schneidend scharf „kiärrr(ih)", „kirri kirri..." u.ä.

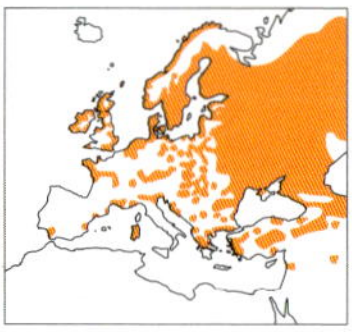

Vorkommen Brutvogel Eurasiens und N-Amerikas, isolierte Brutvorkommen in NW- und N-Afrika; brütet in Kolonien auf vegetationsarmen Sand- oder Kiesflächen an flachen Küsten; im Binnenland ursprünglich auf Kies- und Schotterbänken naturnaher Flüsse, in M.-EU heute vielfach auf künstliche Nisthilfen (Brutflöße) angewiesen. Ab Aug/Sep ziehen F. in ihre afrikanischen Winterquartiere in Ghana und an der Elfenbeinküste, einige bis Südafrika. **RL, §**

Küstenseeschwalbe

Sterna paradisaea · Familie Seeschwalben

Der Flussseeschwalbe sehr ähnlich, doch längere Schwanzspieße, kürzerer, gänzlich roter Schnabel, kürzere Beine und schmalere Flügel; Brust und Bauch dunkler grau.

Am stehenden Vogel überragen die Schwanzspieße die Flügelspitzen deutlich. Oberflügel einfarbig hellgrau; Mauser beginnt erst im Okt im Winterquartier, Schlichtkleid in EU daher selten zu sehen; ruft schriller als die Flussseeschwalbe.

Vorkommen Zirkumpolar verbreitet von der Nadelwaldzone bis in die Hocharktis; in M.-EU v.a. an der Nordsee, seltener an der Ostsee; brütet in Kolonien auf vegetationsarmen Sand- und Kiesflächen und auf Salzwiesen. K. halten neben Flussseeschwalben den Streckenrekord unter den Zugvögeln: Von ihren arktischen Brutgebieten wandern sie bis vor die Küsten Chiles und S-Afrikas und weiter bis in antarktische Gewässer. Eine 25-jährige K. dürfte damit eine Zugstrecke um die 1 000 000 km zurückgelegt haben!

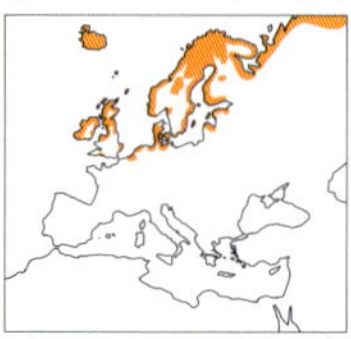

Brut In M.-EU kehren K. Mitte April an ihre Brutplätze zurück. Während der Balz bringen die ♂ Fische zur Kolonie und umwerben verschiedene ♀. Erst nach der Verpaarung füttert das ♂ das ♀ regelmäßig. In die einfache Nestmulde legt das ♀ 2 Eier, die von ♂ und ♀ ca. 3 Wochen bebrütet werden.

Nahrung Wie die Flussseeschwalbe bleibt die K. auf der Jagd nach Fischen rüttelnd über dem Wasser stehen und fängt ihre Beute dann stoßtauchend. Neben Kleinfischen erbeuten K. auch Krebstiere wie Garnelen oder Strandkrabben. **RL, §**

Flussseeschwalbe

Küstenseeschwalbe

Raubseeschwalbe

Sterna caspia · Familie Seeschwalben

Mit 46–56 cm größte europäische Seeschwalbe, fast silbermöwengroß; mächtiger, leuchtend roter Schnabel, vor der Spitze dunkel; Beine schwarz; Schwanz kurz und nur schwach gegabelt.

Oberseite hellgrau, Handschwingen zur Spitze hin dunkler, auf Flügelunterseite einen dunklen Keil bildend; Altvögel im Prachtkleid mit schwarzer, im Schlichtkleid (Aug/Sep–Feb) weiß gesprenkelter Kopfkappe, die bei Jungvögeln weiter auf die Wangen hinab reicht; im Jugendkleid Schnabel orange mit brauner Spitze, Beine hell, oberseits braune Flecken- und Pfeilspitzenzeichnung; Flug durch langsamen Flügelschlag an Möwen erinnernd; Rufe rau und heiser „chrää“, reiherähnlich.

Vorkommen Brutvogel in N-Amerika, Afrika, Australien und Eurasien; Verbreitungsgebiet jedoch stark zersplittert, Brutvorkommen zumeist auf kleine Gebiete beschränkt, oft nur wenige Brutpaare umfassend; in EU vor allem im Ostseeraum heimisch; in M.-EU nur noch ein einziger regelmäßig besetzter Brutplatz in Mecklenburg-Vorpommern; brütet auf überwiegend sandigen, vegetationsarmen Flächen an der Küste, im Binnenland auf Inseln in größeren Seen und Flüssen. Brutvögel aus dem Ostseeraum ziehen im Aug/Sep(Okt) durch EU in die Winterquartiere am Mittelmeer und in W-Afrika. Dort leben sie vor allem an Binnengewässern der Savannenzone und an den Küsten des Golfs von Guinea.

Brut An der Ostsee kehren R., meist bereits verpaart, im Apr(Mai) an den Brutplatz zurück. Da sie vor und während der Eiablage sehr empfindlich auf Störungen reagieren, liegen die meisten Brutplätze auf abgeschiedenen Inseln und Halbinseln. Hier nisten R. einzeln oder in Kolonien, nicht selten

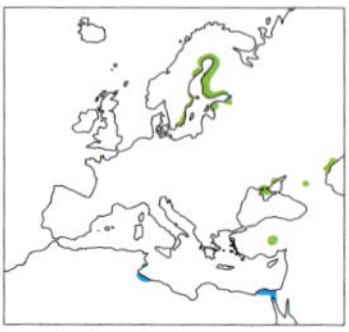

im Schutz der Brutkolonien von Möwen oder anderen Seeschwalben. Die einfache Nistmulde wird spärlich mit Halmen oder Fisch-

gräten ausgelegt. ♂ und ♀ brüten abwechselnd 24–25 Tage. Löst ein Altvogel den anderen ab, bringt er meist einen Fisch mit und überreicht ihn dem Partner. Die 2–3 Jungen verlassen das Nest bereits nach wenigen Tagen und drücken sich in der Umgebung auf den Boden. Jetzt greifen die Eltern Bodenfeinde an und verteidigen den Platz, an dem sich die Jungen gerade befinden, gegenüber anderen Brutpaaren. Das Futter, fast ausschließlich Fische, holen sie oft von weit entfernt gelegenen Binnengewässern (30–60 km und mehr!). Fütternde Altvögel sieht man mitunter noch auf dem Weg ins Winterquartier.

Nahrung Im Suchflug fliegen R. über Seichtwasserzonen und stürzen dann aus Höhen von bis zu 40 m hinab, um Fische stoßtauchend zu erbeuten. Unverdauliche Reste der Fischmahlzeit, Schuppen und Gräten, würgen sie in Form von Speiballen wieder aus. **RL, §**

Ähnlich **Rosenseeschwalbe** *Sterna dougallii*, 32–38 cm; Altvögel oberseits heller als Fluss- und Küstenseeschwalbe (⇨ S. 228), Schnabel ganz schwarz oder mit roter Basis, Schwanzspieße sehr lang (⇨ Zeichnung S. 228); brütet lokal an westeurop. Küsten, überwintert vor W-Afrika; in M.-EU sehr seltener Gast an der Küste, bis 1904 Brutvogel auf Amrum. **§**

Raubseeschwalbe im Prachtkleid

Brandseeschwalbe

Sterna sandvicensis · Familie Seeschwalben

Schnabel lang und dünn, schwarz mit gelber Spitze; schwarze Beine; schwarze Kopfkappe, verlängerte Hinterkopffedern.

Mit 37–43 cm wenig größer als eine Lachmöwe; Flügel lang und schmal; Stirn ab Juni/Juli weiß; ruft kratzend rau „kärrick“. **Vorkommen** Brutvogel an den Küsten ganz Amerikas sowie von NW-EU, am westl. Mittelmeer, am Schwarzen Meer und im Kaspigebiet; brütet in z. T. sehr großen Kolonien auf spärlich bewachsenen Inseln, auf Sand- und Kiesbänken, in Dünen, fast nur an Salz- und Brackwasser; zieht nach der Brutzeit zunächst in fischreiche Gebiete der Nordsee, im Aug/Sep dann entlang der Atlantikküste in die Winterquartiere an den Küsten von SW-EU bis S-Afrika; Rückkehr ab Ende März. **RL, §**

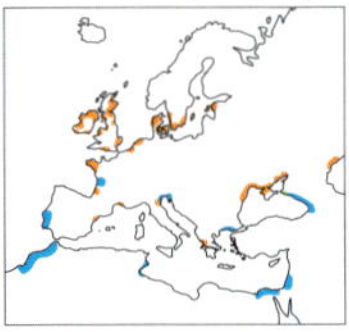

Prachtkleid

Lachseeschwalbe

Gelochelidon nilotica · Familie Seeschwalben

Ähnlich der Brandseeschwalbe, aber ohne Schopf, mit längeren Beinen, Schnabel kürzer, kräftiger und ganz schwarz.

35–40 cm groß; Schwanz nur schwach gegabelt; Flugruf tief, nasal „tju-väck“ o. ä., „lachender“ Warnruf war namengebend. **Vorkommen** Hauptverbreitung in den Steppen- und Halbwüstengebieten Asiens, Brutgebiete in Salzsümpfen und an vegetationsarmen Binnengewässern; in M.-EU an der deutschen Nordseeküste in den Lagunen des Marschlands und auf künstlichen Sandinseln; mitteleuropäische L. überwintern im (sub)tropischen Afrika.
Nahrung L. jagen vor allem über Land, wo sie im Flug Insekten u. kleine Wirbeltiere ergreifen. Fische nehmen sie von der Wasseroberfläche auf, ohne einzutauchen. **RL, §**

Schlichtkleid

Zwergseeschwalbe

Sterna albifrons · Familie Seeschwalben

Mit 20–25 cm kleinste europäische Seeschwalbe; mit schlanken Flügeln und kurz gegabeltem Schwanz; Schnabel gelb mit schwarzer Spitze.

Im Prachtkleid mit schwarzer Kopfkappe, schwarzem Zügel und weißer Stirn, Beine orangegelb; im Schlichtkleid (ab Aug) ohne schwarzen Zügel, Stirn ausgedehnter weiß, Schnabel schwarz; sehr schneller Flügelschlag typisch; ruft heiser „wäd“, ständig wiederholt zu „krrit“ gesteigert.
Vorkommen In der gemäßigten, tropischen und subtropischen Zone nahezu weltweit; in M.-EU heute fast nur noch an der Nord- und Ostseeküste, einzelne Brutvorkommen auch im Binnenland, z. B. im unteren Odertal; brütet in lockeren Kolonien, oft neben Flussseeschwalben, auf Sandstränden und auf Kiesbänken in Flüssen. **RL, §**

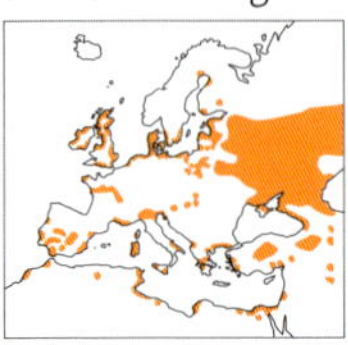

Flussseeschwalbe

Zwergseeschwalbe

Brandseeschwalbe im Schlichtkleid

Lachseeschwalbe mit Küken

Zwergseeschwalbe im Prachtkleid

Trauerseeschwalbe

Chlidonias niger · Familie Seeschwalben

Im Prachtkleid (etwa bis Juli) Kopf, Brust und Bauch schwarz, Oberseite dunkelgrau, Schnabel und Beine schwarz.

22–26 cm groß; Flügel kürzer und breiter als bei den Arten der Gattung *Sterna* (⇨ S. 228–232), Schwanz nur wenig eingeschnitten; im Winter wie im Jugendkleid unterseits weiß, dunkler Brustseitenfleck.

Flügelunterseite hell

Vorkommen Brutvogel in N-Amerika und Eurasien, in EU vor allem in den warm-gemäßigten Breiten; brütet in Kolonien an pflanzenreichen, stehenden oder langsam fließenden Gewässern und in sumpfigen Wiesen; zieht von (Juni)Juli–Okt entlang der Atlantikküste an die Küsten W-Afrikas, Heimzug im Apr/Mai durch SW- bzw. M.-EU.
Nahrung In sehr wendigem Flug jagt die T. dicht über dem Wasser nach Insekten. **RL, §**

Weißbart-Seeschwalbe

Chlidonias hybridus · Familie Seeschwalben

Ähnlich Flussseeschwalbe (⇨ S. 228), aber mit grauem Bürzel und grauem, nur schwach gekerbten Schwanz.

23–28 cm groß; Flügel kürzer und breiter als bei Flussseeschwalbe; Schnabel kräftig und wie die Beine dunkelrot; Mauser ins Schlichtkleid ab Juni/Juli, dann ähnlich der Trauer- und Weißflügel-S., aber oberseits einfarbig hellgrau, ohne deutlichen Brustseitenfleck, Hinterkopf schwarz gestrichelt, schwarzer Fleck hinter dem Auge.

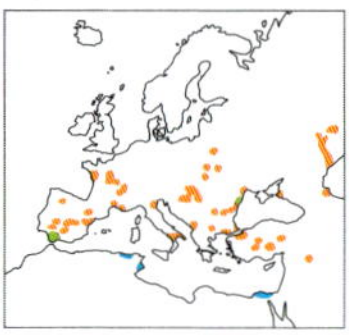

Flügelunterseite hell, Wangen weiß (Artname!)

Vorkommen In S- und O-Afrika, Australien, Vorder- und NO-Asien sowie in den Steppengebieten Russlands und des südl. EU; seit 2002 auch in D; brütet in Kolonien an nährstoffreichen, stehenden Binnengewässern; zieht von Juli–Sep in die Winterquartiere im tropischen Afrika und im Mittelmeergebiet. **RL, §**

Weißflügel-Seeschwalbe

Chlidonias leucopterus · Familie Seeschwalben

Schwanz fast gerade; Kopf, Brust und Bauch schwarz; Mantel dunkelgrau, Schwanz und Bürzel sowie Vorderflügel weiß.

20–24 cm groß; Beine rot, Schnabel schwarz; Mauser ins Schlichtkleid beginnt schon im Juni, dann ähnlich Trauer- und Weißbart-S., aber mit nur schwach gestricheltem Hinterkopf, schwarzem Ohrfleck und ohne Brustseitenfleck.

Unterflügeldecken schwarz

Vorkommen Brutvogel der (Wald-)Steppenzone Eurasiens von der polnischen Tiefebene bis in die Mandschurei; dehnt ihr Brutareal zurzeit nach W aus; brütet in seichten Verlandungszonen, in Sümpfen und auf zeitweilig überfluteten Wiesen; zieht von Jul–Sep durch O-EU in die afrikanischen Winterquartiere südlich der Sahara, Heimzug durch M.- und W-EU im Apr/Mai.

Trauerseeschwalbe im Prachtkleid, rechts mit Küken

Weißbart-Seeschwalbe im Prachtkleid

Jungvogel

Weißflügel-Seeschwalbe rechts im Prachtkleid

Trottellumme
Uria aalge · Familie Alken

Oberseite grauschwarz, Kopf und Hals bräunlich, bei der „Ringellumme", einer Varietät, mit weißer Brillenzeichnung.

38–46 cm groß; Unterseite weiß, im Flug überragen die Zehen den kurzen, gerundeten Schwanz; im Schlichtkleid mit weißer Kehle und weißen Kopfseiten; mausert ab Dez ins Prachtkleid; ruft am Brutplatz laut schnarrend „uarrr", auch bellende Laute.

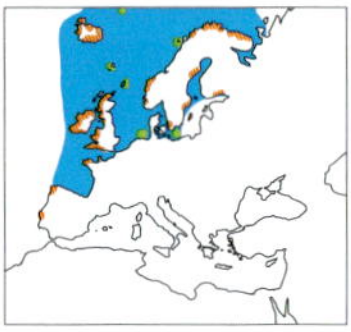

Schlichtkleid, hinter dem Auge weiß

Vorkommen An den Küsten des N-Atlantiks, der Barents-See und des N-Pazifiks verbreitet; brütet an Felsklippen, in M.-EU nur auf Helgoland eine große Kolonie; lebt außerhalb der Brutzeit auf offener See.
Brut Das einzige Ei wird von ♂ und ♀ auf den Füßen ausgebrütet. Im Alter von rund 3 Wochen springen die jungen T. ins Meer und werden von einem Altvogel betreut, bis sie flugfähig sind. **RL**

Dickschnabellumme
Uria lomvia · Familie Alken

Oberseits schwärzlicher als die sehr ähnliche Trottellumme, Schnabel kürzer und kräftiger mit weißem Schnabelwinkel.

40–44 cm groß; im Prachtkleid reicht das Weiß der Unterseite in spitzem Winkel bis auf den Vorderhals (bei Trottellummen gerundet); wirkt im Flug sehr kompakt.

Schlichtkleid, hinter dem Auge dunkel

Vorkommen Brütet an Felsklippen an den Küsten des (sub)arktischen N-Amerikas, Grönlands, NO-Sibiriens, auf Spitzbergen, Island, der Kola-Halbinsel sowie in N-Norwegen; weicht im Winter bei Vereisung nach S (bis Mittelnorwegen) aus; in M.-EU unregelmäßiger Gast vor der Küste.

Tordalk
Alca torda · Familie Alken

Oberseite sehr dunkel, fast schwarz; Flanken weiß; Schnabel kurz und hoch, seitlich zusammengedrückt, mit weißem Streifen.

38–43 cm groß; vom Schnabel zum Auge eine dünne, weiße Linie, die im Schlichtkleid fehlt; Schwanz lang und spitz, verdeckt im Flug die Zehen.

Schlichtkleid

Vorkommen Brütet an Felsküsten des N-Atlantiks, in EU südlich bis zur Bretagne; in M.-EU nur auf Helgoland in wenigen Paaren; Nester häufig in (Halb-)Höhlen; überwintert in Küstengewässern des N-Atlantiks, südwärts bis N-Afrika und westliches Mittelmeer.
Nahrung Wie für Alken typisch, taucht der T. unter Zuhilfenahme der Flügel, er „fliegt" gewissermaßen unter Wasser, und erbeutet dabei kleine Fische. **RL**

Trottellumme im Prachtkleid

Dickschnabellumme im Prachtkleid

Tordalk im Prachtkleid

Papageitaucher

Fratercula arctica · Familie Alken

Großer Kopf, kurzer Schwanz; Halskragen dunkel; im Prachtkleid großer, papageiartiger, bunter Schnabel; nach der Brutzeit wird die Hornscheide des Schnabels abgeworfen.

28–30 cm groß; Schnabel im Schlichtkleid (ab Aug/Sep) kleiner und weniger intensiv gefärbt; helle Kopfseiten werden grau; bei Jungvögeln Schnabel viel kleiner und dunkler, dadurch ähnlich Krabbentaucher.

Vorkommen Brutvogel des N-Atlantiks und des Nordpolarmeers, in EU von Spitzbergen im N bis Bretagne im S; brütet in Kolonien in selbstgegrabenen Höhlen, Kaninchenbauten oder Höhlen von Schwarzschnabel-

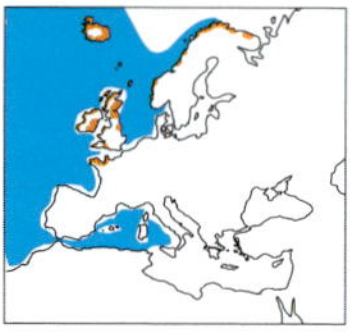

Sturmtauchern an grasbewachsenen Steilküsten oder in Geröll- und Blockfeldern; außerhalb der Brutzeit auf dem offenen Meer; in M.-EU im Winter regelmäßiger Gast vor der Küste.

Brut Das einzige Ei bebrüten ♂ und ♀ abwechselnd. Ihr Junges füttern sie mit kleinen Schwarmfischen, die sie tauchend erbeuten. **RL, §**

Verwandt **Krabbentaucher** *Alle alle*, etwa halb so groß wie der Papageitaucher; kurzer Hals, sehr kleiner Schnabel; im Flug spulenförmiger Körper und schwirrender Flügelschlag kennzeichnend; brütet in riesigen Kolonien an Berghängen oder Felsküsten der Hocharktis, überwintert südwärts bis zur Nordsee.

Gryllteiste

Cepphus grylle · Familie Alken

Spitzer, schwarzer Schnabel; im Prachtkleid schwarz mit weißem Flügelfeld, Füße rot; im Schlichtkleid unterseits weiß, oberseits von Jul–Nov immer heller werdend.

32–38 cm groß; wie alle Alken mit weit hinten eingelenkten Beinen und großen Füßen mit Schwimmhäuten; im Winter weiß mit dunkler Bänderung, Flügel und Schwanz schwarz bleibend; Jungvögel ähnlich den Altvögeln im Winter, aber mit dunkel geflecktem Flügelfeld; Flug mit schwirrendem Flügelschlag, meist dicht über das Wasser.

Vorkommen Brutvogel auf arktischen Inseln und an den Küsten des N-Pazifiks

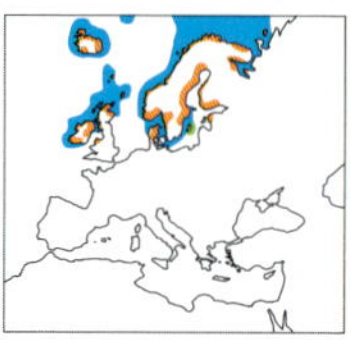

und N-Atlantiks, in EU südwärts bis Irland, Dänemark, S-Schweden und Estland; brütet einzeln oder in kleinen Kolonien, meist in Ni-

schen und Höhlen am Fuß von Steilküsten; überwintert v. a. in flachen Küstengewässern in der weiteren Umgebung der Brutplätze, nach S bis zur südl. Ostsee, einzelne ziehen bis zur franz. Atlantikküste.

Brut Das Gelege (2 Eier) wird von ♂ und ♀ abwechselnd bebrütet, bis nach 25–36 Tagen die Jungen schlüpfen. Sie werden mit kleinen Fischen gefüttert. Noch bevor ihre Schwungfedern ganz ausgewachsen sind, verlassen die jungen G. den Nistplatz und gleiten vom Brutfelsen hinab auf das Meer.

Wissenswert! Die hoch pfeifenden Rufe, die zu einem Triller gereiht sein können, erinnern an das Zirpen einer Grille (Name!).

Papageitaucher

Gryllteiste

Sandflughuhn

Pterocles orientalis · Familie Flughühner

Etwa taubengroß, im Flug am Kontrast von schwarzem Bauch, weißen Unterflügeldecken und dunkelgrauen Schwungfedern erkennbar.

Beim ♂ Brust einfarbig grau, Oberseite grob rostgelb gefleckt; beim ♀ Brust und Oberseite gelbbraun, fein schwarz gestrichelt. Ruf ein weiches „tjürrl".

Vorkommen Iberische Halbinsel, N-Afrika, Zypern, Klein- u. SW-Asien; auf Iber. Halbinsel Standvogel, kleinasiat. S. Zugvögel.

Wissenswert! In ihrem Bodennest bebrüten ♂ und ♀ ihre 2–3 Eier abwechselnd. Die Jungen sind Nestflüchter und suchen sofort selbständig nach Nahrung, werden aber auch von den Eltern aus dem Kropf versorgt. Diese bringen ihnen im vollgesogenen Bauchgefieder auch Wasser herbei. §

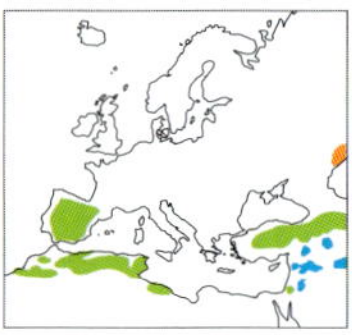

Spießflughuhn

Pterocles alchata · Familie Flughühner

Etwas kleiner als das Sandflughuhn, mit langen, dünnen Schwanzspießen (beim ♂ bis zu 10 cm).

Bauch und Unterflügel weiß, Schwungfedern schwarz; ♂ am Rücken goldgrünlich, ♀ tarnfarben grau-braun. Stimme härter als beim Sandflughuhn, wie „katarr-katarr", ähnlich einer Reiherente.

Vorkommen In SW-EU weiter verbreitet als Sandflughuhn, zudem SW-Asien, NW-Afrika; nördlichstes Brutgebiet in der Crau, der berühmten Steinsteppe Südfrankreichs.

Wissenswert! Als Körnerfresser suchen die geselligen S. den kargen Boden nach Genießbarem ab. Sie können am ehesten auf ihren Flügen zu Wasserstellen beobachtet werden, auf denen sie mit ihren gutturalen Flugrufen untereinander Kontakt halten. §

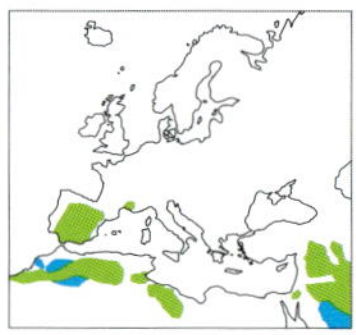

Felsentaube

Columba livia · Familie Tauben

In Gestalt und Gefieder ähnlich der Hohltaube (⇨ S. 242).

Oberseits aber heller grau, weiße Flügelunterseite. Beim Balzflug mit v-förmiger Flügelhaltung und Gurren segelnd.

Vorkommen W-EU an felsigen Küsten, in Mittelmeerländern.

Wissenswert! Die F. ist die Stammform der Straßen- und Haustauben. Sie brütet in Felsen und Ruinen, niemals wie die Hohltaube in Bäumen. Neben dem Balzflug zeigen die ♂ eine Bodenbalz, bei der sie sich mit geblähter Brust und vielen „Ruggediguhh" vor dem ♀ verbeugen.

weißer Rücken, 2 schwarze Flügelbinden

Straßentaube

Columba livia f. domestica · Familie Tauben

Gestalt und Größe wie Felsentaube, Färbung aber sehr variabel; Augen rot.

Gefiederfärbung z. B. weißgrau gemustert, einheitlich dunkelgrau, rotgrau, dunkel gescheckt, auch wildfarben, aber stets ohne weißen Rücken.

Vorkommen Weltweit Brutvogel in größeren Ortschaften und Städten, oft in enormer Zahl.

Wissenswert! S. sind größtenteils „verstädterte" direkte Abkömmlinge der Felsentaube, der Anteil verwilderter Haustauben unter ihnen dürfte nicht sehr hoch sein. In Stimme und Verhalten gleichen sich S. und Felsentaube sehr.

Junge Tauben sind Nesthocker, die blind und nur spärlich bedunt schlüpfen.

Sandflughuhn Hat eine gelbbraune (tarnfarbene) Oberseite.

Spießflughuhn Das ♀ ist stärker gebändert als das ♂.

Felsentaube

Straßentaube Gefiederfärbung sehr variabel.

Ringeltaube

Columba palumbus · Familie Tauben

Größte Taube in EU, Spannweite bis 80 cm, deutlich größer als eine Straßentaube mit im Verhältnis längerem Schwanz und kleinerem Kopf.

weißes Querband auf Flügeloberseite

Bei Altvögeln auffallend weißer Halsseitenfleck (namengebender „Ring"), oben und unten von metallisch glänzenden Federn begrenzt; beim Auffliegen lautes Flügelklatschen hörbar.

Vorkommen Von NW-Afrika, Madeira, Azoren und W-EU ostwärts bis SW-Sibirien, südwärts bis Kleinasien, Irak und Kaschmir; in D, England u. Frankreich die Hälfte des europ. Gesamtbestands. R. brüten in Wäldern aller Art und in Baumgruppen in Feldernähe. Vor allem im nördl. M.-EU tauchen sie zunehmend in Siedlungen auf, dort bevorzugt in Gartenstädten, Parks und Friedhöfen, manchmal aber auch in Ortskernen.

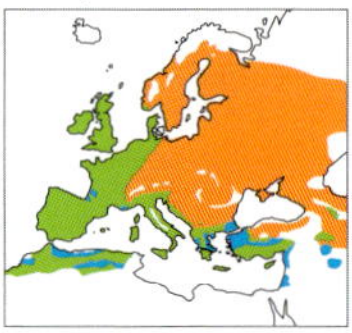

Brut Die Nester auf Bäumen und Büschen sind sehr einfach aus Zweigen gebaut. Bei 2–3 Jahresbruten reicht die Legezeit von Apr–Jun. ♂ und ♀ lösen sich beim Brutgeschäft ab, das 16–17 Tage dauert.

Wissenswert! Wie bei allen Tauben werden die zunächst sehr unfertigen Küken bis etwa zum 5. Tag ausschließlich mit einem milchartigen Sekret gefüttert, das sich im elterlichen Kropf während des Brütens bildet. Die Nestlinge stecken dazu ihren recht großen Schnabel tief in den Schlund des fütternden Altvogels, der daraufhin die breiartige „Kropfmilch" hochwürgt. Später erhalten die Jungtauben zusätzlich im Kropf vorgeweichte Körner. R. profitieren insbesondere im Winter vom vermehrten Anbau von Gemüsekulturen.

Hohltaube

Columba oenas · Familie Tauben

Etwa haustaubengroß, kleiner und kurzschwänziger als Ringeltaube, fliegt zudem mit schnelleren Flügelschlägen.

2 kurze schwarze Flügelbinden

Gefieder blaugrau mit grün und weinrot schimmerndem Halsfleck; Unterflügel und Rücken grau (bei Felsentaube, ⇨ S. 240, weiß); oft in gemischten Schwärmen mit Ringeltauben, durch die Größe und das Fehlen weißer Flügelabzeichen jedoch unterscheidbar.

Vorkommen Gemäßigte Klimazone von Großbritannien und Irland bis W-Sibirien, südwärts bis NW-Afrika u. N-Iran. H. sind Zugvögel. Nur in sehr milden Gegenden bleiben einige den Winter über in M.-EU.

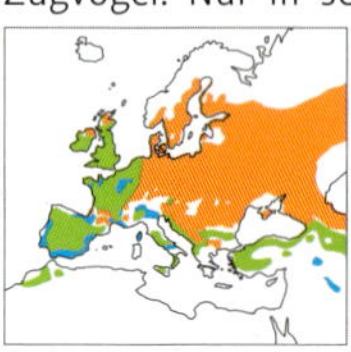

Brut H. brüten meist in Randbereichen von Altholzbeständen, in Feldgehölzen, Obstwiesen und Parks, mancherorts auch im Siedlungsbereich. An der Küste werden sie zu Bodenbrütern und nutzen Höhlungen in Dünen. In M.-EU stehen Schwarzspechthöhlen u. Nistkästen als Brutplätze an erster Stelle.

Nahrung Überwiegend pflanzlich, wird am Boden gesucht; neben Früchten, Gras- und Kräutersamen auch grüne Pflanzenteile sowie Eicheln und Bucheckern; gelegentlich auch Kleintiere.

Wissenswert! Zu Anfang des 20. Jh. konnten H. von der Ausbreitung des Schwarzspechts nach W und der Entstehung neuer Nahrungsquellen durch die Ausdehnung des Ackerbaus profitieren und ihr Areal stark nach W-EU erweitern.

Durch Rückgang von Altholzbeständen (Verlust von Bruthöhlen) und Verschwinden der Ackerwildkräuter (verringertes Nahrungsangebot) verschlechtert sich ihre Situation zunehmend wieder.

Ringeltaube

Hohltaube

Türkentaube

Streptopelia decaoc · Familie Tauben

schwarzer Nackenring

Mittelgroße, schlanke, langschwänzige Taube; Spannweite bis 55 cm; hell sandfarbenes Gefieder, dünner, halber schwarzer Halsring.

Jungvögel noch ohne ein schwarzes Halsabzeichen.

Vorkommen Ursprünglich Vorderasien bis Japan, südwärts bis Sri Lanka und Arabien; in EU bis 1930er-Jahre nur auf der Balkanhalbinsel, seither Arealausweitung über fast ganz EU bis auf N-Skandinavien, Teile Spaniens u. einige Mittelmeerinseln.

Lebensweise In EU leben die Altvögel ganzjährig in nächster Nähe zum Menschen in

Dörfern und Städten. Neben Samen und Früchten holen sie sich ihren Anteil an ausgestreutem Tierfutter und verzehrbaren Abfällen. Schon im März werden die Brutreviere von den ♂ besetzt und durch den typischen dreisilbigen Revierruf „gu-guu-gu" (Betonung auf 2. Silbe) sowie einen akrobatischen Ausdrucksflug markiert. Ihr flaches Nest legen sie auf Bäumen und Sträuchern, manchmal auch auf Gebäuden an. T. brüten bis zu viermal jährlich, gelegentlich sogar im Winter, wobei sie in den Städten neben der Verfügbarkeit von Futter auch vom milderen Klima profitieren.

Wissenswert! Die Ausbreitung der T. fand praktisch vor unseren Augen statt und gilt als Lehrbeispiel für die Expansion von Vogelarten. Die ursprünglich asiatische Art wurde wohl von osmanischen Eroberern nach SO-EU gebracht. Nach der Besiedlung des Balkans begünstigte die zunehmende Industrialisierung der Landwirtschaft ihre weitere Ausbreitung, weil sie den Vögeln reiche Nahrungsgründe bot.

Turteltaube

Streptopelia turtur · Familie Tauben

weiße Endbinde am Schwanz

Kleine Taube, von der Türkentaube durch auffälligere Färbung und Musterung mit leuchtend rostgelben Federsäumen um schwarze Federzentren auf Schultern und Armdecken unterscheidbar.

Altvögel mit Halsfleck aus schwarzen und weißen oder bläulichen Streifen, der bei den eher einfarbigen Jungvögeln fehlt.

Vorkommen Von den Kanarischen Inseln über N-Afrika, den Sudan und Afghanistan ostwärts bis NW-China; Langstreckenzieher. Als Brutvögel von Steppen und Waldsteppen bevorzugen T. in der halboffenen

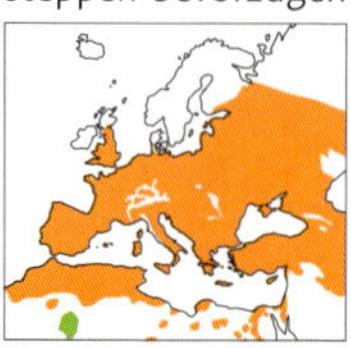

Kulturlandschaft Gehölzstrukturen meist in Wassernähe. Sie brüten in Auwäldern, Feldgehölzen, Hecken, aufgelockerten Wäldern, Weinbaugebieten, Streuobstwiesen sowie Parkanlagen und Gärten mit einzeln stehenden Bäumen.

Lebensweise Zur Aufnahme ihrer fast ausschließlich pflanzlichen Nahrung fliegen T. auf offene Flächen, oft mit anderen Taubenarten gemeinsam. T. leben gewöhnlich monogam in Saisonehe und können einzeln wie auch in Kolonien brüten. Meist werden 2 Jahresbruten aufgezogen, wobei sich die Partner beim Brüten, Füttern und Hudern der Jungen ablösen.

Wissenswert! Die ehemals sehr häufige T. nimmt heute in ihren Beständen europaweit ab. Hauptursachen dieser Entwicklung sind neben starker Bejagung in den Durchzugs- und Überwinterungsgebieten v.a. der Verlust ihrer Lebensräume durch Zerstörung der Auen, Entfernung von Hecken/Feldgehölzen sowie Intensivierung der Landwirtschaft u. Flurbereinigung. **RL**

Türkentaube Typisches Kennzeichen: dünner, schwarzer Halsring, der nur halb herumreicht.

Turteltaube Typisches Kennzeichen: schwarz-weiße Strichel an der Halsseite.

Kuckuck

Cuculus canorus · Familie Kuckucke

Ungefähr taubengroß, Spannweite bis 60 cm; schlank, langschwänzig; wirkt im Flug sperberähnlich, hat aber spitzere Flügel.

Nestling

Oberseite ziemlich einheitlich blaugrau, seltener auch rostbraun (rechtes Foto), Unterseite weißlich mit feiner dunkler Querbänderung; unverwechselbarer Ruf des ♂, meist 2-, manchmal auch 3-silbig „kuckuck".

Vorkommen In der gemäßigten und Waldzone Eurasiens von W-EU und N-Afrika bis Kamtschatka und Japan; überwintert in Afrika südlich des Äquators. Besiedelt offene und halboffene Landschaften mit Bäumen, Waldränder, auch Ortschaften.

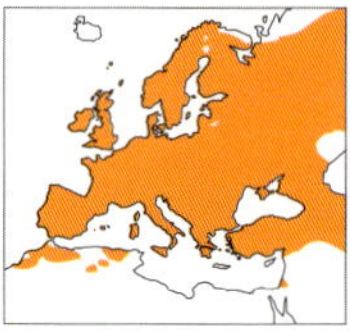

Wissenswert! Als einziger Vogel in M.-EU ist der K. ein Brutparasit: Das ♀ legt seine 10–20 Eier – einzeln – in Nester anderer Arten, um sie von den Wirtseltern ausbrüten und die Jungen aufziehen zu lassen. Während der sekundenschnellen Eiablage packt das ♀ häufig ein Ei der Wirtseltern, um es zu verzehren oder im Schnabel wegzutragen. K.-Eier hat man in EU schon in Nestern von über 100 Vogelarten gefunden. Bevorzugt werden in M.-EU z. B. Rohrsänger-, Pieper- und Stelzennester, abhängig davon, welchen Eityp das jeweilige K.-♀ produziert. Weil das schnell wachsende Junge die gesamte Nahrung, die seine Pflegeeltern herbeitragen, benötigt, wirft es die Eier oder geschlüpften Jungvögel der Wirtseltern mit einer speziellen Technik aus dem Nest (Zeichnung). K. leben allem von behaarten Raupen, die andere Vögel meiden. So stellen sie für die Wirtseltern ihrer Jungen keine Nahrungskonkurrenz dar.

Häherkuckuck

Clamator glandarius · Familie Kuckucke

Ähnlich dem Kuckuck, Schwanz aber etwas länger und schmaler, Flügel breiter und stumpfer endend; Spannweite bis 60 cm.

Oberseite mit kleinen weißen Flecken übersät; Altvögel grau mit kleiner Haube, Kehle und Brust gelblich weiß; Jungvögel (kl. Foto) dunkler, Kehle und Brust mehr ockergelb; Reviergesang des ♂ dumpfe, abfallende „ki-u"-Rufe; außerdem raues Keckern wie „kakakakarrkarr" und elsterartiges Schackern; Warnruf krähenähnlich „krak".

Vorkommen S-EU, W-Asien, Afrika; südeuropäische H. überwintern in Afrika südlich der Sahara. H. leben in savannenartigen Landschaften mit Pinien oder Korkeichen, außerdem in Olivenhainen sowie Heidelandschaften mit höherem Gebüsch, auch in Randbereichen von Siedlungen und Parks.

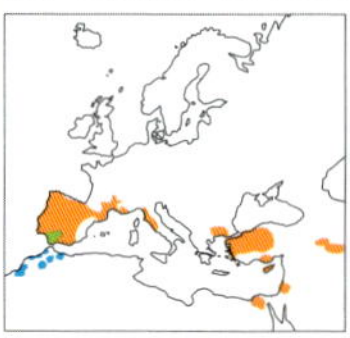

Nahrung H. fressen die behaarten Raupen des Kiefernprozessionsspinners, daneben werden auch große Insekten sowie kleine Eidechsen verzehrt.

Wissenswert! Auch der H. ist ein Brutparasit, der seine Eier (insgesamt 6–9) in fremde Nester legt, um die Jungen von den Wirtseltern großziehen zu lassen. In EU ist die Elster der Hauptwirt, daneben Krähen und Blauelster, in Afrika auch Glanzstare. Anders als beim Kuckuck legt ein H.-♀ mehrere Eier pro Wirtsnest ab, weil größere Wirtseltern Nahrung auch für mehrere Nestlinge heranschaffen können. Den jungen H. fehlt der Trieb, Wirtseier oder -geschwister aus dem Nest zu werfen. Um die Konkurrenz zu mindern, beschädigt oder entfernt das H.-♀ meist einige der Wirtseier.

Kuckuck Linkes Bild: graue Form mit sperberartig gebändertem Bauch; rechtes Bild: braunes Exemplar mit Querbänderung.

Häherkuckuck

Waldkauz

Strix aluco · Familie Eulen

Mittelgroße, gedrungene Eule, kleiner als ein Bussard, mit breiten, gerundeten Flügeln und vergleichsweise großem Kopf ohne Federohren.

Spannweite bis 95 cm

Grundfärbung der Altvögel unabhängig vom Geschlecht entweder rindengrau oder – seltener – rostbraun; Reviergesang des ♂ „huuu-hu-uuuuuu“ (1. Silbe betont), häufigster Ruf des ♀ „kuit“.

Vorkommen 11 Unterarten in zwei Rassegruppen: westliche Gruppe von SW- und W-EU (ohne Irland) und N-Afrika ostwärts bis W-Sibirien; östliche Gruppe von S-Russland bis Ostküste Chinas.

Lebensraum In M.-EU vom Tiefland bis in Gebirgswälder mit Buchenbeständen, zudem Parks, Friedhöfe, Alleen und Gärten mit altem Baumbestand, selbst mitten in Großstädten; fehlt nur in baumarmen Feldfluren sowie in Küstengebieten und auf küstennahen Inseln. Grund für die außerordentliche Häufigkeit des W. ist nicht zuletzt seine große Anpassungsfähigkeit bei der Wahl des Brutplatzes. Seine jeweils 3–5 Jungen zieht der W. in Baumhöhlen (meist Buchen), aber auch in Gebäudenischen, auf Dachböden, in alten Greifvogelhorsten oder in Fels- und Erdhöhlen auf.

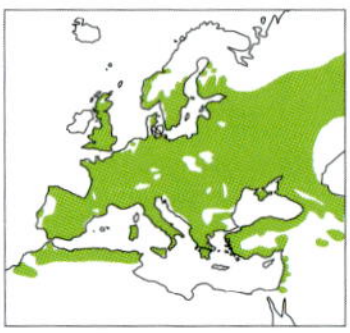

Nahrung Der W. ist ein Dämmerungs- und Nachtjäger, der seine Beute aus einem Suchflug heraus oder von einem Ansitz aus jagt. Gern schreckt er gesellige Kleinvögel von ihrem Schlafplatz auf, um dann einen von ihnen im Flug zu fangen. Er vermag Beutetiere bis zu einem Gewicht von 300–500 g zu überwältigen.

Bartkauz

Strix nebulosa · Familie Eulen

Beinahe uhugroß, aber nicht so massig; Spannweite bis fast 160 cm; großer, rundlicher Kopf ohne Federohren, kleine, gelbe Augen.

Färbung düster grau; Schwanz ziemlich lang, gerundet; Flügel sehr lang und breit; namengebender schwarzer Kehlbart; Gesichtsschleier konzentrisch geringelt.

Vorkommen In 2 Unterarten von N-Skandinavien bis O-Sibirien; außerdem Alaska und Kanada; lebt bevorzugt in hochstämmigen, dichten Fichten- u. Kiefernwäldern.

Wissenswert! B. jagen auf Lichtungen, Kahlschlägen und angrenzenden Mooren, vor allem nach Wühlmäusen. Während sie gewöhnlich in der Morgen- und Abenddämmerung aktiv sind, jagen sie zur Zeit der Jungenaufzucht im Juni auch tagsüber. **§**

Habichtskauz

Strix uralensis · Familie Eulen

Waldkauzähnlich, jedoch größer (Spannweite gut 120 cm), Gefiederfärbung meist heller; rahmfarbener, fast runder Gesichtsschleier.

Reviergesang des ♂ dumpf „huh“, Revierruf des ♀ ähnlich, aber krächzend.

Vorkommen In der Taigazone Eurasiens; isoliert auch in Mittelgebirgen in D, Polen, der Slowakei, Tschechien und Ungarn.

Wissenswert! In reich strukturierten Bergmischwäldern nutzt der H. alte Greifvogelhorste als Nest. H. verteidigen ihre Jungen durch heftige Angriffsflüge, gegebenenfalls auch gegen Menschen. Beutetiere sind vor allem Mäuse. **RL, §**

Waldkauz Auffallend der große, runde Kopf und die großen Augen mit dunkler Iris.

Bartkauz Schwanz vergleichsweise lang.

Habichtskauz Kennzeichnend: ein strohgelber Schnabel.

Uhu

Bubo bubo · Familie Eulen

Größte europäische Eule, Spannweite bis 190 cm; runder Kopf mit langen Federohren, die bei Erregung aufgestellt werden, sonst nach seitlich hinten stehen.

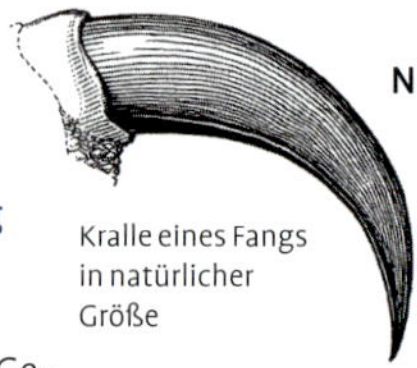

Kralle eines Fangs in natürlicher Größe

Große, orangegelbe Augen; Gefieder oberseits rostbraun, dunkel gefleckt und gebändert, unterseits heller rostfarben, mit kräftiger Längsfleckung der Brust.
Vorkommen Lückenhaft in S-, M.- und N-EU, auch N-Afrika und fast ganz Asien; in EU vorwiegend in Mittelgebirgen und den Alpen, neuerdings Ausbreitung auch ins Tiefland. Braucht reich gegliederte Landschaften mit abwechselnd bewaldeten und offenen Flächen, die ganzjährig Nahrung bieten, gern in der Nähe von Flüssen und Seen.

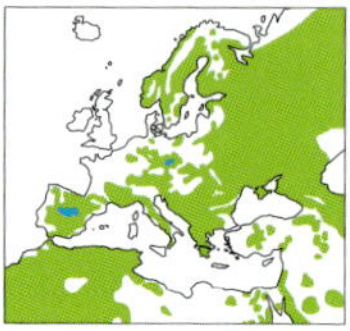

Nahrung Großteils Mäuse und Ratten, regional aber stark von der Häufigkeit der Beutetierarten abhängig; in Schweden Schermäuse, in der Provence Wildkaninchen, in einigen Gegenden von D Igel. U. können aber auch Jungfüchse und Rehkitze, Vögel bis Hühnergröße, Greifvögel und Eulen schlagen.
Wissenswert! Als Nistplätze nutzen U. Felsbänder und -nischen, schütter bewachsene Steilhänge, im Tiefland auch Greifvogel- und Reiherhorste, Baumhöhlen oder einfach den Erdboden. Am Brutplatz sind U. sehr störungsempfindlich. Vor allem im Herbst und Vorfrühling lassen sie die typischen, namengebenden „Uhu"-Rufe hören. Trotz Bestandserholung und Wiedereinbürgerung zählen U. durch Störungen sowie Verluste im Straßenverkehr und an Stromleitungen noch immer zu den gefährdeten Tierarten. §

Schnee-Eule

Nyctea scandiaca · Familie Eulen

Fast uhugroß; Spannweite bis 166 cm; ♂ schneeweiß, oft ohne Zeichnung, sonst mit wenigen schwärzlichen Flecken.

♀ weiß mit dunkler Fleckung und Bänderung; Kopf relativ klein, goldgelbe Augen; Fänge bis zu den Krallen dicht befiedert.
Vorkommen In arktischen Gebieten, in EU nur im N; unregelmäßiger Wintergast in M.-EU (bis N- und O-Deutschland).
Wissenswert! S. leben im offenen, übersichtlichen Gelände der Tundra und Bergtundra. Kleine Hügel und Felsbrocken werden als Ansitzwarten und Neststandorte genutzt. S. jagen vor allem Lemminge, daneben andere Wühlmäuse und Vögel bis Entengröße. Die ♂ markieren ihr Revier durch laute, an Hundegebell erinnernde Rufe sowie wellenförmige Imponierflüge. §

Sperbereule

Surnia ulula · Familie Eulen

Mittelgroße Eule, Spannweite bis 80 cm; Augen gelb; weißer, seitlich schwarzbraun umrandeter Gesichtsschleier.

Relativ langer Schwanzspitze Flügel; erinnert im Flug an ein Sperberweibchen.
Vorkommen Nadelwaldzone Eurasiens von Norwegen bis Kamtschatka und Sachalin; verstreicht im Winter unregelmäßig nach S (siehe blaue Linie).
Wissenswert! Der Reviergesang des ♂ ist ein klangvolles Trillern und ein vibrierendes Rollen. Die wenig scheuen, vorwiegend tagaktiven S. überwachen gern, auf einem Zweig sitzend, ihr Gelände. Von dieser Warte aus jagen sie v. a. Lemminge und andere Wühlmäuse. Brutplätze sind oft Höhlungen in der Spitze abgebrochener Baumstämme, aber auch Schwarzspechthöhlen. §

Uhu

Schnee-Eule

Sperbereule

Raufußkauz

Aegolius funereus · Familie Eulen

Ziemlich kleine Eule, etwa so groß wie der Steinkauz (⇨ S. 256), Spannweite bis 60 cm; heller Gesichtsschleier, seitlich schwarzbraun umrandet.

Gefieder oberseits dunkelbraun, weiß geperlt, unterseits mit verwaschenen graubraunen Flecken; Füße bis zu den Krallen dicht weiß befiedert (Name!); Jungvögel fast einheitlich dunkelbraun, nur Flügel und Schwanz weiß geperlt; Flug geradlinig, nicht bogenförmig wie beim Steinkauz.

Vorkommen In 5 Unterarten in einem breiten Gürtel quer durch das nördliche Eurasien und N-Amerika, südwärts bis M.-EU, Zentralasien und China, im S aber nur isolierte Vorkommen. Als ausgesprochene Höhlenbrüter brauchen R. Altholzbestände mit Schwarzspechthöhlen, nehmen aber auch Nistkästen an. Sie kommen in großen, reich strukturierten Nadelwäldern mit vielen Baumhöhlen vor, aber auch in einförmigen Fichtenbeständen mit entsprechendem Nistkasten-Angebot.

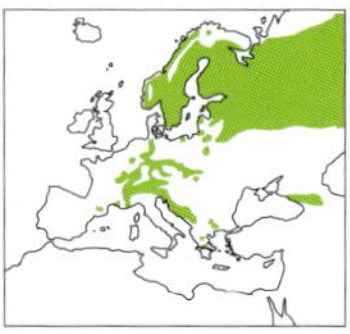

Nahrung Kleinsäuger und bis zu drosselgroße Vögel stellen die Hauptnahrung der R. dar, in der Brutzeit vor allem Mäuse. Die nachtaktiven Wartejäger sitzen zur Jagd gern an offenen Flächen wie Lichtungen, Waldwiesen oder Kahlschlägen. Sie können ihre Beute sehr genau akustisch orten, um sie dann im Stoßflug zu greifen. Die ausgewürgten Gewölle mit den unverdaulichen Nahrungsteilen unterscheiden sich durch ihre bauchigere Form und das Fehlen von Insektenteilen von denen des Steinkauzes.

Wissenswert! Der Reviergesang des ♂ im Frühling ist ein auffälliges und melodisches „hu-hu-hu-hu...“. Unverpaarte ♂ lassen ihn bis Mai/Juni oft die ganze Nacht lang hören. **§**

Sperlingskauz

Glaucidium passerinum · Familie Eulen

Nur starengroß, kann im Flug mit diesem verwechselt werden; Spannweite bis 36 cm; runder Kopf; über den gelben Augen ein auffälliger weißer Überaugenstreif.

Schwanz mit 5 weißen Querbinden, im Sitzen deutlich über die Flügelspitzen hinausragend, wird in Erregung seitwärts geschlagen (wie Würger) oder nach oben gestelzt (wie Zaunkönig); Flugbild mit rundlichen Flügeln und fächerförmigem Schwanz, Flug wellenförmig (wie Steinkauz) oder geradlinig (wie Star); oft auf Fichtenspitzen sitzend.

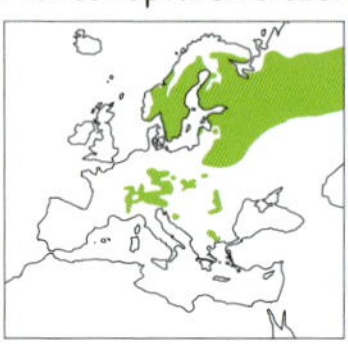

Vorkommen Nadelwaldzone, besonders in Mittelgebirgs- und Berglagen bis zur Baumgrenze. S. brüten in reich strukturierten, älteren Nadel- und Mischwäldern. Sie brauchen deckungsreiche Tageseinstände, Altholzbestände mit Höhlen (hauptsächlich vom Buntspecht) als Brut- und Depotplätze, hohe Rufwarten sowie Freiflächen wie Lichtungen, Waldwiesen oder Hochmoore zur Mäuse- und Singvogeljagd.

Wissenswert! Das ♂ sitzt mitunter am hellen Tag auf einer Fichtenspitze und lässt seinen Reviergesang hören, der aus einer Rufreihe steigender Tonhöhe („Tonleiter“) besteht. Die Kleinvögel im Lebensraum des S. kennen diesen Ruf. Nachpfeifen oder Abspielen führt zu Singvogelreaktionen. Vor allem im Winter bilden Kleinvögel wie Meisen und Finken den Hauptanteil in der Beute des Überraschungsjägers. In den Wintermonaten und zur Brutzeit deponiert der S. überschüssige Beutetiere für Schlechtwetterperioden bzw. höheren Bedarf bei der Aufzucht der 3–7 Jungen in Baumhöhlen. **§**

Raufußkauz

Sperlingskauz

Waldohreule

Asio otus · Familie Eulen

Etwa krähengroß; viel schlanker als ein Waldkauz; lange, auffällige Federohren, die in Ruhe und beim Fliegen angelegt werden.

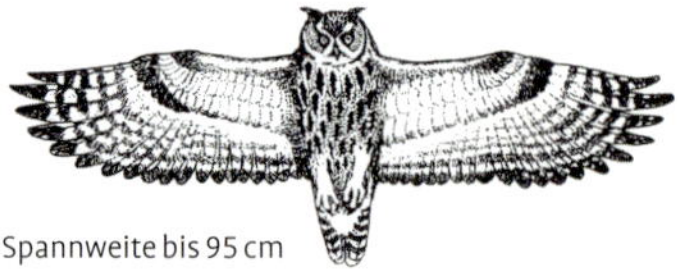

Spannweite bis 95 cm

Orangegelbe Augen. Reviergesang des ♂ ein verhaltenes, weithin hörbares, monoton gereihtes „huh". Nestlinge fauchen bei Störungen katzenartig.

Vorkommen Über ganz Eurasien einschließlich der Azoren und Kanaren sowie Japan; im N bis zur Tundra-Grenze, im S bis N-Afrika.

Lebensweise Die dämmerungs- und nachtaktiven W. brüten bevorzugt in Nestern von Rabenkrähen und Elstern in kleineren

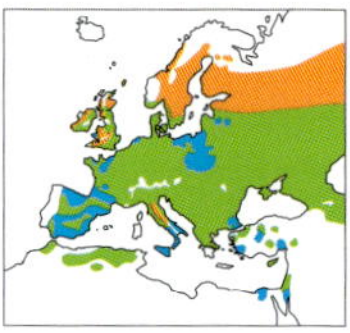

Baumbeständen, selbst auf Einzelbäumen sowie vor allem an Waldrändern. Halboffene, kleinräumig strukturierte Landschaften werden zur Jagd auf Kleinsäuger genutzt. Ihre Beute, überwiegend Wühlmäuse, erjagen W. aus dem Flug heraus. ♂ und ♀ führen meist eine Saisonehe. Bei der Flugbalz ab Mitte Februar werden vom ♂ die Handschwingen immer wieder klatschend zusammengeschlagen.

Brut Das ♀ legt ab Mitte März 4–5, in starken Mäusejahren auch doppelt so viele Eier im Legeabstand von 2 Tagen. Weil die Eier ab dem ersten Tag bebrütet werden, schlüpfen die Jungen auch nacheinander. Die Nestgeschwister sind daher verschieden weit entwickelt. Das ♂ versorgt das ♀ und die mit lautem Pfeifen um Futter bettelnden Jungen mit Beute. Schon im weißen Dunenkleid werden bei jungen W. die Federohren sichtbar.

Sumpfohreule

Asio flammeus · Familie Eulen

Ähnlich der Waldohreule, aber kurze Federohren, die nur bei Erregung gut sichtbar sind.

Lange, schmale und recht spitze Flügel, Spannweite bis 105 cm; Gefieder hell, lebhaft gestreift; Gesicht fahl, gelbe Augen, auffällige schwarze Augenumrandung.

Vorkommen Im nördlichen Eurasien, N-, M.- und S-Amerika sowie auf Inselgruppen im Pazifik; Überwinterungsgebiete vom nördl. M.-EU bis ins Mittelmeergebiet. In M.-EU nur wenige hundert Brutpaare.

Wissenswert! S. bewohnen offene Landschaften wie Tundren, Moore, Heiden, Dünen und sumpfige Niederungen. Sie brüten am Boden und jagen im niedrigen Suchflug nach Mäusen und Kleinvögeln. Durch Lebensraumverlust sind sie bei uns gefährdet. **RL, §**

Zwergohreule

Otus scops · Familie Eulen

Mit knapp 20 cm Körpergröße die kleinste Ohreule, etwas kleiner und schlanker als der Steinkauz.

Rindenfarbiges Tarngefieder; Iris zitronengelb; kleine Federohren; sitzt tagsüber oft dicht an einem Baumstamm.

Vorkommen In S-Eurasien bis SO-Indonesien, SW-Arabien, Afrika außerhalb der Tropen und Wüsten; in EU Mittelmeerländer, nördlich bis Mittelfrankreich, Elsass, der S-Schweiz, Österreich, Ungarn, der S-Slowakei, durch Zugverlängerung gelegentlich auch weiter nördlich.

Wissenswert! Z. leben in halboffenen, trockenen, klimatisch milden Gebieten, in denen sie v. a. Großinsekten jagen. Der monotone Reviergesang des ♂ kann mit Rufen der Geburtshelferkröte verwechselt werden.

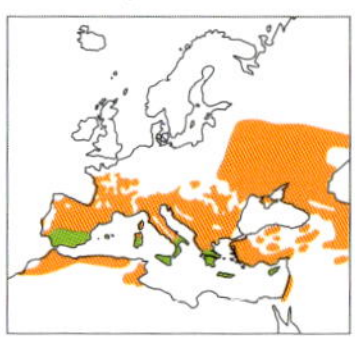

Die Federohren können angelegt (oben) oder aufgestellt werden (rechts).

Waldohreule

Sumpfohreule

Zwergohreule

Steinkauz

Athene noctua · Familie Eulen

Kleiner als eine Taube, Spannweite rund 50 cm; kurzschwänzig; große, gelbe Augen, weiße Überaugenstreifen, die wie Augenbrauen wirken.

Steinkauzröhre

Oberseits dunkelbraun, dicht weißlich gefleckt und gebändert; Unterseite hell, breit dunkelbraun gestreift; teilweise tagaktiv, sitzt gern exponiert; duckt sich bei Beunruhigung flach nieder, wippt bei Aufregung heftig auf und ab.

Vorkommen In gemäßigter, mediterraner sowie Steppen- und Wüstenzone in EU, N-Afrika, Teilen des Himalajas sowie China; in M.-EU weitgehend auf waldfreie Tieflagen

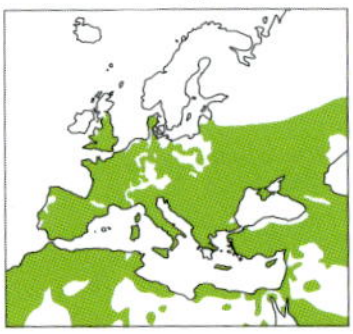

unter 500–600 m beschränkt. Lebt in offenem Flach- und Hügelland, das durch einzelne Bäume, Lesesteinmauern, Böschungen u. ä. aufgelockert ist; vom Kulturland bis zur Wüste; gern in alten Obstgärten, Weiden und Mähwiesen mit Kopfbäumen, Steinbrüchen, Ruinen und Dörfern.

Nahrung Sehr vielseitig: Kleinsäuger, Vögel, kleine Reptilien, Amphibien, Insekten, auch Regenwürmer und andere Wirbellose. S. jagen meist von einem Ansitz aus, aber auch in niedrigem Suchflug oder zu Fuß. Hüpfend suchen sie am Boden nach Regenwürmern und Insekten, die im Sommer einen großen Teil ihrer Nahrung ausmachen und zum bevorzugten Aufzuchtfutter der Jungen zählen.

Wissenswert! S.-Paare leben in Dauerehe zusammen. Ihre jeweils 3–5 Jungen ziehen sie in einer geeigneten Höhle, bei uns oft in speziellen Nistkästen, auf. Die strengen Standvögel bleiben meist in nächster Nähe zu ihrem Brutort. Durch Lebensraumverluste sind S. bei uns gefährdet. **RL**

Schleiereule

Tyto alba · Familie Schleiereulen

Helle, langbeinige Eule; an ihrem herzförmigen, weißlichen Gesichtsschleier (namengebend!) von allen anderen Eulen unterscheidbar.

Unterseite entweder rostgelb mit kleinen dunklen Flecken (in N- und O-EU) oder weiß ohne Fleckung (in S- und W-EU); Flügel lang und schlank, Spannweite bis zu 95 cm.

Vorkommen In 34 Unterarten mit Verbreitungslücken in fast allen Regionen der Welt, v. a. in tropischen und subtropischen Breiten (eines der größten Verbreitungsgebiete aller Landvogelarten!); in EU nordwärts bis Dänemark und N-England.

Brut Nest in Mauer- oder Felsspalten sowie

in Baumhöhlen, in M.-EU überwiegend auf Dachböden oder in speziellen Nistkästen; meist 4–7, manchmal auch bis zu 15 oder aber nur 1–3 Eier, die gewöhnlich auf eine Schicht zerfallener oder zerbissener alter Gewölle gelegt werden. Das ♀ brütet allein und wird dabei vom ♂ versorgt. Nach 34 Tagen schlüpfen in 2-tägigem Abstand die Jungen, sodass die Nestgeschwister später recht verschieden groß sind.

Wissenswert! Weil S. hauptsächlich von Feldmäusen leben, hängt ihr Bruterfolg ganz wesentlich von der Mäusedichte im Wohngebiet ab. Ist diese gering, schreiten bis zu 60 % der S. überhaupt nicht zur Brut. In guten Mäusejahren sogar 2 Jahresbruten.

Im Bild die rostgelbe Form der S.

Steinkauz Links ein Altvogel (Scheitel weiß gesprenkelt), rechts ein Jungvogel (Scheitel ungefleckt).

Schleiereule

Ziegenmelker

Caprimulgus europaeus · Familie Nachtschwalben

Ungefähr amselgroß, sehr langflügelig und langschwänzig; große, schwarze Augen; sehr kleine Füße; auffallend kleiner Schnabel, aber tiefer, breiter Rachen.

Gefieder, rindenartig gefärbt und gemustert; ♂ mit weißen Flecken an den Flügelspitzen und den äußeren Schwanzfedern, im Flug sichtbar. Flugruf „ku-ik".

Vorkommen N-Afrika, EU (außer N-Skandinavien), Vorder- und Zentralasien; Langstreckenzieher, Winterquartier im trop. Afrika; bei uns Ende Apr bis Anfang Aug. Der Z. kommt bei uns in trockenen Heide- und Dünengebieten und in lichten Kiefern-

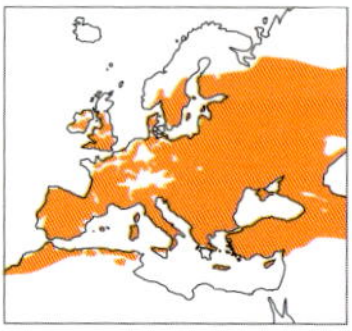

wäldern, dort besonders in Kahlschlägen, vor.

Brut Die jeweils 2, durch ihre Fleckenzeichnung gut getarnten Eier werden ohne ein Nest einfach auf den Boden gelegt und überwiegend vom ♀ erbrütet.

Wissenswert! Als einen dämmerungs- und nachtaktiven Insektenjäger bekommt man den Z. kaum jemals zu Gesicht, zumal er tagsüber durch Färbung und Verhalten hervorragend getarnt ist: In Längsrichtung mit geschlossenen Augen auf einem Holzstück oder Ast sitzend, verschmilzt der Vogel geradezu mit dem Untergrund. Am ehesten ist die Anwesenheit von Z. durch den minutenlangen, schnurrenden Balzgesang und das Flügelknallen der ♂ bei ihren Imponierflügen festzustellen. Lebensraumverluste führten zu starkem Rückgang. **RL, §**

Ähnlich **Rothals-Ziegenmelker** *Caprimulgus ruficollis*, mit rostroter Färbung von Halsband, Kehle und Vorderbrust; beheimatet in SW-EU und N-Afrika.

Mauersegler

Apus apus · Familie Segler

Schwalbenähnlich, jedoch größer; lange, sichelförmige Flügel.

Spannweite bis 44 cm; kurzer, gegabelter Schwanz; einheitlich dunkle Unterseite, nur Kehle aufgehellt; reißender Flug mit raschen Flügelschlägen und kurzen Gleitphasen; gegen Abend Flugjagden, mit hohen, schrillen „srih"-Rufen verbunden.

Vorkommen In M.-EU vor allem in größeren Ortschaften und Ballungsgebieten; Zugvogel, überwintert im tropischen Afrika; bei uns von Ende Apr bis Anfang Sep.

Wissenswert! Bei uns brüten M. gewöhnlich an Gebäuden, östl. der Elbe auch in Baumhöhlen. Die meist 2–3 Jungen kön-

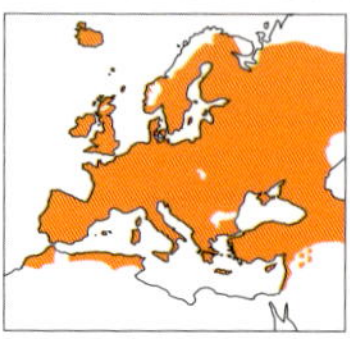

nen während anhaltender Schlechtwetterperioden in einen Hungerschlaf fallen. Bis aufs Brüten sind M. ständig in der Luft.

Alpensegler

Apus melba · Familie Segler

Größer als der Mauersegler; oberseits braun, Bauch und Kehle weiß; fliegt gemächlicher, Flügelschläge langsamer.

Spannweite bis 58 cm.

Vorkommen SW-EU, Afrika bis Indien; nördlichste Brutplätze im südl. M.-EU.

Wissenswert! Die langlebigen A. leben monogam in Dauerehe und brüten mit großer

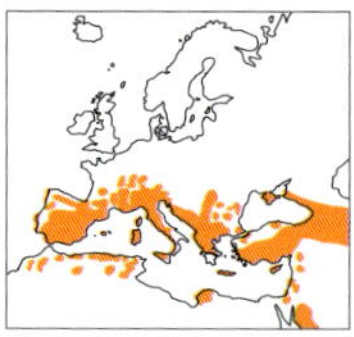

Brutplatztreue an Felsen und hohen Bauwerken. Die Rufe dieser Insektenjäger sind tiefer und weniger schrill als die der Mauersegler. **RL**

Ähnlich **Fahlsegler** *Apus pallidus*, in der Größe wie der Mauersegler, aber breitere Flügel, Rumpf gedrungener, Stirn und Kehle heller; kommt an den Mittelmeerküsten vor.

Ziegenmelker Perfekte Tarnung durch rindenfarbenes Gefieder.

Mauersegler

Alpensegler

Wiedehopf

Upupa epops · Familie Wiedehopfe

Kaum größer als ein Star, durch Gefiederfärbung in Orangebraun, Schwarz und Weiß unverwechselbar; Schnabel lang und gebogen.

mit angelegter Federhaube Kopf hammerartig; Haube wird beim Auffliegen und bei Erregung gefächert; flatternder, wellenförmiger Flug, durch schwarz-weiße Bänderung von Schwingen u. Schwanz an Riesenschmetterling oder Eichelhäher erinnernd.

Vorkommen Von SW-EU und NW-Afrika, auch südlich der Sahara, nach O bis Sumatra; Zugvogel, bei uns Ende Mai–Sep. Besiedelt offene und reich strukturierte, warmtrockene Gebiete mit Flächen niedriger Vegetation und lockerem Boden.

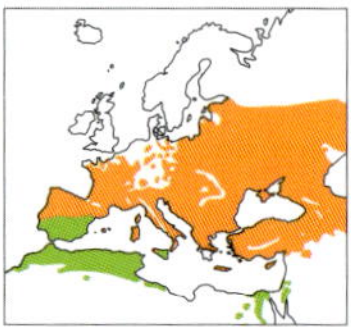

Wissenswert! Der wissenschaftliche Name des W. ahmt lautmalend seinen Balzruf nach, ein gedämpftes, aber weit tragendes „up-up-up". Die nesthockenden 5–8 Junghopfe, die in oft bodennahen Höhlungen aller Art sitzen, verteidigen sich gegen Fressfeinde nicht nur durch zischendes Fauchen, sondern auch durch gezieltes Kotspritzen. Dem dünnflüssigen Kot ist dabei ein stinkendes Bürzeldrüsensekret beigemischt. Das hat zur Bezeichnung „Kothahn" oder „Stinkvogel" für den W. geführt.

Bei der Nahrungssuche stochert der B. mit ruckartigen, nickenden Kopfbewegungen im Boden nach Insekten, Regenwürmern und Schnecken. Am Boden verschmilzt der sonst so auffällige Vogel erstaunlich gut mit der Umgebung.

Für den starken Rückgang des W. in M.-EU sind v. a. Nahrungsmangel und Verluste an Brutmöglichkeiten infolge landwirtschaftlicher Intensivierung verantwortlich. **RL**

Eisvogel

Alcedo atthis · Familie Eisvögel

Etwas über sperlingsgroß, gedrungen, sehr kurzschwänzig; gerader, kräftiger, langer Schnabel; Oberseite kobaltblau bis türkisfarben schillernd, Unterseite orangebraun.

Ruf ein scharfes, gedehntes „tjie".

Vorkommen Von W-EU ostwärts bis Sachalin und Japan; Stand- oder Zugvogel.

Jagd Der E. muss seine Beute im Wasser optisch fixieren können und ist daher auf klares Wasser mit Fischchen passender Größe angewiesen. Entweder stößt er direkt von seiner Sitzwarte aus ins Wasser oder er setzt den Steilstoß aus einem kurzen Rüttelflug heraus an.

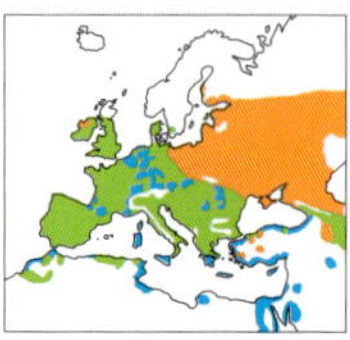

Beutefische werden mit dem Schnabel regelrecht harpuniert, der Tauchgang dauert kaum 1 Sekunde. Die weitere Bearbeitung der Beute geschieht meist auf einer Sitzwarte. Fische, die er selbst verzehren will, lässt der E. kopfvoran in den Schlund gleiten, solche, die für seine Jungen bestimmt sind, werden umgekehrt im Schnabel getragen.

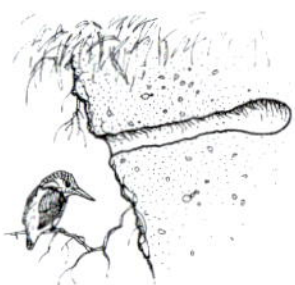

Nisthöhle

Brut Zum Brüten legen E. in Abbruchkanten von Gewässern leicht ansteigende Röhren an, die mit einem backofenförmigen Nestkessel enden (Zeichnung). Bruthöhlen werden oft wiederholt genutzt. An günstigen Brutplätzen kommt es nicht selten zu Schachtelbruten: Während das ♂ noch die vorangegangene Brut füttert, bebrütet das ♀ bereits das 2. oder 3. Gelege. So können E. Verluste durch lange, harte Winter wieder ausgleichen.

Wissenswert! Für die Vögel nicht ausgleichbar sind Verluste an Lebensraum durch Gewässerausbau, Gewässerverschmutzung und Störungen an den Brutplätzen. **§**

Wiedehopf Im Flug auffällig: die breiten, runden, schwarz-weißen Flügel.

Eisvogel Beim ♂ (Bild) Schnabel ganz schwarz, beim ♀ Unterschnabel mehr oder weniger orangerot.

Bienenfresser

Merops apiaster · Familie Bienenfresser

Etwa amselgroß, aber viel schlanker; auffällig bunt gefärbt; Oberkopf und Rücken bei Altvögeln kräftig kastanienbraun, zum Bürzel hin gelb, Kinn und Kehle leuchtend gelb, durch schwarzes Band von grünlich blauer Unterseite abgesetzt.

Verlängerte mittlere Schwanzfedern (bei Jungvögeln fehlend); langer, abwärts gebogener Schnabel; Jungvögel oberseits mehr grünlich gefärbt.

Vorkommen SW-EU und NW-Afrika ostwärts bis China; nördl. Grenze in M.-EU, hier v. a. in Ungarn, der Slowakei, SO-Polen;

Langstreckenzieher, in M.-EU Mai–Jul. Lebt in offenen, reich strukturierten, sandigen Gebiete in warmen Lagen, oft bei Gewässern.

Nahrung Ausschließlich mittelgroße bis große Fluginsekten, hauptsächlich Hautflügler, also Bienen und Wespen, aber auch Libellen, Schmetterlinge, Heuschrecken und Käfer. Die mit Giftstacheln bewehrten Hautflügler werden mit der Schnabelspitze meist in der Körpermitte gepackt und einige Male kräftig auf den Sitzzweig geschlagen. Zur Entgiftung des Stachelapparats wird ihr Hinterleibsende auf der Unterlage hin und her gewetzt. Obwohl nicht völlig immun, scheinen Giftstiche dem B. wenig auszumachen.

Wissenswert! B. brüten stets kolonieweise. ♂ und ♀ graben ungefähr 1 m tiefe Röhren mit Brutkammern in sandige oder lehmige Steilufer von Flüssen, Böschungen, Löß- oder Sandgruben. Die nach 3-wöchiger Brutdauer geschlüpften 5–7 Junge verlassen nach weiteren 4 Wochen die Brutröhre. **RL, §**

Blauracke

Coracias garrulus · Familie Racken

Etwa dohlen- oder eichelhähergroß, kräftig gebaut; Gefieder überwiegend türkisblau, rötlich brauner Mantel.

Kräftiger, schwarzer Schnabel; im Flug sehr auffällig mit intensiv blauen, dunkel gesäumten Flügeln und dunklem Schwanz mit breiter, türkisfarbener Endbinde.

Vorkommen In M.-EU nur noch 530–960 Brutpaare; Langstreckenzieher, in EU von Apr/Mai–Aug/Sep.

Wissenswert! Der Brutvogel warmer, offener Landschaften jagt von einem Ansitz aus nach Großinsekten und kleinen Wirbeltieren. Sein Ruf ist ein raues „rack-rack“. Ihr Nest legt die B. in Baumhöhlen, Erd-

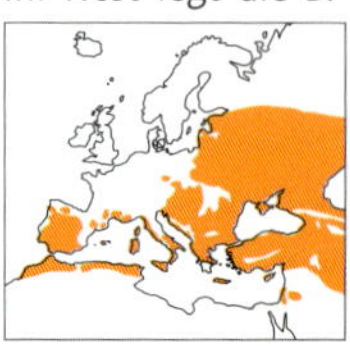

wänden oder Mauerlöchern an. Nahrungsknappheit und Lebensraumverlust führten zu starkem Rückgang der Bestände. **§**

Halsbandsittich

Psittacula krameri · Familie Papageien

Knapp amselgroß, Spannweite bis 48 cm, smaragdgrünes Gefieder, schmales, schwarz und orangerosa Halsband; gebogener Papageienschnabel.

Schlank, an einen Bienenfresser erinnernd, aber langer, spitzer Schwanz; fliegt schnell und direkt, dunkle Schwungfedern.

Vorkommen Savannenzone Afrikas, Asien von Pakistan bis SO-China; weltweit viele Einbürgerungen; in M.-EU 900–1200 Brutpaare.

Wissenswert! Die kreischenden Rufe der sehr stimmfreudigen H. erinnern an junge Wacholderdrosseln. H. sind erstaunlich winterhart und ernähren sich von Früchten und Körnern. Sie nisten in Baumhöhlen,

vorwiegend in Parks oder Friedhöfen größerer Städte, wo sie vor allem im Winter von der Zufütterung durch Menschen profitieren.

Bienenfresser

Blauracke

Halsbandsittich

Schwarzspecht

Dryocopus martius · Familie Spechte

Bei weitem größter Specht, krähengroß und schwarz; ♂ mit rotem Scheitel von der Stirn bis zum Nacken, beim ♀ nur Nacken rot.

Flug nicht wellenförmig wie der anderer Spechte, sondern langsam und unregelmäßig, eher wie ein Eichelhäher; typische, weithin hörbare Rufe: zur Fortpflanzungszeit Rufreihen wie „kwoih-kwih-kwihk-kwihkkwihkkwik...", Flugruf „kürr-kürr-kürr...", Standortruf „kijah".

Vorkommen In 2 Unterarten von EU bis O-Asien, fehlt auf den Britischen Inseln, in weiten Teilen Spaniens, Italiens und Griechenlands; in M.-EU Standvogel, im N Teilzieher.

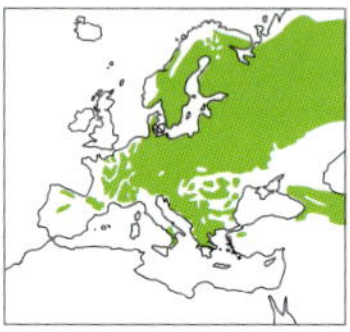

Lebensraum Als Brut- und Schlafbäume benötigen S. glattrindige, astfreie Stämme mit freiem Anflug, die im Höh-

lenbereich mindestens 35 cm Umfang erreichen müssen. Diese Bedingungen findet der S. in M.-EU in über 100-jährigen Altholzbeständen mit Buchen, Tannen und Kiefern. Als Nahrungsgebiete braucht er aufgelockerte Nadel- und Mischwälder mit kranken und abgestorbenen Bäumen und modernden Baumstümpfen.

Wissenswert! Morsche Baumstümpfe werden völlig zerhackt, von Insekten befallene Bäume entrindet. An kernfaulen Fichten hacken S. von unten nach oben, der aufsteigenden Rotfäule folgend, rechteckige Löcher bis meterlange Schlitze. Damit gelangen sie an die Nestkammern von holzbewohnenden Ameisen, an Käfer u. a. Insekten. Der S. ist außerdem der wichtigste Höhlenbauer für größere Höhlenbrüter wie Hohltaube, Dohle, Raufußkauz, Schellente, Hornissen, Wildbienen, Bilche und Fledermäuse. **§**

Grauspecht

Picus canus · Familie Spechte

Deutlich kleiner als eine Krähe, Spannweite bis 40 cm; beim ♂ nur Stirn und Vorderscheitel rot, ♀ ganz ohne Rot.

Dem Grünspecht ähnlich, jedoch etwas kürzerer und schwächerer Schnabel, Kopf mit weniger Schwarz; im Flug kurzhalsig wirkend; wohlklingende, abfallende „kü"-Rufreihe, ohne den lachenden Tonfall des Grünspechts.

Vorkommen Von W-Frankreich über M.-EU und Teile Skandinaviens ostwärts bis zum Pazifik; Standvogel und Teilzieher.

Wissenswert! Der G. bewohnt ähnliche Lebensräume wie der Grünspecht, ist in EU aber weniger weit verbreitet als dieser. Er

zimmert Höhlen selber oder nutzt vorhandene Spechtlöcher. Hauptnahrung sind Ameisen und andere Insekten. **RL, §**

Grünspecht

Picus viridis · Familie Spechte

Kleiner als eine Krähe, etwas größer als der Grauspecht; ♂ und ♀ mit roter Kopfkappe von der Stirn bis zum Nacken.

Bartstreif beim ♂ mit Rot, beim ♀ ohne Rot; Oberseite und Schwanz olivgrün, Unterseite hell grünlich grau; Rufe zur Brutzeit wie Gelächter.

Vorkommen Von S-Skandinavien u. Großbritannien bis Mittelmeerraum; in Asien bis N-Iran und Turkmenien; Standvogel.

Wissenswert! Der G. brütet an den Rändern von Laub- und Mischwäldern, im Gebirge auch von Nadelwäldern und Parks. Wie der Wendehals (⇨ S. 268) ein ausgesprochener Ameisenspezialist, sucht er

seine Nahrung bevorzugt am Boden. Die Zunge kann dabei bis zu 10 cm tief in die Gänge der Ameisenbaue eindringen.

Schwarzspecht weiblicher Jungvogel

Grauspecht hier ein ♂ (kleiner roter Stirnfleck)

Grünspecht hier ein ♂ (Bartstreif mit rotem Kern)

Buntspecht

Dendrocopos major · Familie Spechte

Kleiner als eine Amsel, Spannweite bis 44 cm; sehr kontrastreich gefärbt; Rücken schwarz, große, weiße Schulterflecken, Unterschwanzdecken rot.

Schwarzer Bart- und Ohrstreif bis in den Nacken durchgehend; lange Trommelserien an guten Resonanzkörpern (abgestorbene Bäume, Blechdächer, Antennen etc.).

Vorkommen Im Nadel- und Laubwaldgürtel Eurasiens und N-Afrikas; Standvogel.

Nahrung Bei der Nahrungssuche sind B. vielseitiger als andere Spechte. Im Sommer leben sie von holzbewohnenden Käfern oder Schmetterlingslarven und sammeln daneben viele andere Insekten von Bäumen und Gebüschen ab. Im Frühjahr schlagen sie Bäume an und trinken den austretenden Blutungssaft, plündern aber auch Nester mit Eiern oder Jungvögeln. Im Winter leben die Anpassungskünstler von fettreichen Samen, insbesondere von Nadelbäumen, die sie in sog. „Schmieden" aus den in Stammritzen eingeklemmten Zapfen herausschlagen.

Wissenswert! B. brüten in allen Waldlandschaften, auch in Obstgärten und Parkanlagen, sogar mitten in Städten. Vor dem Ausfliegen sind die lärmenden Jungspechte in der Höhle zu hören.

♂ mit scharlachrotem Nackenfleck, der dem ♀ fehlt

Ähnlich **Blutspecht** *Dendrocopos syriacus*, mit schwarzem Wangenstreif, der nicht bis in den Nacken reicht; SO-EU bis Österreich.

Mittelspecht

Dendrocopos medius · Familie Spechte

Knapp buntspechtgroß; leuchtend hellrote Kopfplatte ohne schwarze Einfassung.

Häufigste Rufreihe „geg-geg-geg...", auffälliges Quäken wie „quää" anstelle von Trommeln.

Vorkommen EU und Vorderasien.

Wissenswert! Der M. brütet in Hartholzauen und artenreichen Laubmischwäldern und hat gebietsweise eine starke Bindung an Eichen. Sofern Eichenbestände in der Nähe sind, ist der M. auch in Villenvierteln zu finden. Als Spezialisten fürs Stochern suchen M. rauborkige Stämme nach versteckten Gliedertieren und Larven ab. **§**

schwarzer Wangenstreif reicht nicht bis zum Schnabel

Kleinspecht

Dendrocopos minor · Familie Spechte

Kleinster Kletterspecht in EU, kaum größer als ein Sperling; Spannweite bis 27 cm; ♂ mit rotem Scheitel, ♀ ganz ohne Rot, dafür mit schmutzig weißem Scheitelfleck.

In tiefen Bögen fliegend; laute „kikiki..."-Rufe, die an einen Turmfalken erinnern.

Vorkommen Von SW-EU und Großbritannien über ganz Asien bis Japan; brütet in Laubwäldern mit alten Bäumen, in Auwäldern sowie Obstgärten und Parks mit stehendem morschen und toten Holz.

Wissenswert! Im Sommer lesen K. vor allem Blattläuse von den Blättern und Zweigen ab.

ohne weiße Schulterflecken

Buntspecht

Mittelspecht

Kleinspecht

Weißrückenspecht

Dendrocopos leucotos · Familie Spechte

Sehr ähnlich dem Buntspecht, etwas größer; weißer Hinterrücken, der aber oft schwer zu sehen ist.

Vorkommen Von O-EU über südlichen Taigagürtel bis Kamtschatka und Japan, in den Pyrenäen, den Abruzzen und auf Korsika; bei uns in O-Alpen und Böhmerwald.
Wissenswert! W. brüten in naturnahen Laub- und Mischwäldern mit hohem Anteil an Altholz und absterbenden Bäumen. Ihre Nesthöhlen legen sie fast nur in bereits abgestorbenen oder stark vermorschten Stämmen und Ästen an. W. leben in erster Linie von den Larven größerer holzbewohnender Insekten im Fallholz. **RL, §**

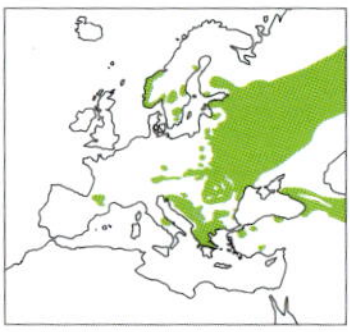

quergestreifte Oberseite ohne große weiße Schulterflecken

Dreizehenspecht

Picoides tridactylus · Familie Spechte

Kleiner als eine Amsel; schwarz-weißer Specht ohne Rot im Gefieder; ♂ mit gelber Kopfplatte, diese beim ♀ schmutzig weiß bis fast schwarz.

Die helle Unterseite kräftig schwarz quergebändert; am Fuß nur 3 Zehen.
Vorkommen Von N-EU und M.-EU im Nadelwaldgürtel bis Kamtschatka und Japan; außerdem N-Amerika; in EU Gebirgsvogel.
Wissenswert! Der wenig ruffreudige D. ist Brutvogel lichter, altholzreicher Nadelwälder. Er ernährt sich vor allem von Baumsaft. Dazu schlägt er waagrechte Löcherreihen in die Rinde, d. h., er „ringelt“ den Baum. **RL, §**

breites weißes Längsband auf der Rückenmitte, Flügel ohne weiße Schulterflecken

Wendehals

Jynx torquilla · Familie Spechte

Größer als ein Sperling, Spannweite bis 27 cm; schlanker Vogel mit kurzem Schnabel, an einen Singvogel erinnernd; tarnfarbenes Gefieder.

Oberseits baumrindenartig gezeichnet.
Vorkommen Von EU bis nach O-Asien, isoliert im NW-Himalaja, zudem in N-Afrika; in M.-EU meist in tieferen Regionen, im Mittelgebirge bis in 1000 m, in den Alpen bis in 1700 m Höhe; Langstreckenzieher, Winterquartiere im tropischen Afrika, bei uns Apr–Sep.
Lebensweise Der meist einzelgängerisch lebende W. ist in mehrfacher Weise ein „Sonderling“. Anders als andere Spechte klettert er nicht, trommelt nicht und zimmert sich auch keine Höhle. Nur seine Füße mit je 2 nach vorn und nach hinten gerichteten Zehen sowie die lange, klebrige Zunge zeigen die Verwandtschaft. Der W. ernährt sich von Weg- und Wiesenameisen samt Puppen, die er mit der Zunge aus den Nestern angelt.

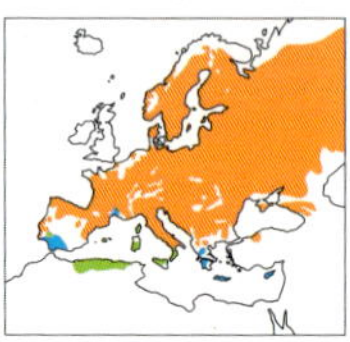

Brut Als Höhlenbrüter ist der W. auf vorhandene Spechthöhlen, Fäulnishöhlen oder Nistkästen angewiesen. In 1–2 Jahresbruten ziehen W. jeweils 7–11 Junge auf. Wie bei allen Spechten ist die Brutdauer mit 12–14 Tagen recht kurz. Die frisch geschlüpften, noch nackten Jungen legen sich eng an- oder übereinander, um dadurch möglichst wenig Wärme zu verlieren.
Wissenswert! Bestens getarnt, wird der W. häufig übersehen. Meist bemerkt man seine Anwesenheit an den von beiden Geschlechtern nach der Rückkehr aus dem Winterquartier im Duett vorgetragenen, gedämpften, aber weit tragenden „wied“- oder „wäd“-Rufen. **RL**

Weißrückenspecht ♂ mit rotem Scheitel (der dem ♀ fehlt).

Dreizehenspecht Insgesamt sehr dunkel wirkend.

Wendehals Balzendes Paar. Beide Geschlechter sehen gleich aus.

Feldlerche

Alauda arvensis · Familie Lerchen

Mit 18 cm Länge deutlich größer als ein Sperling; kurze Haube, nur bei gesträubten Scheitelfedern sichtbar; oberseits braun mit schwarzen Streifen.

Unterseits bräunlich weiß; Schnabel relativ kurz; langer Schwanz; weißlicher Saum am Flügelhinterrand und weiße Schwanzaußenkanten.

Vorkommen Vom westlichen EU und NW-Afrika bis O-Sibirien und Japan; Teil- und Kurzstreckenzieher.

Brut 2 Jahresbruten ab Mitte IV; je 3–5 Eier in einem Bodennest; 10–14 Tage Bebrütung durch das ♀, Junge werden von beiden Eltern gefüttert.

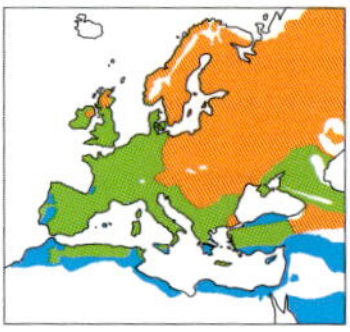

Fuß mit „Lerchensporn“

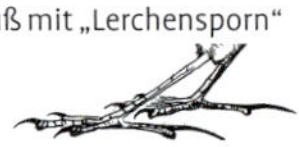

Wissenswert! Die F. trägt ihren Gesang, eine lang dauernde Folge von wirbelnden und trillernden Tönen, meist im Flug vor. Solche Singflüge, die der Reviermarkierung dienen, sind charakteristisch für Offenlandbewohner. Die Vögel gleichen damit das Fehlen von hohen, exponierten Singwarten aus. Der kraftaufwändige Steigflug auf 50–100 m Höhe mit bis zu 8 Minuten langem Gesang ist eine atemtechnische Höchstleitung.

In letzter Zeit verschwindet die F. mehr und mehr aus unserer Landschaft, weil ihr durch die intensivierte Landwirtschaft Lebensgrundlagen genommen werden. **RL**

Ähnlich *der Haubenlerche:* **Theklalerche** *Galerida theklae*, etwas kleiner, kürzerer Schnabel, weicherer, melodischerer Gesang. **§**

Haubenlerche

Galerida cristata · Familie Lerchen

Etwas kleiner als die Feldlerche, aber gedrungener und kurzschwänziger; spitze Haube, auch gefaltet am Hinterkopf sichtbar.

Dunkler Schwanz mit gelbbraunen Kanten.

Vorkommen EU, besonders häufig in S-EU; Standvogel.

Wissenswert! H. bevorzugen trockenwarme, sandige Flächen mit nur geringer Vegetation. In M.-EU sind sie daher auf Bauland, Industrieflächen, in vielen Städten fast nur auf Neubaugebiete mit frühen Vegetationsstadien, im ländlichen Raum auf Ruderalflächen beschränkt. H. leben von Sämereien und kleinen Bodeninsekten. **RL**

Heidelerche

Lullula arborea · Familie Lerchen

Kleiner,kurzschnäbliger und kurzschwänziger als die Feldlerche; mit abgerundeter, wenig auffälliger Haube.

Weißliche, sich v-förmig im Nacken treffende Überaugenstreifen; rotbraune Ohrdecken; Flügel mit heller Binde.

Vorkommen Von W-EU und NW-Afrika bis Zentral-Russland; Teil- und Kurzstreckenzieher, bei uns Feb/Mär–Okt/Nov.

Wissenswert! Die H. lebt in steppenartigen Lebensräumen mit mageren Böden und schütterer Vegetation, platziert ihr Nest am Boden und nutzt Bäume als Singwarten. Ihr melodischer Gesang, vorgetragen von einem Baum, am Boden oder im Flug beim Aufsteigen, um dann mit angelegten Flügeln wieder herunterzustürzen, zählt zu den schönsten Vogelgesängen. **§**

Feldlerche

Haubenlerche

Heidelerche

Kurzzehenlerche

Calandrella brachydactyla · Familie Lerchen

Viel kleiner als eine Feldlerche (⇨ S. 270), gerade einmal sperlingsgroß; Gefieder oberseits sandfarben, leicht rostfarben getönt, dunkel längsgefleckt.

Die weißliche Unterseite ungefleckt; keine Federhaube auf dem Kopf.

Vorkommen S-EU, Asien, NW-Afrika; Kurz- bis Langstreckenzieher.

Wissenswert! Die K. brütet in offenen, trockenen Regionen auf Feldern, Ödland und anderen kahleren Flächen. Im Sommer ernährt sie sich überwiegend von Insekten, im Winter von Sämereien. Ihren einfachen, aus hohen Pfeiftönen bestehenden Gesang trägt sie im Singflug vor. Das Bodennest wird gewöhnlich unter Pflanzenbüscheln versteckt angelegt, der Eingang mit Kieselsteinchen ausgelegt. ♂ und ♀ brüten abwechselnd und füttern später auch gemeinsam die Jungen. §

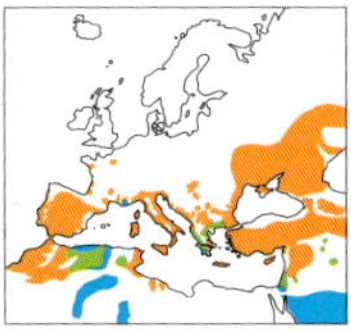

Ähnlich **Stummellerche** *Calandrella rufescens*, sehr ähnlich der Kurzzehenlerche, aber mehr graubraun, ohne rostfarbene Tönung, dickerer Schnabel; steinige Landschaften in SW-EU.

Dupontlerche *Chersophilus duponti*, gleicht der Feldlerche, aber schlanker, Beine, Hals und Schnabel länger; SW-EU und N-Afrika. §

Stummellerche (links) und Dupontlerche (rechts) sind südwesteuropäische Arten.

Kalanderlerche

Melanocorypha calandra · Familie Lerchen

Größte europ. Lerche, bis 19 cm lang, plumpe Gestalt; kräftiger Schnabel.

Typischer schwarzer, in Form und Größe aber variierender Brustseitenfleck.

Vorkommen S-EU, W-Asien; im O Zugvogel, in SW-EU vorwiegend Standvogel.

Wissenswert! K. leben in den weiten Grassteppen des Flachlands, in steinigem Gelände mit einzelnen Büschen und in offenem Kulturland. Das ♂ kreist im 25–100 m hohen Singflug, hängt bei leichtem Wind mit zeitlupenartigen, steifen Flügelschlägen in der Luft und lässt sich schließlich zum Abschluss wie ein Stein zu Boden fallen. §

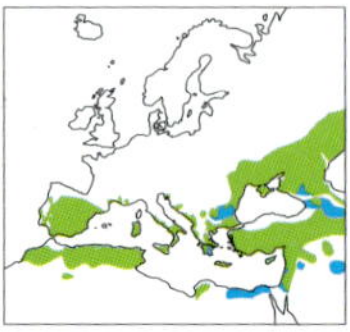

Ohrenlerche

Eremophila alpestris · Familie Lerchen

Mit 16 cm Länge kleiner als die Feldlerche; kontrastreiche Gesichtszeichnung, Stirn und Kehle hellgelb, Wangen schwarz.

Schwarzes Querband auf dem Scheitel, in kleine, spitze, nicht immer sichtbare Federohren auslaufend; Winterkleid ohne Federohren und weniger kontrastreich.

Vorkommen N-EU (Brutgebiet), Asien, N-Afrika, N-Amerika; im N Zugvogel.

Wissenswert! Die O. ist ein Brutvogel der Tundra und höheren Gebirge oberhalb der Baumgrenze. Sie ruft hell pfeifend, ihr Fluggesang besteht aus stereotypen zwitschernden oder quietschenden Strophen.

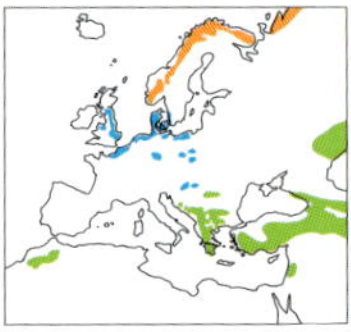

Federohren beim ♂

Kurzzehenlerche

Kalanderlerche

Ohrenlerche

Uferschwalbe

Riparia riparia · Familie Schwalben

Kleinste europäische Schwalbe, kleiner als ein Sperling; Oberseite graubraun, Unterseite weiß, scharf abgesetztes braunes Brustband; nur leicht gegabelter Schwanz.

Schmale Flügel, rasante, abrupte Flugweise, weniger segelnd und flatternd als andere Schwalben.

Vorkommen Von W-EU bis zum Pazifik sowie N-Amerika; Langstreckenzieher, bei uns Apr–Sep, Winterquartiere in O- u. S-Afrika.

Brut Waagrechte Bruthöhlen mit querovalem Einschlupfloch, ursprünglich in Prallhängen von Fließgewässern. Während natürliche Brutplätze durch den Ausbau der Fließgewässer in M.-EU immer seltener wurden, fanden U. in Steilwänden von Sand-, Kies- und Lehmgruben neue Brutmöglichkeiten. Am Graben und Ausscharren der Brutröhre beteiligen sich beide Partner. Das Nest am erweiterten Röhrenende wird mit Gras und Federn ausgepolstert. Beim Bebrüten der 4–5 Eier ebenso wie beim Füttern der Jungen helfen beide Partner zusammen. Schon bevor die Jungen nach 16–22 Tagen die Bruthöhle verlassen, warten sie am Eingang, um sich von den rüttelnd davor in der Luft stehenden Eltern mit Insekten versorgen zu lassen.

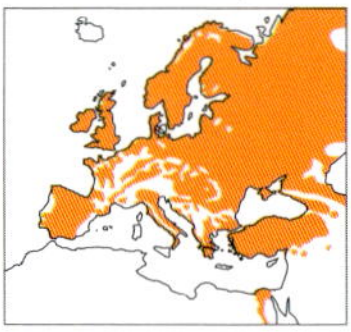

Bruthöhle 60–100 cm lang

Wissenswert! U. sind gesellige Vögel, die vorzugsweise an oder über Gewässern nach Insekten jagen. Ihre Kolonien können auf über 1000 Paare anwachsen. In alte Röhren ziehen nicht selten Sperlinge, Bachstelzen oder Meisen ein. Nach der Brutzeit übernachten U. in großen Schwärmen im Schilf, auch oft zusammen mit Rauchschwalben.

Felsenschwalbe

Ptyonoprogne rupestris · Familie Schwalben

Etwas größer als eine Mehlschwalbe; Oberseite braungrau wie bei der Uferschwalbe, Unterseite sandfarben.

Kehle dunkel gefleckt, ohne braunes Brustband; wendig und kraftvoll fliegend, oft vor Felswänden gleitend, dazwischen Sturzflügen.

Vorkommen In M.-EU seltener Brut- und Sommervogel des subalpinen und alpinen Raums, nördlichste Vorkommen in den bayerischen Alpen; im S Standvogel, sonst Kurz- und Mittelstreckenzieher.

Wissenswert! F. bauen ihre Nester in kleinen Kolonien an Felswänden, aber auch an Gebäuden und Brücken. **RL**

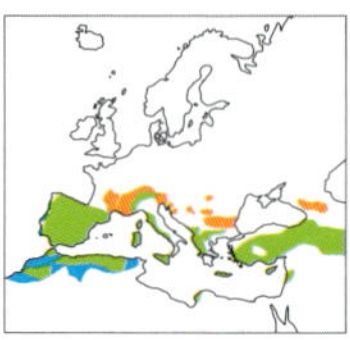

Rötelschwalbe

Hirundo daurica · Familie Schwalben

Größe etwa wie die Rauchschwalbe, wie diese auch lange, spitze Schwanzspieße, aber mit rostrotem Bürzel und rostbraunem Nackenband.

Unterseite hell, diffus dunkel längsgestrichelt; im Flug an heller Kehle und schwarzen Unterschwanzdecken leicht von der Rauchschwalbe (⇨ S. 276) zu unterscheiden.

Vorkommen S-EU, Asien, Afrika; Zugvogel, überwintert in Afrika.

Wissenswert! R. bewohnen offenes, meist felsiges Gelände. Sie brüten an Klippen und Steilküsten, in Höhlungen von Gebäuden und Ruinen sowie unter Brücken. R. leben einzeln oder in kleinen Kolonien und kleben ihre nach Mehlschwalbenart gemörtelten Nester, die mit einer Einschlupfröhre ausgestattet sind, an die Decke ihres Nistplatzes.

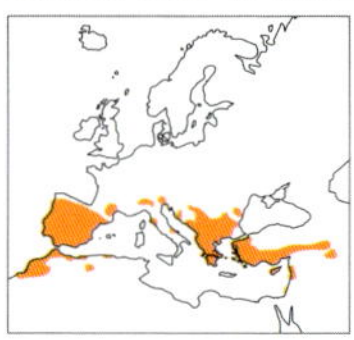

Uferschwalbe

Felsenschwalbe

Rötelschwalbe

Rauchschwalbe

Hirundo rustica · Familie Schwalben

Ungefähr sperlingsgroß, aber viel schlanker; einzige Schwalbenart in M.-EU mit langen Schwanzspießen; Unterseite rahmgelb bis rötlich überhaucht.

Stirn und Kehle tief kastanienrot, darunter metallisch blaues Kropfband; oberseits einheitlich metallisch dunkelblau.

Vorkommen Eurasien, in EU nur ganz im N fehlend; Langstreckenzieher, bei uns Ende Mär–Okt, überwintert im tropischen Afrika.

Lebensweise Siedlungsfolger des Menschen (wie die Mehlschwalbe); klebt ihr Lehmnest, eine oben offene Viertelkugel, an senkrechte Flächen, meist in Gebäuden

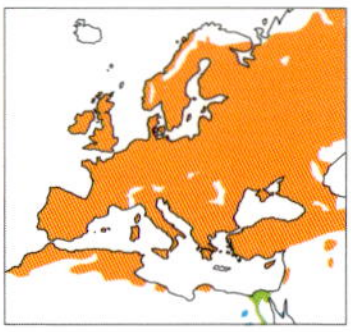

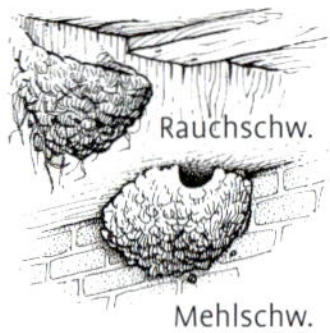

knapp unter der Decke, aber auch unter Brücken. Insbesondere Gehöfte mit Viehställen sind beliebte Brutplätze, weil die R. hier gleich ein ergiebiges Nahrungsangebot an fliegenden Kleininsekten wie Stall- und Stubenfliegen vorfinden.

Brut 4–5 Eier, vom ♀ gewöhnlich in 15 Tagen allein ausgebrütet; Jungenaufzucht dann durch beide Eltern; Jungvögel nach 20–24 Tagen flügge, lassen sich aber, z. B. auf Leitungsdrähten oder Weidezäunen sitzend, von den Eltern weiterhin füttern.

Wissenswert! Weil R. nach der Brutzeit zu Tausenden in Schilfflächen zum Schlafen einfallen und dann, nach ihrem Wegzug, nicht mehr zu sehen sind, nahm man früher an, sie würden im Gewässerschlamm überwintern. Die Modernisierung unserer Landwirtschaft wirkt sich auf die Bestände der R. ebenso negativ aus wie die hohen Verluste im afrikanischen Winterquartier, wo R. vielerorts für den Kochtopf gefangen werden.

Mehlschwalbe

Delichon urbica · Familie Schwalben

Kleiner und schlanker als ein Sperling; kurzer, gegabelter Schwanz ohne stark verlängerte Federn; Oberseite blauschwarz, Unterseite durchgehend weiß.

Reinweißer Bürzel; Jungvögel oberseits bräunlich schwarz, graue Kehle; Flug weniger reißend als bei der Rauchschwalbe, mehr flatternd, Jagdflüge nicht so bodennah; Flugruf „schrrip“ oder „brrit“, Warnruf schrilles „sier“, Gesang leise schwätzendes Gezwitscher, weniger melodisch als bei der Rauchschwalbe.

Vorkommen In fast ganz EU (außer Island), N-Afrika und im außertropischen Asien; Langstreckenzieher, bei uns Apr–Sep/Okt, überwintert in Afrika südlich der Sahara.

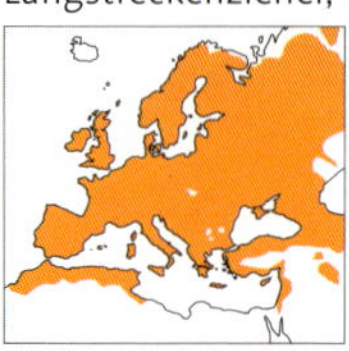

Lebensweise Koloniebrüter; Lehmnester unter Vorsprüngen von Bauwerken

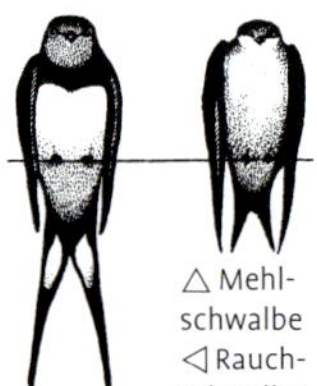

△ Mehlschwalbe ◁ Rauchschwalbe

oder Felsen angeklebt (Felskolonien in M.-EU selten); Nest bis auf ein halbrundes Einflugloch eine geschlossene Halbkugel aus Lehmklümpchen mit wenig Pflanzenfasern; bis zu 3 Jahresbruten mit je 2–6 Jungen. M. jagen bevorzugt in Gewässernähe oder über offenen Landschaften truppweise nach Fluginsekten. Außerhalb der Brutzeit übernachten sie nicht im Schilf wie die Rauchschwalben, sondern schwarmweise in Bäumen.

Wissenswert! Im Gegensatz zu den anderen Schwalbenarten halten M. in M.-EU derzeit ihre Bestände. Während ihre Zahl in ländlichen Räumen eher rückläufig ist, nehmen M. in städtischen Bereichen erfreulicherweise zu. Mit Kunstnestern lässt sich ihre Situation zumindest lokal zusätzlich verbessern.

Rauchschwalbe

Mehlschwalbe

Brachpieper

Anthus campestris · Familie Stelzen

Gut sperlingsgroß; Gefieder sandfarben, unterseits ungestreift; Beine blassgelb.

Vorkommen Südl. und mittlere Breiten Eurasiens; in M.-EU v. a. in Polen und Ungarn; Langstreckenzieher, bei uns Apr–Okt.

Wissenswert! Als insektenfressender Bewohner von trockenem Ödland und Steppen ist der B. in M.-EU durch Lebensraum- und Nahrungsverluste gefährdet. **RL, §**

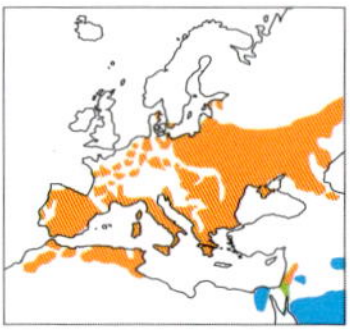

Bergpieper

Anthus spinoletta · Familie Stelzen

Etwa sperlingsgroß, gedrungen; oberseits graubraun, Brust im Brutkleid rosa.

Brust im Ruhekleid düster gestreift; Beine schwärzlich.

Vorkommen EU, Asien, N-Amerika; Kurzstreckenzieher.

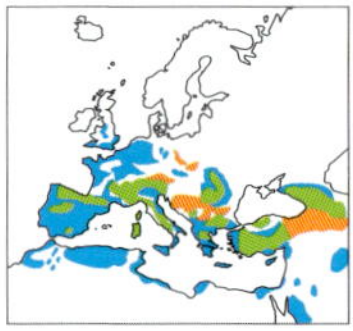

Wissenswert! B. leben auf Bergwiesen und Hochmatten oberhalb der Baumgrenze, vereinzelt auch in Mittelgebirgen.

Wiesenpieper

Anthus pratensis · Familie Stelzen

In Größe und Gefieder sehr ähnlich dem Baumpieper, aber grauer.

Vorkommen In W-, M.- und N-EU; Kurzstreckenzieher, bei uns Mär–Okt.

Wissenswert! W. rufen im Fliegen mit hoher Stimme kurz und hart „hist". Der dünne, eintönig klirrende Gesang wird im Singflug vorgetragen. W. brüten mit 2 Bruten im Jahr in offenen, gehölzarmen, feuchten Flächen.

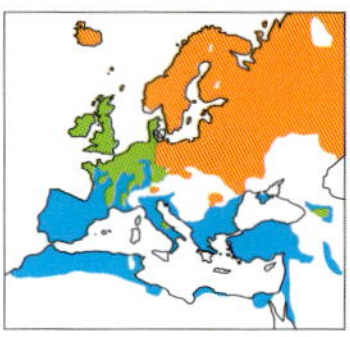

Baumpieper

Anthus trivialis · Familie Stelzen

Etwas kleiner als Bachstelzen, mit kürzerem Schwanz; bräunlicher als der Wiesenpieper.

Vorkommen Gemäßigte Breiten Eurasiens bis Zentralsibirien; Langstreckenzieher.

Wissenswert! Der B. bewohnt offenes Gelände mit Baumgruppen, Waldränder und Lichtungen. Seinen laut schmetternden Gesang trägt er von Baumspitzen oder im Singflug vor.

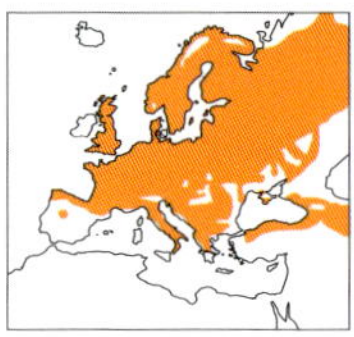

Rotkehlpieper

Anthus cervinus · Familie Stelzen

In Größe und Gestalt wie Baumpieper; im Sommer aber mit ziegelroter Kehle.

Bei manchen (zumeist ♂) auch Stirn und Vorderbrust ziegelrot; kräftig dunkel gestreifte Oberseite.

Vorkommen N-EU, N-Asien; bei uns Apr/Mai und Sep/Okt, jeweils auf dem Durchzug von und nach Afrika. Bewohnt hauptsächlich sumpfige Tundren und feuchte Wiesen, in Küstenbereichen (während des Zugs) auch auf Feldern mit lichtem Baumbestand zu sehen; teilt seine Rast-, z. T. auch die Brutgebiete mit dem Wiesenpieper.

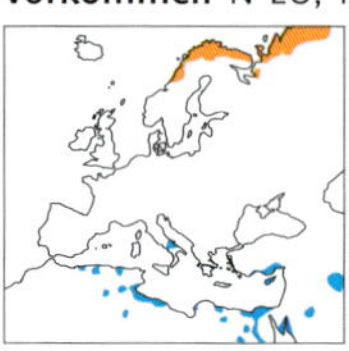

Wissenswert! Der häufigste Ruf des R. ist ein scharf angeschlagenes, dann gedehntes „zieh". Sein laut schmetternder Fluggesang endet mit zweistimmigen Pfeiflauten. Wie alle Pieper legen R. ihr Nest gut versteckt am Boden unter Grasbüscheln an. Die meist 3–6 Eier werden vom ♀ allein rund 14 Tage bebrütet, am Füttern der Jungen beteiligen sich beide Eltern.

Brachpieper

Bergpieper

Wiesenpieper

Baumpieper

Rotkehlpieper

Bachstelze

Motacilla alba · Familie Stelzen

Sperlingsgroß; langer, schwarzer Schwanz mit weißen Außenkanten, beinahe ständig wippend.

Kontrastreiches schwarz-weißes Gefieder; als einzige Stelze schwarzes Brustband.
Vorkommen Von NW-Afrika über ganz EU ostwärts bis zur Pazifikküste; überwiegend Kurzstreckenzieher, bei uns Feb–Nov.
Wissenswert! Ursprünglicher Lebensraum der B. waren wohl Schotterbänke an Flüssen. Jetzt kommt die Art als Kulturfolger v. a. in offenen und halboffenen Landschaften vor, besonders in Agrarlandschaften sowie in städtischen Bereichen. B. legen ihre Nester in Halbhöhlen und Löchern

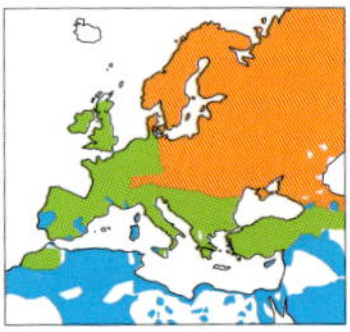

am Wasser, an Gebäuden, aber auch in Holzstößen oder Felslöchern an. Sie jagen nach fliegenden und am Boden laufenden Insekten.

Gebirgsstelze

Motacilla cinerea · Familie Stelzen

Sperlingsgroß, Schwanz länger als bei anderen Stelzen; ♂ im Brutkleid mit schwarzer Kehle und gelber Unterseite.

Vorkommen Mittlere Breiten von W-EU bis O-Asien; Teilzieher.
Wissenswert! G. leben an Fließgewässern mit Wildbachcharakter, auch an Wehren

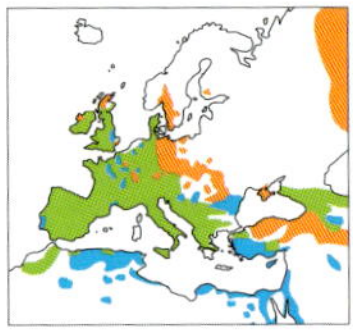

und Fischtreppen, nisten in Höhlungen am Ufer und ernähren sich von kleinen Wasser- und Ufertieren.

♀

♂ im Brutkleid

Schafstelze

Motacilla flava · Familie Stelzen

Etwas kleiner als Bachstelze, kurzschwänziger; Unterseite beim ♂ schwefelgelb; ♀ blasser mit olivgrünem Kopf.

An gelber Kehle,olivgrünem Rücken und Bürzel sowie kürzerem Schwanz von der Gebirgsstelze unterscheidbar.
Vorkommen Von NW-Afrika über fast ganz EU bis Kamtschatka und Sachalin; Langstreckenzieher, bei uns Mär/Apr–Sep/Okt.
Wissenswert! Optimale Brutbiotope der S. sind feuchte, kurzrasige Wiesen oder Viehweiden mit einzelnen Hochstauden, Sträuchern oder Zaunpfosten als Sitzwarten. Im gut versteckten Bodennest werden hauptsächlich vom ♀ 4–6 Eier ausgebrütet.

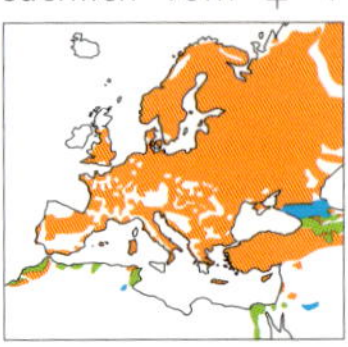

Grundwasserabsenkungen, Intensivierung der Bodennutzung und Verluste an Kleinstrukturen machen der S. zu schaffen.

Maskenstelze

Motacilla flava feldegg · Familie Stelzen

Unterart der Schafstelze; ♂ mit tiefschwarzem Oberkopf und Kopfseiten, Kehle und Unterseite kräftig gelb.

Kopf ohne jegliches weiße Abzeichen; ♀ insgesamt blasser gefärbt als ♂.
Vorkommen Brutvogel in Russland, SO-EU und Kleinasien.
Wissenswert! Nach starker Ausbreitung

um die Mitte des 19. Jh. ist die M. weit nach N und W vorgedrungen und brütet heute vereinzelt schon in Österreich und Tschechien.

Ähnlich **Zitronenstelze** *Motacilla citreola*, beim ♂ im Brutkleid Kopf und Unterseite kanariengelb, Nacken schwarz.

Bachstelze

Gebirgsstelze hier ein ♂.
♀ und einjährige ♂ haben eine helle Kehle.

Schafstelze

Maskenstelze

Zaunkönig

Troglodytes troglodytes · Familie Zaunkönige

Nur ⅓ Sperlingsgröße; nach den Goldhähnchen kleinster Vogel von EU; rundliche Gestalt.

Kurzer Schwanz, meist hochgestellt; harte „tek-tek…“- Rufe, bei größerer Erregung auch „drrr“; schnurrender, geradliniger Flug.

Vorkommen Warme und gemäßigte Breiten Eurasiens und N-Amerikas; Teilzieher.

Wissenswert! Auf der Suche nach Insekten und Kleintieren schlüpfen Z. mäuseartig durchs Gebüsch. Sie singen auffallend laut, mit trillernden und schmetternden Abschnitten. Schon ab März bauen die ♂ ihre kunstvollen Nester aus Laub, Halmen und Moos.

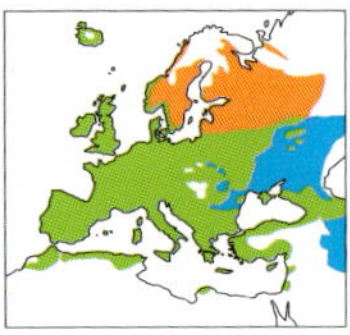

Kugelnest

Seidenschwanz

Bombycilla garrulus · Fam. Seidenschwänze

Etwa starengroß, kompakt gebaut; durch beigefarbenes Gefieder und große Scheitelhaube kaum verwechselbar.

Flügel beim ♂ mit lackroten Hornplättchen an den Spitzen der Armschwingen; Schwanz mit gelber Endbinde.

Vorkommen Brutgebiete in N-EU, N-Asien und N-Amerika; Teilzieher, überwintert zumeist unmittelbar südl. des Brutgebiets.

Wissenswert! S. tauchen in M.-EU in unregelmäßigen Abständen als Wintergäste auf, dann oft in großen Trupps. Solche invasionsartigen Einflüge werden wohl durch Nahrungsknappheit bzw. Übervölkerung im Brutgebiet ausgelöst. S. brüten in lockeren Kolonien in Birken- und Nadelwäldern. Im Sommer jagen sie nach kleinen Insekten, im Winter fressen sie v. a. Beeren.

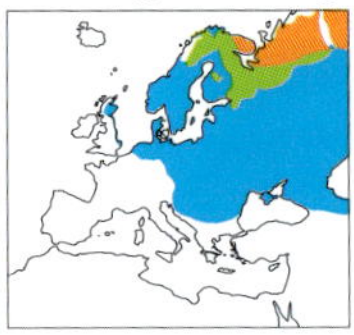

Wasseramsel

Cinclus cinclus · Familie Wasseramseln

Etwa starengroß; Körperoberseite einheitlich schwarzbraun, Kopf heller, Kehle und Brust leuchtend weiß, Bauch rotbraun; kurze, abgerundete Flügel.

Jungtiere fahlgrau, ober- und unterseits gebändert; knickst oft beim Sitzen; Flug geradlinig mit schwirrenden Flügelschlägen.

Vorkommen EU, Vorder- und Zentralasien, Teile N-Afrikas; in Gebirgen und in N-EU bis über die Baumgrenze; lebt an schnell fließenden Bächen und Flüssen mit kaltem, klarem Wasser, vorzugsweise mit steinigem Grund und bewaldeten Ufern.

Nahrung Wasserinsekten und deren Larven, kleine Krebstiere, Wasserschnecken und kleine Fischchen, die von dem Vogel tauchend am Gewässergrund und selbst unter Steinen erbeutet werden. W. sammeln auch schwimmend Nahrungstiere an der Wasseroberfläche oder fangen Insekten nach Art der Fliegenschnäpper im Flug.

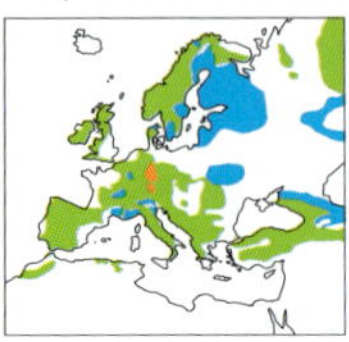

Wissenswert! Als einziger Singvogel kann die W. schwimmen und tauchen. Mit dem Sekret ihrer Bürzeldrüsen macht sie ihr Gefieder wasserdicht. Ihre schweren, markgefüllten Knochen wirken beim Tauchen wie Bleigewichte. Bei den Tauchgängen arbeiten die rudernden Flügel gegen den Auftrieb. Ihr backofenförmiger Nestbau findet sich meist dicht am Wasser, zwischen Baumwurzeln, in Felslöchern oder auch auf Brückenträgern. Naturnaher Gewässerbau und Nisthilfen unterstützen die W.

Zaunkönig Der kurze Schwanz wird oft steil aufgerichtet gehalten.

Seidenschwanz

Wasseramsel

Heckenbraunelle

Prunella modularis · Familie Braunellen

Knapp sperlingsgroß; oberseits braun gemustert ähnlich einem Haussperling, Kopf und Brust aber typisch bleigrau.

Im Gegensatz zu Sperlingen Schnabel dünn (Insektenfresser!).

Vorkommen EU, Kleinasien und N-Iran; Kurzstrecken- und Teilzieher.

Wissenswert! Obwohl die H. ein weit verbreiteter Brutvogel in Gärten, Parks, Nadel- und Mischwäldern ist, fällt sie durch ihr Tarngefieder und die versteckte Lebensweise im Gestrüpp kaum auf. Am besten sind H. durch ihren Gesang auszumachen, ein eiliges, wirbelndes Zwitschern, das die ♂ im Frühjahr von einer exponierten Singwarte aus vortragen. Ab Mitte April werden in 2 Jahresbruten je 4–5 Eier in ein napfförmiges Nest abgelegt und vom ♀ erbrütet.

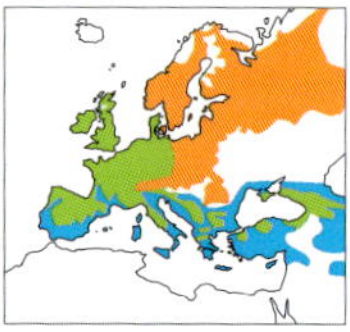

Alpenbraunelle

Prunella collaris · Familie Braunellen

Größer als ein Sperling; Kopf grau, Kehle weiß mit schwarzer Schuppenzeichnung.

Vorkommen Hochgebirgsvogel von N-Afrika, S-, W- und M.-EU bis Japan; Standvogel mit Abwanderungen u. Kurzstreckenzug.

Wissenswert! A. leben oberhalb der Baumgrenze, wo sie nach Insekten, Spinnen und Sämereien suchen. Ihren Gesang mit lerchenartigen Trillern tragen sie am Boden oder im Singflug vor. **RL**

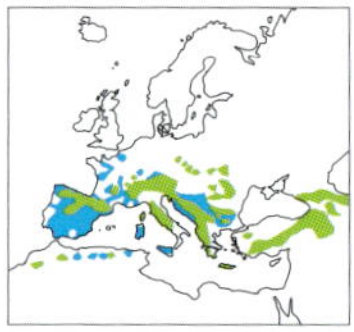

Heckenbraunelle Alpenbraunelle

Rotkehlchen

Erithacus rubecula · Familie Drosseln

Etwa sperlingsgroß; bräunliches Gefieder, Gesicht, Kehle und Brust orangefarben; Jungvögel dunkel gefleckt, ohne Orangerot.

Hüpft am Boden rasch und mit hängenden Flügeln, dabei knickst es immer wieder und stelzt kurz den Schwanz auf.

Vorkommen EU außer Island, N-Skandinavien und Teilen Russlands; auch N-Afrika, Kleinasien; in feuchten, unterholzreichen Wäldern aller Art, Feldgehölzen und Hecken, aber auch Gärten und Parks mit genügend dichtem Unterwuchs.

Nahrung Auf dem Boden umherhüpfend suchen R. nach kleinen wirbellosen Tieren wie Insekten und deren Larven, Spinnen und Würmern. Insbesondere im Herbst und Winter verzehren R. daneben aber auch Beeren, bisweilen erscheinen sie sogar an aufgestellten Futterhäuschen.

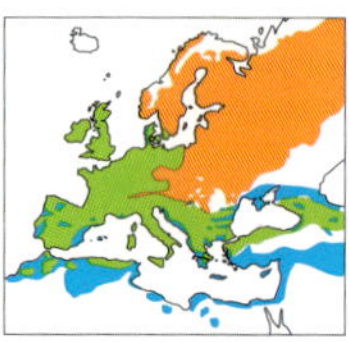

Brut Nest in dichtem Gestrüpp am Boden, in Baumhöhlen oder Mauerlöchern; 2 Jahresbruten mit je 5–7 Jungen, die nach 14 Tagen schlüpfen und von beiden Eltern 2 Wochen gefüttert werden.

Wissenswert! Oft liegt noch Schnee, wenn die ♂ bereits mit Revierauseinandersetzungen beschäftigt sind. Die aufgeplusterte orangerote Brust wirkt auf Rivalen als äußerste Drohgebärde. Der Reviergesang des ♂ ist melancholisch flötend, einigen scharfen, hochgezogenen Pfeiftönen folgen klare, herabperlende Tonreihen.

Heckenbraunelle

Alpenbraunelle Unteres Bild: Jungvogel, noch ohne weiß-schwarze Kehle.

Rotkehlchen

Nachtigall

Luscinia megarhynchos · Familie Drosseln

Etwas größer und schlanker als ein Sperling; Oberseite braun, rostroter Ton auf Schwanz und Bürzel, unterseits hellbeige; relativ große, schwarze Augen.

Jungvögel ähnlich gefleckt wie junge Rotkehlchen, aber größer und rotbrauner Schwanz.

Vorkommen W- und S-EU sowie Vorderasien bis W-Sibirien; Langstreckenzieher, überwintert im afrikanischen Regenwald, bei uns Apr–Okt.

Wissenswert! Die N. hat ihren Namen von ihrem schönen, melodisch-traurigen Gesang, den sie nachts vorträgt und für den

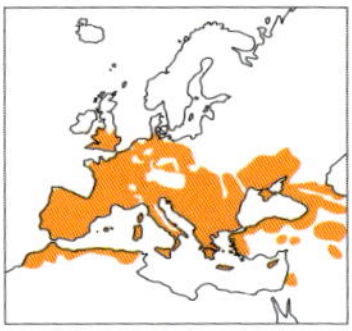

sie von jeher bewundert wurde. Wenige Tage nach ihrer Rückkehr aus dem Winterquartier besetzen die ♂ ihre Reviere und beginnen mit dem Gesang, der nachkommenden Geschlechtsgenossen die Zentren der besetzten Reviere und damit indirekt auch die noch freien Plätze zeigt.

N. brauchen unterholzreiche Laub- und Mischwälder oder verwilderte Parkanlagen und Gärten mit einer dicken Strauchschicht zur Deckung des Nests.

Ähnlich **Sprosser** *Luscinia luscinia*, oberseits dunkler graubraun als die Nachtigall, Schwanz und Bürzel weniger rotbraun, Brust dunkel gewölkt; Gesang langsamer, eintöniger und tiefer als der der Nachtigall; Brutgebiete nördlicher und östlicher als die der Nachtigall: in N- und O-EU, westwärts bis Schleswig-Holstein. Wo beide Arten nebeneinander vorkommen, besiedelt der S. feuchtere Lebensräume.

Heckensänger

Cercotrichas galactotes · Familie Drosseln

Hinsichtlich Größe, Gestalt und versteckter Lebensweise an eine Nachtigall erinnernd, jedoch markantes Kopfmuster mit weißem Überaugenstreif und schmalem, dunklem Augenstreif.

Je nach Unterart rötlich braune oder graubraune Oberseite; Unterseite schmutzig weiß; langer, rotbrauner Schwanz mit schwarz-weißen Spitzen der äußeren Steuerfedern, wird oft gefächert, ruckartig hochgeschlagen, wieder geschlossen und langsam sinken gelassen.

Vorkommen Unterart *C. g. galactotes* (Zeichnung) Iberische Halbinsel, N-Afrika und südlicher Naher Osten; Unterart *C. g. syriacus* (Foto) SO-EU, Türkei und nördlicher Naher Osten; Zugvogel, überwintert in Afrika südlich der Sahara, in EU Mai–Sep.

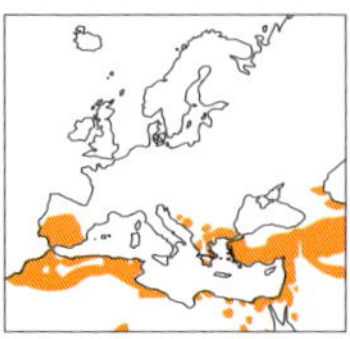

C. g. galactotes

mit rötlicher Oberseite

Lebensraum H. brüten in trockenen und halbtrockenen Landschaften mit Hecken, Gestrüppen und Wasserläufen mit verbuschten Ufern, auch in Dünenlandschaften mit Dorngestrüpp, ebenso in Orangenhainen, Naturgärten und Beständen von Feigenkakteen, häufig in Menschennähe.

Brut Das Nest, ein wenig sorgfältiges Gefüge aus trockenen Halmen, feinen Wurzeln, Haaren und Federn, wird von beiden Partnern meist niedrig in dichtem Gebüsch errichtet. Ab Mitte Mai bis Juni ziehen die H. eine Brut aus 3–5 Eiern groß.

Wissenswert! H. haben ein breites Repertoire an Rufen, von einem scharfen „tek-tek-tek" über ein rollendes „schrrrrr" bis zu einem heiseren „djüük" oder „tschiep". Ihre Nahrung besteht hauptsächlich aus Insekten, aber auch aus Spinnen und Würmern.

Nachtigall

Heckensänger hier die Unterart *Cercotrichas galactotes syriacus* mit eher graubrauner Oberseite.

Weißsterniges Blaukehlchen

Luscinia svecica cyanecula · Familie Drosseln

Sperlingsgroß; ♂ im Brutkleid (Foto) mit leuchtend blauer Kehle, auf der ein weißer Fleck („Stern“) sitzt; die rotsternige Unterart *L. s. svecica* (Zeichnung) dort mit rostrotem Fleck.

Im Ruhekleid Kehle bis auf einen blauen Rand weißlich, Unterarten nicht mehr unterscheidbar. Das ♀ ist hingegen stets unscheinbar braun.

Vorkommen In 5 Unterarten im nördlichen und mittleren Eurasien bis zum Pazifik; die weißsternige Unterart besiedelt M.-EU, lokale Populationen auch in W- und SW-EU, etwa in Spanien; Mittel- und Langstreckenzieher, überwintert im Mittelmeergebiet oder nördlichen Afrika; bei uns Mär–Okt.

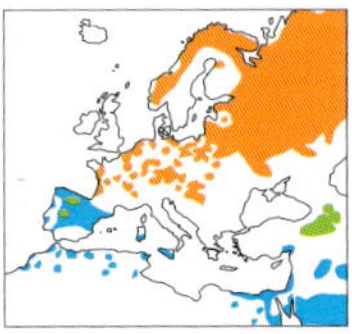

Lebensraum Brutvogel des Tieflands, in M.-EU an deckungsreichen Ufern oder in Sumpfbereichen, z. B. mit Altschilf bewachsenen Gräben, Hochstaudenfluren oder feuchtem, dichtem Gebüsch.

Wissenswert! Das W. B. zählt zu den schönsten heimischen Singvögeln. Sein Gesang mit vielen schnurrenden und zischenden Lauten sowie Imitationen anderer Vögel setzt erst zögernd ein und beschleunigt dann. Er wird auf freier Sitzwarte oder im Flug vorgetragen. Der Vogel spreizt und stelzt häufig seinen Schwanz oder schlägt ihn auf den Boden. Durch kurzfristige Ansiedlungen an günstigen Standorten ergeben sich für die Art oft starke Bestandsschwankungen. §

Ähnlich **Rotsterniges Blaukehlchen** *Luscinia svecica svecica*, v. a. von Skandinavien bis N-Russland, vereinzelt in Gebirgen von M.-EU. §

Gartenrotschwanz

Phoenicurus phoenicurus · Familie Drosseln

Etwas kleiner als ein Sperling; beim ♂ Stirn leuchtend weiß, Gesicht schwarz; Brust, Bürzel und Schwanz rostrot.

♀ bräunlich; häufiges Knicksen und ständiges Schwanzzittern.

Vorkommen EU bis Zentralsibirien; brütet in lichten Wäldern mit alten Bäumen, Parklandschaften sowie Obst- und Hausgärten mit Halbhöhlen; Langstreckenzieher, bei uns Apr–Okt.

Wissenswert! Der Gesang des G. fängt mit einem hohen, gedehnten „huit“ an, dem einige stakkatohafte tiefere Töne folgen. Daran schließen abwechslungsreiche Elemente an.

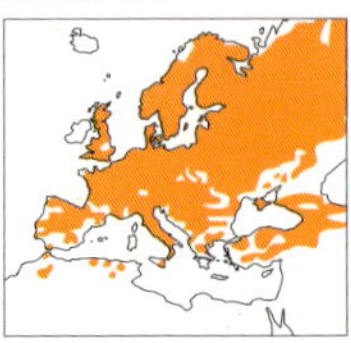

♂ mit heller Kopfkappe und rötlicher Brust

Hausrotschwanz

Phoenicurus ochruros · Familie Drosseln

In Größe, Gestalt und Verhalten dem Gartenrotschwanz sehr ähnlich; rostroter Schwanz und Bürzel.

♂ grauschwarz, weißer Flügelfleck, im 1. Jahr noch graubraun und ohne Flügelfleck, kaum vom ♀ zu unterscheiden.

Vorkommen EU außer nördl. Skandinavien und Russland; Klein- bis Zentralasien; Kurzstreckenzieher, bei uns Mär–Nov.

Wissenswert! H. beginnen ihren Gesang mit gepressten und kratzigen Tönen oft schon vor der Morgendämmerung. Die ursprünglich reinen Felsbewohner sind in den letzten Jh. in Dörfer und Städte auch im Tiefland eingewandert.

♂ mit rußschwarzer Brust

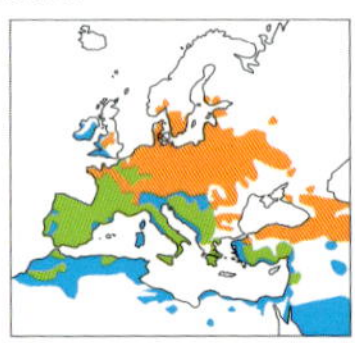

Weißsterniges Blaukehlchen

Gartenrotschwanz

Hausrotschwanz

Steinschmätzer

Oenanthe oenanthe · Familie Drosseln

Etwa sperlingsgroß, wirkt durch sehr aufrechte Sitzhaltung aber größer; beide Geschlechter mit auffällig schwarz-weiß gemustertem Schwanz (schwarze Zeichnung wie kopfstehendes „T“).

♂ an Scheitel und Rücken aschgrau, schwarze Augenmaske, Kehle und Brust zart ockergelb getönt, Flügel schwarz; ♀ wie ♂ im Ruhekleid bräunlich ohne auffällige Kopfzeichnung.

Vorkommen In baumarmen Regionen des nördlichen Eurasiens, NW-Afrikas und N-Amerikas; Langstreckenzieher, überwintert im tropischen Afrika, bei uns Mär–Okt.

Lebensraum S. brüten in offenem, steinigem, kurz oder karg bewachsenem Gelände, das ausreichend Sitzwarten zur Jagd nach Insekten und kleinen Bodentieren sowie Spalten oder Höhlungen zur Nestanlage aufweist. In M.-EU erfüllen besonnte alpine Berghänge und Matten, im Tiefland z. B. Bahndämme, Kiesgruben, Kahlschläge oder Torfstiche die Bedürfnisse der S. Auf dem Durchzug sind sie bei uns vor allem auf Sturzäckern, an steinigen Flussufern, auf Dämmen und kurzrasigen Wiesen zu sehen.

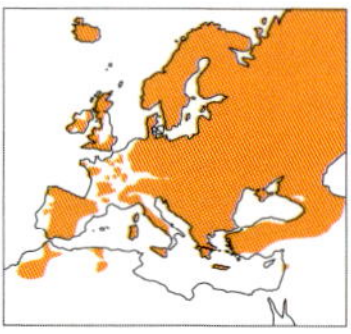

Wissenswert! Der Warnruf des S. ist ein fast tonloses „tak“. Sein Reviergesang klingt schwätzend, wobei die knappen Strophen mit kurzen Pfeiftönen durchsetzt sind. Die Bodenvögel singen meist von einer erhöhten Warte aus, manchmal auch im Flug. Durch heftiges Knicksen und Schwanzschlagen zeigen sie ihre Erregung. Wo natürliche Bodenhöhlungen fehlen, nisten S. auch in Lesesteinmauern, Holzstapeln oder verlassenen Erdbauten von Säugetieren. **RL**

Mittelmeer-Steinschmätzer

Oenanthe hispanica · Familie Drosseln

Sehr ähnlich dem Steinschmätzer; auffällige schwarz weiße Schwanzzeichnung.

♂ und ♀ in zwei Färbungsvarianten: eine weißkehlige (dominiert im W) und eine schwarzkehlige (mehr im O, Foto); Ober- und Unterseite sand- bis ockerfarben, bei östliche Unterart mehr cremeweiß.

Vorkommen S-EU, in M.-EU nur als seltener Gast; im Brutgebiet Mär–Okt.

Wissenswert! M. leben in offenem, steinigem Gelände mit einzelnen Büschen und Bäumen, in Weinbergen oder halbwüstenartigen Landschaften mit Steinhaufen.

Trauersteinschmätzer

Oenanthe leucura · Familie Drosseln

Etwas größer als andere Steinschmätzer; ganz dunkles Gefieder, beim ♂ matt schwarz, beim ♀ rußbraun.

Nur Bürzel und äußere Schwanzbasis weiß.

Vorkommen SW-EU und N-Afrika; überwintert im Brutgebiet.

Wissenswert! T. brüten in steinigen, trockenen Schluchten mit einzelnen Bäumen und Büschen, die als Sitzwarten genutzt werden. Die scheuen Vögel meiden Menschennähe und fliegen bei Annäherung rasch davon. Ihr häufigster Ruf ist „tschäk“, der Warnruf „jü“. Ihren Gesang, kurze Strophen aus plaudernden Tönen, tragen T. meist von Warten aus vor. **§**

Steinschmätzer

Mittelmeer-Steinschmätzer

Trauersteinschmätzer

Braunkehlchen

Saxicola rubetra · Familie Drosseln

Kleiner als ein Sperling; in Gestalt und Verhalten an Schwarzkehlchen erinnernd.

Relativ kurzer Schwanz und breiter, heller Überaugenstreif; ♂ oberseits braun, stark gestreift, kontrastreiche Kopfzeichnung; ♀ und Jungvögel matter gefärbt.

Vorkommen EU mit Ausnahme des S und äußersten N, ostwärts bis Zentralsibirien; Langstreckenzieher, bei uns Mär–Okt.

Wissenswert! B. sind typische Brutvögel offener, reich strukturierter Wiesen- und Feuchtgebiete. Sie nutzen höhere Stauden und Weidezäune als Singwarte und Ansitz zur Insektenjagd. **RL**

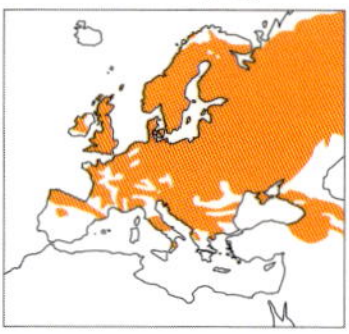

Schwarzkehlchen

Saxicola torquata · Familie Drosseln

Kleiner als ein Sperling; ♂ an Kopf und Kehle schwarz, Hals u. Schultern weiß.

Im Gegensatz zum ähnlichen Braunkehlchen Überaugenstreif nur undeutlich ausgeprägt oder ganz fehlend.

Vorkommen Eurasien sowie Afrika südlich der Sahara; brütet im dicht bewachsenen Offenland, in M.-EU v. a. auf Brachflächen, Ödland und Wiesen; Kurzstreckenzieher, Winterquartier in W-EU und Mittelmeerländern, bei uns Mär–Okt.

Wissenswert! Aufrecht auf Buschspitzen oder Drähten sitzend, zucken S. heftig mit Flügeln und Schwanz und tragen ihr pfeifendes Lied vor.

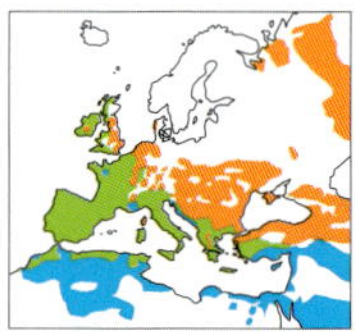

Blaumerle

Monticola solitarius · Familie Drosseln

Deutlich kleiner als eine Amsel, schlank, langer Schnabel; ♂ einheitlich dunkel blaugrau.

♀ bräunlich, Unterseite geschuppt.

Vorkommen S-EU, S-Asien, NW-Afrika; nördlichste Vorkommen in den S-Alpen; im Mittelmeerraum vorwiegend Standvogel, aus den Alpen im Herbst nach N-Afrika ziehend.

Wissenswert! Die ungesellige B. bewohnt steile, besonnte Felswände, zerklüftete Berghänge und Schluchten, im Mittelmeerraum auch Felsküsten, Steinbrüche und alte Gemäuer. Das ♀ baut sein Nest in Felsspalten und Mauerlöchern.

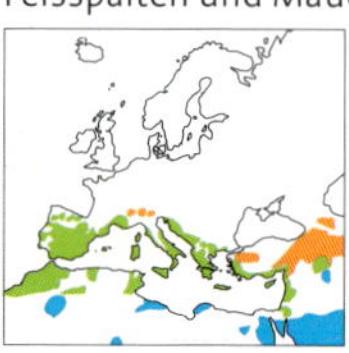

Steinrötel

Monticola saxatilis · Familie Drosseln

Kleiner als eine Amsel; ♂ an Kopf und Hals graublau, Unterseite und Schwanz rostrot.

♀ bräunlich geschuppt, Schwanz rostrot.

Vorkommen Von NW-Afrika über S-EU und Kleinasien bis Innerasien; in M.-EU nur in den Alpen, Karpaten und in Ungarn; Langstreckenzieher, im Brutgebiet Apr–Sep.

Wissenswert! S. brüten an sonnigen Felshängen mit Geröll und spärlicher Vegetation, aber auch in Weinbergen, Steinbrüchen, Kiesgruben und gelegentlich an Ruinen. Die scheuen Einzelgänger ernähren sich v. a. von Bodeninsekten, Spinnen und Würmern. **RL**

Braunkehlchen

Schwarzkehlchen

Blaumerle

Steinrötel

Singdrossel

Turdus philomelos · Familie Drosseln

Kleiner als eine Amsel; Oberseite braun, Unterseite rahmweiß, schwarzbraun gefleckt.

Im Flug rostgelbe Unterflügel sichtbar.
Vorkommen Von EU bis Baikalsee, Kleinasien und Kaukasus; brütet in unterholzreichen Laub-, Misch- u. Auwäldern, in Hochlagen auch in reinen Nadelwäldern, Parks und Gärten; fehlt in baumfreien Gebieten; Kurzstreckenzieher mit Winterquartier in W- und S-EU sowie N-Afrika, bei uns Feb–Nov.
Wissenswert! Ihren abwechslungsreichen Gesang mit weichen Flötentönen und Nachahmungen anderer Vögel tragen S. von einer Singwarte aus vor.

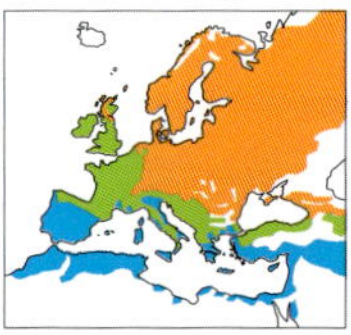

an der „Drosselschmiede“

Rotdrossel

Turdus iliacus · Familie Drosseln

Etwas kleiner als die Singdrossel; auffälliger rahmweißer Überaugen- und Bartstreif.

Flanken und Unterflügeldecken rostrot; Oberseite braun, Unterseite weißlich, dunkelbraun gefleckt.
Vorkommen Von N-EU bis O-Sibirien; Kurz- und Mittelstreckenzieher, bei uns Durchzügler und Wintergast Okt–Apr, auf Wiesen und Feldern oft mit Wacholderdrosseln zusammen. Im Brutgebiet bewohnen R. junge Nadelwälder, Birken-, Weiden- und Erlenwälder sowie die Randgebiete der Tundra, brüten aber auch in Parks und Gärten.
Wissenswert! Auf ihrem nächtlichen Zug oder beim Abflug lassen R. typische gedehnte und durchdringende „zieh“-Rufe hören (Singdrosseln dagegen ein hohes, kurzes „zipp“).

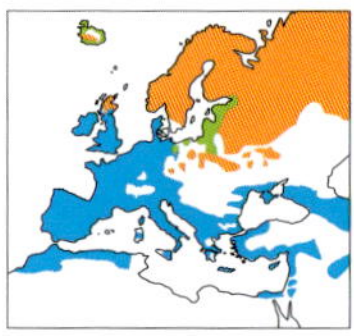

Misteldrossel

Turdus viscivorus · Familie Drosseln

Größer als eine Amsel, Färbung sehr ähnlich der Singdrossel, etwas grauer wirkend.

Steht oft steil aufgerichtet; Flug wellenförmig, beim Gleiten Flügel leicht eingezogen.
Vorkommen Von W-EU und NW-Afrika ostwärts; Kurzstreckenzieher, bei uns Feb–Nov. M. brüten in Misch-, Laub- und reinen Nadelwäldern, siedeln sich aber auch in Parks und Gärten an.
Wissenswert! Das Nest wird in Bäumen und hohen Büschen gebaut und mit Erde verfestigt. M. suchen auf kurzrasigen Flächen v. a. nach Regenwürmern. Im Herbst bevorzugen sie die Beeren von Misteln. Für die Verbreitung dieser Pflanze sind sie unentbehrlich, da die Samen nur keimen, wenn sie zuvor einen Vogeldarm passiert haben.

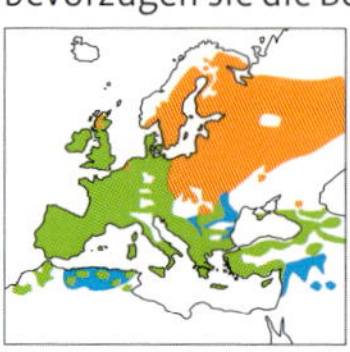

Wacholderdrossel

Turdus pilaris · Familie Drosseln

Etwas größer als eine Amsel; Kopf, Nacken und Bürzel hellgrau, Mantel rotbraun getönt.

Brust und Flanken mit pfeilförmigen schwarzen Flecken übersät.
Vorkommen In den letzten Jahrzehnten starke Ausweitung des Brutareals, ausgehend von der sibirischen Taiga, heute bis W-EU; bei uns v. a. Kurzstreckenzieher. In M.-EU brüten W. in halboffenen Landschaften mit Feldgehölzen und Hecken oder in Obstgärten, Parks u. Gärten. Im Herbst und Winter sind sie auf Flächen mit reichem Beeren- und Fallobstangebot anzutreffen.
Wissenswert! Ihre Nester legen W. hoch in Bäumen an, meist in lockeren Kolonien. Eindringende Greifvögel werden im Flug attackiert und zur Abwehr mit Kot bespritzt.

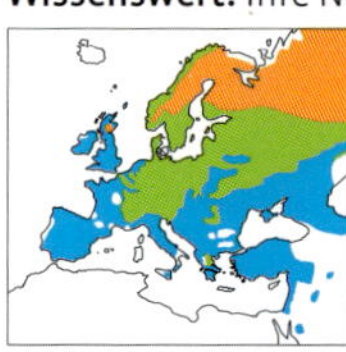

Singdrossel

Rotdrossel

Misteldrossel

Wacholderdrossel

Amsel

Turdus merula · Familie Drosseln

Allgemein bekannte Art, deren Zweitname „Schwarzdrossel" sich auf das schwarz gefiederte ♂ bezieht, bei dem nur Schnabel und schmale Augenringe kräftig orangegelb sind.

Das ♀ oberseits dunkelbraun, unterseits braun gefleckt, Kehle mehr oder weniger aufgehellt; Jungvögel wie ♀, aber oberseits mit dunklen Schaftstrichen.

Vorkommen EU, Asien und NW-Afrika; in M.-EU brütende A. vorwiegend Standvögel oder Teilzieher, nach N zunehmend Zugvögel. „Stadtamseln" neigen eher dazu, im Brutgebiet zu überwintern als „Waldamseln".

Lebensraum Ursprünglich ein reiner Waldbewohner, kommt die A. heute als Kulturfolger in M.-EU fast überall vor, von Wäldern aller Art über Feldgehölze, Hecken, Parks und Gärten bis zu fast baumfreien Innenstädten.

Lebensweise A. suchen am Boden hüpfend nach Nahrung. Sie ziehen Regenwürmer aus der Erde oder stöbern Kleininsekten

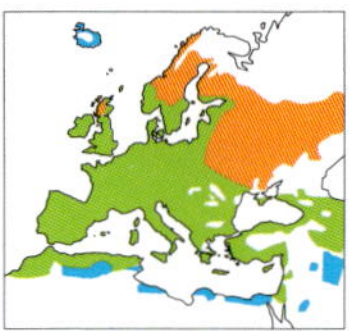

am Boden auf. Im Herbst und Winter ernähren sie sich vorwiegend von Beeren und weichen Früchten. Die ♂ beginnen oft schon ab dem Spätwinter mit ihrem Reviergesang, den sie von hohen Warten, etwa Baumspitzen oder Antennen, aus vortragen. Er besteht hauptsächlich aus flötenden Strophen. Bei der Verteidigung ihrer Reviere gehen A. recht grob miteinander um. Oft liefern sie sich heftige Kämpfe, bei denen auch Blut fließen kann und mancher Kontrahent auf der Strecke bleibt.

Brut Das napfförmige Nest wird in Bäumen oder Sträuchern, Kletterpflanzen oder Gebäudenischen errichtet. Da bei Stadtamseln der Brutbeginn deutlich ins Frühjahr vorverschoben ist, können diese bis zu viermal im Jahr brüten, meist mit 4–7 Eiern.

Ringdrossel (rechts) durch weißes Brustband sicher von Amsel (oben) zu unterscheiden

Ringdrossel

Turdus torquatus · Familie Drosseln

Fast amselgroß, etwas schlanker und langhalsiger als diese, ♂ durch halbmondförmiges, weißes Brustband sicher zu unterscheiden.

Beim ♂ Gefieder schwärzlich, an Flügeln und Unterseite durch helle Federsäume geschuppt

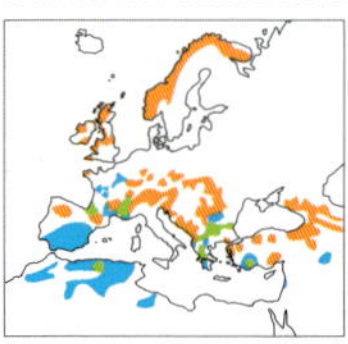

wirkend; kein gelber Augenring; ♀ dunkelbraun, mit grauem bis bräunlich weißem Brustband.

Vorkommen Von W- und SW-EU bis Vorderasien; bewohnt in M.-EU schattige und feuchte Standorte in nadelholzreichen Bergwäldern bis hinauf zur Krummholzzone, im Norden Moore, Heiden und die Tundra; Kurzstreckenzieher, bei uns Mär–Okt.

Wissenswert! R. suchen nach Regenwürmern und anderen kleinen Bodentieren, im Spätsommer sind Beeren von Zwergsträuchern ihre Hauptnahrung. ♂ und ♀ bauen gemeinsam ein napfförmiges Nest in dichte Nadelbäume und Büsche. Der Warnruf der R. ist ein hartes „taktaktak", ihr Gesang erinnert an Singdrosseln, ist aber rauer.

Amsel

Ringdrossel

Gartengrasmücke

Sylvia borin · Familie Zweigsänger

Kleiner als ein Sperling, unscheinbar; kurzer, ziemlich stumpfer Schnabel; Oberseite graubraun, leicht oliv getönt, Unterseite rahmfarben.

Keine Färbungsunterschiede zwischen beiden Geschlechtern und zwischen Alt- und Jungvögeln.

Vorkommen Brutvogel in ganz EU außer großen Teilen der Mittelmeerländer, ostwärts bis W-Sibirien; vom Meeresniveau bis zur Baumgrenze im Hochgebirge; Langstreckenzieher, bei uns Apr–Sep/Okt. Im Sommer- wie im Winterquartier nutzen G. ein breites Spektrum an Lebensräumen, das von Bruch- und Auwäldern über Nadelwälder mit reicher Strauchschicht, Weiden- und Grünerlengebüschen bis zu unterwuchsreichen Parks und verwilderten Gärten reicht.

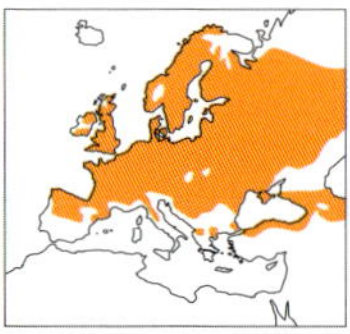

Brut Nest meist weniger als 1 m hoch in dichtem Gestrüpp, ein unordentlich wirkender Bau aus Grashalmen und feinen Wurzeln; 1–2 Jahresbruten mit meist 3–5 Eiern, Brüten und Aufzucht der Jungen durch beide Elternvögel.

Wissenswert! Der Warnruf der scheuen G., die sich meist in dichtem Buschwerk aufhält, ist ein rhythmisches „wät-wät-wät“. Ihr plappernder Gesang besteht aus weichen, klaren Tönen. G. ernähren sich v. a. von Insekten, im Herbst auch von Beeren. Für ihren Nonstop-Flug übers Mittelmeer und die Sahara fressen sie sich als Energiereserve bis zu 30 % ihres Normalgewichts an Fett an.

Sperbergrasmücke

Sylvia nisoria · Familie Zweigsänger

Etwa sperlingsgroß, größer als die anderen mitteleurop. Grasmücken; beim ♂ Oberseite bleigrau, Unterseite weißlich, dunkelgrau „gesperbert“ (quer gebändert), leuchtend gelbe Iris.

Vergleichsweise kräftiger Schnabel, langer Schwanz; ♀ bräunlicher gefärbt als ♂.

Vorkommen Von einer Linie S-Skandinavien – östliches M.-EU – N-Italien ostwärts bis zum Altai; lebt auf extensiv genutztem Grünland oder Brachflächen, in reich strukturierten Feldgehölzen und Mischwäldern und teilt den Lebensraum oft mit dem Neuntöter (⇨ S. 334); Langstreckenzieher, bei uns Apr–Sep.

Brut Das große Nest der S., das sie fast immer in dornigen Sträuchern anlegen, kann leicht mit einem Neuntöternest verwechselt werden. Es besteht außen aus Grashalmen und ist innen mit Wurzeln ausgekleidet. (Im Unterschied zum Neuntöternest fehlen eingearbeitete Zweige.) Am Nestbau und Brutgeschäft sind beide Partner beteiligt. Die Nestlinge werden von den Eltern mit Insekten und Beeren versorgt.

Wissenswert! Die schnalzenden Rufe der S. klingen wie „tschäk“, der Gesang fällt durch einen knatternden „Moped-Ruf“, wie „arrrt-at-at-at-at“ auf. Beim seinem Vortrag sitzt das ♂ meist auf einer Buschspitze und stelzt den Schwanz. Zum kurzen Singflug steigt es senkrecht in die Höhe, klatscht dabei die Flügel über dem Rücken zusammen und schwebt danach gaukelnd wieder herab. Starke Bestandsschwankungen lassen sich auch damit erklären, dass S. kühle, feuchte Sommer nur schlecht vertragen. §

Gartengrasmücke

Sperbergrasmücke

Mönchsgrasmücke

Sylvia atricapilla · Familie Zweigsänger

Kleiner als ein Sperling; ♂ grau, mit schwarzer Kopfplatte bis zu den Augen; ♀ mit rotbrauner Kopfplatte, bauchseits bräunlich.

Junge ♂ im ersten Herbst mit dunkel rotbrauner Kopfplatte, ähneln dann den ♀.

Vorkommen In ganz EU außer nördl. Skandinavien, ostwärts bis W-Sibirien; Kurz- und Langstreckenzieher, bei uns Sep–Nov; ist von allen heimischen Grasmücken die meist verbreitete Art; bewohnt Gehölze aller Art und hat daneben keine speziellen Ansprüche an den Lebensraum, kommt in unterholzreichen Auwäldern ebenso vor wie in jungen Baumschonungen oder Park- und Gartengehölzen.

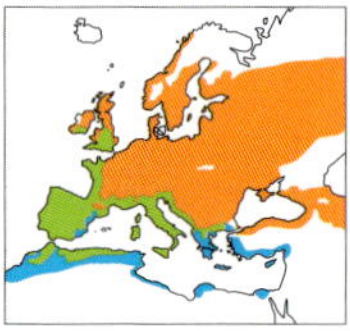

Wissenswert! Der Gesang der M. ist eine perlende Melodie mit klaren Flötentönen und mancherlei Imitationen. Er endet oft mit lautem, wehmütig gezogenem Flöten. Das ♂ baut im dichten Gestrüpp von Brombeeren, Brennnesseln, Büschen oder Jungfichten mehrere Spielnester, von denen das ♀ eines auswählt und fertig baut. Der Nestrand wird oft mit Spinnweben durchwoben.

Ähnlich **Orpheusgrasmücke** *Sylvia hortensis*, ein wenig größer als die Mönchsgrasmücke, längerer Schnabel, etwas größerer Kopf; ♂ mit dunkler Kopfkappe, die anders als bei der Mönchsgrasmücke bis unter das Auge reicht; hellgelbe Iris; in Mittelmeerländern; lebt dort in lichten Wäldern u. Gärten; in M.-EU nur 10–15 Brutpaare im Schweizer Wallis.

Kennzeichen: helle Iris, dunkle „Augenmaske“

Klappergrasmücke

Sylvia curruca · Familie Zweigsänger

Kleiner als ein Sperling; sehr ähnlich der Dorngrasmücke (⇨ S. 302), aber kleiner, kurzschwänziger und Flügel ohne rostbraunen Farbton.

Das typischste Merkmal der K. ist ihr monoton klappernder Gesang. Er wird von einem leise schwätzenden Vorgesang eingeleitet, den man aber nur aus nächster Nähe gut hört.

Vorkommen In 4 Unterarten von Großbritannien und N-Frankreich bis O-Sibirien u. Zentralasien; häufiger Brutvogel in M.-EU, mit der Hälfte des Bestands in D; besiedelt Feldgehölze und Heckenlandschaften, Dämme mit Hecken, junge Nadelforste, Parks, Gärten und Friedhöfe, häufig auch kleinflächig bepflanzte Bereiche in Siedlungsnähe, in den Alpen Bergwälder bis zur Krummholzzone; Langstreckenzieher, überwintert in Afrika südl. der Sahara; bei uns Apr–Okt.

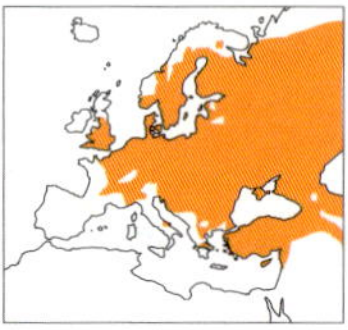

Brut Wie bei allen Grasmücken bauen auch bei den K. beide Partner am Nest, bebrüten dann die 3–5 Eier abwechselnd und füttern die Jungen gemeinsam. Wenn die Jungvögel nach ungefähr 12 Tagen das meist nur etwa kniehoch, selten auch bis zu 2 m hoch im Gezweig verankerte Napfnest verlassen, sind sie meist noch nicht voll flugfähig und werden noch mindestens 3 Wochen lang von den Eltern intensiv betreut.

Wissenswert! Die sehr im Verborgenen lebenden K. fallen am Brutplatz oft erst durch ihre Lautäußerungen auf. Neben Klappern lassen sie, wie viele andere Grasmückenarten auch, harte „tak“-Rufe hören.

Nachdem sie sich im Sommer fast ausschließlich von Insekten ernährt haben, erweitern K. ihren Speiseplan im Herbst durch Beeren. Besonders gern fressen sie Holunderbeeren.

Mönchsgrasmücke Andrang vor einer reifen Feige. Die beiden äußeren Vögel sind junge ♂.

Klappergrasmücke

Samtkopf-Grasmücke

Sylvia melanocephala · Familie Zweigsänger

Kleine Grasmücke; ♂ grau, mit schwarzer Kapuze und weißer Kehle; ♀ mit graubrauner Kopfplatte.

Auffällig roter Augenring, rotbraune Iris. **Vorkommen** S-EU, Vorderasien, N-Afrika; meist Standvogel. **Wissenswert!** S. brüten

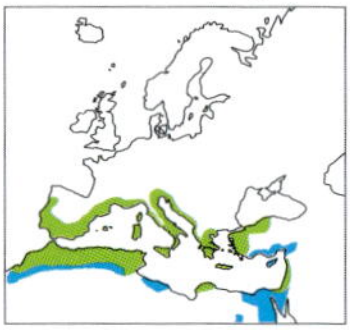

in Gebüschen, Olivenhainen, Gärten und Parks und fallen vor allem durch ihre maschinengewehrartig ratternden Rufreihen auf.

Dorngrasmücke

Sylvia communis · Familie Zweigsänger

Kleiner als ein Sperling; ziemlich langschwänzig; rostbraune Flügel, weiße Kehle, weiße Schwanzaußenkanten.

Vorkommen In 3 Unterarten von EU bis Mittelasien; Langstreckenzieher, bei uns Apr–Sep. **Wissenswert!** D. brüten in of-

fenen Landschaften mit Hecken und Gestrüpp. Ihren schwätzenden Gesang tragen sie von Baumspitzen und im Singflug vor.

Brillengrasmücke

Sylvia conspicillata · Familie Zweigsänger

Ähnlich der Dorngrasmücke, aber kleiner, weißer Augenring, schwarzer Zügel- und Augenbereich.

Vorkommen Auf den Kapverdischen u. Kanarischen Inseln sowie in den westl. Mittelmeerländern; Kurzstreckenzieher. **Wissenswert!** B. leben

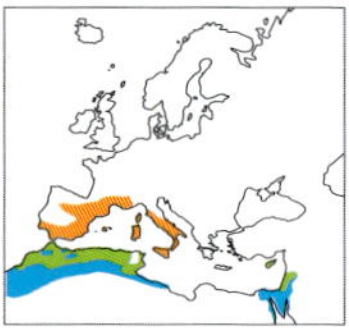

in Steppen, Trockentälern und Dünenlandschaften. Ihr Ruf ist schnurrend, der Gesang weich schwätzend.

Weißbart-Grasmücke

Sylvia cantillans · Familie Zweigsänger

In Größe und Gestalt der Provencegrasmücke ähnlich, aber heller, ♂ an Brust und Kehle orangerot.

Bei ♂ und ♀ äußere Schwanzfedern weiß; ♂ mit weißem Bartstreif und rotem Augenring. **Vorkommen** S-EU, NW-Afrika; brütet

auf trockenen Hängen, in Steineichenwäldern, Heideflächen, entlang von Flüssen; überwintert südl. der Sahara, bei uns Apr–Sep.

Provencegrasmücke

Sylvia undata · Familie Zweigsänger

Kleiner als Dorngrasmücke; sehr dunkel gefärbt; langer Schwanz, der oft gestelzt wird.

Roter Augenring, rotbraune Iris; graue Oberseite, Unterseite matt weinrot; ruckartiger Flug mit Auf und Ab des Schwanzes.

Vorkommen SW-EU, N-Afrika; lebt in immergrünen Buschwäldern der Mittelmeerküsten, auch in lichten Eichen- u. Kiefernwäldern. §

Sardengrasmücke

Sylvia sarda · Familie Zweigsänger

In Größe, Gestalt und Verhalten sehr ähnlich der Provencegrasmücke, aber Schnabel rot.

Unterseite grau; ♂ und ♀ sehr ähnlich. **Vorkommen** Mallorca, Korsika, Sardinien; auf Mallorca Standvogel; brütet vor allem

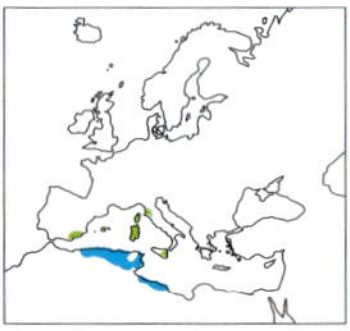

in der küstennahen niedrigen Macchie, an Felsküsten auch in Heidekraut. **Wissenswert!** Der helle Gesang der S. enthält oft Triller. §

Samtkopf-Grasmücke

Dorngrasmücke

Brillengrasmücke

Weißbart-Grasmücke

Provencegrasmücke

Sardengrasmücke

Schilfrohrsänger

Acrocephalus schoenobaenus · Familie Zweigsänger

Kleiner als ein Sperling; weißlicher Überaugenstreif, zum dunklen Augenstreif und Scheitel kontrastierend; Unterseite cremefarben, im Brutkleid stets ungestreift.

Vorkommen Vom Tiefland bis in Mittelgebirgslagen, EU bis W-Sibirien; in unterschiedlichen Feuchtgebieten, von Schilfbeständen über Seggensümpfe mit Büschen bis zu feuchten Hochstaudenfluren, verwachsenem Uferdickicht entlang von Gräben und schilfbestandenen Bruchwaldrändern, manchmal auch in Getreidefeldern; Langstreckenzieher, überwintert in Afrika südlich der Sahara; bei uns Apr–Okt. Von den 3 in M.-EU lebenden gestreiften Rohrsänger-Arten ist der S. der häufigste.

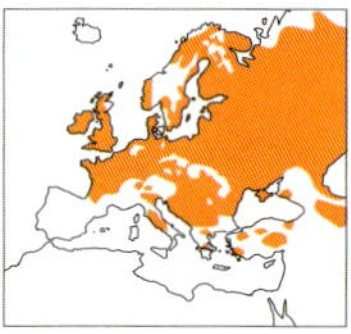

Scheitel dunkel

Brut Nest aus Halmen und Moos, von beiden Partnern gebaut (meist in vorjährigen Stauden), mit weichen Pflanzenteilen, Haaren oder Federn ausgepolstert; 1 Jahresbrut mit 4–6 Eiern, die überwiegend vom ♀ in 2 Wochen ausgebrütet werden. Die Nestlinge werden weitere 2 Wochen von beiden Eltern im Nest gefüttert.

Wissenswert! Trotz ihres Namens sind S. weniger aufs Halmklettern spezialisiert als Teich- oder Drosselrohrsänger (⇨ S. 306, 308). Ihr lebhafter Gesang enthält lange Triller und Tonreihen, ebenso Imitationen (u. a. von Blässhuhn, Schwalben und Bachstelze). Oft wird er durch ein knarrendes „trrr" eingeleitet. Zur Brutzeit klettert das ♂ oft singend bis an ein Halmende, erhebt sich zu einem kurzen Singflug, um sich, immer weitersingend, an anderer Stelle im Halmgewirr wieder niederzulassen.

Seggenrohrsänger

Acrocephalus paludicola · Familie Zweigsänger

Ähnlich dem Schilfrohrsänger, insgesamt aber heller und gelblicher; Stirn und Oberkopf kontrastreich gelblich und schwarz längsgestreift.

Heller, gelblich beiger Scheitelstreif; auf dem Mantel 2 gelblich beige Streifen, die wie Hosenträger wirken; Altvögel mit feiner Brust- und Flankenstrichelung, die den Jungvögeln fehlt; Gesang ähnlich dem des Schilfrohrsängers, aber langes Schnarren mit Pfeiflauten abwechselnd.

Vorkommen In schmalem Korridor vom O Mecklenburg-Vorpommerns und Brandenburgs über Polen und Weißrussland nach Litauen/Lettland, isolierte Populationen zudem in W-Sibirien; Standorte in Ungarn und der Ukraine; Langstreckenzieher.

mit hellem Scheitelstreif

Lebensraum S. brüten nur in ausgedehnten, nassen Grasfluren mit geringer Vegetationsdichte und -höhe sowie einzelnen höheren Strukturen als Singwarten. Zudem benötigen sie eine ziemliche Menge großer Insekten und Spinnen. Solche Bedingungen finden sie in Großseggenrieden, Schneidried-Sümpfen, extensiv genutzten Seggenwiesen, örtlich auch in seggendurchsetzten Süßgraswiesen oder brackigen Ostseewiesen.

Wissenswert! Großräumige Entwässerungen, Eindeichungen, veränderte landwirtschaftliche Nutzungen mit zunehmender Düngung, früher Mahd, Überweidung und Belastung mit Umweltchemikalien führten zu starken Lebensraumverlusten und zur Verinselung des einst geschlossenen Verbreitungsgebiets des S. Dadurch zählt dieser heute zu den gefährdeten Arten. **RL, §**

Schilfrohrsänger Typisch: ein kräftiger heller Überaugenstreif und ein diffus gestrichelter Scheitel.

Seggenrohrsänger Hat im Unterschied zum Schilfrohrsänger einen hellen Scheitelstreif in der dunklen Kopfplatte.

Mariskenrohrsänger

Acrocephalus melanopogon · Fa. Zweigsänger

Kleiner als ein Sperling, sehr ähnlich dem Schilfrohrsänger (⇨ S. 304), jedoch mehr rotbraun getönt.

Schwärzlicher Scheitel, dunklere Kopfseiten und rein weißer Überaugenstreif; stelzt häufig den Schwanz.

Vorkommen Zahlreiche isolierte Vorkommen von S-EU und N-Afrika bis Mittelasien; Teilzieher, von Apr–Sep im Brutgebiet.

Wissenswert! Der M. brütet in alten, überfluteten Schilfbeständen, in denen er sich hüpfend und schlüpfend fortbewegt. Sein Nest aus Schilf- und Seggenblättern baut er zwischen Rohrstängeln niedrig über dem Wasser. §

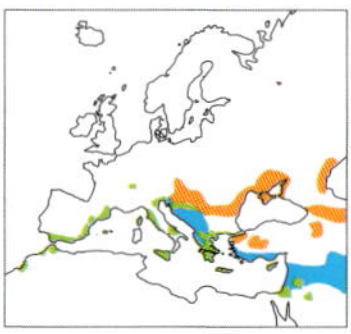

dunkle Kopfseiten

Sumpfrohrsänger

Acrocephalus palustris · Familie Zweigsänger

Sehr ähnlich dem Teichrohrsänger, am besten durch Gesang und verschiedenen Lebensraum auseinanderzuhalten.

Eher olivbraun, unterseits mehr gelblich getönt als der Teichrohrsänger, etwas kürzerer Schnabel; Beine hell gelblich rosa anstatt braungrau wie bei jenem.

Vorkommen M.- und O-EU bis W-Sibirien; rund ¾ des Weltbestands in EU; Langstreckenzieher, Winterquartier im tropischen Afrika, bei uns Mai–Sep.

Wissenswert! S. leben nicht nur im Schilf und Weidengebüsch, sondern brüten auch weitab von Wasser in dichter Staudenvegetation, gelegentlich auch in Gärten oder Getreide- und Rapsfeldern. Ihr sehr lebhafter Gesang steckt voller Nachahmungen anderer (auch afrikanischer) Vogelarten.

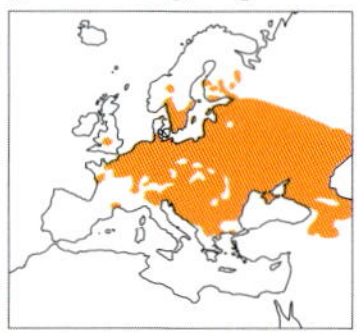

Teichrohrsänger

Acrocephalus scirpaceus · Familie Zweigsänger

Kleiner als ein Sperling, schlank; dem Sumpfrohrsänger ähnlich; wie eine Kleinausgabe des Drosselrohrsängers (⇨ S. 308), auch in Gesang, Nest und Lebensraum diesem ähnlich.

Oberseits rötlich braun; kurzer, heller Überaugenstreif; spitzer Kopf mit flachem Scheitel, Schnabel lang und schmal; Rufe schnarrend, Gesang rhythmisch, mit vielen kratzenden Lauten.

Vorkommen Von W-EU und NW-Afrika bis Mittelasien; fehlt in N-Skandinavien, Island, Irland und Schottland; Langstreckenzieher, überwintert im trop. Afrika, bei uns Apr–Sep/Okt.

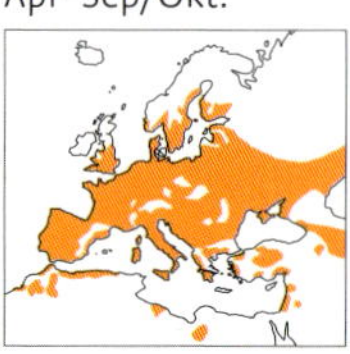

Lebensraum Wie alle Rohrsänger sind auch T. hervorragend an die speziellen Bedingungen von Pflanzenbeständen in offenen Feuchtgebieten angepasst. Als Schilfkletterer haben T. Klammerfüße entwickelt, mit denen sie geschickt an den Halmen hochklettern oder kopfabwärts durch das vertikale Dickicht schlüpfen können.

Brut Nest ein tiefes Körbchen aus Gras und feinen Halmen, vom ♀ gewöhnlich zwischen senkrechte Schilfhalme eingeflochten, meist in mittlerer Höhe über dem Wasser; gelegentlich auch in anderen vertikal strukturierten Pflanzenbeständen wie Raps, Brennnesseln, Kratzdisteln u. ä.; Erbrüten der 4–6 Eier durch das ♀, beim Füttern der Jungen hilft das ♂ mit.

Wissenswert! Weil Drosselrohrsänger ihre Reviere fast immer über offenem Wasser haben, T. dagegen ufernähere Bereiche und schmalere Schilfstreifen besiedeln und Sumpfrohrsänger schließlich noch stärker landseitig brüten, können diese Arten im gleichen Lebensraum vorkommen, ohne sich gegenseitig viel Konkurrenz zu machen.

Mariskenrohrsänger

Sumpfrohrsänger

Teichrohrsänger

Drosselrohrsänger

Acrocephalus arundinaceus · Familie Zweigsänger

Größter Rohrsänger in EU, größer als ein Sperling, beinahe wie eine Singdrossel; gleicht einem übergroßen Teichrohrsänger (⇨ S. 306).

Im Unterschied zum Teichrohrsänger deutlicher Überaugenstreif und drosselartig langer Schnabel; Oberseite braun, Unterseite beige; Ruf ein hartes „kreck", fast wie ein Teichhuhn.

Vorkommen Von SW-EU und NW-Afrika bis Sachalin und N-Japan, fehlt im nördlichen Skandinavien; Verbreitungslücken in M.-EU nach Bestandseinbrüchen; Langstreckenzieher, bei uns Apr–Sep.

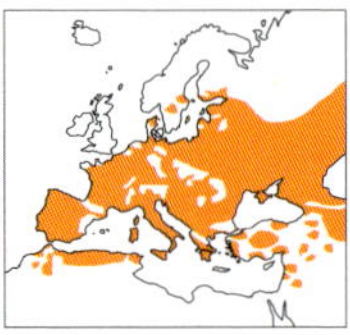

Lebensweise Der D. kommt nur in ausgedehnten Schilfwäldern vor. Er fängt vor allem Insekten, die an den Schilfhalmen sitzen, schnappt sich aber auch, kopfüber am Schilfrohr hängend, Insekten und kleine Amphibien von der Wasseroberfläche.

Sein überaus lautstarker Gesang ähnelt dem des Teichrohrsängers, ist aber deutlich gröber. Er enthält ein- bis dreimal wiederholte Motive, wobei sich hart knarrende Laute mit hohen Quietschtönen abwechseln. Das große, stabile Napfnest wird bevorzugt aus Schilfblättern gebaut, die der D. durch vorheriges Eintauchen ins Wasser geschmeidiger macht. Das ♂ ist am Nestbau unbeteiligt, begleitet aber die Partnerin bei ihrer Suche nach Baumaterial.

Wissenswert! Die Art ist stärker als andere Rohrsänger von der Ausdünnung der Schilfbestände betroffen. Röhrichtverluste entstanden durch Nährstoffanreicherung in den Gewässern ebenso wie durch direkte menschliche Einwirkung, etwa Wassersport. Zudem leiden D. unter der Bejagung auf dem Zug sowie Lebensraumverlusten in den Überwinterungs- und Rastgebieten.

Feldschwirl

Locustella naevia · Familie Zweigsänger

Kleiner als ein Sperling; Oberseite olivbraun, kräftig dunkel gestreift, Unterseite schmutzig weiß mit wenigen Stricheln auf der Brust.

Beine rosa. Unsere häufigste Schwirlart.

Vorkommen Von mittleren Breiten EU bis Mittelasien; lebt sehr versteckt in offenem Gelände mit dichter Krautschicht und höheren Sitzwarten; Langstreckenzieher, bei uns Apr–Okt.

Wissenswert! Meist macht sich der F. nur durch seinen weit hörbaren Gesang, ein eintöniges, an Laubheuschrecken erinnerndes Schwirren, bemerkbar. Er wird – mit kurzen Pausen – minutenlang, nachts auch manchmal stundenlang vorgetragen. Zum Singen sitzt das ♂ auf einem hochragenden Zweig, sonst laufen und klettern F. meist bodennah und fast mäuseähnlich durch den dichten Bewuchs. Ihr Nest aus Halmen und Gras mit einem Unterbau aus Blättern steht am Boden oder nahe darüber in der dichten Vegetation. Brutbeginn ist ab Ende Mai, oft gibt es 2 Bruten im Jahr. Wo die Elternvögel immer wieder huschend zum Nest laufen, um die 4–6 Jungen mit Insekten zu füttern, entsteht ein Pfad wie von Mäusen.

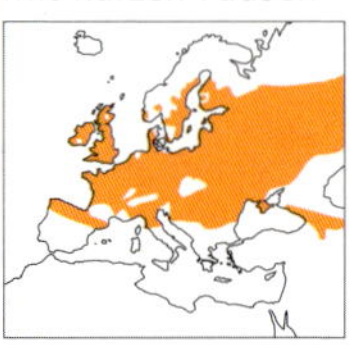

Ähnlich **Cistensänger** *Cisticola juncidis*, mit nur 10 cm Länge kaum größer als ein Zaunkönig, kompakt und kurzschwänzig; Gesang ein taktfestes, monotones „zip-zip-zip"; in S-EU, S-Asien und Afrika im offenen Grasland und auf Brachflächen.

Singflug des ♂

Drosselrohrsänger

Feldschwirl Oberseite leicht oliv getönt, dunkel gestreift.

Schlagschwirl

Locustella fluviatilis · Familie Zweigsänger

Kleiner als ein Sperling; von Feld- und Rohrschwirl unterscheidbar durch seine ungestreifte, olivbraune Oberseite in Kombination mit der dunkel längsgestreiften Kehle und Brust.

Schwanz relativ lang und breit, am Ende gerundet, Beine rosafarben.

Vorkommen Ursprünglich östliches M.-EU und O-EU bis W-Sibirien; in den letzten Jahrzehnten starke Ausbreitung nach W und NW; westlichster Brutnachweis in D im südwestl. Hessen; Langstreckenzieher, Winterquartiere im trop. Afrika, bei uns Mai–Sep.

Lebensraum S. brüten in dicht bewachsenen Flächen, die nach oben Sichtschutz und am

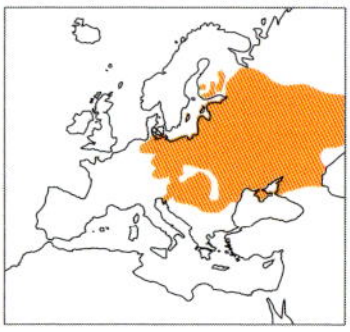

Boden Bewegungsfreiheit bieten. Zusätzlich müssen Büsche und Bäume als Singwarten vorhanden sein. Dies finden S. am Rand von unterholzreichen Au- und Bruchwäldern, Wiesen oder Sümpfen, Verlandungszonen und Ruderalflächen in Flussauen erfüllt.

Wissenswert! Im Unterschied zu Feld- und Rohrschwirl ist der Gesang des S. kein Schwirren, sondern eine lange Reihe wetzender, getrennt wahrzunehmender Silben wie „dze-dze-dze...", in kürzeren oder sehr langen Strophen vom ♂ vorgetragen. Als Stimmfühlungslaut lassen S. ein „drr drr", als Warnruf ein „dschi-giri-girit" und bei Erschrecken ein kurzes „tschek" erklingen. Die ♂ sitzen zum Singen in Büschen und Bäumen in oft 5–8 m Höhe und damit höher als die anderen Schwirle. Weil der Sänger bis auf die vibrierende Kehle so gut wie reglos verharrt, ist er selbst aus der Nähe kaum zu entdecken. Nach Beendigung des Gesangs lässt sich der Vogel wie ein Stein zu Boden fallen, um nach Art der Schwirle sogleich im dichten Bewuchs unterzutauchen.

Rohrschwirl

Locustella luscinioides · Familie Zweigsänger

Knapp sperlingsgroß, etwas größer als der Feldschwirl; oberseits ungestreift braun, unterseits weißlich.

Flanken und Brust leicht rostbraun getönt.

Vorkommen Von S- und W-EU bis Mittelasien, mit großen Verbreitungslücken; Langstreckenzieher, bei uns Ende Apr bis Mitte Sep.

Wissenswert! Der wenig scheue R. brütet in hohen Schilfbeständen an Gewässern und braucht vorjähriges Röhricht als Singwarte sowie Bülten oder geknicktes Schilf zur Nestanlage. Sein Gesang ist ein hartes, fast klangloses Surren. Das ziemlich große, keilförmige Nest wird niedrig über dem

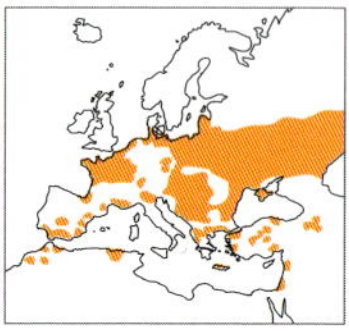

Boden oder Wasserspiegel aus Halmen und Schilfblättern gefertigt. In gewöhnlich 2 Jahresbruten ziehen R. je 4–6 Junge auf. §

Seidensänger

Cettia cetti · Familie Seidensänger

Knapp sperlingsgroß, größer und düsterer als der ähnliche Sumpfrohrsänger (⇨ S. 306).

Oberseite ungestreift rotbraun, Unterseite grau getönt; Schwanz abgerundet.

Vorkommen Von W- über S-EU bis Zentralasien; in M.-EU nur einzelne Paare; Standvogel, teilweise auch ziehend.

Wissenswert! Der S. bewohnt dichtes Gebüsch in Gewässernähe. Gewöhnlich bewegt er sich am Boden rennend oder niedrig kletternd fort. Seine Anwesenheit verrät er zur Brutzeit durch lauten, explosiv einsetzenden Gesang aus klangvoll metallischen Tönen, die zum Ende hin stocken und

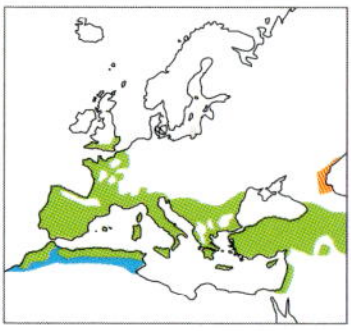

leiser werden. Das Nest liegt am Boden oder in niedrigem Gebüsch. Brüten und Aufzucht der meist 4 Jungen sind allein Sache des ♀.

Schlagschwirl

Rohrschwirl

Seidensänger

Gelbspötter

Hippolais icterina · Familie Zweigsänger

Kleiner als ein Sperling; Oberseite graugrün, Unterseite hellgelb; kurzer gelber Überaugenstreif; orangefarbener Schnabel.

Scheitelfedern häufig etwas gesträubt; Jungvögel unterseits blasser.

Vorkommen M.- und O-EU, im N bis zum südlichen Skandinavien, im S bis zum Alpenrand, westwärts bis Sibirien; in lichten Baumbeständen mit geringer Kronendeckung und reichlich Unterwuchs; Langstreckenzieher, bei uns Mai–Sep.

Lebensweise G. gehen in den Baumkronen auf Insekten- und Spinnenjagd. Ihr napfförmiges Nest verankern sie in einer Astgabel,

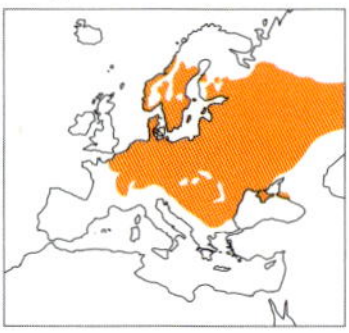

meist wesentlich höher als 1 m über dem Boden. Bei seinem lauten, kratzigen, sehr abwechslungsreichen Reviergesang ahmt das ♂ zahlreiche andere Vogelstimmen nach.

Wissenswert! G. gehören zu den Zugvogelarten, die am spätesten aus ihrem tropischen Winterquartier bei uns eintreffen.

Ähnlich **Orpheusspötter** *Hippolais polyglotta*, etwas rundlicher wirkend als der sonst sehr ähnliche Gelbspötter, Flügel kürzer und stumpfer, Unterseite blasser gelb; Gesang weniger rau als beim Gelbspötter; Verbreitung in SW-EU und NW-Afrika, schließt also im SW an das Verbreitungsgebiet des Gelbspötters an; zeigt seit rund 30 Jahren Ausbreitungstendenz nach NO, sodass nun Gelbspötter und O. gebietsweise gemeinsam vorkommen. O. halten sich vorzugsweise in niederen Gehölzen auf.

Blassspötter

Hippolais pallida · Familie Zweigsänger

Etwa so groß wie ein Gelbspötter, erinnert an einen blassen Teichrohrsänger (⇨ S. 306); Oberseite grau- bis olivbraun.

Rahmfarbener Überaugenstreif, heller Augenring; unterseits rahmfarben.

Vorkommen Vom Mittelmeerraum ostwärts bis China; brütet in lockeren, unterholzreichen Laubwäldern, in Weidenbeständen von Flussauen, in Oliven- und Obsthainen, Oasen, Parkanlagen und Gärten; Langstreckenzieher; überwintert in den Tropen Afrikas; im Brutgebiet Apr–Aug. Als Folge der Klimaerwärmung konnte der B. sein Areal in letzter Zeit ausweiten.

In M.-EU gibt es heute in Ungarn bis zu 250 Brutpaare.

Wissenswertes Der Gesang des B. erinnert an Teichrohrsänger und Gelbspötter und ist schwätzend heiser und ziemlich monoton mit gequetschten und flötenden Motiven. Seine Rufe sind ein sperlingshaftes Schilpen oder kurzes „tsr“, ein rhythmisches „tset tset...“, „tck tck...“ sowie ein hartes „trerr“. Ihr Nest bauen B. in Büschen und Hecken, auch hoch in Palmen.

Ähnlich **Olivenspötter** *Hippolais olivetorum*, mehr als sperlingsgroß, deutlich größer als der Gelbspötter; Oberseite grau, Unterseite schmutzig weiß; heller Überaugenstreif; Sommervogel im östlichen Mittelmeerraum (Apr–Aug); brütet in offenem, verbuschtem Wald, in hoher Macchie und Olivenhainen; hält sich meist im Laubwerk verborgen.

Gelbspötter

Blassspötter

Fitis

Phylloscopus trochilus · Familie Zweigsänger

Bedeutend kleiner als ein Sperling; sehr ähnlich dem Zilpzalp, aber insgesamt gelblicher, auffallend heller Überaugen- und dunkler Augenstreif.

Beine häufig heller als beim Zilpzalp; unterseits gelblich weiß, Brust eher oliv.

Vorkommen Von W-EU bis O-Sibirien, südl. Grenze in Frankreich und Tälern der Zentralalpen; fehlt im Mittelmeergebiet und in SO-EU; ein häufiger Brutvogel in lichten, buschreichen Wäldern, z. B. in Au- und Bruchwäldern, im N in der Birkentundra, aber auch in Gärten und Parkanlagen mit Birkenwäldchen und Weidengestrüpp; hält sich gern in der Nähe eines Gewässers auf; Langstreckenzieher, bei uns Apr–Okt.

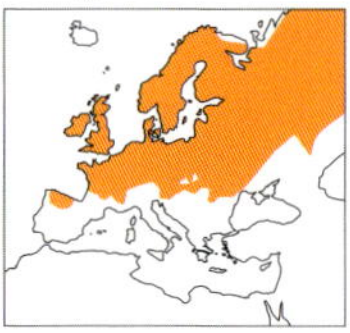

Brut Ebenso wie beim Zilpzalp errichtet das ♀ aus Gras und Moos ein backofenförmiges Bodennest mit seitlichem Eingang. Während das ♀ die 4–8 Eier allein ausbrütet und dann auch die Nestlinge allein hudert, hilft das ♂ beim Füttern.

Wissenswert! Die Zwillingsarten F. und Zilpzalp lassen sich im Freiland nur am Gesang sicher unterscheiden. Der F. singt wehmütig schmachtend, in hellen Tönen dahinfließend und mit weichem, absterbenden Schnörkel endend. Seine Rufe sind ein weiches „hü-it“, deutlicher zweisilbig als beim Zilpzalp. Seine Nahrung besteht aus Insekten, im Herbst verzehrt er aber auch Beeren.

Ähnlich **Berglaubsänger** *Phylloscopus bonelli*, insgesamt grauer, Flügel und Bürzel gelblich; Gesang monoton scheppernd. §

Waldlaubsänger

Phylloscopus sibilatrix · Familie Zweigsänger

Größer als der Zilpzalp, aber immer noch kleiner als ein Sperling; ziemlich lange Flügel.

Oberseite gelblich grün, Kehle u. Brust gelb, Bauch weiß, zitronengelber Überaugenstreif.

Vorkommen EU außer Teilen des Mittelmeers und nördl. Skandinavien; Langstreckenzieher, überwintert in Afrika südlich der Sahara, bei uns Apr–Sep.

Wissenswert! In seinen Lebensraumansprüchen ist der W. spezialisierter als Fitis oder Zilpzalp: Er bevorzugt lockeren, im Inneren schattigen, schwach verkrauteten Laubmischwald. Sein Gesang ist eine Serie klirrender „zipp“-Laute. Er wird auch in kurzen, von Ast zu Ast führenden Singflügen vorgetragen. In das backofenförmige Nest am Boden legt das ♀ in der Regel 5–7 Eier.

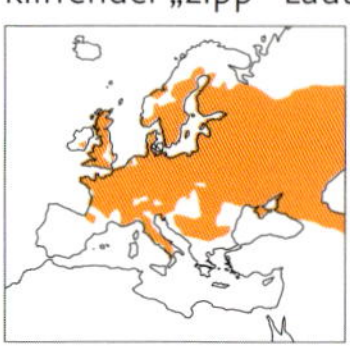

Zilpzalp

Phylloscopus collybita · Familie Zweigsänger

Sehr ähnlich dem Fitis, heller Überaugenstreif undeutlicher als bei diesem.

Im Freien nur am Gesang sicher vom Fitis zu unterscheiden.

Vorkommen Von W-EU bis O-Sibirien; vorwiegend Kurzstreckenzieher, bei uns Mär–Okt.

Wissenswert! Die sich ständig bewegenden Vögel bewohnen unterholzreiche Laub- und Mischwälder ebenso wie Flussauen, Gärten und Parks. Der Gesang des Z. besteht aus einer Reihe zusammengesetzter Silben wie „zilp zalp zalp zilp zilp zalp...“, die oft mit einem harten „tret tret...“ beginnt. Z. leben von Insekten u. a. Kleintieren, die sie flatternd und hüpfend erjagen. Ihr kugelförmiges Nest mit seitlichem Einschlupf liegt am oder dicht über dem Boden.

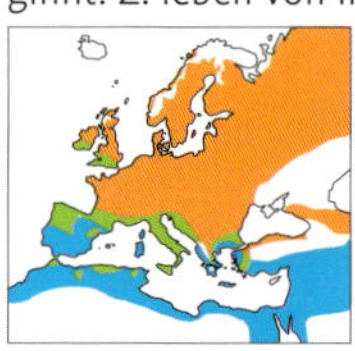

Fitis

Waldlaubsänger Überaugenstreif und Kehle zitronengelb.

Zilpzalp

Wintergoldhähnchen

Regulus regulus · Familie Zweigsänger

Zusammen mit dem Sommergoldhähnchen kleinste europäische Vogelart; Länge einschließlich Schwanz nur rund 9 cm, Gewicht 5 g; rundliche Gestalt; auffälliger Scheitelstreif.

Oberseite olivgrün, Bauch weißlich; beim ♂ Scheitelstreif gelb mit (meist verborgenem) orangefarbenem Mittelstreif, beim ♀ heller gelb; Jungvögel ohne Scheitelzeichnung; im Unterschied zum Sommergoldhähnchen ohne dunklen Augenstreif.

Vorkommen Von EU (außer dem hohen N) mit Lücken bis O-Sibirien, in S-EU nur regional; eng an Nadelbäume gebunden, vorzugsweise Fichtenwälder mit lückig stehenden Altfichten; Nahrungssuche auch in Kiefern und Lärchen, auf dem Durchzug ebenso in Laubbäumen und Büschen; meist in den oberen Zweigen, daher schwer zu beobachten; Standvogel oder Teilzieher.

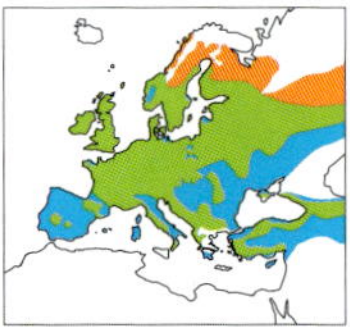

gelber Scheitelstreif

Brut 2 Jahresbruten mit je 5–13 (!) Eiern, die vom ♀ allein etwa 14–17 Tage ausgebrütet werden; Versorgung der Jungen während der mehr als dreiwöchige Nestlingszeit durch beide Eltern.

Wissenwert! Das Nest wird als Hängenest zwischen herabhängenden Seitenzweigen äußerer Äste gebaut. Die Vögel verweben zunächst mit Spinnfäden, die sie Eikokons von Spinnen oder Raupengespinsten entnehmen, mehrere Zweige miteinander, auf denen dann das tief napfförmige Nest aus Moos und Flechten angelegt wird. Zur Auspolsterung finden kleine Vogelfederchen und Tierhaare Verwendung. Etwa 3 Wochen sind beide Partner mit dem Nestbau beschäftigt.

Sommergoldhähnchen

Regulus ignicapillus · Familie Zweigsänger

Ebenso klein wie das Wintergoldhähnchen; unterscheidbar durch einen schwarzen Augenstreif, weißen Überaugenstreif und insg. lebhaftere Färbung.

Der schwarz gesäumte Scheitel nur beim ♀ gelb, beim ♂ dagegen orangerot; Oberseite olivgrün, Halsseiten goldgelb.

Vorkommen Weitgehend auf W-, M.- und S-EU sowie NW-Afrika beschränkt; weniger stark an Fichten gebunden als Wintergoldhähnchen, brütet auch in einzelnen Fichten, in Gärten, Parks oder Friedhöfen, im westlichen M.-EU sogar in weitgehend nadelholzfreien Eichen- und Buchenwäldern; Kurzstrecken- und Teilzieher.

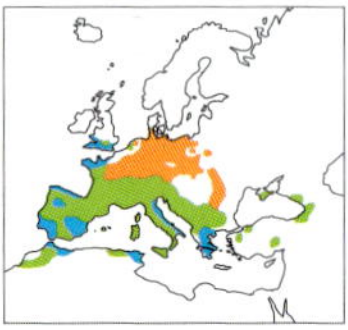

♂ mit orangefarbenem Scheitelstreif

Nahrung Während sich die „Zwillingsart“ Wintergoldhähnchen fast nur von winzigen Insekten ernährt, die von den Vögeln vorwiegend von den Astunterseiten abgepickt werden, bevorzugen S. vergleichsweise größere Beuteinsekten und Spinnen, die sie häufiger auf den Astoberseiten suchen. Beide Goldhähnchenarten stehen bei der Nahrungssuche auch oft rüttelnd zwischen den Zweigen in der Luft.

Wissenswert! Im Gesang unterscheiden sich die beiden Arten deutlicher: Beim S. besteht er aus Reihen sehr hoher, schneller werdender und ansteigender Töne („sississisitt“), beim Wintergoldhähnchen aus einem hohen, sich zwischen 2 Tönen wiegenden „sih sississiü-sih sississiü-sih sissietüit“. Obwohl sich die beiden Goldhähnchenarten in ihrem Lebensraum, der Lebensweise und Ernährung sowie im Nestbau sehr ähneln, ermöglichen ihnen kleine Unterschiede ein Nebeneinander im gleichen Gebiet.

Wintergoldhähnchen Bestes Unterscheidungsmerkmal: Die Kopfseiten sind kontrastlos.

Sommergoldhähnchen Im Gegensatz zum Wintergoldhähnchen mit weißem Überaugen- und dunklem Augenstreif.

Grauschnäpper

Muscicapa striata · Familie Schnäpper

Kleiner als ein Sperling, etwa rotkehlchengroß; oberseits bräunlich grau, keine auffälligen Abzeichen.

Oberkopf, Kehle und Brust dunkelgrau längsgestrichelt; Unterseite heller bis weißlich; ♂ und ♀ gleich gefärbt, Jungvögel oberseits und auf der Brust gefleckt.

Vorkommen Von W-EU bis Mittelsibirien; brütet an Waldrändern und Lichtungen sowie in offenem Gelände mit Gehölz- und Baumgruppen wie z. B. Alleen, Parks und Gärten; in M.-EU überwiegend in Kulturland und im Siedlungsbereich; auch auf dem Durchzug in ähnlichen Lebensräumen anzutreffen; Langstreckenzieher, Winterquartier im tropischen und südlichen Afrika, bei uns Apr–Sep.

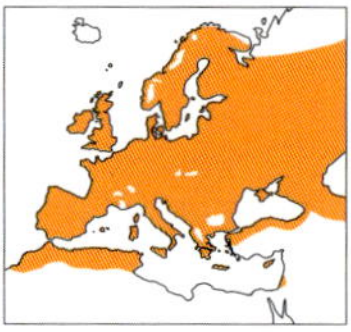

Brut Beide Partner bauen ein lockeres Nest aus Moos, Federn und Tierhaaren, das sie in Halbhöhlen und Nischen unter Dachvorsprüngen, in Mauerlöchern, hinter Kletterpflanzen oder in Astkehlen alter Bäume anlegen. Die meist 4–5 Eier werden allein vom ♀ ausgebrütet, das dabei manchmal vom ♂ gefüttert wird. Während der rund 2 Wochen dauernden Nestlingszeit füttern beide Partner die Jungen. In langen Sommern kann es zu Zweitbruten kommen.

Wissenswert! G. sind typische Ansitz- und Flugjäger auf Insekten. Ihr häufigster Ruf ist ein gedehntes und raues „ziet", oft klingt er auch fast stimmlos wie „zst" oder „zerr". Bei Erregung lassen G. ein scharfes „tk" oder „zek" hören. Als Gesang wird eine unauffällige Folge von kurzen, meist sehr rauen Lauten wie „zizi-sri-zrü-tsr..." ohne Strophenabschnitte vorgetragen.

Zwergschnäpper

Ficedula parva · Familie Schnäpper

Kleinster heimischer Fliegenschnäpper, viel kleiner als ein Sperling; Färbung rotkehlchenähnlich; Kehle und Brust beim ♂ orangefarben.

Schwanz dunkel, zusammengelegt mit weißen Kanten, gespreizt mit schwarzem „T" wie beim Steinschmätzer (⇨ S. 290).

Vorkommen M.-EU bis O-Sibirien; in M.-EU starke Bindung an alt- und totholzreiche Laub- und Laubmischwälder; bevorzugt in Gewässernähe oder an anderen schattigen Standorten mit hoher Luftfeuchtigkeit z. B. Schluchten; Langstreckenzieher, Winterquartiere in Pakistan und Indien, bei uns Apr–Aug/Sep.

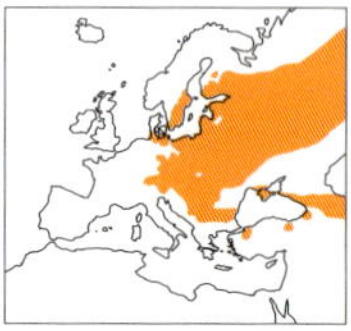

Brut Nest aus viel Moos, meist nicht sehr hoch über dem Boden in Halbhöhlen und Nischen an Baumstämmen, hinter Rinde, in Astgabeln und Mauern, vom ♀ gebaut; 4–7 Eier, ♀ brütet allein, das ♂ versorgt die Partnerin und später die Nestlinge mit Insekten.

Wissenswert! Z. rufen, ähnlich einem Zaunkönig, schnurrend „zirr", auch weich „tyli". Sie singen hell und etwas wehmütig mit einem Auftakt an gleichartigen hohen Silben wie „tvi tvi tvi..." und einem fitisähnlichen, abfallenden Ende. Oft zucken sie mit dem Schwanz und stellen ihn auf, während sie die Flügel herabhängen lassen. Der Warten- und Flugjäger macht Jagd auf Insekten unterhalb des geschlossenen Kronendachs des Waldes. Neben natürlichen Verlusten durch verregnete Sommer oder Nesträuber wirkt sich die heutige intensive Forstwirtschaft mit ihrer konsequenten Durchforstung der Wälder auf den Lebensraum der Art sehr nachteilig aus. §

Grauschnäpper

Zwergschnäpper

Trauerschnäpper

Ficedula hypoleuca · Familie Schnäpper

Kleiner als ein Sperling; gedrungen, kräftig; ♂ im Brutkleid (Foto) an Kopf und Oberseite tiefschwarz bis dunkel graubraun, Stirn, Flügelfleck, Schwanzkanten und Unterseite reinweiß.

Im Ruhekleid (Zeichnung unten) ebenso wie ♀ und Jungvögel braun und eher schmutzig weiß gefärbt.

Vorkommen Von NW-Afrika, Spanien und Großbritannien ostwärts bis Zentralsibirien; Langstreckenzieher, Winterquartiere im tropischen Afrika, bei uns Apr–Sep.

Lebensraum T. leben in altholzreichen Wäldern, gern in offenen Laub- und Laubmischwäldern mit wenig ausgeprägter

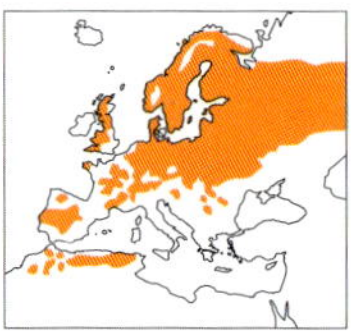

Krautschicht. Nach N hin besiedeln sie zunehmend Nadelwälder, kommen sonst aber auch in Feldgehölzen, Parks und Gärten vor. Begrenzender Faktor ist für T. vielerorts das Angebot an natürlichen Höhlen. Wo diese Mangelware sind, kann die Siedlungsdichte dieses Höhlenbrüters durch das Anbringen von Nistkästen erhöht werden.

Brut Nest aus Blättern, Fasern, Halmen und Farnteilen, vom ♀ in einer Höhle gebaut; Bebrüten der 4–7 Eier allein durch das ♀, Füttern der Jungen dann durch beide Elternvögel.

Wissenswert! Die Hauptnahrung des T. sind Insekten, die im Flug gefangen oder von Baumstämmen und vom Boden abgepickt werden. Der Gesang besteht aus einer Reihe auf- und ablaufender Töne, die in ihrer Klangfärbung an den Gartenrotschwanz erinnern. Häufigster und typischer Ruf ist ein kurzes „bit". Oft sitzen T. flügelzuckend auf exponierten Warten.

Halsbandschnäpper

Ficedula albicollis · Familie Schnäpper

Kleiner als ein Sperling; sehr ähnlich dem Trauerschnäpper, ♂ im Brutkleid (Foto) aber mit weißem Nackenband und weißem Bürzel.

Im Ruhekleid (Zeichnung) ebenso wie ♀ und Jungvögel dem Trauerschnäpper-♀ zum Verwechseln ähnlich.

Vorkommen NW-Frankreich, mittleres und südliches D, Italien, SO-EU; vor allem in Laubwäldern mit Buchen- und Eichenbeständen in warmen Lagen; sofern ausreichend Baumhöhlen oder Nistkästen vorhanden, auch in Nadel- und Auwäldern, Obstgärten und Parks; Langstreckenzieher, bei uns Apr–Aug/Sep.

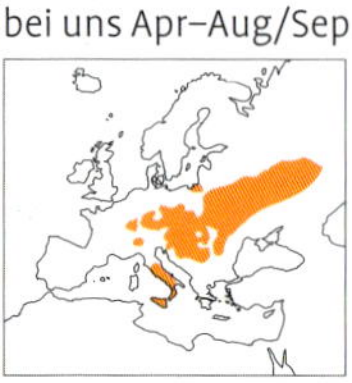

Wissenswert! Der H. hat ein viel kleineres Verbreitungsgebiet als der Trauerschnäpper. Wo beide Arten zusammen vorkommen, bilden sich vereinzelt Mischpaare. Der Gesang des H. ist dünner, weniger kehlig und langsamer als der des Trauerschnäppers. Das ♀ brütet die 4–6 Eier alleine aus und wird dabei auch nicht vom ♂ gefüttert, das sich dann aber an der Versorgung der Jungen beteiligt. Auf die Bestände des H. wirken sich v. a. die Entfernung höhlenreicher Althölzer, die Förderung von Nadelwald und das Verschwinden insektenreicher Streuobstwiesen negativ aus. §

Ähnlich **Halbringschnäpper** *Ficedula semitorquata*, unterbrochenes weißes Nackenband und viel Weiß an den Schwanzseiten; Balkan, O-Türkei. §

Trauerschnäpper

Halsbandschnäpper

Kohlmeise

Parus major kleines Foto: imponierendes ♂ · Familie Meisen

Größte Meise in M.-EU; glänzend schwarzer Kopf mit weißen Wangen; unterseits gelb mit schwarzem Längsstrich in der Mitte.

Schwarzer Strich beim ♂ länger und breiter als beim ♀; Jungvögel mit blasserer Gefiederfärbung und gelblichen Wangen.

Vorkommen In Eurasien vom Atlantik bis zum Pazifik; praktisch in allen Waldtypen, bevorzugt jedoch in Mischwäldern und lichten oder offenen Baumbeständen; im Siedlungsraum in Gärten, kleinen Buschgruppen und selbst in weitgehend baumlosem Gelände mit Brutplatzangebot (Nistkästen); Stand- und Strichvogel.

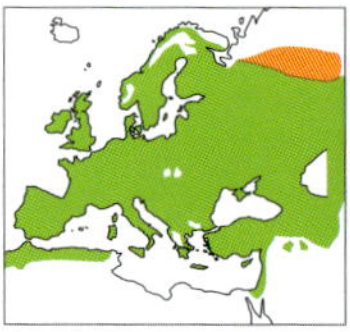

Brut Höhlenbrüter; 1–2 Jahresbruten ab Ende März; 6–12 Eier, vom ♀ etwa 2 Wochen lang bebrütet. Das ♂ hilft während der knapp 3-wöchigen Nestlingszeit beim Füttern der Jungen. Danach bleibt die Familie noch bis zu 3 Wochen zusammen.

Nahrung Insekten und andere Kleintiere sowie Sämereien. In Parks werden K. oft so zahm, dass sie Menschen das Futter von der Hand nehmen. Die Winterfütterung mit Talg und Körnerfutter ist jedoch nicht ausreichend. Für eine erfolgreiche Fortpflanzung im nächsten Jahr brauchen K. den ganzen Winter über auch tierische Kost, die sie stets ohne menschliches Zutun finden.

Wissenswert! Die ♂ beginnen schon im Vorfrühling mit ihrem Gesang, der mehrfach wiederholte, zwei- bis dreisilbige pfeifende Motive wie „zizibäh-zizibäh..." oder „zipe-zipe..." enthält. Häufig rufen K. hart und buchfinkenähnlich „pink" oder auch schnarrend „tscher-r-r-r".

Tannenmeise

Parus ater · Familie Meisen

Kleinste Meise in M.-EU, deutlich kleiner als ein Sperling; Kopfzeichnung ähnlich der Kohlmeise, aber zusätzlich noch ein großer weißer Nackenfleck.

Weiße Kopfseiten, Oberseite bläulich bis olivgrau.

Vorkommen Von N- und W-EU ostwärts bis Japan; Stand- und Strichvogel.

Nahrung Neben Raupen auch Zweiflügler, Blattläuse, kleine Spinnen und Blattwespen-Larven; ab Herbst sowie bei Frost und Schnee zudem Sämereien (Koniferensamen, Bucheckern). Im Winter tauchen T. oft zusammen mit anderen Meisenarten am Futterhäuschen auf.

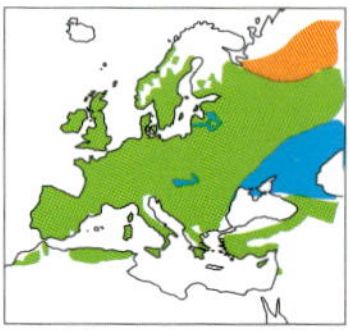

Brut Gewöhnlich 2 Jahresbruten mit 5–12, meist aber 8–9 Eiern, die vom ♀ allein bebrütet werden. Das ♂ beteiligt sich beim Füttern der Jungen. Als Nestlingsnahrung finden vor allem kleine Schmetterlingsraupen Verwendung.

Wissenswert! T. sind die häufigste Meisenart in geschlossenen Fichten- und Tannenwäldern. Dort ist der Sperlingskauz ihr Hauptfeind, der aufgeregt zeternd angezeigt wird, sobald er auftaucht. Die Rufe bei Erregung sind, anders als bei den übrigen Meisen, nasal gedehnt „tüi" oder kurz „zit". Ihr Stimmfühlungsruf ist ein feines „si si si", ähnlich dem des Goldhähnchens. Weil in Nadelwäldern Spechthöhlen eher selten sind, legen T. als Höhlenbrüter ihre Nester oft auch in ausgefaulten Baumstümpfen, Wurzelstöcken und sogar in Mauslöchern am Boden an. Gern nehmen sie auch Nistkästen an. Diese müssen eine Fluglochweite von 27–28 mm haben.

Kohlmeise

Tannenmeise

Blaumeise

Parus caeruleus · Familie Meisen

Kleiner als die Kohlmeise; einziger Kleinvogel in EU mit blau-gelbem Gefieder; auffallend vor allem der leuchtend blaue Scheitel.

Gelbe Unterseite mit dünnem schwarzem Mittelstreif; ♀ etwas matter, Jungvögel viel blasser gefärbt.

Vorkommen In ganz EU außer N-Skandinavien, ostwärts bis zum Ural, südwärts bis N-Afrika und Iran; Stand- und Strichvogel.

Wissenswert! Bevorzugter Lebensraum der B. sind von Eichen dominierte Auwälder, aber auch in lichten, sonnigen Laub- und Mischwäldern, in reich strukturierten Nadelwäldern und, sofern das Nisthöhlenangebot vorhanden ist, auch in Feldgehölzen, Gärten, Parks oder Buschwerk kommen die lebhaften Meisen vor. Im Winter halten sie sich nahrungssuchend gern im Schilf auf. Neben Insekten und Spinnen stehen im Frühjahr auch Weidennektar, Knospen und Blüten, im Herbst Beeren und Sämereien auf ihrem vielseitigen Speiseplan. Bei Erregung rufen B. zeternd „tscherretetet" oder hoch „ziii zi zi".

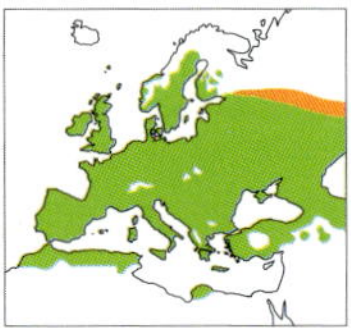

Ähnlich **Lasurmeise** *Parus cyanus*, unverwechselbar weiß-blaugefärbt; flauschiges Gefieder, langschwänzig; weißer Scheitel (ohne blaue Kappe), Flügelbinde sehr breit, Unterseite weiß, blauer Längsfleck auf der Brust; vertritt die Blaumeise von Weißrussland bis zur Mandschurei; wo sich die Arten überlappen, kann es zu Mischpaaren kommen.

Haubenmeise

Parus cristatus · Familie Meisen

Etwa blaumeisengroß; durch schwarzweiß geschuppte, spitze Federhaube unverwechselbar; schwarzweiße Gesichtszeichnung.

Oberseite braun, Unterseite rahmfarben.

Vorkommen In 6–7 Unterarten von Spanien und Frankreich ostwärts bis zum Ural, nordwärts bis zum Polarkreis; Standvogel.

Lebensraum H. brüten hauptsächlich in Nadelwäldern, auch in Mischwäldern mit größerem Koniferen- und Totholzanteil, seltener in Gärten, Parks und Friedhöfen mit Nadelholzgruppen. Wo sie mit Weiden- und Tannenmeisen gemeinsam vorkommen, vermeiden H. dadurch Konkurrenz, dass sie die Nahrung höher in den Bäumen suchen als die beiden anderen Arten.

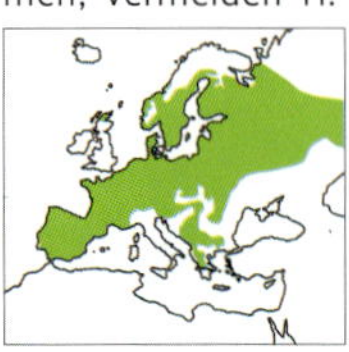

Brut Als Höhlenbrüter wählen H. für ihr Nest meist enge Höhlen und Spalten in Bäumen, Baumstümpfen oder Wurzelstöcken. In abgestorbenem oder morschem Holz erweitert oder zimmert das ♀ die Bruthöhle selbst. Auch Hohlräume in Greifvogelhorsten werden zur Brut genutzt, ebenso Eichhornkobel, gelegentlich auch Nistkästen. Mit 5–9, meist aber 6 Eiern haben H. unter den heimischen Meisen das kleinste Gelege. Im S kommt es oft zu 2 Jahresbruten.

Wissenswert! Neben Insekten und anderen Kleintieren werden v. a. im Winter verstärkt Koniferensamen verzehrt. H. sind weniger gesellig als die übrigen Meisenarten. Zur Stimmfühlung dient ihnen ein hohes „zizi", an das ein leises, kehliges „gürr" angefügt wird. Der Gesang besteht aus der mehrfachen Aneinanderreihung dieser Rufe: „zizi gürr zizi gürr zizi gürr…".

Blaumeise

Haubenmeise

Weidenmeise

Parus montanus · Familie Meisen

Kleiner als ein Sperling; sehr ähnlich der Sumpfmeise, Unterscheidung im Freiland oft schwierig, etwas größerer Kopf.

Im Unterschied zur Sumpfmeise mit nicht glänzender schwarzer Kopfplatte, etwas größerem schwarzem Kehlfleck und hellem Flügelfeld.

Vorkommen Von W-EU bis Japan; fehlt in Irland, Spanien, W-Frankreich, Italien und Griechenland; bewohnt meist feuchte oder sumpfige Biotope wie Auwälder, Weidenbestände und Moore, kommt aber auch in verwilderten Gärten und Feldgehölzen sowie Nadel- und Mischwäldern im Gebirge vor; überlässt als Kulturflüchter die

Siedlungsbiotope eher ihrer Zwillingsart, der Sumpfmeise; Stand- und Strichvogel.

Brut Im Gegensatz zu den meisten anderen Meisen zimmern W. ihre Bruthöhlen in morschen Strünken oder abgestorbenen Bäumen selbst oder erweitern zumindest vorhandene Faulstellen oder Spechtlöcher. Doch nehmen sie auch künstliche Nisthöhlen an. Brutbeginn ist im April. Die 6–9 Eier werden vom ♀ alleine ausgebrütet, das ♂ hilft dann bei der Aufzucht der Jungen.

Wissenswert! W. rufen nasal, gedehnt und rau „dääh dääh dääh dääh". Ihr Kontaktruf ist ein piepsendes „ti-ti". Der flötende Gesang hört sich wie „siü-siü-siü-siü" an. Bei der Nahrungssuche nach Insekten, Kleintieren und weichen kleinen Sämereien turnen W. häufig mit dem Bauch nach oben im Geäst umher.

▽ Sumpfmeise

▽ Weidenmeise, mitteleurop. Rasse

„dicker" Kopf, helleres Flügelfeld

Sumpfmeise

Parus palustris · Familie Meisen

Kleiner als ein Sperling, sehr ähnlich der Weidenmeise; Kopfplatte und Nacken glänzend schwarz; kleiner schwarzer Kehlfleck.

Jungvögel matter gefärbt, von der Weidenmeise im Freiland praktisch nicht zu unterscheiden.

Vorkommen Von Großbritannien und Spanien bis zum Ural; Standvogel.

Wissenswert! Entgegen ihrem Namen kommen S. nicht nur in Sumpfgebieten vor, sondern auch in Laub- u. Mischwäldern, Ufer- u. Feldgehölzen, Obstgärten und Parks. Ihr moosreiches Nest bauen sie in Baumhöhlen, Baumstrünken oder zwischen Wur-

zeln. Sie rufen explosiv niesend „pitschü" oder pfeifend „tschiü-tschiü". Der Gesang ist eine Serie gleicher Töne wie „pitji-pitji-pitji..."

Lapplandmeise

Parus cinctus · Familie Meisen

Ähnlich der Weidenmeise, aber großköpfiger, flauschigeres Gefieder; Kinnfleck sehr groß, nach unten breiter.

Kopfplatte matt schokoladenbraun (nicht schwarz); Wangen schmutzig weiß; Oberseite warm braun, Flanken rostbraun.

Vorkommen N-EU, N-Asien und westliches N-Amerika; brütet in alten, unberührten Nadelwäldern der Taiga, dort in flechtenreichen Kiefernwäldern; Standvogel.

Wissenswert! Wie die Weidenmeisen bauen L. ihr Nest aus Moos und Halmen in natürlichen Höhlen. Viele Rufe ihres breiten Repertoires erinnern an die Weidenmeise. Ihr heiser schnurrender Gesang

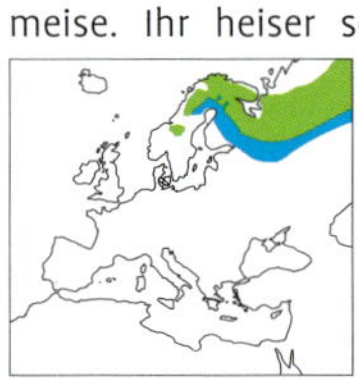

klingt wie „tjip tiep tieo tjep tjep". Im Winter sind sie vor allem auf die Samen der Nadelbäume und Birken angewiesen.

Weidenmeise nördliche Rasse

Sumpfmeise

Lapplandmeise

Schwanzmeise

Aegithalos caudatus · Familie Schwanzmeisen

Viel kleiner als ein Sperling; mit sehr langem, stufigem Schwanz, im Flug wie ein Federbällchen mit Stiel aussehend.

Kopf weiß mit sehr breiten, schwarzen Überaugenstreifen, die in den schwarzen Rücken münden; Bauch und Flanken hell rötlichbraun; bei der nordeuropäischen Rasse (kl. Foto) Kopf und Unterseite rein weiß.

Vorkommen Ganz EU außer im hohen N; außerdem von Kleinasien bis China, Kamtschatka und Japan; in Laub- und Mischwäldern, Feldgehölzen, Parks und Gärten mit dichtem Unterholz; Stand- und Strichvogel, der invasionsartige Wanderungen unternimmt.

Brut Im Gegensatz zu den echten Meisen bauen S. kunstvolle, kugelige bis ovale Nester. Aus Flechten, Moos, dürren Grashalmen und Spinnfäden entsteht, meist hoch im Gebüsch oder in Astgabeln, eine dicke verfilzte Nestwand mit seitlichem Eingang. Innen wird das Nest weich mit Federn ausgepolstert. Während das ♀ seine 8–12 Eier bebrütet, wird es vom ♂ gefüttert. Wenn bis zu 20 Eier im Nest liegen, stammen sie von 2 ♀.

Wissenswert! Die leichten und geschickten S. sammeln ihre Nahrung, kleine Insekten und Spinnen, von den äußersten Zweigspitzen ab. Der Kontaktruf dieser geselligen Vögel ist ein zartes und weiches, metallisches „pit".

nordeurop. Rasse

Bartmeise

Panurus biarmicus · Familie Papageimeisen

Kleiner als ein Sperling; ♂ mit hellgrauem Kopf und schwarzen „Bart"-Streifen.

♀ mit braunem Kopf, ohne Bart; langer, stufiger Schwanz.

Vorkommen Stark zersplittertes Verbreitungsareal von Großbritannien u. Spanien bis zur Mongolei; weitgehend Standvogel, teilweise invasionsartige Wanderungen.

Wissenswert! B. sind an große, zusammenhängende Schilfwälder gebunden. Dort suchen sie, geschickt zwischen den Schilfhalmen kletternd, nach kleinen Insekten, im Winter auch nach Schilfsamen. In schwirrenden Bogenflügen sind ganze Trupps dicht über dem Schilf unterwegs. Das napfförmige Nest aus Blättern und Samenständen wird auf geknickten Rohrstängeln gebaut.

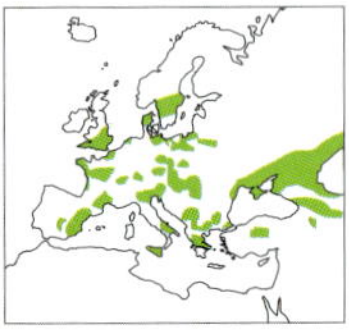

Beutelmeise

Remiz pendulinus · Familie Beutelmeisen

Kleiner als ein Sperling; Altvögel mit schwarzer Augenmaske, hellgrauem Kopf und rotbraunem Rücken.

♀ mit kleinerer und blasserer Maske als ♂; Jungvögel ohne Maskenzeichnung.

Vorkommen Von W-EU bis China, jedoch mit großen Lücken; aus O-EU in den letzten Jahrzehnten Ausbreitung nach M.-EU; Mittelstreckenzieher.

Wissenswert! B. brüten in Büschen und Bäumen von Flussauen, Verlandungszonen, Kiesgruben und Gräben. Auf der Suche nach kleinen Gliedertieren klettern sie meisenartig durchs Schilf und Gebüsch. Ihre hohen Rufe sind ein herabgezogenes „ziih" oder „siiiüü". B. bauen am Ende von Weiden- oder Pappelzweigen ein geschlossenes Beutelnest mit seitlicher Eingangsröhre.

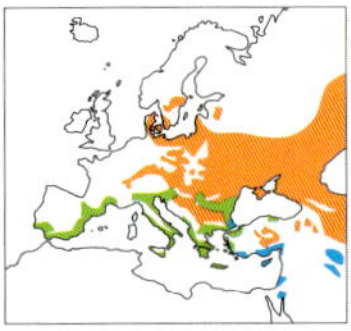

Schwanzmeise

Bartmeise

Beutelmeise ♂ am Nest aus Samenwolle.

Kleiber

Sitta europaea · Familie Kleiber

Ungefähr sperlingsgroß; kurzschwänzig, gedrungen; Oberseite blaugrau, Unterseite ockergelb bis rostbraun.

Langer, schwarzer Augenstreif; spitzer, spechtartiger Schnabel.

Vorkommen Von EU über den Waldgürtel Asiens bis zum Pazifik, in O-Asien bis an den Rand der Tropen; fehlt in Irland, Schottland, Island und N-Skandinavien; Standvogel in Laub- und Mischwäldern, auch in Parks und Gärten.

Nahrung Insekten, deren Larven und andere Kleintiere, die aus Rindenritzen, Spalten und unter der Borke hervorgeholt werden; bei der Nahrungssuche oft spechtähnliches Schnabelklopfen; daneben auch Sämereien.

Brut Nest meist in alten Spechtlöchern; Name Kleiber von „kleben", da der Eingang zur Bruthöhle mit feuchter Erde auf die passende Weite verkleinert wird; Niststmaterial Rindenstücke; gewöhnlich 6–7 Eier, werden vom ♀ bis zu 19 Tage bebrütet, ♂ füttert Partnerin am Nest; Nestlinge werden 3–4 Wochen lang von beiden Eltern gefüttert.

Wissenswert! K. sind aufs Klettern spezialisiert. Ohne Einsatz des Schwanzes klettern selbst an der Unterseite waagrechter Äste. Im Unterschied zu den Spechten und Baumläufern können alle K. kopfvoran abwärts klettern. Zur Stimmfühlung dient den ungeselligen K. ein meisenähnliches „sit", bei Erregung rufen sie hart und laut „träck träck".

Ähnlich **Korsenkleiber** *Sitta whiteheadi*, unterseits ohne jedes Rotbraun, weißer Überaugenstreif; ausschließlich auf Korsika. §

Felsenkleiber

Sitta neumayer · Familie Kleiber

Etwas größer als der Kleiber, längerer Schnabel; oberseits heller blaugrau.

Unterseits hellbeige gefärbt ohne Rotbraun auf den Flanken.

Vorkommen SO-EU, Transkaukasien; Standvogel.

Wissenswert! F. ernähren sich von Insekten und Spinnen. Ihr Lebensraum sind trockene, sonnige (Kalk-)Felslandschaften mit Büschen und Bäumen, auch Ruinengelände und Küstenklippen. Seine geschlossenen Lehmnester mit dem röhrenförmig vorgezogenen Eingangsloch mörtelt der F. in Felsnischen und Gesteinsspalten. Die 6–10 Eier werden nur vom ♀ bebrütet. Die lautstarken Rufe klingen wie „kiüv-kiüv", ihren lauten, sehr abwechslungsreichen Gesang tragen die Partner mitunter im Duett vor.

Türkenkleiber

Sitta krueperi · Familie Kleiber

Kleiner als der Kleiber; Altvögel mit kennzeichnendem rostrotem Brustfleck.

Oberseits blaugrau gefärbt, unterseits weißlich; schwarzes Scheitelfeld beim ♂ größer und schärfer begrenzt als beim ♀; relativ kleiner Kopf und kurzer Schnabel.

Verbreitung Türkei, Kaukasus und Insel Lesbos (Ägäis); vorwiegend Standvogel.

Wissenswert! T. leben in Wäldern verschiedener Höhenlagen. Ihre Nester legen sie in Baumhöhlen an. Ab Ende April werden 5–6 Eier ausgebrütet. Der Gesang erinnert ein wenig an eine Fahrradhupe. Im Herbst und Winter verlassen die T. ihre Brutgebiete, um in tiefer gelegene Misch- und Laubwälder oder in die Niederungen der Schwarzmeerregion zu verstreichen. §

Kleiber

Felsenkleiber

Türkenkleiber

Mauerläufer

Tichodroma muraria · Familie Kleiber

Etwas größer als ein Sperling; große, gerundete Flügel, kurzer Schwanz; langer, dünner, gebogener Schnabel; durch rot-schwarze Flügel mit weißen Flecken unverkennbar.

Gefiederfärbung sonst überwiegend grauschwarz; ♂ im Brutkleid mit schwarzer Kehle und Brust und viel Rot auf den Flügeln, ♀ im Brutkleid mit grauweißer Kehle und weniger Rot auf den Flügeln, im Ruhekleid Kehle und Brust hell grauweiß.

Vorkommen Im Hochgebirge von der Iberischen Halbinsel bis zur Mongolei; in M.-EU auf die Alpen und Karpaten sowie das Juragebirge beschränkt; in stark gegliederten Felsgebieten, möglichst von feuchten Rinnen, Grasbändern oder Pflanzenpolstern durchsetzt und mit windgeschützten sowie sonnigen und schattigen Bereichen; Winterreviere auch in Felswänden der Mittelgebirge, in Steinbrüchen und selbst an Gebäuden im Siedlungsbereich; Stand- und Strichvogel, im Winter bis in Tallagen.

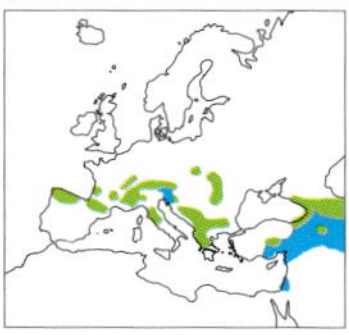

Brut Flaches Nest aus Moos, Flechten, Halmen und Wurzeln in Felsspalten und -nischen, meist in Gewässernähe; Nestbau und Bebrüten der 3–5 Eier durch das ♀; am Füttern der Jungen beide Eltern beteiligt.

Wissenswert! M. klettern auf der Suche nach Insekten und Spinnen ruckweise und schmetterlingsartig flatternd felsaufwärts. Obwohl dabei ständig das Weiß und Rot der Flügel aufblitzt, sind sie nicht einfach zu entdecken. Ihr geringes Rufrepertoire besteht aus unrein klingenden, auf- und absteigenden Rufen sowie einem kurzen, schilpenden „suit“ als Stimmfühlungslaut. Der von beiden Partnern vorgetragene Gesang ist eine ansteigende Reihe reiner Pfeiftöne, gefolgt von einem tiefen Pfiff. **RL**

Waldbaumläufer

Certhia familiaris · Familie Baumläufer

Kleiner als ein Sperling; sehr ähnlich dem Gartenbaumläufer, aber deutlicherer weißer Überaugenstreif, Unterseite reiner weiß.

Oberseite rindenfarben; etwas kürzerer Schnabel als der Gartenbaumläufer.

Vorkommen Von W-EU über den gesamten Waldgürtel Asiens bis Japan; Standvogel.

Wissenswert! Der W. brütet in großen, altholzreichen Nadel-, Misch- und Laubwäldern, vorzugsweise in Berg- und subalpinen Wäldern, in die der Gartenbaumläufer kaum vordringt. Aber auch in Parks und Gärten kommt er vor. Sein Gesang ist länger und leiser als der des Gartenbaumläufers, mit einem langen, abfallenden Triller. Das Nest aus Reisern, Moos und Gras wird in Baumspalten oder hinter abstehender Rinde gebaut.

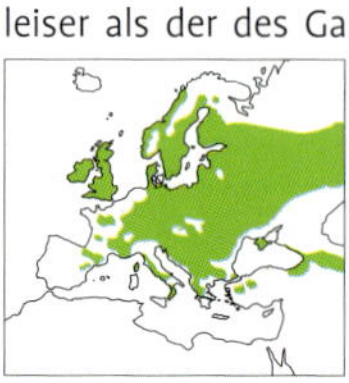

Gartenbaumläufer

Certhia brachydactyla · Familie Baumläufer

Sehr ähnlich dem Waldbaumläufer, meist etwas längerer Schnabel, Überaugenstreif undeutlicher, unterseits schmutziger weiß gefärbt.

Vorkommen Mittleres und südliches EU, ostwärts bis Schwarzes Meer; Standvogel.

Wissenswert! G. bewohnen lichte Laubwälder mit hohem Eichenanteil, aber auch Streuobstwiesen, Parks und Friedhöfe. Ihr Gesang ist kürzer und lauter als der des Waldbaumläufers und besteht aus einer kurzen, am Ende ansteigenden Pfeifstrophe mit etwas holprigem Rhythmus. Bei Erregung lassen G. ein durchdringendes „tui“ erklingen.

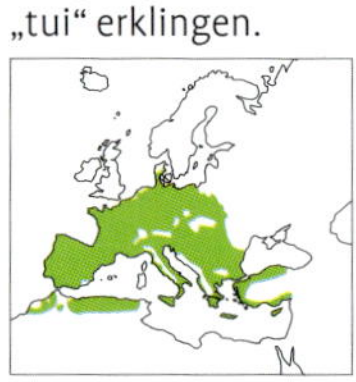

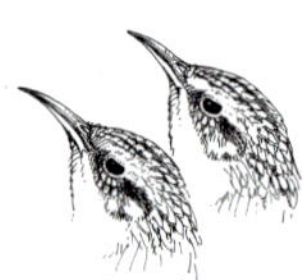

Gartenbauml. Waldbauml.

Mauerläufer

Waldbaumläufer

Gartenbaumläufer

Neuntöter, Rotrückenwürger

Lanius collurio · Familie Würger

Größer als ein Sperling; ♂ mit breiter, schwarzer Augenmaske,Oberkopf und Nacken hell aschgrau, Mantel rotbraun (Name Rotrückenwürger!).

♀ oberseits matt rostbraun, unterseits bräunlich weiß mit dunkler Schuppenzeichnung; langer Schwanz, kräftiger Schnabel, leicht hakenförmiger Oberschnabel.

Vorkommen W- und NO-EU bis Kasachstan; fehlt in großen Teilen Spaniens und auf einigen Mittelmeerinseln, in Irland, Großbritannien und N- Skandinavien; in offenem Gelände mit Dornensträuchern und Hecken, auf Moor- und Heideflächen, zudem in Feldgehölzen, Obstgärten, Ödland, verwilderten Gärten, Weinbergen und an Waldrändern; Langstreckenzieher, bei uns Apr/Mai–Sep.

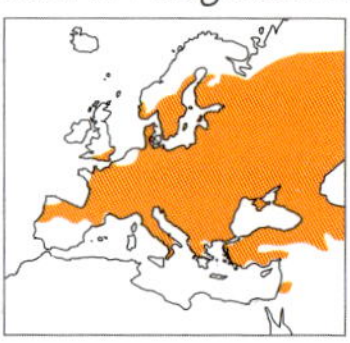

Nahrung Großinsekten, kleine Reptilien, gelegentlich Kleinsäuger, nicht selten Nestlinge anderer Singvögel. Die Namen N. oder Dorndreher beziehen sich auf die Eigenart des Vogels, größere Beutetiere auf Zweige, Dornen oder Stacheldraht zu spießen. So kann er sie besser mit dem Schnabel zerhacken, nicht sofort Verzehrtes bildet einen Vorrat für Tage mit weniger Jagderfolg.

Wissenswert! N. zeigen ihre Erregung durch Schlagen und Drehen des Schwanzes. Ihr leise schwätzender Gesang enthält viele Nachahmungen anderer Vogelstimmen. Das Nest wird als tiefer Napf in Büschen angelegt. Das ♀ brütet die meist 5–6 Eier aus, das ♂ sorgt für Nahrung. **§**

Rotkopfwürger

Lanius senator · Familie Würger

Mit 19 cm Länge etwas größer als der Neuntöter; beim ♂ Oberkopf bis Nacken rostrot; Stirn und Augenstreif schwarz, Unterseite weiß.

♀ blasser; Jungvögel braun, unterseits mit welliger Querbänderung.

Vorkommen Im mediterranen Raum und N-Afrika, ostwärts bis zum Iran; nördliche Grenze im südwestlichen M.-EU, Polen und Donauraum; in offenen Waldgebieten, Macchia, Heidelandschaften oder Kulturland mit Büschen, Hecken und Obstbäumen; in M.-EU in trockenwarmem, reich strukturiertem Offenland mit vegetationsarmen, sandigen Stellen, z. B. extensiv beweidete, wenig gepflegte, lückige Streuobstwiesen; Langstreckenzieher, bei uns Apr/Mai–Sep.

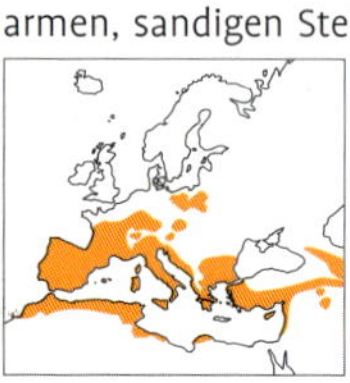

im ersten Kleid vom Neuntöter durch hellen Schulterfleck unterscheidbar

Nahrung Vor allem Großinsekten wie Hummeln und Käfer. Bei Nahrungsüberschuss klemmen R. ähnlich dem Raubwürger ihre Beute in Astgabeln.

Brut Nest aus Reisern, Halmen, Wurzeln und anderen Pflanzenteilen in 3–6 m Höhe in Bäumen, meist auf einem horizontalen Ast; 4–6 Eier, vom ♀ in 14–16 Tagen ausgebrütet; ♂ versorgt brütende Partnerin mit Nahrung; Nestlinge werden von beiden Eltern gefüttert.

Wissenswert! Bei Erregung rufen R. häufig lang gereiht „gegegegeg...".
Für den dramatischen Rückgang des R. in M.-EU sind kühle, verregnete Sommer, die den Bruterfolg direkt beeinträchtigen oder ein geringes Insektenangebot zur Folge haben, ebenso verantwortlich wie z. B. der Verlust von Streuobstwiesen. **RL**

Neuntöter, Rotrückenwürger

Rotkopfwürger

Maskenwürger

Lanius nubicus · Familie Würger

Etwa wie ein Neuntöter, aber mit längerem, schmalerem Schwanz als dieser.

♂ oberseits schwarz, unterseits weiß, Flanken rostbraun; ♀ blasser; beide Geschlechter mit auffälliger schwarz-weißer Gesichtszeichnung.

Vorkommen Griechenland, Zypern bis Persischer Golf; brütet in lichten Wäldern mit Gebüsch und dornigem Unterwuchs, oft an Feldrändern, an pinien- und eichenbestandenen Hängen, in Olivenhainen oder Weinbergen, oft zusammen mit Rotkopfwürger; Zugvogel, überwintert in Afrika.

Wissenswert! M. erbeuten ihre Insekten von Sitzwarten aus, meist im Schutz der Baumkronen. Ihr häufigster Ruf ist ein schnarrendes „krrr". Der Gesang klingt wie ein knirschendes Mahlen herausgequetschter Töne. **§**

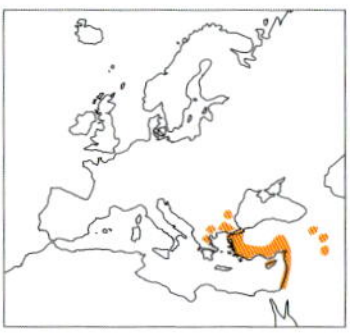

Schwarzstirnwürger

Lanius minor · Familie Würger

Mit 20 cm in der Größe zwischen Sperling u. Amsel; breiter schwarzer Augenstreif, beim ♂ über die Stirn ziehend.

Oberseite hellgrau, Flügel schwarz mit breitem weißem Abzeichen; Unterseite weiß, beim ♂ mit lachsrosa Anflug.

Vorkommen Südhälfte von EU, außer Spanien und Portugal; Vorder- und Zentralasien; nördlich der Alpen nach starken Bestandseinbrüchen fast nur noch im östlichen M.-EU; in warmen, offenen Tiefländern mit einzelnen Bäumen, auch in reich strukturierten Agrarlandschaften; Fernzieher, im Brutgebiet Mai–Sep.

Wissenswert! Die Nahrung des S. besteht überwiegend aus Käfern u. a. bodenbewohnenden Gliedertieren. Bei schlechtem Wetter sucht er seine Beute am Boden laufend. **§**

Raubwürger

Lanius excubitor · Familie Würger

Fast amselgroß; schwarze Maske bis zur Ohrgegend; Oberseite hellgrau, schwarze Flügel mit weißem Spiegel; langer schwarzer Schwanz mit weißen Außenkanten.

♀ wie ♂, jedoch mit schwach gebänderten Flanken; Jungvögel graubraun; bei Erregung seitliche Schwanzbewegungen.

Vorkommen Von den Kanarischen Inseln bis Sibirien und China, im N bis zur nördlichen Baumgrenze; NO-Afrika über Arabische Halbinsel bis Indien; in M.-EU nur noch lückenhaft; Standvogel und Teilzieher.

Lebensraum Halboffene Landschaften mit niedriger Vegetation, Gebüsch und Heckenzügen, einzelnen höheren Bäumen, Gewässern, Riedflächen und Wiesen; in M.-EU v. a. großflächige Heckenlandschaften, Heiden, verlandete Riedgebiete mit Baumgruppen, Streuobstwiesen und Moor-Randzonen. R. sitzen oft auf exponierten Warten wie Bäumen oder Leitungen.

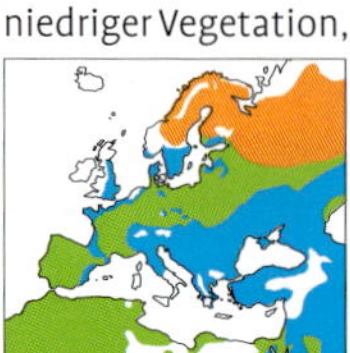

Nahrung Von allen Würgern in EU hat der R. das breiteste Nahrungsspektrum. Neben Mäusen, Kleinvögeln, Eidechsen und Fröschen erbeutet er auch Großinsekten. Wenn in schneereichen Wintern die Mäuse unerreichbar sind, leben R. fast ausschließlich von der Vogeljagd. Bei gutem Jagderfolg wird die Beute als Vorrat in Astgabeln geklemmt oder auf Dornen gespießt.

Wissenswert! Der Gesang des R. ist schwätzend, mit metallisch klingenden Kurzstrophen und Imitationen. Das Nest wird in einem Dornengestrüpp gebaut, die meist 5–7 Eier werden überwiegend vom ♀ bebrütet, das dabei vom ♂ gefüttert wird. **RL**

Maskenwürger Oberseite schwarz, Flanken orangebraun.

Schwarzstirnwürger Oberseite hellgrau, Stirn schwarz.

Raubwürger

Blauelster

Cyanopica cyana · Familie Krähenvögel

Gestalt elsterähnlich, aber wesentlich kleiner; glänzend schwarzer Oberkopf und Nacken, zur weißlichen Kehle kontrastierend; Flügel und der sehr lange Schwanz hellblau.

Brust, Bauch und Mantel braunrosa, Schnabel und Beine schwarz; Jungvögel blasser gefärbt als die Altvögel.

Vorkommen Iberische Halbinsel, v.a. aber O-Asien; in lockeren Laub- und Nadelwäldern mit Pinien, Kork- und Stieleichen, Ölbäumen und Eukalyptus; Jahresvogel.

Lebensweise. Die wachsamen und recht scheuen Vögel ziehen außerhalb der Brutzeit in Familiengruppen oder größeren Verbänden umher. Auf der Suche nach Insekten, Beeren, Oliven u. a. Früchten gleiten B. in Trupps flink durch die Baumkronen.

Brut B. nisten in lockeren Kolonien. Ihre Zweignester sind im Gegensatz zu denen der Elster oben offen und liegen gut im Blattwerk verborgen. Das ♀ erbrütet im April/Mai die gewöhnlich 5–7 Eier. Die Nestlinge werden von beiden Partnern betreut und aus dem Kropf mit Nahrung versorgt.

Wissenswert! Ursprünglich stammen die B. aus O-Asien. Schon vor Jahrhunderten, wohl von Seefahrern, wurden sie nach Portugal und Spanien gebracht. Ihre prächtige Gefiederfärbung fällt erst im Sonnenlicht auf, während die Vögel im Laubschatten eher unscheinbar bleiben. B. rufen meist gedehnt, heiser trillernd oder schreiend „kschrrrie“, manchmal trocken klappernd und bisweilen von einem kurzen „küit“ gefolgt. Bei Beunruhigung geben sie ein raues „krrree“ von sich.

Elster

Pica pica · Familie Krähenvögel

Unverwechselbar schwarz-weiß mit sehr langem, grün schillerndem Schwanz; Flügel blau schillernd, im Flug weiße Handschwingen sichtbar.

Beide Geschlechter gleich gefärbt.

Vorkommen In ganz EU (Island und einige Mittelmeerinseln ausgenommen), in N-Afrika, den größten Teilen Asiens sowie N-Amerika. E. benötigen neben ausreichender Deckung auch niedrig bewachsene oder vegetationsfreie Flächen. Mit diesen Ansprüchen sind sie in vielerlei Lebensräumen zu Hause. Ausgesprochener Standvogel.

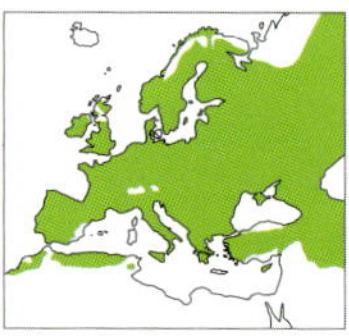

Nest mit Dach aus Reisig und seitlichem Einschlupf

Nahrung Sehr vielseitig, der Anteil an tierischer Kost überwiegt jedoch: v. a. Insekten und Larven, Würmer, Spinnen, Schnecken, Amphibien, Eier und Nestlinge von Kleinvögeln sowie Kleinsäuger, daneben auch Aas, Abfälle, Früchte und Sämereien.

Brut Ihr großes, meist mit Erde ausgestrichenes Reisignest legen E. gewöhnlich in Baum- und Dornengestrüpp an. Zum Schutz vor Nesträubern ist es in der Regel überdacht. Auf ein Polster aus feinen Wurzeln, gelegentlich auch aus anderen Pflanzenteilen oder Haaren werden ab Anfang April 5–8 Eier gelegt und vom ♀ allein bebrütet. Beide Partner füttern die Jungen.

Wissenswert! Alte E.-Nester werden oft von Vögeln bezogen, die keine eigenen Nester bauen, z. B. Waldohreule, Turm- oder Baumfalke. Während im Siedlungsraum eine Zunahme der E.-Bestände festzustellen ist, stagnierten sie im ländlichen Raum oder gingen gebietsweise sogar stark zurück.

Blauelster Auffallend das Azurblau auf Flügeln und Schwanz.

Elster Der ganze Vogel schwarz-weiß, Flügel und Schwanz mit grünblauem Metallglanz.

Eichelhäher

Garrulus glandarius · Familie Krähenvögel

Kleiner als eine Krähe; hell rötlich braun; kennzeichnendes und auffälliges hellblaues, fein schwarz gebändertes Feld auf dem Flügelbug; breiter, schwarzer Backenstreif.

Heller, schwarz gestrichelter Scheitel; flappender, schwerfällig wirkenden Flug.

Vorkommen Von W-EU und N-Afrika bis O- und SO-Asien; in reich strukturierten Wäldern, größeren Feldgehölzen und halboffenen Landschaften mit Baumgruppen; neuerdings auch in Parkanlagen und großen verwilderten Gärten in Städten; Standvogel und Teilzieher, bei uns auch als Wintergäste aus dem N und O.

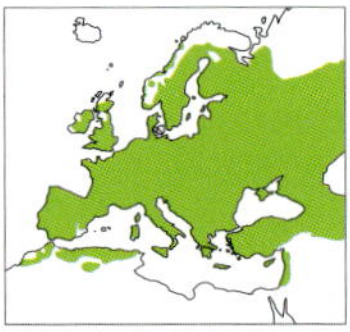

Nahrung Vorzugsweise vegetarische Kost, daneben aber auch Insekten und deren Larven und Puppen, kleine Wirbeltiere sowie Eier und Nestlinge von Kleinvögeln. Die Vorliebe für Eicheln, aber auch Haselnüsse und Bucheckern, gab dem Vogel seinen Namen. Bei reichem Angebot im Spätsommer und Herbst sammeln E. diese Baumsamen und verstecken sie als Vorrat zwischen Wurzeln, in Rindenspalten oder in der Erde.

Wissenswert! Der häufigste Ruf des E. ist ein lautes, durchdringendes Rätschen als Alarmruf. Der Gesang des ♂ klingt wie ein bauchrednerisches Schwätzen. Das meist 1–5 m hoch in Bäumen oder Büschen liegende Nest wird von beiden Partnern gebaut. Auch beim Brutgeschäft und Füttern der Jungen helfen ♀ und ♂ zusammen.

Ähnlich Unglückshäher *Perisoreus glandarius*, kleiner, graubraun, Flügelfleck und Schwanzseiten fuchsrot; in N-Skandinavien.

Tannenhäher

Nucifraga caryocatactes · Familie Krähenvögel

Etwa eichelhähergroß, aber kürzerer Schwanz; Gefieder dunkel schokoladenbraun, außer am Oberkopf mit weißen, tropfenförmigen Flecken übersät.

Flügel und Schwanz schwarzbraun, nur Schwanzspitze und Steißregion weiß; Sibirischer T. *(N. c. macrorhynchos)*, der im Winter bei uns gelegentlich invasionsartig auftritt, mit schlankerem Schnabel und schmalerer weißer Schwanzendbinde. Laut schnarrendes „krärr-krärr" bei Erregung, Gesang ein leises Schwätzen mit Imitationen anderer Vogelstimmen.

Vorkommen Von S-Skandinavien und M.-EU bis O-Asien; in Nadel- und Mischwäldern, in denen großsamige Kiefernarten vorkommen; in den Alpen bevorzugt in Zirbelkiefernbeständen, in den Mittelgebirgen in Mischbeständen mit Fichten und Haselnüssen; außerhalb der Brutzeit im Gebirge auch in der Krummholzzone oberhalb der Waldgrenze; in M.-EU Stand- und Strichvogel.

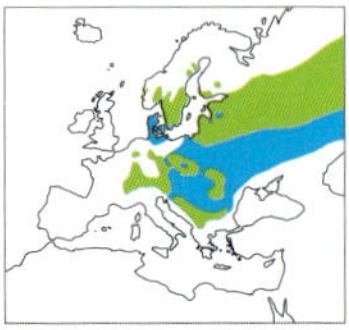

Brut Nest gut versteckt in Nadelbäumen; 3–5 Eier, von ♀ und ♂ abwechselnd bebrütet. Die Eltern füttern und hudern die Nestlinge knapp 4 Wochen lang und versorgen die Jungen dann noch weitere 6–7 Wochen.

Wissenswert! Neben Sämereien fressen T. im Sommer auch Insekten und andere Kleintiere (Allesfresser). Haselnüsse und Zirbelkiefersamen werden im Kehlsack gesammelt und in Verstecken deponiert, die im Boden oder in Baumkronen hinter Flechtenpolstern liegen können. Selbst bei hoher Schneedecke finden die Tiere ihre Bodenverstecke noch mit 80-prozentiger Sicherheit.

Eichelhäher

Tannenhäher

Dohle

Corvus monedula · Familie Krähenvögel

Taubengroß; überwiegend schwarz; Nacken, Hinterkopf und Ohrdecken dunkelgrau; Iris hellblau; schwarze Oberseite mit blauem Schimmer.

Jungvögel leicht bräunlich getönt.

Vorkommen Von EU und NW-Afrika mit Lücken bis Zentralasien; Stand- und Strichvogel, bei uns regelmäßig Populationen aus N- und O-EU als Wintergäste.

Lebensraum D. bevorzugen Parklandschaften und offenes Gelände mit Laubwäldern. Die geselligen Vögel brüten kolonieweise in (Schwarzspecht-)Höhlen in lichten bis lückigen Altholzbeständen, teilweise auch in geschlossenen Buchenwäldern, ebenso in Nischen von Felswänden, Ruinen oder an Gebäuden, selbst mitten in Altstadtkernen. Manchmal nehmen sie auch verlassene Nester anderer Rabenvögel oder gar Kaninchenbauten an.

Nahrung Wie bei allen Krähenvögeln sehr vielseitig; wird insbesondere auf Äckern, Wiesen und Brachen, in Städten auch auf Müllkippen gesucht. Vor allem während der Brutzeit ist eine ausreichende Menge an Insekten wichtig. Daneben fressen D. im Winter verstärkt auch Samen und Abfälle.

Wissenswert! Der charakteristische Ruf ist ein helles, weithin hörbares „kja", auch ein gedehntes und schnarrendes „kjarr" lassen sie oft hören. D.-Paare bleiben meist ihr Leben lang zusammen. Die jährlich 4–7 Eier werden vom ♀ allein ausgebrütet, während der Partner es mit Futter versorgt. Die Jungen werden dann etwa 30–35 Tage im Nest und bis zu 4 Wochen nach dem Ausfliegen von beiden Eltern gefüttert.

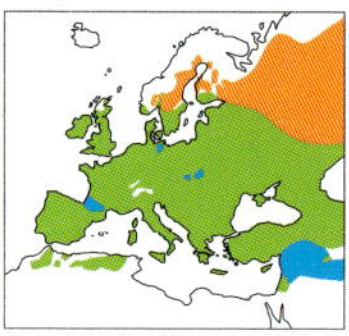

Kopf schwarz und grau

Alpenkrähe

Pyrrhocorax pyrrhocorax · Fam. Krähenvögel

Sehr ähnlich der Alpendohle, aber langschwänziger; langer, gebogener roter Schnabel, rote Beine.

Schwarzes Gefieder, bläulich glänzend; im Flug Handschwingen stark gespreizt.

Vorkommen In gemäßigter und mediterraner Zone Eurasiens; in M.-EU nur noch kleine Restpopulation im Schweizer Wallis; Standvogel.

Wissenswert! Die A. bevorzugt Felsgebiete in warmen, trockenen Lagen mit nur kurzzeitiger Schneebedeckung. Ihre Nester, umfangreiche Baue aus sperrigen Ästen, legen A. meist an unzugänglichen Stellen in Felsnischen an. Die geselligen Tiere brüten in lange bestehenden Kolonien. Mit ihrem Schnabel stochern sie im Boden und in Felsritzen nach Würmern, Insekten u. a. Kleintieren. §

Alpendohle

Pyrrhocorax graculus · Familie Krähenvögel

Etwas größer als die Dohle; Gefieder einheitlich glänzend schwarz; Schnabel gelb, Beine orangerot.

Jungvögel ohne Gefiederglanz, bräunlicher Schnabel.

Vorkommen Hochgebirgsvogel der gemäßigten Breiten Eurasiens; Standvogel.

Wissenswert! A. nisten kolonieweise oder einzeln in Felshöhlen und -spalten, mitunter auch an Gebäuden, Bergstationen und Ruinen. Von allen Gebirgsvögeln haben sie sich am engsten an den Menschen angeschlossen. An Bergstationen und viel bestiegenen Gipfeln halten sie sich in großen Trupps auf, um sich füttern zu lassen. **RL**

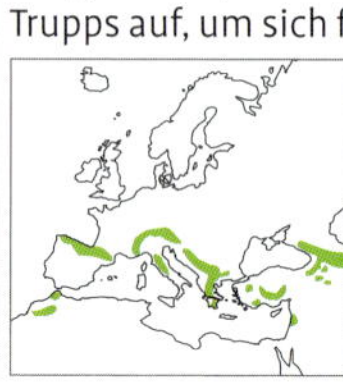

Dohle

Alpenkrähe

Alpendohle

Saatkrähe

Corvus frugilegus · Familie Krähenvögel

Größe wie Rabenkrähe; Gefieder schwarz, mit deutlichem Blauschiller.

Altvögel mit unbefiederter grauweißer Hautpartie um den Schnabelgrund.

Vorkommen Von W-EU bis O-Asien; in Großbritannien nur stellenweise; Standvogel, Teil-, Kurz- oder Langstreckenzieher; bei uns regelmäßig auch als Wintergast aus N und O.

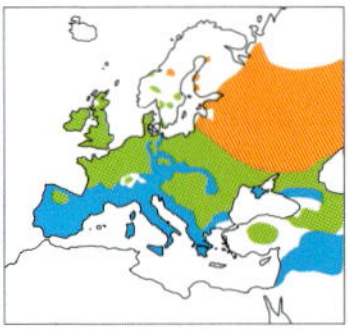

Wissenswert! Die S. lebt in M.-EU vor allem in offenen Feldlandschaften mit Baumgruppen als Nistmöglichkeiten und einem reichen Angebot an bodenbewohnenden Wirbellosen. Ihr häufigster Ruf ist ein tiefes, heiseres „krra" oder „korr". Die Tiere brüten in Kolonien, wobei die Nester immer hoch im Geäst angelegt werden. Brutkolonien der S. finden sich oft mitten in Städten. Das ♀ brütet allein die 3–6 Eier aus und lässt sich in dieser Zeit vom ♂ füttern. S. ernähren sich stärker pflanzlich als Rabenkrähen und bevorzugen besonders keimende Körner.

Rabenkrähe

Corvus corone corone · Familie Krähenvögel

Gut 45 cm lang; Gefieder schwarz, weniger glänzend als bei der Saatkrähe.

Schnabel vorne deutlich abwärts gebogen.

Vorkommen M.- und W-EU, östliche Grenze durch Schleswig-Holstein, östl. D und Tschechien; Standvogel und Teilzieher.

Wissenswert! Die R., eine Unterart der Aaskrähe (*Corvus corone*), besiedelt baumbestandene, offene Landschaften, Waldränder und Parks.

Nebelkrähe

Corvus corone cornix · Familie Krähenvögel

Bis auf die Gefiederfärbung wie Rabenkrähe; grauer Rücken, graue Unterseite.

Vorkommen Mit einer 70–150 km breiten Überschneidungszone ostwärts an das Areal der Rabenkrähe anschließend, nach O bis Japan; in EU Standvogel und Teilzieher.

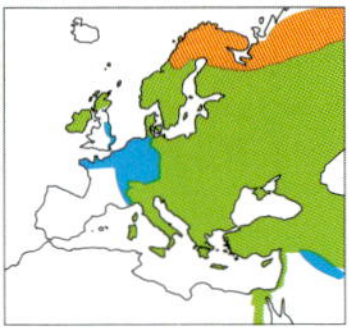

Wissenswert! Die N. ist die 2. europ. Unterart der Aaskrähe (*Corvus corone*). Bekanntester Ruf von beiden Formen ist ein lautes „krah".

Kolkrabe

Corvus corax · Familie Krähenvögel

Mit über 60 cm Länge größter Singvogel der Welt; schwarzes, metallisch glänzendes Gefieder.

Sehr kräftiger Schnabel; lange Flügel.

Vorkommen Eurasien, Grönland und N-Amerika; in Gebirgen, an felsigen Küsten, in Laub- und Nadelwäldern, südlichen Buschsteppen und wüstenähnlichen Landstrichen; Standvogel.

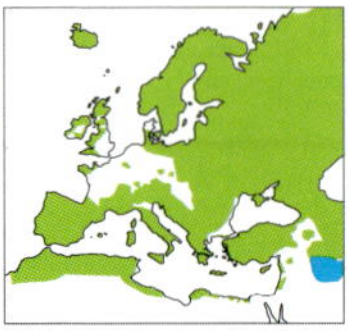

im Flug keilförmiger Schwanz

Wissenswert! Trotz ihres großen Nahrungsspektrums, das von Insekten, Würmern, Schnecken, kleinen Wirbeltieren, Jungvögeln und Eiern bis zu verschiedenen Körnern und Früchten reicht, ernähren sich K. vor allem im Winter und im Gebirge von Aas und Abfällen von Müllkippen. Ihre mächtigen Nester legen die Paare auf Felswänden oder Bäumen an. Im Winter sammeln sich K. an ihren Schlafplätzen.

Saatkrähe Bei Altvögeln (linkes Bild) ist die Schnabelwurzel unbefiedert und hell.

Rabenkrähe Einheitlich schwarzes Gefieder.

Nebelkrähe Gefieder zweifarbig.

Kolkrabe Gefieder einheitlich schwarz, mit Metallglanz.

Star

Sturnus vulgaris · Familie Stare

Kleiner und kurzschwänziger als eine Amsel; Altvögel im Frühjahr mit schwarzem, grün bis violett schillerndem Gefieder.

Im Herbst und Frühwinter mit vielen weißen Federspitzen übersät („Perlstar"), die sich zum Frühjahr hin abreiben.

Vorkommen Von W-EU bis Sibirien; u. a. in Amerika und Australien eingebürgert; in EU Standvogel, Teil- u. Kurzstreckenzieher.

Wissenswert! S. brauchen Baumhöhlen, Gebäudespalten oder Nistkästen für den Nestbau und kurzrasiges Grünland oder Äcker für die Suche nach Insekten und Würmern. Im Sommer und Herbst fallen sie gern in Obstgärten und Weinbergen ein, um die Früchte zu fressen. Die geselligen Vögel übernachten oft in großen Schwärmen.

Rosenstar

Sturnus roseus · Familie Stare

Größe und Gestalt wie Star, aber nur Kopf, Flügel und Schwanz schwarz, Körpergefieder zartrosa; herabhän gender Nackenschopf.

Vorkommen Östliche Balkanhalbinsel und Kleinasien bis Altai; unregelmäßig in SO-EU und Ungarn brütend; treten z. T. invasionsartig auf.

Wissenswert! R. brüten kolonieweise in Agrarland und Steppen. Ihre Hauptnahrung sind Wanderheuschrecken.

Ähnlich Einfarbstar *Sturnus unicolor*, auch im Winter nur leicht getupft; auf der Iberischen Halbinsel, auf Sardinien und Korsika.

Pirol

Oriolus oriolus · Familie Pirole

Ungefähr amselgroß; unverwechselbar gefärbt; beim ♂ Kopf, Rücken und Unterseite leuchtend gelb; Flügel schwarz mit gelbem Fleck; Schwanz schwarz mit gelbem Saum.

♀ oberseits gelbgrün, an Flügeln und Schwanz olivgrün, unterseits weißgrau mit dunklen Längsstreifen; beide Geschlechter mit rötlichem Schnabel.

Vorkommen Von NW-Afrika und SW-EU nach O bis Mittelsibirien und Zentralasien; Langstreckenzieher, bei uns Mai–Sep.

Lebensraum Während ihres kurzen sommerlichen Gastspiels bei uns kann man P. in ihren Brutrevieren in Laubwäldern, vor allem Auwäldern, aber auch in Parks und Gärten mit altem Baumbestand zwar häufig singen hören, sie aber nur schwer entdecken.

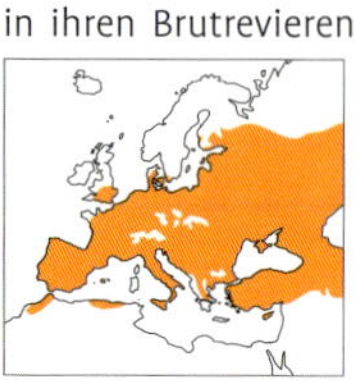

Sie halten sich nämlich meist hoch oben in den Baumkronen auf, um dort nach Insekten, v. a. Raupen, sowie nach Früchten zu suchen. Eine besondere Vorliebe zeigen P. dabei für Kirschen, in S-EU auch für Feigen.

Brut Das kunstvolle Nest, ein tiefer, stabiler Napf, dessen Ränder fest um eine Astgabel geschlungen sind, ist allein das Werk des ♀. Auch das Bebrüten der 3–4 Eier übernimmt fast ausschließlich das ♀. Beim Füttern der Jungen beteiligt sich dann das ♂.

Wissenswert! Sein wohlklingender, flötender Gesang brachte dem P. den Namen „Vogel Bülow" ein. Mancherorts wird er auch Pfingstvogel genannt. Der Ruf ist ein raues „räh" oder scharfes „jiik jiik".

Star singendes ♂

Rosenstar

Pirol ♀ oberseits grünlich, unterseits gestrichelt, selten auch gelb mit grauem Zügel; erwachsene ♂ mit leuchtend gelbem Körpergefieder.

Haussperling, Spatz

Passer domesticus · Familie Sperlinge

Länge von Schnabel bis Schwanz 15 cm; kräftiger Körper und Schnabel; beim ♂ Scheitel grau, Nacken kastanienbraun, Kinn und Kehle schwarz.

♀ u. Jungvögel unscheinbar graubraun; Gefieder oft aufgeplustert, kauernde Haltung.

Vorkommen In fast ganz EU; auf Sardinien durch den Weidensperling, in Italien durch den braunköpfigen *Passer × italiae*, einen Artenbastard aus H. und Weidensperling, ersetzt; NW- Afrika und fast ganz Asien; durch Einbürgerungen weltweit einer der verbreitetsten Landvögel; Standvogel.

Wissenswert! H. nisten in Löchern aller Art, in denen sie ihre wenig sorgfältig gebauten Kugelnester anlegen. Die fast unentwegt tschilpenden Vögel schließen sich gern zu großen Schwärmen zusammen.

Weidensperling

Passer hispaniolensis · Familie Sperlinge

Ähnlich dem Haussperling; ♂ mit kastanienbraunem Scheitel, ausgedehnt schwarzer Kehle und Brust, weißen Wangen u. schwarz gefleckten Flanken.

♀ sowie Jungvögel im Jugendkleid unscheinbar graubraun, kaum vom Haussperling unterscheidbar.

Vorkommen Iberische Halbinsel, NW-Afrika, östliches S-EU, Kleinasien; Standvogel oder Kurzstreckenzieher.

Wissenswert! W. bauen ihre kugelförmigen Nester bevorzugt in hohen Büschen und Baumgruppen in Gewässernähe oder quartieren sich als „Untermieter" in Greifvogel- oder Storchennestern ein. Meist sind sie in großen Schwärmen unterwegs. Die Vögel rufen haussperlingsähnlich, aber etwas höher und mehr metallisch.

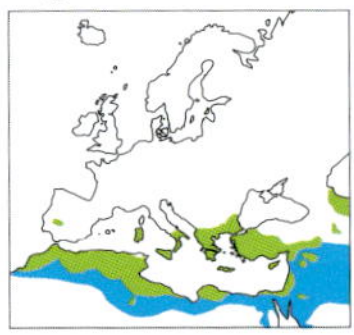

Feldsperling

Passer montanus · Familie Sperlinge

Ähnlich dem Haussperling, jedoch etwas kleiner und schlanker; Oberkopf und Nacken kastanienbraun.

Weißliche Kopfseiten, schwarzer Ohrenfleck, schwarzer Kehllatz, 2 schmale weiße Flügelbinden; Geschlechter gleich gefärbt.

Vorkommen Von W-EU ostwärts bis Japan; in N-Amerika und Australien; überwiegend Standvogel.

Wissenswert! In M.-EU nutzen F. zum Brüten vor allem das natürliche und künstliche Höhlenangebot in der Feldflur (alte Obstbäume, Fels- und Mauerlöcher, Nistkästen), in Siedlungen finden sie sich eher nur in Randlagen. Wie der Haussperling schließen sich F. zur Nahrungssuche und zum Übernachten gern zu Schwärmen zusammen. Die Bestände in M.-EU gingen stark zurück.

Schneesperling

Montifringilla nivalis · Familie Sperlinge

Größer als der Haussperling; Kopf grau, Oberseite braun.

Im Flug große, weiße Flügelfelder und weiße Schwanzkanten sichtbar.

Vorkommen In Bergregionen von S-EU und Asien; in M.-EU nur in den Alpen oberhalb der Baumgrenze; Standvogel.

Wissenswert! S. brüten in Felsspalten, Löchern und auch an Gebäuden. Zur Brutzeit ernähren sie sich von Insekten und anderen Gliedertieren, im Winter von Sämereien. **RL**

Ähnlich **Steinsperling**
Petronia petronia, kleiner gelber Kehlfleck; ober- und unterseits gestreift; S-EU, N-Afrika, Asien.

Haussperling, Spatz

Weidensperling

Feldsperling

Schneesperling

Buchfink

Fringilla coelebs · Familie Finkenvögel

Sperlingsgroß; in allen Kleidern weißer Schulterfleck, weiße Flügelbinde und weiße äußere Steuerfedern.

♂ an Scheitel und Nacken blaugrau, an Kopfseiten und Brust rostrot; ♀ und Jungtiere oberseits olivbraun, unterseits hell graubraun.

Vorkommen In ganz EU außer Island und N-Skandinavien, ostwärts bis Zentralsibirien; in M.-EU Teilzieher oder Standvogel.

Wissenswert! B. brüten in Wäldern und Baumgruppen aller Art mit geringer Kraut- und Strauchschicht, auch mitten in Städten. Ihre Nahrung besteht aus Sämereien, zur Brutzeit auch vermehrt aus Insekten. Das kunstvolle Napfnest wird meist hoch in Bäumen gebaut. Neben einem mehrsilbigen „pink" lassen B. auch ein einsilbiges „wrüt" hören.

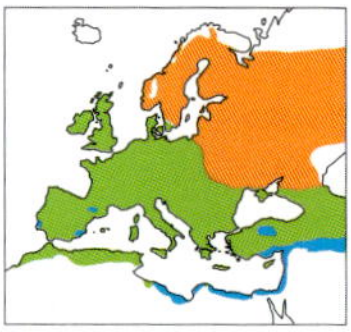

Bergfink

Fringilla montifringilla · Familie Finkenvögel

Etwa sperlingsgroß; im Flug leicht an weißem Bürzel und Rücken zu erkennen.

Beim ♂ im Brutkleid (oberes Foto) Kopf, Mantel und Schulterfedern glänzend blauschwarz, Kehle, Brust und Flügeldecken rostfarben; ♀ an Kopf und Rücken bräunlich geschuppt; Ruhekleid des ♂ (unteres Foto) ähnlich ♀, aber gelber Schnabel.

Vorkommen Skandinavien bis O-Asien; in M.-EU nur gelegentlich einzelne Brutpaare; wie der Buchfink in allen Waldtypen vorkommend; Zugvögel oder Teilzieher; bei uns häufige Wintergäste (Okt–Apr).

Wissenswert! Masseneinflüge mit Schwärmen von 10 und mehr Mill. B. in unsere Wälder hängen mit der Buchenmast, d.h. Jahren mit hohem Bucheckernangebot zusammen.

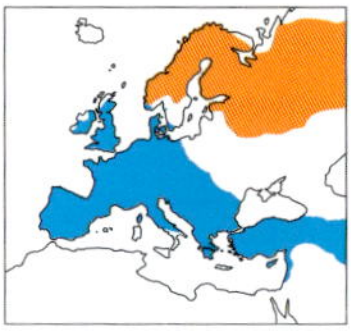

Bluthänfling

Carduelis cannabina · Familie Finkenvögel

Kleiner als ein Sperling; zimtbrauner, ungestreifter Mantel; beim ♂ Stirn und Brust rot, Nacken grau.

♀ und Jungvögel ohne Rot, dunkel längsgestreift.

Vorkommen W-EU bis Kasachstan; Mittelstrecken- bis Teilzieher oder Standvogel.

Wissenswert! Die typischen Kulturlandvögel leben u. a. in heckenreichen Agrarlandschaften, Heide- und Ödland, Dünengebieten sowie Gartenstädten und Parks. Sie brüten auf offenen, sonnenexponierten Flächen mit Sträuchern als Neststandorte. Von allen Finkenvögel sind B. am meisten von den Samen der Ackerwildkräuter abhängig. Weil die sog. „Unkräuter" in der modernen Landwirtschaft unterdrückt werden, entstehen für den B. Nahrungsengpässe.

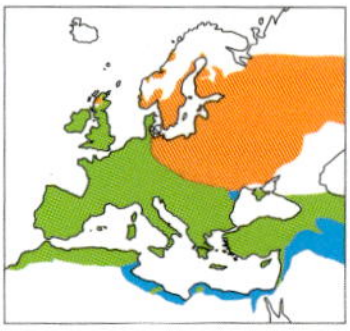

Birkenzeisig

Carduelis flammea · Familie Finkenvögel

Deutlich kleiner als ein Sperling; oberseits mit dunklen Längsstreifen; Stirn leuchtend rot; kl. schwarzer Kehlfleck.

♂ im Brutkleid mit rötlicher Brust; Jungvögel ohne Rot und ohne Kehlfleck.

Vorkommen In den nördlichen Breiten der Nordhalbkugel und in Hochgebirgen; Kurzstrecken- und Teilzieher, nördl. Populationen Zugvögel, die in M.-EU überwintern.

Wissenswert! B. nisten meist hoch in Bäumen, im N auch dicht über dem Boden. Ihre Nahrung besteht aus Sämereien, zur Brutzeit auch aus kleinen Insekten.

In M.-EU hat eine starke Ausbreitung des Alpenbirkenzeisigs (Unterart *C. f. cabaret*) stattgefunden. Von den verteilten Gebirgsvorkommen aus besiedelten die Vögel in zunehmendem Maß auch das Tiefland.

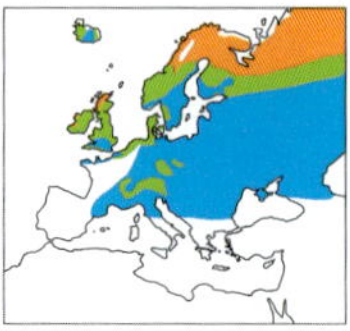

Buchfink

Bergfink auf beiden Bildern ♂, oben im Brutkleid, unten im Ruhekleid

Bluthänfling

Birkenzeisig im Brutkleid

Stieglitz

Carduelis carduelis · Familie Finkenvögel

Kleiner als ein Sperling; Altvögel durch rote Gesichtsmaske unverkennbar.

Schwarze Flügel mit breitem, gelbem Flügelstreif; Jungvögel graubraun, diffus gestreift, ohne rotes Gesicht.

Vorkommen Von den Atlantischen Inseln und W-EU bis nach Zentralasien; brütet in lichten Laub- und Mischwäldern, Kulturland mit Obstgärten, Feldgehölzen, Ruderalflächen und Gärten; Teilzieher, nördl. Populationen überwintern in S- und W-EU.

Wissenswert! Im volkstümlichen Namen Distelfink kommt die Vorliebe der Vögel für Distelsamen zum Ausdruck, doch wurden in ihrer Nahrung nicht weniger als 152 verschiedene Pflanzenarten nachgewiesen. S. holen die Samen zumeist mit großer Akrobatik direkt aus den Samenständen.

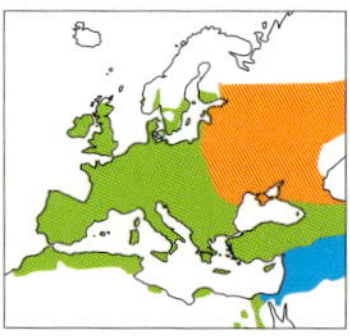

Grünfink, Grünling

Carduelis chloris · Familie Finkenvögel

Sperlingsgroß, gelbgrünes Gefieder mit auffällig gelbem Flügelspiegel und Gelb an den Schwanzseiten.

♀ blasser graugrün; Jungvögel ober- und unterseits dunkel längsgestrichelt.

Vorkommen EU (außer N-Skand.), N-Afrika, ostwärts bis zum Ural; in Landschaften mit hohen Bäumen, Gebüsch und Freiflächen; in M.-EU v. a. in Städten; Standvögel, auch Kurz- und Mittelstreckenzieher.

Wissenswert! Der G. zählt bei uns zu den häufigsten Singvögeln in Städten und Dörfern, wo er v. a. Gärten und Parks bewohnt. Die ♂ tragen ihren klingelnden Gesang von Baumspitzen oder Antennen oder im gaukelnden Singflug vor. Neben Sämereien, Knospen und Blüten verzehren G. vor allem zur Brutzeit auch kleine Insekten.

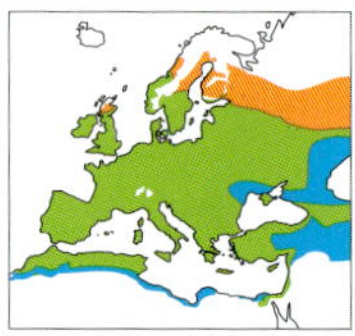

Erlenzeisig

Carduelis spinus · Familie Finkenvögel

Viel kleiner als ein Sperling; gelbgrünes Gefieder; dunkle Flügel mit kontrastierend gelben Binden.

Schwanzseiten an der Basis gelb; ♂ mit schwarzem Scheitel und Kinnfleck; Brust und Bürzel ungestreift grüngelb; beim ♀ Scheitel graugrün.

Vorkommen EU, im S fast nur in Hochgebirgen; in M.-EU v. a. in lichten Nadelwäldern im Bergland, aber auch in Parks und Gärten; Zugvogel u. Teilzieher; bei uns ganzjährig, im Tiefland meist nur als Wintergast.

Wissenswert! E. verzehren Sämereien von Hochstauden, Erlen, Weiden und Birken. Im Winter gehören Fichtensamen zu ihrer Hauptnahrung, während der Brutzeit kleine Insekten. Beide Partner bauen ein kunstvolles Nest, meist hoch auf Fichtenzweigen.

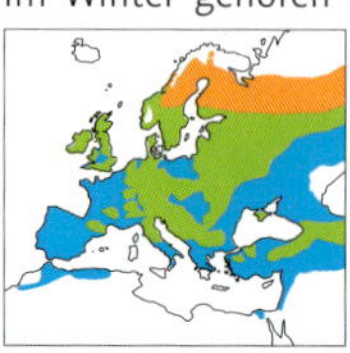

Girlitz

Serinus serinus · Familie Finkenvögel

Viel kleiner als ein Sperling; ♂ an Kopf, Brust und Bürzel ungestreift gelb.

♀ an Kopf und Brust weißlich, am Bürzel grüngelb gefärbt.

Vorkommen Mittleres und südliches EU, Kleinasien; Standvogel, Kurzstrecken- und Teilzieher.

Wissenswert! G. brüten in Baumgruppen, an Waldrändern, in Gärten und Parks. Ihr Nest bauen sie in Büschen oder Bäumen. Neben weichen Samen suchen sie auch Insekten.

Ähnlich Zitronengirlitz *Serinus citrinella*, mit grauem Kopf und zitronengelber Unterseite; Gebirge in M.- und S-EU. **RL**

Stieglitz

Grünfink, Grünling

Erlenzeisig

Girlitz

Dompfaff, Gimpel

Pyrrhula pyrrhula · Familie Finkenvögel

Ungefähr sperlingsgroß, kompakter wirkend; Kopf, Flügel und Schwanz tiefschwarz, ♂ mit leuchtend roter Unterseite und aschgrauem Mantel.

♀ unterseits beige, Mantel graubraun; ♂ und ♀ breite weiße Flügelbinde, leuchtend weißer Bürzel; Jungvögel ähnlich dem ♀, aber ohne schwarze Kopfplatte; kurzer, sehr kräftiger Schnabel.

Vorkommen EU außer der Mittelmeerregion, ostwärts bis Japan; brütet in dichten Nadel- und Mischwäldern sowie in Gärten, immer häufiger auch in Städten; im N Teilzieher, sonst überwiegend Standvogel.

Wissenswert! Die Nahrung des D. besteht aus Samen, Früchten und Knospen, die Nestlingsnahrung zudem aus Gliedertieren u. Gehäuseschnecken. Der Gesang ist sehr leise.

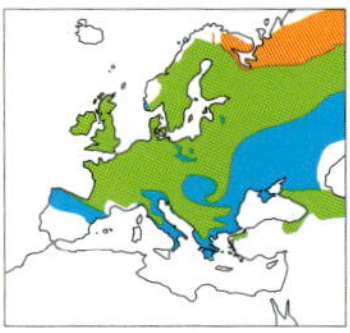

Kernbeißer

Coccothraustes coccothraustes · F. Finkenvögel

Viel größer als ein Sperling, etwa wie ein Star; gedrungen, kurzschwänzig; überaus großer, dicker Schnabel.

Schnabel im Sommer blaugrau, im Winter beige; Gefieder vorwiegend orange- und rotbraun, Schwanzspitze weiß; ♀ blasser als ♂; Jungvögel graubraun, Bauch dunkel gefleckt.

Vorkommen In fast ganz EU mit Ausnahme des N, ostwärts bis Japan; Standvogel; Wanderungen nahrungsbedingt.

Wissenswert! K. leben von Samen und können selbst Kirschkerne knacken. Zurückgezogen in den Baumkronen lebend, sind sie trotz ihrer Größe leicht zu übersehen.

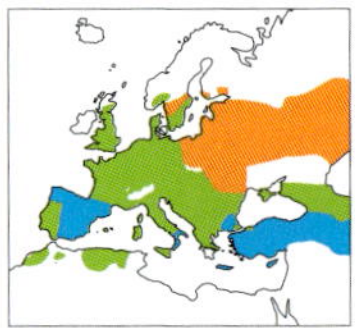

weiße Schwanzbinde

Fichtenkreuzschnabel

Loxia curvirostra · Familie Finkenvögel

Gut sperlingsgroß; überkreuzte Schnabelspitzen; gegabelter Schwanz; alte ♂ ziegelrot, junge ♂ orange bis grünlich gelb; ♀ olivgrün.

Vorkommen Nadelwaldgebiete der Nordhalbkugel, im S auf Gebirge beschränkt.

Wissenswert! Mit seinem Spezialschnabel spreizt der F. die Schuppen der Baumzapfen von Fichten und Tannen auseinander, um die Samen dazwischen hervorzuholen.

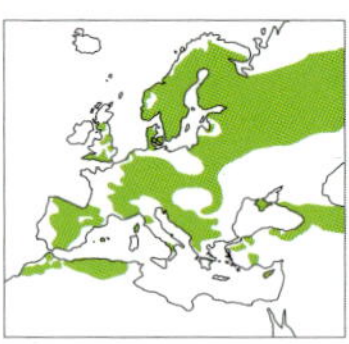

Ähnlich Kiefernkreuzschnabel *Loxia pytiopsittacus*, etwas größer, kräftigerer Schnabel; in Kiefernwäldern.

Fichtenkreuzschn.

Kiefernkreuzschnabel

Karmingimpel

Carpodacus erythrinus · Familie Finkenvögel

Etwa sperlingsgroß; beim ♂ ab dem 2. Jahr Kopf, Brust und Bürzel karminrot; ♀ grau- und olivbraun, dunkel gestrichelt; einjährige ♂ wie ♀.

Vorkommen Von NO-Asien bis N- und O-EU, derzeit Ausbreitung über M.-EU; in M.-EU Langstreckenzieher mit Winterquartieren von Indien bis S- und SO-China; bei uns meist Mai–Aug.

Wissenswert! K. brüten in einer Vielzahl von Lebensräumen, z. B. in lichten Auwäldern, in verbuschten Hochmooren, Feucht- und Nassbrachen, auch in Gärten. Sie brauchen eine gut ausgebildete Gebüschstruktur und eine üppige Krautschicht. Die Nahrung besteht hauptsächlich aus Knospen, Trieben und Sämereien. Der Gesang ist ein klares, fast pirolartiges „titü-tehütja“.

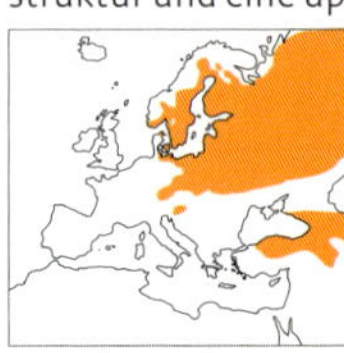

Dompfaff, Gimpel

Kernbeißer

Fichtenkreuzschnabel

Karmingimpel

Rohrammer

Emberiza schoeniclus · Familie Ammern

Sperlingsgroß; Gefieder überwiegend braun und beigeweiß mit dunkler Streifung; ♂ im Brutkleid (großes Foto) mit schwarzem Kopf, weißem Nackenband und weißem Bartstreif.

♀ ebenso wie ♂ im Ruhekleid und Jungvögel mit beigefarbenem Überaugenstreif, Scheitel und Ohrdecken graubraun getönt.

Vorkommen In ganz EU außer Teilen des Mittelmeerraums, ostwärts bis Sachalin und Japan; in Schilfgebieten, Niedermoorflächen, Streuwiesen, Seggenbeständen und Gebüschen auf feuchtem Untergrund, zunehmend auch abseits von Gewässern in Raps- und Getreidefeldern; Zugvogel, Teilzieher und Standvogel, bei uns Feb/Mär–Okt/Nov.

Brut Ziemlich umfangreiches Nest aus großen Schilfblättern und -halmen am Boden, häufig in Gras- und Seggenbüscheln oder etwas erhöht im Weidengebüsch, vom ♀ gebaut; 2 Jahresbruten mit jeweils 3–6 Eiern; Nestlingszeit 8–12 Tage.

Wissenswert! Am häufigsten kann man von der R. gedehnte „zieh"-Rufe hören, die auch im Flug geäußert werden. Die ♂ singen ihre abgehackt vorgetragenen, schilpenden Strophen von einem Schilfhalm oder Busch aus. Mehr als andere Ammern leben R. von tierischer Nahrung, die neben Insekten auch kleine Krebstierchen und Wasserschnecken umfasst. Im Winter fressen sie Schilf- und Kräutersamen und besuchen Futterstellen.

Ähnlich **Zwergammer** *Emberiza pusillus*, rotbrauner Kopf mit schwarzem Scheitelstreif; bewohnt die Taiga von NO-EU.

Ortolan

Emberiza hortulana · Familie Ammern

Etwas größer als ein Sperling; längerer Schwanz, dadurch schlanker wirkend; Augenring, Kehle und Bartstreif gelb.

Schnabel braunrosa; ♀ und Jungvögel blasser, Brust dunkel gestrichelt.

Vorkommen Fast ganz EU, inselartig nach O bis zum Altai; an trockenwarmen Standorten mit wasserdurchlässigen Böden, z. B. terrassierte Weinberge, Trockenrasen, strukturreiche Landwirtschaftsflächen oder sonnige Waldränder, die an Felder angrenzen; Kurz- und Langstreckenzieher, Winterquartiere im tropischen Afrika; bei uns Apr–Okt.

Wissenswert! Der O. legt ein Bodennest unter Büschen und Stauden im Gras an. Sein Gesang ähnelt dem der Goldammer, klingt aber melodischer und reiner geflötet. **RL, §**

Goldammer

Emberiza citrinella · Familie Ammern

Etwas größer als ein Sperling; längerer Schwanz, dadurch schlanker wirkend; beim ♂ Kopf goldgelb.

Beim ♂ Scheitel und Wangen braun umrandet; Bürzel auffällig zimtbraun; ♀ und Jungvögel bräunlicher, stärker gestrichelt.

Vorkommen Von EU bis zu den mittelasiatischen Steppengebieten; im S bis zum Mittelmeergebiet; in halboffenen bis offenen Kulturlandschaften jeweils mit exponierten Stellen als Singwarten; überwiegend Standvogel; im N und O Kurzstrecken- oder Teilzieher.

Wissenswert! Bis in den Herbst hinein trägt die G. ihren charakteristischen Gesang vor, der oft umschrieben wird mit „Wie, wie hab ich dich so lieb". Das Nest wird vom ♀ in der Krautschicht oder niedrig im Gebüsch gebaut.

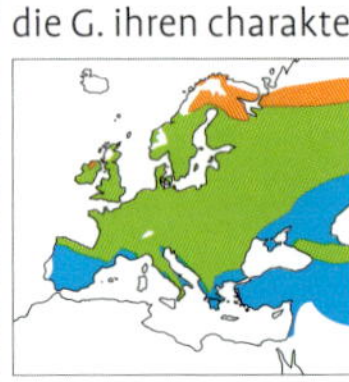

Rohrammer

Ortolan

Goldammer

Zaunammer

Emberiza cirlus · Familie Ammern

Größer als ein Sperling; recht ähnlich der Goldammer (⇨ S. 356); beim ♂ im Brutkleid Augenstreif und Kehle schwarz, beides gelb gesäumt.

♀ sehr ähnlich der Goldammer, statt rotbraunem aber olivgrau gefärbter Bürzel.

Vorkommen W- und S-EU einschließlich N-Afrika und Kleinasien; in M.-EU kleine Bestände in Österreich und der Schweiz, in D in Rheinland-Pfalz, Baden-Württemberg und Bayern; Standvogel und Teilzieher.

Wissenswert! Z. brüten an Waldrändern, auf Lichtungen und in größeren Parks, in M.-EU bevorzugt an trockenwarmen, meist südexponierten Hängen, z.B. in Weinbergen oder Streuobstgärten. Das ♂ singt mit weit geöffnetem Schnabel sein hölzern klapperndes „zitetetet-tetetet". **RL**

Kappenammer

Emberiza melanocephala · Familie Ammern

Etwas größer als die Goldammer (⇨ S. 356); ♂ mit schwarzer Kopfkappe und gelbem Halsband, oberseits rotbraun, Unterseite leuchtend gelb.

♀ und Jungvögel kontrastärmer, Oberseite blass olivbraun, dunkel längsgestreift, ohne „Kapuze".

Vorkommen SO-EU und W-Asien; brütet in Macchie, Feldern mit Buschreihen, Gärten, Weingärten, Obstbaumkulturen, Olivenhainen oder auf Lichtungen und trockenen Berghängen mit Dornensträuchern; Zugvogel, zieht im Aug/Sep. nach NW-Indien.

Wissenswert! Der Gesang der K. erinnert an Dorngrasmücken. Das ♀ baut ein lockeres Nest aus Halmen und Blättern im niedrigen Gestrüpp oder auf dem Boden. Auch Brut und Jungenaufzucht ist Sache des ♀.

Zippammer

Emberiza cia · Familie Ammern

Größer als ein Sperling, aber langschwänziger; in allen Kleidern kontrastreiche Kopfzeichnung.

Grauer Kopf, beim ♂ mit schwarzem Scheitelseiten-, Augen und Wangenstreif; ♀ matter, dunkle Kopfzeichnung mehr schwarzbraun; Bauch und Flanken rostbraun; Flügel mit 2 feinen weißen Flügelbinden; weiße Schwanzkanten.

Vorkommen In der gemäßigten, mediterranen und Steppenzone Eurasiens; in M.-EU Brutvogel trockenwarmer, steiniger oder felsiger Hänge mit Vegetationslücken, z.B. in aufgelassenen Steinbrüchen; Standvogel oder Teilzieher.

Wissenswert! Ihr Nest legt die Z. am Boden zwischen Grasbüscheln, in Gesteinsspalten oder niedrigem Gebüsch an. **RL**

Spornammer

Calcarius lapponicus · Familie Ammern

Etwa sperlingsgroß; ähnlich der Rohrammer (⇨ S. 356); sehr lange Hinterkralle (Name!); ♂ an Kopf und Vorderbrust schwarz.

Schnabel gelb, Nacken rotbraun; gelblich weißer Streifen im Bogen um Wangen herumlaufend; Rücken und Flügeldecken lebhaft gefleckt; ♀ und Jungvögel ohne Schwarz am Kopf, Gefieder bräunlicher.

Vorkommen Tundragürtel Eurasiens, N-Amerika; Zugvogel; bei uns seltener Durchzügler und Wintergast, v.a. an der Küste.

Wissenswert! Die S. brütet meist an feuchten Stellen in Gebieten mit viel Weidengebüsch. Weil es in diesen Landschaften wenig hohe Singwarten gibt, markieren die ♂ ihr Revier durch häufige Singflüge. Der kurze Gesang klingt frisch, hell und einsam.

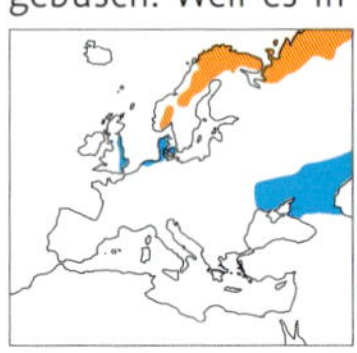

Zaunammer

Kappenammer

Zippammer

Spornammer

Schneeammer

Plectrophenax nivalis · Familie Ammern

Größer als ein Sperling; ♂ im sommerlichen Brutkleid (kleines Foto) auffallend schwarz-weiß gefärbt.

♀ und Jungvögel hingegen oberseits graubraun gefleckt, unterseits schmutzig weiß, mit kleinerem weißem Flügelfeld als ♂; im winterlichen Ruhekleid beim ♂ Kopf sandfarben, Brustseiten bräunlich, ♀ dann dem ♂ ähnlich, nur am kleineren weißen Flügelfeld gut zu unterscheiden.

Vorkommen Arktis; in EU auf Island und Spitzbergen, in Schottland und Skandinavien; in D regelmäßiger Wintergast entlang der Küste, südwärts bis zum Mittelgebirgsrand, in kleiner Zahl auch in den Alpenländern.

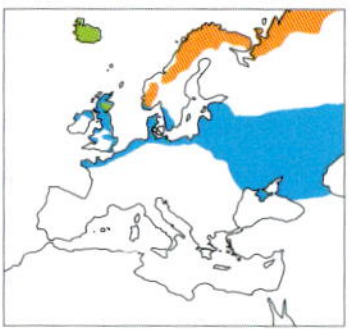

Lebensraum Die S. brütet von allen Singvögeln am weitesten nördlich. Sie kommt in Gebieten vor, in denen die mittleren Junitemperaturen 2° C nicht überschreiten. Karge, steinige Tundren, steile Felsküsten und felsige Gipfel in Eis und Schnee sind ihr unwirtliches Zuhause. Das Nest wird tief in Felsspalten oder zwischen Geröll versteckt und warm gepolstert.

Wissenswert! Die Altvögel nehmen hauptsächlich Sämereien und Pflanzenteile auf. Die ♂ tragen ihre hellen, trillernden Gesangsstrophen während eines kurzen Singflugs vor. Im Winter suchen S. ähnlich karge Landschaften auf wie in der Brutzeit, bei uns z. B. kurzrasige, küstennahe Flächen, im Binnenland vor allem Ödland.

♂ mit großem weißem Flügelfeld

Grauammer

Miliaria calandra · Familie Ammern

Mit 18 cm Länge die größte europ. Ammer; kräftige, gedrungene Gestalt; unscheinbares graubraunes Gefieder mit dunkler Strichelung.

Kräftiger, gelbrosa getönter Schnabel; ♀ wie ♂, Jungvögel stärker gestrichelt.

Vorkommen Von W-EU und N-Afrika bis Kasachstan; erreicht im N die Shetlandinseln, S-Skandinavien und Teile des Baltikums, fehlt im übrigen Skandinavien und NO-EU; Standvogel, Kurzstrecken- und Teilzieher, bei uns Mär–Okt.

Lebensraum Die G. brütet in EU überwiegend in extensiv genutzten, offenen Agrarlandschaften. Dort benötigt sie einzelne höhere Strukturen als Singwarten, dichte Bodenvegetation als Nestdeckung und Flächen mit niedriger Vegetation zur Nahrungssuche. Solche Bedingungen finden sich auf feuchtem, extensiv genutztem Grünland, auf Ödland und Ackerland.

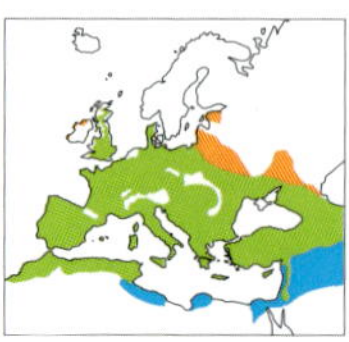

fliegt oft mit hängenden Beinen

Brut Die ♂ haben oft mehrere ♀, denen sie fast das ganze Brutgeschäft allein überlassen. Eine Partnerbindung scheint meist gar nicht zu bestehen. Die jeweils 2–6 Eier werden in einem Bodennest erbrütet.

Wissenswert! Den Gesang aus kurzen, sich beschleunigenden Elementen und abschließendem Klirren, etwa „zick-zick-zick-zick-schnirrps“, trägt das ♂ unermüdlich von Bäumen, Büschen, Zaunpfählen oder Stromleitungen aus vor. G. fliegen oft kurze Strecken mit hängenden Beinen und in tiefen Wellen. Bestandseinbrüche sind insbesondere Folge von Lebensraumveränderungen, die sich nachteilig auf das Nahrungsangebot auswirken. **RL**

Schneeammer Winterkleid

Grauammer

Nest des Höckerschwans ⇨ S. 78

Nest des Flussregenpfeifers ⇨ S. 178

Nest des Zwergtauchers ⇨ S. 42

Nest des Teichhuhns ⇨ S. 164

Nest der Beutelmeise ⇨ S. 328

Nest des Kernbeißers ⇨ S. 354

Nest des Haubentauchers ⇨ S. 40

Nest des Blesshuhns ⇨ S. 162

Nest der Goldammer ⇨ S. 356

Nest von Grasmücken-Arten ⇨ S. 298–302

Nest des Teichrohrsängers ⇨ S. 306

Nest des Sumpfrohrsängers ⇨ S. 306

Nest des Kiebitzes ⇨ S. 200

Nest der Schwanzmeise ⇨ S. 328

Höhle des Schwarzspechts ⇨ S. 264

Nest der Wasseramsel ⇨ S. 282

Nest des Rotkehlchens ⇨ S. 284

Nest des Grauschnäppers ⇨ S. 318

Nest des Zaunkönigs ⇨ S. 282

Nest des Zilpzalps ⇨ S. 314

Nest der Amsel ⇨ S. 296

Nest der Rötelschwalbe ⇨ S. 274

Nest der Felsenschwalbe ⇨ S. 274

Nest der Mehlschwalbe ⇨ S. 276

Nest der Rauchschwalbe ⇨ S. 276

Nest des Weißstorchs ⇨ S. 70

Horst des Bussards ⇨ S. 142

Horst des Habichts ⇨ S. 144

Horst des Mönchsgeiers ⇨ S. 126

Nest der Aaskrähe ⇨ S. 344

Nestkolonie der Saatkrähe ⇨ S. 344

Nestkolonie des Graureihers ⇨ S. 60

Nestkolonie des Kormorans ⇨ S. 56

Nest der Türkentaube ⇨ S. 244

Nestkolonie des Weidensperlings ⇨ S. 348

Nest des Gelbspötters ⇨ S. 312

Nest der Elster ⇨ S. 338

Nest des Baumläufers ⇨ S. 332

Nest des Kleibers ⇨ S. 330

Höhle des Buntspechts ⇨ S. 266

Höhle des Grünspechts ⇨ S. 264

Röhren von Uferschwalben ⇨ S. 274

Röhre des Eisvogels ⇨ S. 260

Röhren des Bienenfressers ⇨ S. 262

Federn

In der Natur gefundene Vogelfedern sind Mauserfedern, hat sich der Vogel zum Auspolstern des Nestes selbst ausgerissen, stammen aus einer Rupfung, einem Riss oder einem Gewölle.
Anhand Größe, Form und Färbung der Feder kann ein Federkundiger nicht nur auf die betreffende Vogelart, sondern sogar auf die Körperstelle schließen, an der die Feder saß, sowie oft Alter und Geschlecht des Vogels bestimmen.

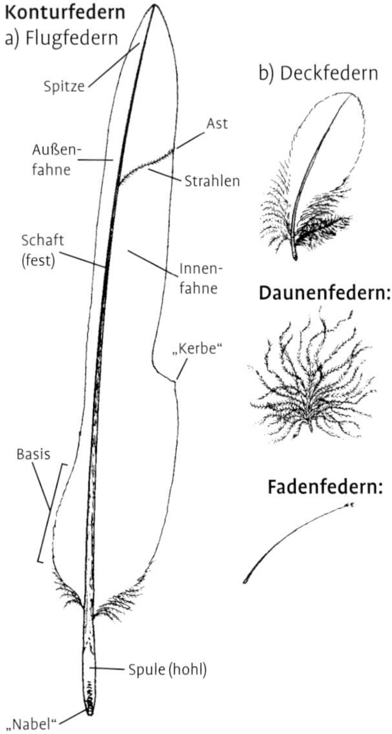

Schaftstrich
(z. B. Junghabicht)

Tropfenfleck
(z. B. Turmfalke)

Pfeilspitzenfleck
(z. B. Drossel)

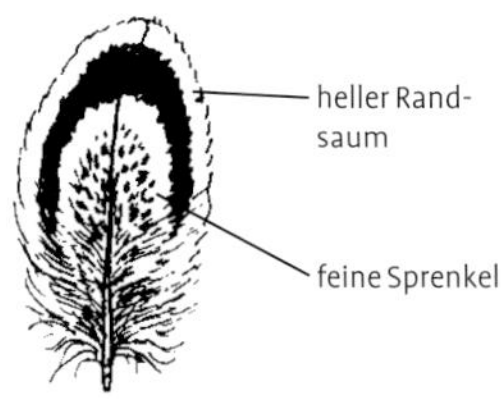

Hufeisenfleck
(z. B. Fasan)

Querbänderung
(z. B. Sperber)

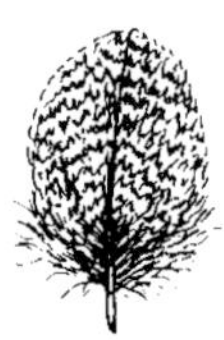

Kritzelung
(z. B. Auerhuhn)

Sägemuster
(z. B. Rotschenkel)

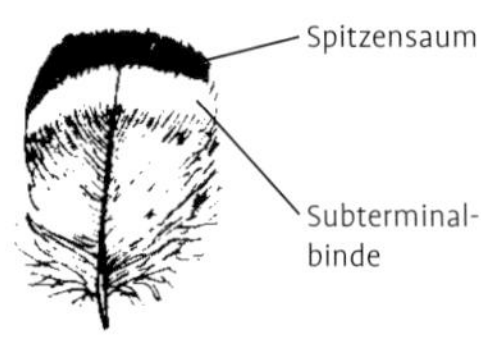

Querbinde
(z. B. Stockente)

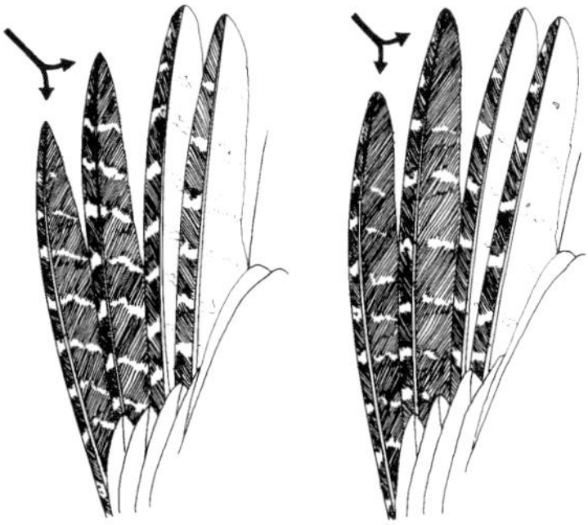

jung **Rebhuhn** alt
(äußere Hand-
schwingen
zugespitzt)

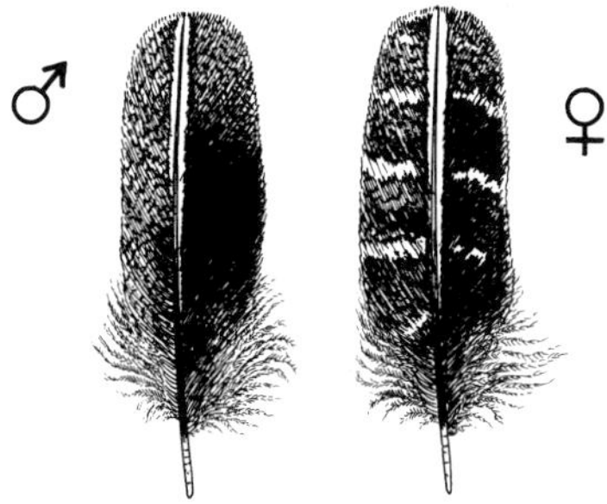

Rebhuhn

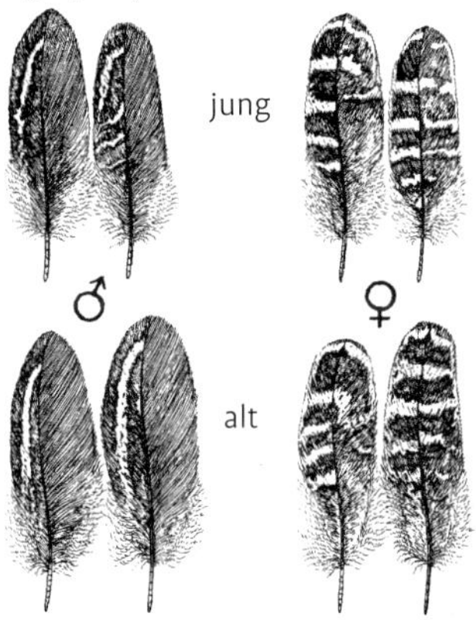

Jagdfasan

jung alt jung alt
Wespenbussard

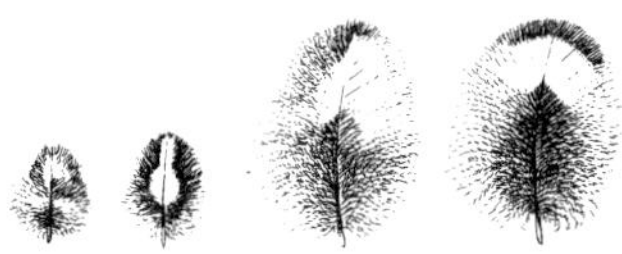

jung alt jung alt
Steinkauz

jung alt
Steinadler

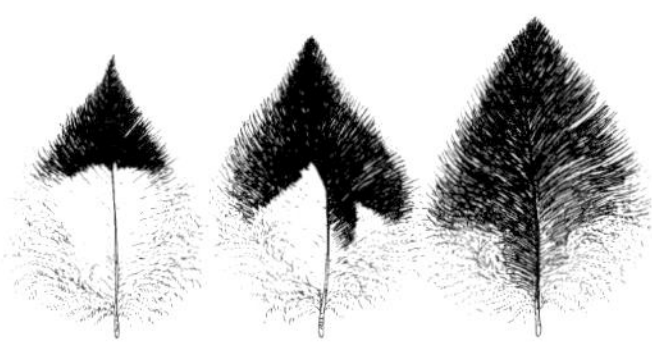

jung 1. Jahr alt
Steinadler

Verzeichnis der deutschen Namen

A

Aaskrähe 344
Adlerbussard 142
Alpenbraunelle 284
Alpendohle 342
Alpenkrähe 342
Alpenschneehuhn 152
Alpensegler 258
Alpenstrandläufer 188
Amsel 296
Auerhuhn 154
Austernfischer 172

B

Bachstelze 280
Bartgeier 128
Bartkauz 248
Bartmeise 328
Basstölpel 52
Baumfalke 148
Baumpieper 278
Bekassine 202
Bergente 108
Bergfink 350
Berglaubsänger 314
Bergpieper 278
Beutelmeise 328
Bienenfresser 262
Birkenzeisig 350
Birkhuhn 154
Blassspötter 312
Blauelster 338
Blaukehlchen, Rotsterniges 288
Blaukehlchen, Weißsterniges 288
Blaumeise 324
Blaumerle 292
Blauracke 262
Blessgans 86
Blesshuhn 162
Blessralle 162
Bluthänfling 350
Blutspecht 266
Brachpieper 278
Brachvogel, Großer 200
Brandgans 92
Brandseeschwalbe 232
Brauner Sichler 74
Braunkehlchen 292
Brautente 94
Brillengrasmücke 302
Bruchwasserläufer 192
Buchfink 350
Buntfuß-Sturmschwalbe 50
Buntspecht 266

C

Chileflamingo 76
Chukarhuhn 156
Cistensänger 308

D

Dickschnabellumme 236
Distelfink 352
Dohle 342
Dompfaff, Gimpel 354
Doppelschnepfe 204
Dorngrasmücke 302
Dreizehenmöwe 224
Dreizehenspecht 268
Drosselrohrsänger 308
Dunkler Wasserläufer 194
Dünnschnabelmöwe 214
Dupontlerche 272

E

Eichelhäher 340
Eiderente 112
Einfarbstar 346
Eisente 116
Eismöwe 226
Eistaucher 38
Eisvogel 260
Eissturmvogel 46
Eleonorenfalke 148
Elfenbeinmöwe 226
Elster 338
Erlenzeisig 352

F

Fahlsegler 258
Falkenraubmöwe 212
Fasan 160
Feldlerche 270
Feldschwirl 308
Feldsperling 348
Felsenkleiber 330
Felsenschwalbe 274
Felsentaube 240
Fichtenkreuzschnabel 354
Fischadler 128
Fischreiher, Graureiher 60
Fitis 314
Flamingo 76
Flussregenpfeifer 178
Flussseeschwalbe 228
Flussuferläufer 190

G

Gänsegeier 126
Gänsesäger 120
Gartenbaumläufer 332
Gartengrasmücke 298
Gartenrotschwanz 288
Gebirgsstelze 280
Gelbschnabel-Sturmtaucher 46
Gelbschnabeltaucher 38
Gelbspötter 312
Gerfalke 150
Gimpel, Dompfaff 354
Girlitz 352
Gleitaar 138
Goldammer 356
Goldregenpfeifer 176
Grauammer 360
Graugans 82
Grauschnäpper 318
Grauspecht 264
Große Raubmöwe, Skua 310
Großer Brachvogel 200
Großtrappe 160
Grünling, Grünfink 352
Grünschenkel 196
Grünspecht 264
Gryllteiste 238

H
Habichtsadler 132
Habichtskauz 248
Habicht 144
Häherkuckuck 246
Halbringschnäpper 320
Halsbandschnäpper 320
Halsbandsittich 262
Haselhuhn 154
Haubenlerche 270
Haubenmeise 324
Haubentaucher 40
Hausrotschwanz 288
Haussperling 348
Heckenbraunelle 284
Heckensänger 286
Heidelerche 270
Heringsmöwe 222
Höckerschwan 78
Hohltaube 242

K
Kaiseradler 130
Kaiseradler, Spanischer 130
Kalanderlerche 272
Kammblesshuhn 162
Kampfläufer 208
Kanadagans 90
Kappenammer 358
Karmingimpel 354
Kernbeißer 354
Kiebitzregenpfeifer 182
Kiebitz 200
Kiefernkreuzschnabel 354
Klappergrasmücke 300
Kleiber 330
Kleinspecht 266
Knäkente 102
Knutt 184
Kohlmeise 322
Kolbenente 104
Kolkrabe 344
Korallenmöwe 220
Kormoran 56
Kornweihe 140
Korsenkleiber 330
Krabbentaucher 238
Kragenente 116
Krähenscharbe 58
Kranich 170
Krauskopfpelikan 54
Kreuzschnabel 354
Krickente 102
Kuckuck 246
Kuhreiher 62
Kurzfangsperber 144
Kurzschnabelgans 84
Kurzzehenlerche 272
Küstenseeschwalbe 228

L
Lachmöwe 214
Lachseeschwalbe 232
Lannerfalke 150
Lapplandmeise 326
Lasurmeise 324
Laufhühnchen 160
Löffelente 100
Löffler 74

M
Madeira-Wellenläufer 50
Mandarinente 94
Mantelmöwe 222
Mariskenrohrsänger 306
Marmelente 98
Maskenstelze 280
Maskenwürger 336
Mauerläufer 332
Mauersegler 258
Mäusebussard 142
Meerstrandläufer 184
Mehlschwalbe 276
Merlin 148
Misteldrossel 294
Mittelmeermöwe 220
Mittelmeer-Steinschmätzer 290
Mittelmeer-Sturmtaucher 48
Mittelsäger 122
Mittelspecht 266
Mönchsgeier 126
Mönchsgrasmücke 300
Moorente 106
Moorschneehuhn 152
Moorschneehuhn, Schottisches 152
Mornellregenpfeifer 176

N
Nachtigall 286
Nachtreiher 64
Nebelkrähe 344
Neuntöter 334
Nilgans 92
Nonnengans, Weißwangengans 90

O
Odinshühnchen 206
Ohrenlerche 272
Ohrentaucher 44
Olivenspötter 312
Orpheusgrasmücke 300
Orpheusspötter 312
Ortolan 356

P
Papageitaucher 238
Pfeifente 100
Pfuhlschnepfe 198
Pirol 346
Polarmöwe 226
Prachteiderente 114
Prachttaucher 36
Provencegrasmücke 302
Purpurralle, Purpurhuhn 164
Purpurreiher 60

R
Rabenkrähe 344
Rallenreiher 64
Raubseeschwalbe 230
Raubwürger 336
Rauchschwalbe 276
Raufußbussard 142
Raufußkauz 252
Rebhuhn 158
Regenbrachvogel 198
Reiherente 108
Ringdrossel 296
Ringelgans 90
Ringeltaube 242
Rohrammer 356
Rohrdommel 66
Rohrschwirl 310
Rohrweihe 138
Rosaflamingo 76
Rosapelikan 54
Rosenseeschwalbe 230

Rosenstar 346
Rostgans 92
Rotdrossel 294
Rötelfalke 146
Rötelschwalbe 274
Rotflügel-Brachschwalbe 176
Rotfußfalke 146
Rothalsgans 88
Rothalstaucher 42
Rothals-Ziegenmelker 258
Rothuhn 156
Rotkehlchen 284
Rotkehlpieper 278
Rotkopfwürger 334
Rotmilan 136
Rotrückenwürger, Neuntöter 334
Rotschenkel 194

S
Saatgans 84
Saatkrähe 344
Säbelschnäbler 174
Samtente 110
Samtkopf-Grasmücke 302
Sanderling 184
Sandflughuhn 240
Sandregenpfeifer 180
Sardengrasmücke 302
Schafstelze 280
Scheckente 114
Schelladler 132
Schellente 118
Schilfrohrsänger 304
Schlagschwirl 310
Schlangenadler 132
Schleiereule 256
Schmarotzerraubmöwe 212
Schmutzgeier 126
Schnatterente 98
Schneeammer 360
Schnee-Eule 250
Schneegans 88
Schneesperling 348
Schreiadler 132
Schwanzmeise 328
Schwarzer Schwan 78
Schwarzhalstaucher 44
Schwarzkehlchen 292
Schwarzkopfmöwe 216
Schwarzkopf-Ruderente 124
Schwarzmilan 136
Schwarzschnabel-Sturmtaucher 48
Schwarzspecht 264
Schwarzstirnwürger 336
Schwarzstorch 72
Seeadler 134
Seeregenpfeifer 180
Seggenrohrsänger 304
Seidenreiher 62
Seidensänger 310
Seidenschwanz 282
Sichelstrandläufer 188
Sichler, Brauner Sichler 74
Silbermöwe 220
Silberreiher 62
Singdrossel 294
Singschwan 80
Skua, Große Raubmöwe 210
Sommergoldhähnchen 316
Spatelente 118
Spatelraubmöwe 210
Spatz, Haussperling 348
Sperbereule 250
Sperbergrasmücke 298
Sperber 144
Sperlingskauz 252
Spießente 98
Spießflughuhn 240
Spornammer 358
Spornkiebitz 182
Sprosser 286
Star 346
Steinadler 130
Steinhuhn 156
Steinkauz 256
Steinrötel 292
Steinschmätzer 290
Steinsperling 348
Steinwälzer 204
Stelzenläufer 174
Steppenmöwe 220
Steppenweihe 140
Sterntaucher 36
Stieglitz 352
Stockente 96
Straßentaube 240
Streifengans 88
Stummellerche 272
Sturmmöwe 218
Sturmschwalbe 50
Sumpfhuhn, Kleines 168
Sumpfläufer 188
Sumpfmeise 326
Sumpfohreule 254
Sumpfrohrsänger 306

T
Tafelente 106
Tannenhäher 340
Tannenmeise 322
Teichralle, Teichhuhn 164
Teichrohrsänger 306
Teichwasserläufer 196
Temminckstrandläufer 186
Terekwasserläufer 190
Theklalerche 270
Thorshühnchen 206
Tordalk 236
Trauerente 110
Trauerschnäpper 320
Trauerschwan, Schwarzer Schwan 78
Trauerseeschwalbe 234
Trauersteinschmätzer 290
Triel 176
Trottellumme 236
Tüpfelralle, Tüpfelsumpfhuhn 168
Türkenkleiber 330
Türkentaube 244
Turmfalke 146
Turteltaube 244

U
Uferschnepfe 202
Uferschwalbe 274
Uhu 250
Unglückshäher 340

W
Wacholderdrossel 294
Wachtelkönig 158
Wachtel 158

Waldbaumläufer 332
Waldkauz 248
Waldlaubsänger 314
Waldohreule 254
Waldrapp 74
Waldschnepfe 202
Waldwasserläufer 192
Wanderfalke 150
Wasseramsel 282
Wasserläufer, Dunkler 194
Wasserralle 166
Weidenmeise 326
Weidensperling 348
Weißbart-Grasmücke 302
Weißbart-Seeschwalbe 234
Weißflügel-Seeschwalbe 234
Weißkopfmöwe 220
Weißkopf-Ruderente 124
Weißrückenspecht 268
Weißstorch 70
Weißwangengans 90
Wellenläufer 50
Wendehals 268
Wespenbussard 142
Wiedehopf 260
Wiesenpieper 278
Wiesenweihe 140
Wintergoldhähnchen 316
Würgfalke 150

Z

Zaunammer 358
Zaunkönig 282
Ziegenmelker 258
Zilpzalp 314
Zippammer 358
Zitronengirlitz 352
Zitronenstelze 280
Zwergadler 132
Zwergammer 356
Zwergdommel 68
Zwerggans 86
Zwergmöwe 216
Zwergohreule 254
Zwergsäger 122
Zwergscharbe 58
Zwergschnäpper 318
Zwergschnepfe 204
Zwergschwan 80
Zwergseeschwalbe 232
Zwergstrandläufer 186
Zwergsumpfhuhn 168
Zwergtaucher 42
Zwergtrappe 160

Verzeichnis wissenschaftlicher Namen

A

Accipiter brevicepS 144
Accipiter gentilis 144
Accipiter nisus 144
Acrocephalus arundinaceus 308
Acrocephalus melanopogon 306
Acrocephalus paludicola 304
Acrocephalus palustris 306
Acrocephalus schoenobaenus 304
Acrocephalus scirpaceus 306
Actitis hypoleucos 190
Aegithalos caudatus 328
Aegolius funereus 252
Aegypius monachus 126
Aix galericulata 94
Aix sponsa 94
Alauda arvensis 270
Alca torda 236
Alcedo atthis 260
Alectoris chukar 156
Alectoris graeca 156
Alectoris rufa 156
Alle alle 238
Alopochen aegyptiacus 92
Anas acuta 98
Anas clypeata 100
Anas crecca 102
Anas penelope 100
Anas platyrhynchos 96
Anas querquedula 102
Anas strepera 98
Anser albifrons 86
Anser anser 82
Anser brachyrhynchus 84
Anser caerulescens 88
Anser erythropus 86
Anser fabalis 84
Anser indicus 88
Anthus campestris 278
Anthus cervinus 278
Anthus pratensis 278
Anthus spinoletta 278
Anthus trivialis 278
Apus apus 258
Apus melba 258
Apus pallidus 258
Aquila adalberti 130
Aquila chrysaetos 130
Aquila clanga 132
Aquila heliaca 130
Aquila pomarina 132
Ardea cinerea 60
Ardea purpurea 60
Ardeola ralloides 64
Arenaria interpres 204
Asio flammeus 254
Asio otus 254
Athene noctua 256
Aythya ferina 106

Aythya fuligula 108
Aythya marila 108
Aythya nyroca 106

B
Bombycilla garrulus 282
Bonasa bonasia 154
Botaurus stellaris 66
Branta bernicla 90
Branta canadensis 90
Branta leucopsis 90
Branta ruficollis 88
Bubo bubo 250
Bubulcus ibis 62
Bucephala clangula 118
Bucephala islandica 118
Burhinus oedicnemus 176
Buteo buteo 142
Buteo lagopus 142
Buteo rufinus 142

C
Calandrella brachydactyla 272
Calandrella rufescens 272
Calcarius lapponicus 358
Calidris alba 184
Calidris alpina 188
Calidris canutus 184
Calidris ferruginea 188
Calidris maritima 184
Calidris minuta 186
Calidris temminckii 186
Calonectris diomedea 46
Caprimulgus europaeus 258
Caprimulgus ruficollis 258
Carduelis cannabina 350
Carduelis carduelis 352
Carduelis chloris 352
Carduelis flammea 350
Carduelis spinus 352
Carpodacus erythrinus 354
Cepphus grylle 238
Cercotrichas galactotes 286
Certhia brachydactyla 332
Certhia familiaris 332
Cettia cetti 310
Charadrius alexandrinus 180
Charadrius dubius 178
Charadrius hiaticula 180
Charadrius morinellus 176
Chersophilus duponti 272
Chlidonias hybridus 234
Chlidonias leucopterus 234
Chlidonias niger 234
Ciconia ciconia 70
Ciconia nigra 72
Cinclus cinclus 282
Circaetus gallicus 132
Circus aeruginosus 138
Circus cyaneus 140
Circus pygargus 140
Circus Cisticola juncidis 308
Clamator glandarius 246
Clangula hyemalis 116
Coccothraustes coccothraustes 354
Columba livia 240
Columba livia f. domestica 240
Columba oenas 242
Columba palumbus 242
Coracias garrulus 262
Corvus corax 344
Corvus corone cornix 344
Corvus corone corone 344
Corvus frugilegus 344
Corvus monedula 342
Coturnix coturnix 158
Crex crex 158
Cuculus canorus 246
Cyanopica cyana 338
Cygnus atratus 78
Cygnus columbianus 80
Cygnus cygnus 80
Cygnus olor 78

D
Delichon urbica 276
Dendrocopos leucotos 268
Dendrocopos major 266
Dendrocopos medius 266
Dendrocopos minor 266
Dendrocopos syriacus 266
der Haubenlerche: 270
Dryocopus martius 264

E
Egretta alba 62
Egretta garzetta 62
Elanus caeruleus 138
Emberiza cia 358
Emberiza cirlus 358
Emberiza citrinella 356
Emberiza hortulana 356
Emberiza melanocephala 358
Emberiza pusillus 356
Emberiza schoeniclus 356
Eremophila alpestris 272
Erithacus rubecula 284

F
Falco biarmicus 150
Falco cherrug 150
Falco columbarius 148
Falco eleonorae 148
Falco naumanni 146
Falco peregrinus 150
Falco rusticolus 150
Falco subbuteo 148
Falco tinnunculus 146
Falco vespertinus 146
Ficedula albicollis 320
Ficedula hypoleuca 320
Ficedula parva 318
Ficedula semitorquata 320
Fratercula arctica 238
Fringilla coelebs 350
Fringilla montifringilla 350
Fulica atra 162
Fulica cristata 162
Fulmarus glacialis 46

G
Galerida cristata 270
Gallinago gallinago 202
Gallinago media 204

Gallinula chloropus 164
Garrulus glandarius 340
Gavia adamsii 38
Gavia arctica 36
Gavia immer 38
Gavia stellata 36
Gelochelidon nilotica 232
Geronticus eremita 74
Glaucidium passerinum 252
Grus grus 170
Gypaetus barbatus 128
Gyps fulvus 126

H
Haematopus ostralegus 172
Haliaeetus albicilla 134
Hieraaetus fasciatus 132
Hieraaetus pennatus 132
Himantopus himantopus 174
Hippolais icterina 312
Hippolais olivetorum 312
Hippolais pallida 312
Hippolais polyglotta 312
Hirundo daurica 274
Hirundo rustica 276
Histrionicus histrionicus 116
Hoplopterus spinosus 182
Hydrobates pelagicus 50

I
Ixobrychus minutus 68

J
Jynx torquilla 268

L
Lagopus lagopus scoticus 152
Lagopus lagopus 152
Lagopus mutus 152
Lanius collurio 334
Lanius excubitor 336
Lanius minor 336
Lanius nubicus 336
Lanius senator 334
Lareola pratincol 176
Larus argentatus 220
Larus audouinii 220
Larus cachinnans 220
Larus canus 218
Larus fuscus 222
Larus genei 214
Larus glaucoides 226
Larus hyperboreus 226
Larus marinus 222
Larus melanocephalus 216
Larus michahellis 220
Larus minutus 216
Larus ridibundus 214
Limicola falcinellus 188
Limosa lapponica 198
Limosa limosa 202
Locustella fluviatilis 310
Locustella luscinioides 310
Locustella naevia 308
Loxia curvirostra 354
Loxia pytiopsittacus 354
Lullula arborea 270
Luscinia luscinia 286
Luscinia megarhynchos 286
Luscinia svecica cyanecula 288
Luscinia svecica svecica 288
Lymnocryptes minimus 204

M
Marmaronetta angustirostris 98
Melanitta fusca 110
Melanitta nigra 110
Melanocorypha calandra 272
Mergus albellus 122
Mergus merganser 120
Mergus serrator 122
Merops apiaster 262
Miliaria calandra 360
Milvus migrans 136
Milvus milvus 136
Monticola saxatilis 292
Monticola solitarius 292
Montifringilla nivalis 348
Motacilla alba 280
Motacilla cinerea 280
Motacilla citreola 280
Motacilla flava feldegg 280
Motacilla flava 280
Muscicapa striata 318

N
Neophron percnopterus 126
Netta rufina 104
Nucifraga caryocatactes 340
Numenius arquata 200
Numenius phaeopus 198
Nyctea scandiaca 250
Nycticorax nycticorax 64

O
Oceanites oceanicus 50
Oceanodroma castro 50
Oceanodroma leucorhoa 50
Oenanthe hispanica 290
Oenanthe leucura 290
Oenanthe oenanthe 290
Oriolus oriolus 346
Otis tarda 160
Otus scops 254
Oxyura jamaicensis 124
Oxyura leucocephala 124

P
Pagophila eburnea 226
Pandion haliaetus 128
Panurus biarmicus 328
Parus ater 322
Parus caeruleus 324
Parus cinctus 326
Parus cristatus 324
Parus cyanus 324
Parus major 322
Parus montanus 326
Parus palustris 326
Passer domesticus 348
Passer hispaniolensis 348
Passer montanus 348
Pelecanus crispus 54
Pelecanus onocrotalus 54
Perdix perdix 158
Perisoreus glandarius 340

Pernis apivorus 142
Petronia petronia 348
Phalacrocorax aristotelis 58
Phalacrocorax carbo 56
Phalacrocorax pygmeus 58
Phalaropus fulicarius 206
Phalaropus lobatus 206
Phasianus colchicus 160
Philomachus pugnax 208
Phoenicopterus chilensis 76
Phoenicopterus ruber 76
Phoenicurus ochruros 288
Phoenicurus phoenicurus 288
Phylloscopus bonelli 314
Phylloscopus collybita 314
Phylloscopus sibilatrix 314
Phylloscopus trochilus 314
Pica pica 338
Picoides tridactylus 268
Picus canus 264
Picus viridis 264
Platalea leucorodia 74
Plectrophenax nivalis 360
Plegadis falcinellus 74
Pluvialis apricaria 176
Pluvialis squatarola 182
Podiceps auritus 44
Podiceps cristatus 40
Podiceps grisegena 42
Podiceps nigricollis 44
Polysticta stelleri 114
Porphyrio porphyrio 164
Porzana parva 168
Porzana porzana 168
Porzana pusilla 168
Prunella collaris 284
Prunella modularis 284
Psittacula krameri 262
Pterocles alchata 240
Pterocles orientalis 240
Ptyonoprogne rupestris 274
Puffinus puffinus 48
Puffinus yelkouan 48
Pyrrhocorax graculus 342
Pyrrhocorax pyrrhocorax 342
Pyrrhula pyrrhula 354

R
Rallus aquaticus 166
Recurvirostra avosetta 174
Regulus ignicapillus 316
Regulus regulus 316
Remiz pendulinus 328
Riparia riparia 274
Rissa tridactyla 224

S
Saxicola rubetra 292
Saxicola torquata 292
Scolopax rusticola 202
Serinus citrinella 352
Serinus serinus 352
Sitta europaea 330
Sitta krueperi 330
Sitta neumayer 330
Sitta whiteheadi 330
Somateria mollissima 112
Somateria spectabilis 114
Stercorarius longicaudus 212
Stercorarius parasiticus 212
Stercorarius pomarinus 210
Stercorarius skua 210
Sterna albifrons 232
Sterna caspia 230
Sterna dougallii 230
Sterna hirundo 228
Sterna paradisaea 228
Sterna sandvicensis 232
Streptopelia decao 244
Streptopelia turtur 244
Strix aluco 248
Strix nebulosa 248
Strix uralensis 248
Sturnus roseus 346
Sturnus unicolor 346
Sturnus vulgaris 346
Sula bassana 52
Surnia ulula 250
Sylvia atricapilla 300
Sylvia borin 298
Sylvia cantillans 302
Sylvia communis 302
Sylvia conspicillata 302
Sylvia curruca 300
Sylvia hortensis 300
Sylvia melanocephala 302
Sylvia nisoria 298
Sylvia sarda 302
Sylvia undata 302

T
Tachybaptus ruficollis 42
Tadorna ferruginea 92
Tadorna tadorna 92
Tetrao tetrix 154
Tetrao urogallus 154
Tetrax tetrax 160
Tichodroma muraria 332
Tringa erythropus 194
Tringa glareola 192
Tringa nebularia 196
Tringa ochropus 192
Tringa stagnatilis 196
Tringa totanus 194
Troglodytes troglodytes 282
Turdus iliacus 294
Turdus merula 296
Turdus philomelos 294
Turdus pilaris 294
Turdus torquatus 296
Turdus viscivorus 294
Turnix sylvatica 160
Tyto alba 256

U
Upupa epops 260
Uria aalge 236
Uria lomvia 236

V
Vanellus vanellus 200

X
Xenus cinereus 190

Bildquellen

Die Ziffer vor dem Punkt bedeutet die Seite im Buch, die Ziffer nach dem Punkt die Bildposition auf der Seite. Die Zählung auf einer Seite läuft wie die Artenfolge von links nach rechts und von oben nach unten.

Die Fotos stammen von **Alfred Limbrunner** bis auf die folgenden:
Aquila/Mike Lane: 111.3;
Roger Thomas: 51.2;
A. Balinski: 305.4;
Günther Bethge: 37.1, 59.1, 115.6, 123.2, 129.1, 139.1, 149.3, 150, 157.1, 171.1, 177.3, 177.4, 185.6, 194, 195.2, 206.1, 211.1, 239.1, 269.2, 273.3, 273.4, 285.1, 348, 351.5, 359.4, 360;
Peter Buchner: 36, 37.2, 38, 109.3, 111.1, 111.2, 115.1, 115.3, 117.4, 119.2, 119.3, 125.1, 187.1, 188.2, 191.2, 197.1, 197.2, 199.1, 199.2, 209.2, 212.1, 213.1, 213.2, 217.2, 225.3, 235.5, 241.2, 241.4, 295.3, 297.5, 303.3, 307.1, 311.3, 340, 343.3;
Peter Castell: 47.3, 51.1, 163.5;
Manfred Danegger: 7, 109.2, 115.2, 115.3, 117.2, 123.4, 137.3, 155.1, 155.3, 251.1, 257.3, 341.1, 355.2;
Ed. Duthie: 39.1, 183.1;
H.J. Fünfstück: 263.4;
Hannu Hautala: 205.1;
Frank Hecker: Fotos Umschlagrückseite, 17, 33, 43.1, 43.2, 53.2, 77.2, 137.2, 201.2, 223.2, 225.1, 225.2, 239.2, 239.4, 247.2, 270, 279.2, 289.3, 291.1, 291.2, 293.1, 343.1, 359.1;
Ewald Hortig: 131.1, 142.1, 169.4, 205.1, 223.1, 256, 266, 253.1;
E. Hüttenmoser: 157.2, 247.1, 253.1, 333.1, 333.2;
R. Kleiner: 303.5;
Achim Kostrzewa: 49.1;
G. Kovacz: 305.3;
NABU/P. dos Santos, NABU Kampagne „Stunde der Gartenvögel“: 21
Stefan Pfützke: 39.2, 47.2, 50, 53.1, 59.2, 131.3, 131.4, 132, 169.5, 185.2, 189.2, 233.1, 249.3, 267.3, 303.6, 315.1, 329.1, 356, 159.2;
Photolibrary/Juniors Bildarchiv: 35;
Rudolf Schmidt: 169.3, 193.1, 235.3, 235.6, 263.1, 267.2, 269.3, 281.4, 293.4, 297.1, 307.2, 311.1, 311.2, 314, 319.3, 321.1, 321.2, 323.2, 327.2, 351.2;
Andreas Schulze: 45.2, 199.3, 269.1, 286, 287.1, 299.1, 313.1, 327.1;
Silvestris: 23;
Bildagentur Waldhäusl / Arco Images / Reinhard, H.: 19;
Bildagentur Waldhäusl / Arco Images / Wothe, K.: 30;
Konrad Wothe: 49.2, 53.3, 77.1, 81.2, 99.1, 115.5, 117.1, 123.1, 163.4, 170, 171.2, 187.2, 187.3, 207.1, 207.2, 209.1, 211.2, 217.3, 227.1, 227.2, 227.3, 233.2, 237.3, 237.4, 237.5., 251.2, 277.3, 279.5, 327.3., 343.2, 353.3;
Jean Lou Zimmermann: 47.1, 117.3, 117.5, 185.1, 185.5, 189.1, 237.1, 237.2, 237.6, 238, 239.3;
Zoonar/Siegmar Tylla: Umschlagfoto vorne

Die Grafiken des Hauptteils erstellten **Steffen Walentowitz** und **Fritz Wendler.** Die Illustrationen der Seiten 372, 373, 384 und 385 stammen von **Dr. Franz Müller,** die der vorderen Umschlaginnenseite schuf **Paschalis Dougalis.**

Literatur

Cramp, S., C. M. Perrins et al. (Hrsg.) (1977–1994): Handbook of the Birds of Europe, the Middle East and North Africa. 9 Bände. University Press, Oxford.
Glutz von Blotzheim, U.N. & K.M. Bauer u. a. (Hrsg.) (1966–1997): Handbuch der Vögel Mitteleuropas. 14 Bände. Aula, Wiesbaden.
Hagemeijer, W. J. M. & M. J. Blair (1997): The EBCC Atlas of European breeding birds: Their distribution and abundance. T. & A.D. Poyser, London.
Jonsson, L. (1992): Die Vögel Europas und des Mittelmeerraumes. Kosmos, Stuttgart.
Svensson L., P. J. Grant, K. Mullarney, D. Zetterström (1999): Der neue Kosmos-Vogelführer. Alle Arten Europas, Nordafrikas und Vorderasiens. Kosmos, Stuttgart.

Die Autoren

Anne Puchta, geboren 1966, studierte Biologie mit Schwerpunkt Limnologie. Seit 1993 ist sie selbstständig, erstellt im öffentlichen Auftrag Kartierungen und Gutachten und engagiert sich für den Naturschutz im Raum Bodensee und Allgäu.
Dr. Klaus Richarz, geboren 1948, war Leiter der Staatlichen Vogelschutzwarte von Hessen, Rheinland-Pfalz und dem Saarland. Er ist Autor zahlreicher Naturführer mit Schwerpunkt Säugetiere und Vögel.

Der Herausgeber

Gunter Steinbach (†), geboren 1938, studierte bildende Künste in Hamburg und war Jahrzehnte im Verlagswesen tätig. Zuletzt lebte er auf seinem Einödhof im Allgäu, wo er sich praktisch und publizistisch der heimischen Natur widmete.

Bibliografische Information der Deutschen Nationalbibliothek

Die Deutsche Nationalbibliothek verzeichnet diese Publikation in der Deutschen Nationalbibliografie; detaillierte bibliografische Daten sind im Internet über http://dnb.d-nb.de abrufbar.

Wollgrasweg 41, 70599 Stuttgart (Hohenheim)
Email: info@ulmer.de
Internet: www.ulmer.de
Lektorat: Dr. Helga Hofmann, Ina Vetter, Christine Schneider
Umschlagentwurf: Summerer/Thiele, Stuttgart
Herstellung: Silke Reuter
XML-Workflow und Satz: pagina GmbH, Tübingen
Druck und Bindung: Offizin Andersen Nexö, Zwenkau
Printed in Germany

ISBN 978-3-8001-8244-2